Marcus Schulz
Maschinendynamik
De Gruyter Studium

Weitere empfehlenswerte Titel

F. Mathiak, 2015
Technische Mechanik Band 1–3
ISBN 978-3-11-044237-3

Strömungsmaschinen, Band 1
H. Schindl, H. J. Payer, 2015
ISBN 978-3-486-76885-5, e-ISBN 978-3-11-034381-6,
e-ISBN (EPUB) 978-3-11-039659-1

Basiswissen Maschinenlehre, 2. Auflage
H. Hinzen, 2014
ISBN 978-3-486-77849-6, e-ISBN 978-3-486-85918-8,
e-ISBN (EPUB) 978-3-486-99081-2

Physik für Ingenieure, Band 1–2, 2. Auflage
U. Hahn, 2014
ISBN 978-3-11-037730-9

Marcus Schulz

Maschinendynamik

in Bildern und Beispielen

DE GRUYTER
OLDENBOURG

Autor
Prof. Dr. sc. techn. Marcus Schulz
Duale Hochschule Baden Württemberg (DHBW)
Stuttgart
Fakultät Technik
Jägerstr. 56
70174 Stuttgart
Marcus.Schulz@dhbw-stuttgart.de

ISBN 978-3-11-046579-2
e-ISBN (PDF) 978-3-11-046582-2
e-ISBN (EPUB) 978-3-11-046597-6

Library of Congress Cataloging-in-Publication Data
A CIP catalog record for this book has been applied for at the Library of Congress.

Bibliografische Information der Deutschen Nationalbibliothek
Die Deutsche Nationalbibliothek verzeichnet diese Publikation in der Deutschen Nationalbibliografie; detaillierte bibliografische Daten sind im Internet über http://dnb.dnb.de abrufbar.

Coverabbildung: thyssenkrupp
Satz: le-tex publishing services GmbH, Leipzig
Druck und Bindung: CPI books GmbH, Leck
♾ Gedruckt auf säurefreiem Papier
Printed in Germany

www.degruyter.com

Vorwort

Dieses Buch ist inhaltlich aus der Vorlesung Maschinendynamik hervorgegangen, die der Autor für Studierende des Bachelor-Studiengangs Maschinenbau jeweils im sechsten Semester an der Dualen Hochschule Baden-Württemberg Stuttgart (DHBW) hält und die ein wenig mehr als zwei Semesterwochenstunden inklusive Übungen umfasst. Hervorstechendes Merkmal des Studiums an der DHBW ist der ausgeprägte Praxisbezug, der auch für die Studierenden einen sehr hohen Stellenwert besitzt. Das zeigen die Reaktionen und die unzähligen Fragen der Studenten während und nach der Vorlesung. Auf der anderen Seite ist es immer wieder eine Herausforderung insbesondere bei einer Vorlesung wie der Maschinendynamik, in der normalerweise zu einem nicht geringen Anteil mathematisch formale Methoden als Werkzeuge genutzt werden, den Anwendungsbezug im Rahmen des begrenzten Zeitumfangs deutlich sichtbar zu machen. Diesem Spannungsfeld begegnet der Autor mit einem besonderen didaktischen Konzept, mit dem der Zugang zur Maschinendynamik erleichtert und trotzdem ein tiefgehendes physikalisches Verständnis wichtiger maschinendynamischer Themen vermittelt werden soll. Hierzu werden drei Elemente konsequent eingesetzt: Bilder, Beispiele und Plausibilisierungen. Der Ersatz von umfangreichen algebraischen Ableitungen und mathematischen Methoden zur Lösung von Differenzialgleichungen durch bildhafte Werkzeuge wie zum Beispiel Kraftecke, Zeigerdiagramme und Flächengeometrie schafft einen intuitiven Zugang, eine gute Einprägsamkeit und ein vertieftes physikalisches Verständnis. Dazu werden auch neuartige Ansätze vorgestellt, die es erlauben, die Existenz von Eigenschwingungsformen, deren Anzahl und die Richtung der Eigenvektoren grafisch zu veranschaulichen oder die freien und erzwungenen Schwingungen von Mehrfreiheitsgrad-Systemen durch Zeigerdiagramme für die kovarianten Kraftkomponenten in Richtung der schiefwinkligen Achsen eines sogenannten reziproken Gitters darzustellen.

Das vorliegende Buch kann auf der einen Seite als Einführung in die Maschinendynamik gesehen werden, da eine begrenzte Anzahl an Themen behandelt wird. Hierzu gehören allerdings alle wichtigen maschinendynamischen Phänomene wie Resonanz, Schwingungsisolierung, kritische Drehzahlen und Selbstzentrierung, Unwuchten und Auswuchten, Massenkraftausgleich, Eigenformen, Modalanalyse und Schwingungstilgung. Nichtlineare, parameter- und selbsterregte Schwingungen werden aber beispielsweise nicht behandelt. Auf der anderen Seite dienen die erwähnten neuartigen Ansätze der Vermittlung eines äußerst tiefgehenden physikalischen Verständnisses, was über eine standardmäßige einführende Darstellung hinausgeht. Das Buch richtet sich daher nicht nur an Studierende des Maschinenbaus und der Mechatronik oder in der Industrie tätige Ingenieure, die sich in die Grundlagen der Maschinendynamik einarbeiten möchten. Es kann genauso wertvoll für den praxiserfahrenen Ingenieur sein, der durch das Buch noch einmal einen anderen Blick auf grundlegende maschinendynamische Themen erhält.

DOI 10.1515/9783110465822-201

Der Autor dankt allen Studierenden, deren Offenheit und Ehrlichkeit es ermöglichten, einige der Ursachen für Verständnisprobleme des Lernenden bei der Beschäftigung mit der Maschinendynamik aufzudecken, und die auf diese Weise sowie durch ihre vielen konstruktiv kritischen Fragen dem Autor stete Motivation waren, sich mit didaktischen Fragen auseinanderzusetzen. Auf der Suche nach Bildern von Anwendungen hat der Autor von fast allen angesprochenen Firmen spontane Unterstützung erhalten. Hierfür sei allen ganz herzlich gedankt. Namentlich sind dies Altair Engineering Inc., AViTEQ Vibrationstechnik GmbH, Continental AG (ContiTech Vibration Control GmbH), GERB Schwingungsisolierungen GmbH & Co. KG, Schaeffler AG (LuK GmbH & Co. KG), SCHENCK RoTec GmbH, thyssenkrupp Gerlach GmbH und Vibracoustic GmbH. Dem Verlag Walter de Gruyter GmbH sei gedankt für die Gestaltung des Buchs in gefälliger Form und für die äußerst angenehme Zusammenarbeit.

Stuttgart, Januar 2017 Marcus Schulz

Inhalt

1 Einleitung

Gegenstand des Fachgebiets der Maschinendynamik ist die Anwendung von Methoden der technischen Dynamik und der technischen Schwingungslehre auf Maschinen, um Ursachen und Wirkungen der auftretenden zeitlich veränderlichen Kräfte zu analysieren und speziell bei Maschinen in Erscheinung tretende dynamische Phänomene zu verstehen. Das physikalische Verständnis ist wichtig, damit wirkungsvolle Maßnahmen abgeleitet werden können, die zum Beispiel, nachträglich an vorhandenen Maschinenkonstruktionen vorgenommen, unerwünschtes dynamisches Verhalten positiv beeinflussen bzw. bestenfalls sogar ganz beseitigen. Die optimierte Gestaltung der Konstruktion, sodass die Maschine von vornherein erst gar kein derartiges Verhalten aufweist, ist ein anderer Zweck maschinendynamischer Erkenntnisse. Beispiele für unerwünschte Wirkungen sind der Diskomfort durch Vibration und Lärm, die in einem Fertigungsprozess erzielte unzureichende Qualität eines Werkstücks in Bezug auf Oberflächenbeschaffenheit und Maßhaltigkeit oder die erhöhte Bauteilbelastung durch Schwingungen. Schwingungen treten zum Beispiel bei rotierenden Maschinen auf, verursacht durch Unwuchten oder beim Durchfahren sogenannter kritischer Drehzahlen, bei der Kurbelwelle einer Verbrennungskraftmaschine (Torsionsschwingungen), angeregt durch die ungleichförmige Abgabe des Drehmoments, bei Fahrzeugkarosserien, die durch den Verbrennungsmotor zu Schwingungen angeregt werden, oder als Ratterschwingungen bei der Bearbeitung eines Werkstücks mit einer Drehmaschine. Schwingungen können aber auch erwünscht sein. Sie werden dann in Maschinen konstruktiv eingesetzt, um eine bestimmte Funktion zu realisieren, wie zum Beispiel den Transport von Schüttgut mit Schwingförderern. Sie können genauso genutzt werden, um ein bestimmtes Ziel zu erreichen, wie die Schwingungsberuhigung bei Maschinen und Systemen durch Anbringen von Zusatzsystemen, den sogenannten Schwingungstilgern. Diese schwingen anstatt der Maschine. Die Tilgerschwingungen sind also wegen ihrer schwingungsberuhigenden Wirkung auf die Maschine nicht störend, sondern im Gegenteil gewünscht. Derartige Anwendungen und deren Optimierung werden ebenso in der Maschinendynamik untersucht.

Der Einsatz von Berechnungsmodellen und kommerziellen Programmsystemen hat bei der Bearbeitung maschinendynamischer Aufgabenstellungen eine weite Verbreitung gefunden, da er hilft, Kosten und Zeit zu sparen. Die Anzahl von aufwendigen und teuren Messungen lässt sich nämlich durch Simulationen in erheblichem Maße reduzieren. Außerdem können die physikalischen Ursachen unerwünschter Erscheinungen geklärt werden, indem verschiedenste Szenarien und Manöver virtuell durchgespielt werden, ohne dass teure Prototypen zerstört oder Menschenleben gefährdet werden. Parameteroptimierungen können ebenfalls vergleichsweise günstig, schnell und effektiv realisiert werden, indem das Verhalten für unterschiedlichste Werte der Parameter simuliert und bewertet wird.

DOI 10.1515/9783110465822-001

In dem vorliegenden Buch werden die typischen maschinendynamischen Phänomene und Themen wie Resonanz, Schwingungsisolierung, kritische Drehzahlen und Selbstzentrierung, Unwuchten und Auswuchten, Massenkraftausgleich, Eigenformen, Modalanalyse und Schwingungstilgung behandelt. Es werden mechanische Ersatzmodelle benutzt, sogenannte Minimalmodelle, um die wesentlichen Effekte zu erläutern. Minimalmodelle sind möglichst einfach und weisen genau den Grad an Komplexität auf, der gerade noch die richtige Abbildung der entsprechenden Phänomene erlaubt. Es wird aber auch auf die Bewegungsgleichungen komplexer Berechnungsmodelle mit großem Freiheitsgrad eingegangen und auf unterschiedliche Methoden, mit denen diese Gleichungen aufgestellt werden können. Hierbei handelt es sich um wichtiges Grundlagenwissen des Ingenieurs, selbst wenn er in der Regel die Gleichungen nicht von Hand herleitet, sondern kommerzielle Programmsysteme für die Bewegungssimulation bzw. Schwingungsanalyse nutzt. Denn die in den Programmen implementierten Algorithmen bauen genau auf diesen Grundlagen auf. Daher ist das entsprechende Wissen hilfreich, wenn nicht sogar notwendig für den Ingenieur, der immer häufiger Simulationswerkzeuge einsetzt. Er muss schließlich die Auswahl des für das jeweilige Problem geeigneten Programms treffen, die Modellbildung vornehmen und die Berechnungsergebnisse kompetent interpretieren. Davon abgesehen gibt es aber auch Fälle, in denen sich die Herleitung der Bewegungsgleichungen von Hand empfiehlt, wie später ausgeführt wird.

Es gibt ausgezeichnete Bücher zur Maschinendynamik. Stellvertretend für die deutschsprachige Literatur sei hier nur verwiesen auf [1, 3, 8, 17, 21, 24, 40, 42]. Außerdem gibt es umfangreiche Literatur zur technischen Dynamik und Schwingungslehre. Auch hier können wir aufgrund der Vielzahl alleine der deutschsprachigen Bücher nur auf einige wenige Stellvertreter verweisen [10, 13, 14, 19, 20, 23, 27–29, 41, 44–47]. Wir wollen daher betonen, dass diese Auswahl nicht mehr als unzulänglich sein kann und alle nicht genannten Werke ebenso Erwähnung verdienen. Da es also bereits ein großes Angebot an Literatur zur Maschinendynamik gibt, stellt sich doch die Frage nach der Notwendigkeit, diese noch durch ein weiteres Buch zu ergänzen.

Angeregt zu dem Buchprojekt wurde der Autor durch die vielen Fragen seiner Studenten, die bei ihm die Vorlesung Maschinendynamik jeweils im sechsten Semester des Bachelor-Studiengangs Maschinenbau hören. Der Autor lehrt an der Dualen Hochschule Baden-Württemberg (DHBW) in Stuttgart. Die Maschinendynamik-Vorlesung hat dort einen Umfang von 33 Veranstaltungsstunden à 45 Minuten inklusive der Übungen, die anhand von Beispielaufgaben durchgeführt werden. Umgerechnet auf die Vorlesungszeit eines Semesters an einer deutschen Universität, die ungefähr 14 bis 15 Wochen beträgt, entspricht das einem Zeitumfang von ca. 2,2 Semesterwochenstunden. Dies ist äußerst knapp bemessen, insbesondere wenn man berücksichtigt, dass hierin die Übungen bereits enthalten sind.

Für viele Studierende steht der Praxisbezug der Lehrveranstaltungen im Vordergrund, zu Recht, wie der Autor meint. Dem Praxisbezug des Studiums an der DHBW wird unter anderem durch die besondere Hochschulform Rechnung getragen. Trotzdem ist es immer wieder eine Herausforderung, insbesondere bei einer Vorlesung wie der Maschinendynamik, in der normalerweise zu einem nicht geringen Anteil mathematisch formale Methoden als Werkzeuge genutzt werden, den Anwendungsbezug den Studierenden im Rahmen des begrenzten Zeitumfangs deutlich sichtbar zu machen. Die Erfahrung des Autors zeigt, dass umfangreiche algebraische Ableitungen und das Lösen von Differenzialgleichungen auf viele Studierende eher demotivierend wirken und die Lernenden davon abhalten können, zu den eigentlichen maschinendynamischen Themen vorzudringen. Es besteht die Gefahr, dass diese sich stattdessen in der Anwendung mathematischer Instrumente verlieren, ohne ein physikalisches Verständnis von ihrem Tun zu entwickeln. Daher hat sich der Autor immer wieder mit der Frage beschäftigt, wie die Vorlesung didaktisch gestaltet werden kann, damit der Zugang zur Maschinendynamik den Ingenieurstudenten erleichtert und trotzdem ein tiefgehendes physikalisches Verständnis der wichtigsten maschinendynamischen Phänomene vermittelt wird. Er hat keine einzelne Maßnahme gefunden, mit der alleine sich die beschriebene Herausforderung meistern ließe, sondern glaubt, dass die Einbindung von drei Elementen zielführend ist: Bilder, Beispiele und Plausibilisierungen. Dies wird hier sehr konsequent umgesetzt, was aus Sicht des Autors den Wert des vorliegenden Buches unter anderem ausmacht und zu seinem Titel geführt hat.

Unter dem Stichwort Plausibilisierung verstehen wir in diesem Zusammenhang

1a) den vollständigen oder teilweisen Ersatz von mathematischen Ableitungen oder deren Ergänzung durch Überlegungen und Gedankenexperimente, die physikalischer Natur sind,
1b) den Ersatz von Differenzialgleichungen und des Auffindens der zugehörigen Lösungen mittels mathematischer Methoden durch Kräftebilanzen und Zeigerdiagramme.

Insbesondere die Maßnahme 1b) ist auf die Erfahrung des Autors zurückzuführen, dass es den Studierenden oft leichter fällt, in Kategorien physikalischer Kräfte und Gleichgewichte zu denken als in den mathematischen Kategorien der Existenz und Lösungsvielfalt von Differenzialgleichungen. Das mag damit zusammenhängen, dass der Mensch von Beginn seiner Existenz an im Alltag der Wirkung von Kräften ausgesetzt ist und diese am eigenen Leib erfährt, aber vielleicht auch mit der entsprechend ausgeprägten Schulung in dem für das Ingenieurstudium so wichtigen Fach der technischen Mechanik, durch die ein routinierter Umgang mit Kräftebilanzen erworben wird.

Bilder werden genutzt

2a) zur Darstellung komplexer Zusammenhänge in Diagrammen als Ersatz oder Ergänzung mathematischer Gleichungen,
2b) zur verdichteten Darstellung von wichtigen Ergebnissen und Erkenntnissen.

Jeder hat sicher schon einmal die Erfahrung gemacht, dass sich die Informationen einer klassischen analogen Anzeige zum Beispiel der Uhr oder des Tachometers im

Kraftfahrzeug schneller erfassen und bewerten lassen als bei einer entsprechenden digitalen Anzeige. Dies erklärt auch, warum in Kraftfahrzeugen, die mit frei programmierbaren Kombiinstrumenten ausgestattet sind, die Anzeige klassischer Zeigerinstrumente heute oft noch nachgeahmt wird. Bei diesen hat man den gesamten Messbereich im Blick, und es lässt sich die Information schon qualitativ einordnen, bevor eine quantitative Erfassung stattfindet, die in vielen Fällen damit auch überflüssig wird. Aus ähnlichen Gründen wenden wir die Maßnahme 2a) an. Die Informationen eines Diagramms lassen sich eben schneller erfassen und einordnen als dieselben Informationen in einer mathematischen Gleichung oder zahlenmäßig beschrieben. Maßnahme 2b) zielt auf die gute Einprägsamkeit von Erkenntnissen bei ihrer verdichteten grafischen Darstellung ab. Zahlreich in diesem Buch angewendet wird durch diese Maßnahme das physikalische Verständnis der wesentlichen maschinendynamischen Phänomene generiert und bildhaft vor Augen geführt.

Beispiele werden intensiv eingesetzt,

3) um ausgehend von einem konkreten System den Weg zu allgemeingültigen Erkenntnissen zu finden oder allgemeingültige Aussagen wenigstens plausibel zu machen.

Das Vorgehen 3) ist für Ingenieurstudenten oft leichter nachvollziehbar als der umgekehrte Weg, bei dem zunächst mit umfangreichen, beispielunabhängigen abstrakten mathematischen Herleitungen allgemeingültige Erkenntnisse gewonnen und erst im letzten Schritt konkrete Beispiele als Spezialfälle von diesen betrachtet werden. Bei der Beschreitung des Wegs 3) vom Beispiel hin zur allgemeinen Situation werden wir manchmal auch auf den allerletzten Schritt verzichten, der notwendig wäre, um den einhundertprozentigen Beweis der allgemeingültigen Aussage zu erbringen. Das halten wir vor allem dann so, wenn die am Beispielsystem gewonnenen Einblicke durch die ingenieurmäßige Intuition ergänzt werden können, sodass jetzt die Akzeptanz der allgemeingültig formulierten Aussage nicht mehr schwer fällt. Nicht unerwähnt bleiben soll in diesem Zusammenhang die beeindruckende Wirkung experimenteller Vorführungen an Beispielsystemen.

In dem vorliegenden Buch werden die Maßnahmen 1 bis 3 konsequent umgesetzt. Es lassen sich viele Beispiele dafür benennen. Dazu gehören die Plausibilisierung der Werte von Phasenverschiebung und Frequenz bei Resonanz anhand der Schaukelschwingung in Abschnitt 2.2.1, die Simplifizierung der Bewegung des Schubkurbeltriebs zur Berechnung der harmonischen 1. Ordnung der Vertikalkomponente der Gestellkraft und die Plausibilisierung des Restfehlers als Terme höherer Ordnung der Fourier-Reihenentwicklung in Abschnitt 4.4.1 (Abb. 4.43) sowie die physikalischen Überlegungen in Abschnitt 5.2 anhand eines Beispielsystems, die zu der Erkenntnis führen, dass bei einem Schwingungssystem mit Freiheitsgrad 2 in der Regel zwei Eigenfrequenzen und Eigenformen existieren (Abb. 5.14, 5.15). Alle vorstehend genannten Beispiele sind der Maßnahme 1a) zuzuordnen, genauso wie die Plausibilisierung des Effekts der Schwingungstilgung anhand der Eigenschwingungen eines Einmassenschwingers in Abschnitt 5.5.

In Abschnitt 4.2 wird beispielsweise die Existenz des unterkritischen, kritischen und überkritischen Betriebs eines Rotors inklusive des Effekts der Selbstzentrierung nicht wie üblich durch Aufstellen und Lösung von Differenzialgleichungen hergeleitet. Stattdessen werden Kraftecke herangezogen (Abb. 4.11, 4.12), deren Analogie zu den Zeigerdiagrammen des Einmassenschwingers genutzt wird (Maßnahme 1b).

In Abschnitt 2.1 werden die unterschiedlichen Formen möglicher Eigenbewegungen eines Systems in Verbindung mit der Lage der sogenannten Pole in der komplexen Ebene gebracht. Deren grafische Darstellung (Maßnahme 2a) führt die Lösungsvielfalt bildhaft vor Augen (Abb. 2.6–2.8), inklusive der Bedingung für das Auftreten einer Resonanzüberhöhung (Abb. 2.11).

Zu den neuen Ansätzen in diesem Buch gehören unter anderem die differenzialgeometrischen Betrachtungen in Abschnitt 5.3, die es erlauben, die Existenz von Eigenschwingungsformen, deren Anzahl und die Richtung der Eigenvektoren zusammen mit der Bedeutung der Eigenfrequenzen grafisch zu veranschaulichen (Abb. 5.22–5.27). Die Anwendung schiefwinkliger Koordinaten auf erzwungene Schwingungen eines Mehrfreiheitsgradsystems in Abschnitt 5.4.2 und auf die freien Schwingungen in Abschnitt 5.4.3 stellt ebenso eine neuartige Vorgehensweise dar, die aber wie die differenzialgeometrischen Betrachtungen dem Zwecke 2b) dient. Das schiefwinklige Koordinatengitter (direktes Gitter) wird so gewählt, dass die Koordinatenachsen in Richtung der Eigenvektoren zeigen. Zusätzlich wird ein zweites schiefwinkliges Koordinatengitter definiert, das reziprok zum direkten Gitter ist. Es wird gezeigt, dass Kräfte, die nur in Richtung einer der Achsen des reziproken Gitters wirken, eine Schwingung in Richtung der zugeordneten Achse des direkten Gitters hervorrufen. Umgekehrt ist eine Schwingung in Richtung einer der Achsen des direkten Gitters nur mit Kräften verbunden, die in Richtung der zugeordneten Achse des reziproken Gitters wirken. Aufgrund dieser Eigenschaft lässt sich eine dem Systemfreiheitsgrad entsprechende Anzahl entkoppelter Zeigerdiagramme finden, durch die die erzwungenen Schwingungen repräsentiert werden (Abb. 5.32). Jedes der Zeigerdiagramme bezieht sich jeweils auf eine Kraftkomponente in Richtung einer der Achsen des reziproken Gitters. Die Koordinaten der Schwingungsantwort im direkten Gitter können als Faktoren interpretiert werden, durch die die Zeigerdiagramme so skaliert werden, dass sie geschlossen sind und damit ein dynamisches Kräftegleichgewicht besteht. Bei den ungedämpften Eigenschwingungen verschwinden die äußeren Kräfte und die Zeigerdiagramme degenerieren entsprechend (Abb. 5.51). Jetzt übernehmen die Quadrate der Eigenkreisfrequenzen die Rolle der Skalierungsfaktoren, die zu geschlossenen Zeigerdiagrammen führen. Die wesentlichen physikalischen Zusammenhänge sowohl der freien als auch der erzwungenen Schwingungen lassen sich also verdichtet in Form des Bildes der skalierten Zeigerdiagramme der Kraftkomponenten in Richtung der Achsen des reziproken Gitters darstellen. Mit diesem Bild vor Augen erschließt sich dem Leser ein vertieftes physikalisches Verständnis, das ihm bei Beschränkung auf den direkten, rein algebraisch formalen Weg der Berechnung der Schwingungsantwort zum Beispiel über die Frequenzgangmatrix verschlossen bleibt.

Stellvertretend für die Anwendung der Maßnahme 3 sei der als Beispiel gewählte Antriebsstrang genannt, der sich wie ein roter Faden durch Kapitel 5 zieht. Das Beispielsystem wird genutzt, um verschiedene Methoden zum Aufstellen der Bewegungsgleichungen und deren mögliche unterschiedliche Formen zu erläutern (Maßnahme 3).

Das vorliegende Buch kann auf der einen Seite als Einführung in die Maschinendynamik gesehen werden, da eine begrenzte Anzahl an Themen behandelt wird und es sich auf die wesentlichen maschinendynamischen Phänomene beschränkt. Nichtlineare, parameter- und selbsterregte Schwingungen werden beispielsweise nicht behandelt, der Einfluss von Dämpfung und die experimentelle Modalanalyse werden nur angesprochen. Auf der anderen Seite dienen die erwähnten neuartigen Ansätze der Vermittlung eines äußerst tiefgehenden physikalischen Verständnisses der behandelten Themen, was über eine standardmäßige einführende Darstellung hinausgeht. Das Buch richtet sich an Studierende des Maschinenbaus oder in der Industrie tätige Ingenieure, die sich in die Grundlagen der Maschinendynamik einarbeiten wollen. Es kann aber auch für den praxiserfahrenen Ingenieur wertvoll sein, der sich schon mit maschinendynamischen Anwendungen beschäftigt hat und durch das Buch noch einmal einen anderen Blick auf grundlegende Themen erhält.

Kapitel 2 widmet sich ausführlich dem sogenannten Einmassenschwinger, die einfachste mechanische Modellvorstellung, durch die wichtige Eigenschaften von Schwingungssystemen beschrieben werden und die den Charakter eines Paradigmas hat. In Kapitel 4 wird dieses Modell angewendet, um einige wesentliche maschinendynamische Phänomene zu erläutern. Zuvor findet sich in Kapitel 3 eine äußerst knappe Darstellung zur Fourier-Reihe und zum Spektrum. Dieses Kapitel wurde aus einem einzigen Grund eingeschoben. Es dient der Erläuterung, warum die Betrachtung harmonischer Erregerkräfte so wichtig ist, obwohl sie in Reinform selten bei technischen Anwendungen vorkommen. Es liefert damit eine Rechtfertigung für die Konzentration des Buchs auf harmonische Erregerkräfte. Gegenstand von Kapitel 5 sind schließlich komplexere Systeme, deren Bewegungen nicht mehr jeweils durch eine einzige Koordinate beschrieben werden können, sondern die die Einführung einer diskreten Anzahl von (mehreren) verallgemeinerten Koordinaten erfordern. Es wird auf das Aufstellen und auf die möglichen Formen der Bewegungsgleichungen, auf die freien und erzwungenen Schwingungen und auf den für Anwendungen so wichtigen Effekt der Schwingungstilgung ausführlich eingegangen. Anmerkungen zu Mehrfreiheitsgrad-Schwingern mit Dämpfung und zur experimentellen Modalanalyse beschließen das Kapitel und das Buch.

2 Modell des einfachen Schwingers

Die sogenannten Zustandsgrößen eines technischen Systems wie z. B. die Lage x eines Körpers eines mechanischen Systems können mehr oder weniger regelmäßigen zeitlichen Schwankungen unterliegen. Man spricht dann von Schwingungen. Beispiele sind der Wellengang der See, die Bewegung eines elastisch gelagerten Motorblocks, die elektrische Spannung oder der Strom in einem elektrischen *RLC*-Kreis. Schwingungen können unerwünscht sein wie zum Beispiel die mechanischen Schwingungen einer Blechverkleidung einer Maschine, die zu einer störenden Schallabstrahlung führen. Es gibt aber auch viele erwünschte Schwingungen wie bei einer Unruh einer mechanischen Uhr, bei der Membran eines Lautsprechers usw.

Wiederholt sich der Verlauf einer Größe $x(t)$ nach einer Zeit T, spricht man von periodischen Schwingungen (Abb. 2.1). Die Zeit T wird Perioden- oder Schwingungsdauer genannt. Ihre Einheit ist die Sekunde s. Als Schwingungsfrequenz f wird der Kehrwert der Periodendauer definiert

$$f = \frac{1}{T} \,. \tag{2.1}$$

Sie wird in Hertz [Hz] angegeben, wobei Hz = s^{-1}.

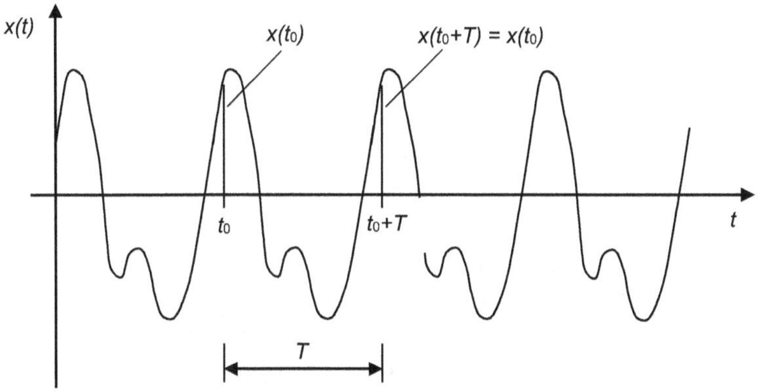

Abb. 2.1: Periodische Schwingungen.

Ein wichtiger Sonderfall periodischer Schwingungen ist die harmonische Schwingung, d. h. die sinus- bzw. kosinusförmige Änderung von x in Abhängigkeit der Zeit t. Der Momentanwert von x zur Zeit t ergibt sich z. B. durch Orthogonalprojektion eines in der Zeichenebene mit konstanter Winkelgeschwindigkeit ω rotierenden Zeigers auf die Vertikale (Abb. 2.2). Die Länge $\hat{x}$ des Zeigers ist gleich dem maximalen Ausschlag von x. Dies ist die Amplitude der Schwingung. Der Nullphasenwinkel α gibt den Winkel des Zeigers gegenüber der Vertikalen zur Zeit $t = 0$ an. Die Winkelgeschwindigkeit des Zeigers wird Kreisfrequenz der Schwingung genannt und hängt mit

DOI 10.1515/9783110465822-002

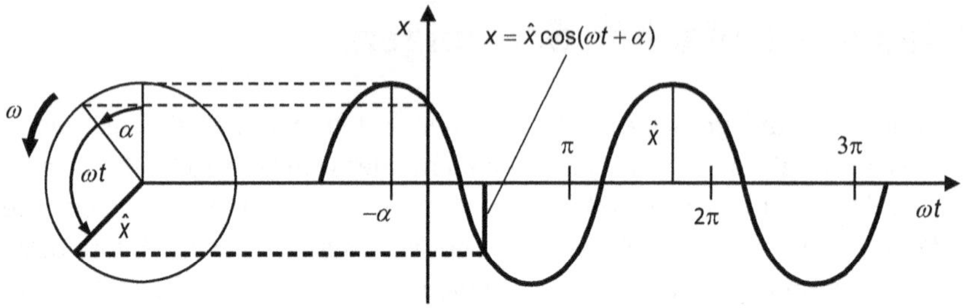

Abb. 2.2: Harmonische Schwingungen.

der Periodendauer auf folgende Weise zusammen

$$\omega = \frac{2\pi}{T} \,. \tag{2.2}$$

Ihre Einheit ist rad/s = s^{-1}. Die Zeitabhängigkeit von x ist somit gegeben durch

$$x = \hat{x}\cos(\omega t + \alpha)$$

und das Argument der Kosinusfunktion wird Phasenwinkel genannt. Die Anfangswerte x_0, $\dot{x}_0$ von Auslenkung x und Geschwindigkeit $\dot{x}$ zur Zeit $t = 0$ sind

$$x_0 = \hat{x}\cos(\alpha)\,,$$
$$\dot{x}_0 = -\omega\hat{x}\sin(\alpha)\,.$$

Sie werden durch die sogenannten Anfangsbedingungen vorgegeben, wenn die Schwingungen durch eine Differenzialgleichung beschrieben werden.

Die einfachste mechanische Modellvorstellung, mit der wesentliche Schwingungsphänomene beschrieben bzw. erklärt werden können und die daher den Charakter eines Paradigmas hat, ist durch den in Abb. 2.3 dargestellten linearen Schwinger mit Freiheitsgrad 1, den sogenannten linearen Einmassenschwinger gegeben. Dieser besteht aus einem Massenpunkt der Masse m, der durch eine Feder und einen parallelgeschalteten Dämpfer gefesselt ist und dessen Auslenkung durch die Koordinate x beschrieben wird. Auf den Massenpunkt kann eine harmonische Erregerkraft wirken

$$F = \hat{F}\cos(\Omega t + \alpha_F) \tag{2.3a}$$

mit der Erregerkraftamplitude $\hat{F}$, der Erregerkreisfrequenz Ω und dem Nullphasenwinkel α_F der Erregerkraft. Im Folgenden setzen wir ohne Einschränkung der Allgemeinheit den Nullphasenwinkel null

$$\alpha_F = 0\,. \tag{2.3b}$$

Sowohl die Federkraft F_F als auch die Dämpferkraft F_D gehorchen in dieser einfachen Modellvorstellung linearen Gesetzen. Die Federkraft ist proportional zur Federverlängerung

$$F_F = c(l - l_0)$$

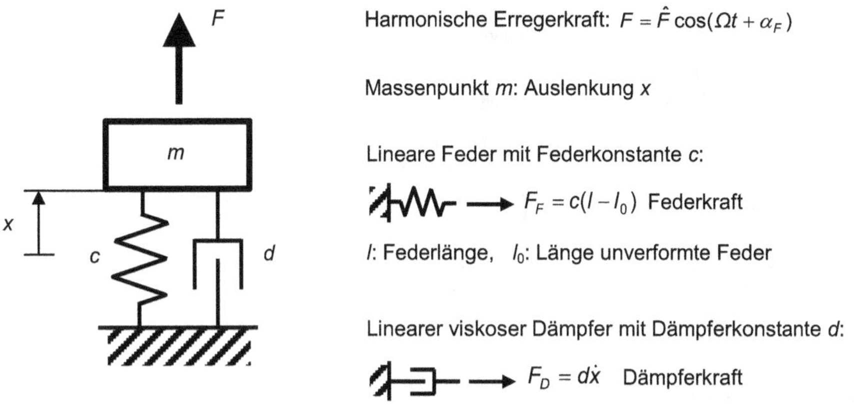

Abb. 2.3: Einmassenschwinger.

mit der Federkonstanten c, der Federlänge l und der Länge der unverformten Feder l_0. Die Dämpferkraft wird proportional zur Geschwindigkeit des Massenpunkts angenommen

$$F_\text{D} = d\dot{x} \,,$$

wobei d die Dämpfungskonstante (Proportionalitätskonstante) ist. Man spricht in diesem Fall auch von linearer viskoser Dämpfung.

Bei der Beschreibung von Schwingungen empfiehlt es sich, den Nullpunkt der Koordinate x so zu wählen, dass er mit der statischen Ruhelage übereinstimmt (Abb. 2.4). Dies hat den Vorteil, dass konstante Kräfte wie zum Beispiel die Gewichtskraft mg oder die konstante Einzelkraft P_0 nicht in der die Schwingung beschreibenden Differenzialgleichung in Erscheinung treten. Im Fall der Gewichtskraft gibt es aber auch Beispiele wie das mathematische Pendel, bei denen sie nicht oder nicht nur die statische Ruhelage definiert, sondern auch oder ausschließlich die Rolle einer Rückstellkraft einnimmt. In derartigen Beispielen tritt sie dann sehr wohl explizit in der Schwingungsdifferenzialgleichung auf.

Die Schwingungsdifferenzialgleichung können wir mit dem in Abb. 2.5 dargestellten Freikörperbild unter Anwendung des zweiten Newton'schen Gesetzes herleiten. Die eingezeichnete Scheinkraft $m\ddot{x}$ ist die sogenannte D'Alembert'sche Trägheitskraft, mit deren Einführung das zweite Newton'sche Gesetz eine analoge Form zu dem bekannten statischen Gesetz annimmt, das fordert, dass die Summe aller Kräfte gleich null ist. In der Kinetik muss lediglich zusätzlich zu den eingeprägten Kräften auch die Trägheitskraft berücksichtigt werden

$$-m\ddot{x} - F_\text{D} - F_\text{F} + P_0 - mg + F = 0 \,,$$

wobei die Trägheitskraft der Beschleunigung entgegengerichtet ist. Mit der Federkraft

$$F_\text{F} = c(x + x_\text{stat})$$

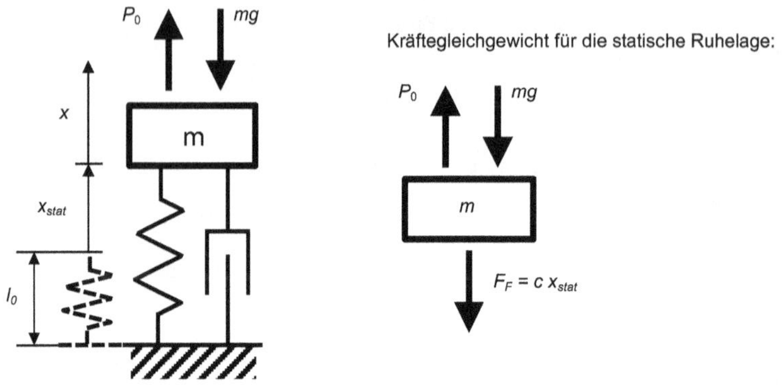

Abb. 2.4: Statische Ruhelage.

und mit dem linearen viskosen Dämpfergesetz erhalten wir

$$m\ddot{x} + d\dot{x} + cx = F + (P_0 - mg) - cx_{\text{stat}} .$$

Da in der statischen Ruhelage die Federkraft, die Einzelkraft P_0 und die Gewichtskraft im Gleichgewicht sind (Abb. 2.4), gilt

$$(P_0 - mg) - cx_{\text{stat}} = 0$$

und die Schwingungsdifferenzialgleichung wird unabhängig von der Einzel- und der Gewichtskraft

$$m\ddot{x} + d\dot{x} + cx = F . \tag{2.4}$$

Offensichtlich beeinflussen konstante Kräfte die lineare Schwingung nicht.

Der harmonischen Erregerkraft (2.3) kommt in der Maschinendynamik eine besondere Bedeutung zu, da eine periodische Funktion in eine Fourier-Reihe entwickelt werden kann, das heißt in eine unendliche Summe von Sinus- und Kosinusfunktionen. Bei einem linearen System, bei dem das Superpositionsprinzip anwendbar ist, können wir die Schwingungsantworten auf die einzelnen Sinus-/Kosinusfunktionen aufaddieren, um die Gesamtantwort auf die periodische Erregerkraft zu berechnen. Schwingungen aufgrund periodischer Erregerkräfte können also auf Schwingungen zurückgeführt werden, die durch harmonische Erregerkräfte erzeugt werden. Da uns im Maschinenbau sehr häufig periodische Erregerkräfte begegnen, man denke beispielsweise an die Kräfte in einem Verbrennungsmotor bei konstanter Drehzahl und Last, werden wir uns im Wesentlichen auf harmonische Erregerkräfte beschränken.

Schwingungssysteme lassen sich in verschiedene Kategorien einteilen. Wir beschränken uns auf lineare autonome Systeme, die durch lineare Differenzialgleichungen mit konstanten Koeffizienten beschrieben werden. Wir können dann zwischen freien Schwingungen oder Eigenschwingungen, die bei $F = 0$ auftreten, und erzwungenen Schwingungen mit $F \neq 0$ unterscheiden. Bei ungedämpften Schwingungen ist $d = 0$ im Unterschied zu $d \neq 0$ bei gedämpften Schwingungen.

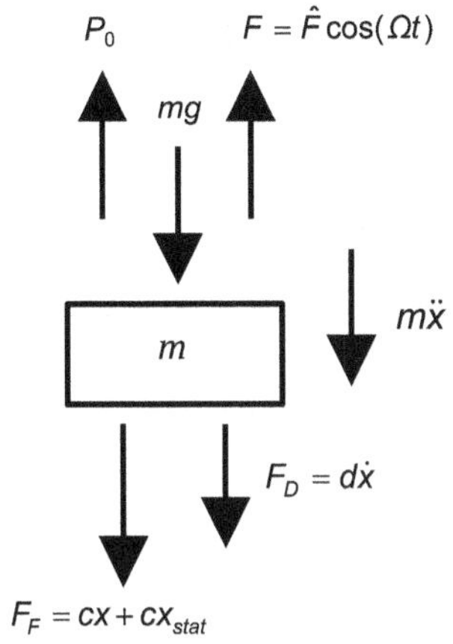

Abb. 2.5: Herleitung der Schwingungsdifferenzialgleichung.

Im nächsten Abschnitt werden die freien Schwingungen des Einmassenschwingers behandelt, um im darauffolgenden Abschnitt auf die erzwungenen Schwingungen einzugehen.

2.1 Freie Schwingungen

Die freien Schwingungen oder Eigenschwingungen bzw. allgemeiner die Eigenbewegungen des schwingungsfähigen Systems stellen sich zum Beispiel ein, wenn man das System anfänglich einmalig auslenkt und dann sich selbst überlässt ohne weitere Einwirkung einer äußeren Kraft.

Diese Eigenbewegung wird durch die sogenannte homogene Differenzialgleichung beschrieben, die durch Nullsetzen der rechten Seite aus der Differenzialgleichung (2.4) hervorgeht

$$m\ddot{x} + d\dot{x} + cx = 0 .$$

Die Lösung der homogenen Differenzialgleichung wird daher auch als Eigenlösung bezeichnet. Nach Division der homogenen Gleichung durch die Masse m ergibt sich

$$\ddot{x} + \frac{d}{m}\dot{x} + \frac{c}{m}x = 0 .$$

Hier ist die Wurzel aus dem Koeffizienten vor der Auslenkung x gleich der Kreisfrequenz der Eigenschwingungen des ungedämpften Systems

$$\omega_0 = \sqrt{\frac{c}{m}} \tag{2.5}$$

oder kurz die Eigenkreisfrequenz des ungedämpften Systems. Mit dem Dämpfungsgrad (Lehr'sches Dämpfungsmaß)

$$D = \frac{1}{2\omega_0}\frac{d}{m} \tag{2.6}$$

kann die Differenzialgleichung in der normierten Form geschrieben werden

$$\ddot{x} + 2D\omega_0\dot{x} + \omega_0^2 x = 0\,. \tag{2.7}$$

Der Dämpfungsgrad ist dimensionslos und stellt ein Maß für die Größe der Dämpfung dar.

Für den Lösungsansatz

$$x = Ce^{\lambda t}$$

mit der Konstanten C erhalten wir nach Einsetzen in die Differenzialgleichung (2.7) die charakteristische Gleichung

$$\lambda^2 + 2D\omega_0\lambda + \omega_0^2 = 0\,,$$

die die Lösung

$$\lambda_{1,2} = -D\omega_0 \pm \sqrt{(D\omega_0)^2 - \omega_0^2} = -D\omega_0 \pm i\omega_0\sqrt{1 - D^2}$$

besitzt. Die Eigenwerte $\lambda_{1,2}$ werden auch Pole des Systems genannt.

Es stellen sich unterschiedliche Arten von Eigenbewegungen ein, je nach Lage der Pole in der komplexen Ebene. Die Lage der Pole hängt wiederum von dem Wert des

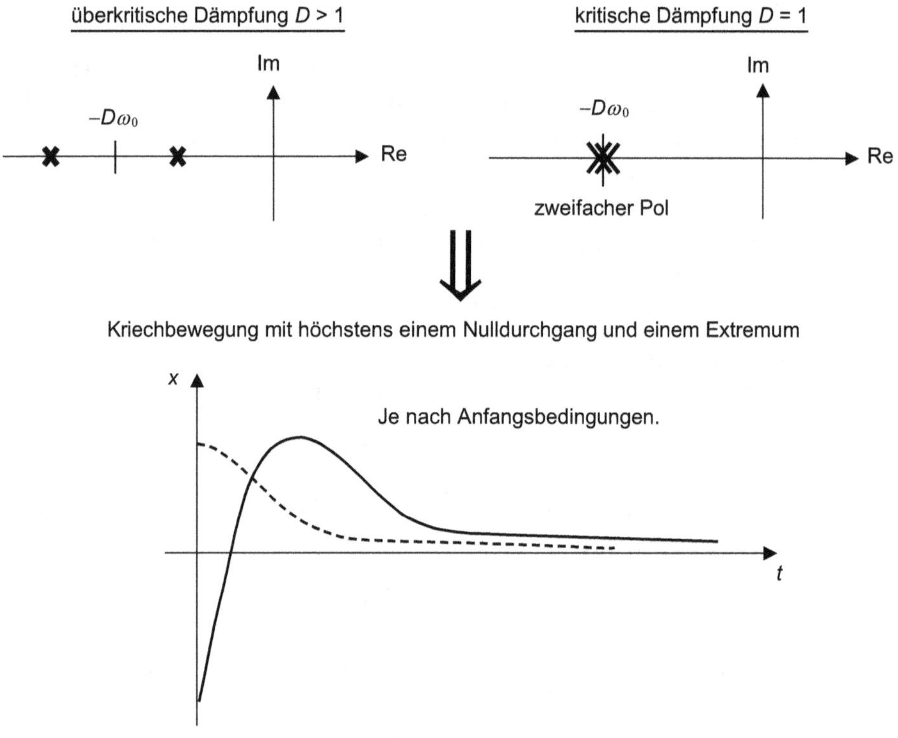

Abb. 2.6: Eigenlösung für kritische und überkritische Dämpfung.

Dämpfungsmaßes D ab. Es werden überkritische Dämpfung ($D > 1$), kritische Dämpfung ($D = 1$) und unterkritische Dämpfung ($0 < D < 1$) unterschieden. Bei überkritischer Dämpfung gibt es zwei reelle Pole auf dem negativen Teil der Realachse, die symmetrisch um $-D\omega_0$ liegen. Wird die Dämpfung verringert, wandern sie entlang der Realachse in Richtung ihres nach rechts laufenden Mittelpunkts $-D\omega_0$ aufeinander zu, bis sie schließlich bei kritischer Dämpfung einen doppelten Pol bilden. In den Fällen kritischer und überkritischer Dämpfung ist die Eigenbewegung eine Kriechbewegung mit höchstens einem Nulldurchgang (Abb. 2.6). Wird die Dämpfung weiter unter die kritische Dämpfung abgesenkt, so wandern die beiden Pole ausgehend von der zweifachen Polstelle nach oben bzw. nach unten voneinander weg und streben beide zusätzlich in Richtung der Imaginärachse. Sie sind konjugiert komplex mit negativem Realteil. Erst jetzt bei unterkritischer Dämpfung stellen sich Schwingungen ein. Diese gedämpften Eigenschwingungen, bei denen die Maximalausschläge mit der Zeit immer kleiner werden, besitzen die Kreisfrequenz

$$\omega_e = \omega_0 \sqrt{1 - D^2}\,, \tag{2.8}$$

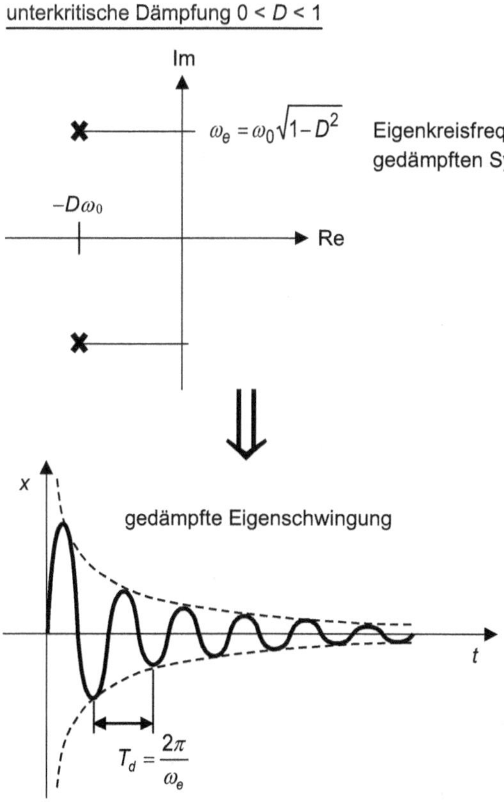

Abb. 2.7: Gedämpfte Eigenschwingungen bei unterkritischer Dämpfung.

die gleich dem Betrag der Imaginärteile der beiden Pole ist. Wir sprechen kurz von der Eigenkreisfrequenz des gedämpften Systems, die sich aus dem Abstand T_d zweier aufeinanderfolgender Maximalausschläge ergibt nach

$$\omega_\mathrm{e} = \frac{2\pi}{T_\mathrm{d}} .$$

Die Eigenlösung ist mathematisch gegeben durch die Funktion

$$Ce^{-D\omega_0 t} \cos(\omega_\mathrm{e} t + \alpha)$$

mit den Integrationskonstanten C, α. Die Exponentialfunktion in diesem Ausdruck beschreibt das Abklingen der Schwingungsausschläge und ist in Abb. 2.7 als strichlinierte Hüllkurve grafisch dargestellt. Offensichtlich ist der Faktor vor der Zeit t des Arguments der Exponentialfunktion gleich dem Realteil $-D\omega_0$ der beiden Pole. Er bestimmt, wie schnell die Schwingungen abklingen. Daher wird der Betrag des Realteils

$$\delta = D\omega_0 \tag{2.9}$$

auch als Abklingkonstante bezeichnet.

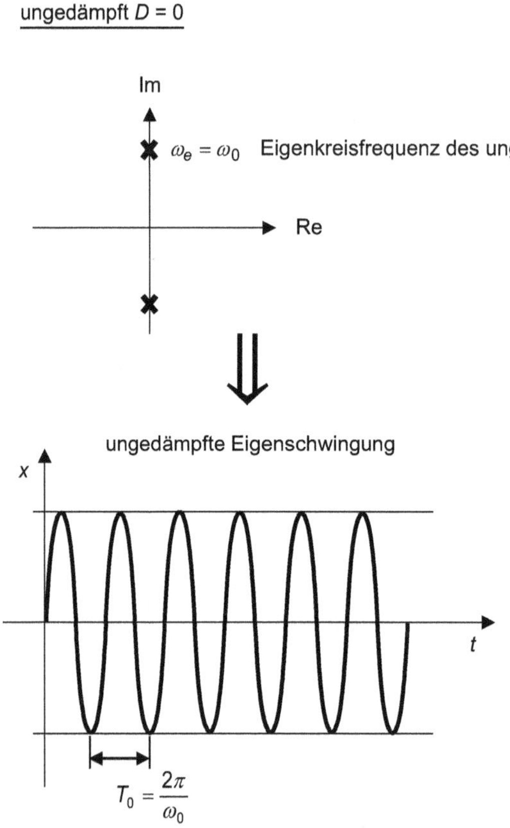

Abb. 2.8: Ungedämpfte Eigenschwingungen.

Wird der Dämpfungsgrad auf den Wert null abgesenkt, liegen die konjugiert komplexen Pole auf der Imaginärachse. Die Abklingkonstante ist null. Es liegen ungedämpfte Eigenschwingungen vor (Abb. 2.8). Der Betrag der Imaginärteile der beiden Pole ist gleich der Eigenkreisfrequenz des ungedämpften Systems ω_0 und berechnet sich nach Gleichung (2.5).

2.2 Erzwungene Schwingungen

2.2.1 Krafterregung

Wirkt auf den Einmassenschwinger eine harmonische Erregerkraft, so ist die die Bewegung beschreibende Differenzialgleichung gegeben durch (2.4) mit dem Erregerkraftterm (2.3a,b)

$$m\ddot{x} + d\dot{x} + cx = \hat{F}\cos(\Omega t) \; .$$

Im Unterschied zu (2.7) handelt es sich jetzt um eine inhomogene Differenzialgleichung, da die rechte Seite ungleich null ist. Die harmonische Erregerkraft wird durch die Erregerkreisfrequenz Ω und durch die Erregerkraftamplitude $\hat{F}$ gekennzeichnet. Die allgemeine Lösung ergibt sich als Summe der Lösung x_h der homogenen Differenzialgleichung (2.7), also der freien Schwingungen, und einer sogenannten Partikulärlösung x_p

$$x = x_\mathrm{h} + x_\mathrm{p} \; .$$

Die Partikulärlösung oder das Partikulärintegral ist keine allgemeine, sondern eine beliebige spezielle Lösung der inhomogenen Differenzialgleichung. Da x_h wegen der bei technischen Anwendungen immer vorhandenen Dämpfung bzw. Reibung mit der Zeit abklingt, wollen wir uns auf x_p konzentrieren. Im Folgenden verzichten wir auf den Index p für Partikulärlösung, da es sich aus dem Zusammenhang ergibt, ob eine Partikulärlösung oder die Lösung der homogenen Gleichung gemeint ist.

Ein lineares System antwortet auf eine harmonische Erregung mit einer harmonischen Auslenkung, deren Kreisfrequenz mit der Erregerkreisfrequenz übereinstimmt. Bei einem nichtlinearen System ist das nicht notwendigerweise so. Da wir hier einen linearen Einmassenschwinger betrachten, können wir also für das Partikulärintegral x, d. h. für die erzwungenen Schwingungen, den folgenden Ansatz wählen

$$x = \hat{x}\cos(\Omega t + \varphi) \; . \tag{2.10}$$

Die Schwingungsantwort x unterscheidet sich von der harmonischen Schwingungserregung F nur in zwei Punkten, und zwar in der Schwingungsamplitude und im Nullphasenwinkel. Die Differenz der beiden Nullphasenwinkel von x und F wird Phasenverschiebung φ genannt und ist in unserem Fall gleich dem Nullphasenwinkel von x, da wir Gleichung (2.3b) gemäß den Nullphasenwinkel von F null gesetzt haben. In

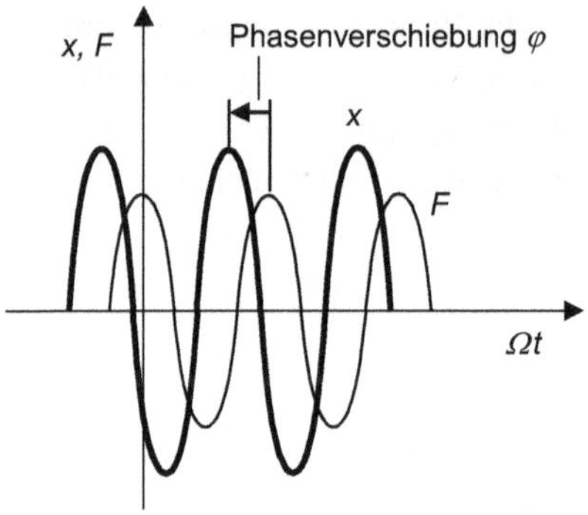

Abb. 2.9: Definition des Phasenverschiebungswinkels.

Abb. 2.9 ist ein positiver Phasenverschiebungswinkel dargestellt. Wie wir später sehen werden, ist der Phasenverschiebungswinkel beim Einmassenschwinger kleiner oder gleich null. Das bedeutet, dass anders als in Abb. 2.9 die Erregerkraft der Schwingungsantwort x vorauseilt bzw. die Antwort der Erregung nacheilt.

Da eine komplexe Zahl einen Betrag und ein Argument besitzt, ist sie offensichtlich Trägerin von zwei Informationen. Deswegen eignet sie sich auch ausgezeichnet, um die beiden unbekannten Größen Schwingungsamplitude und Phasenverschiebungswinkel in einer einzigen komplexen Zahl oder in einem sogenannten Zeiger zu verpacken und damit die Schreibarbeit auf die Hälfte zu reduzieren. Diese Vorgehensweise ist in der komplexen Wechselstromrechnung in der Elektrotechnik gebräuchlich und wird ebenso in der mechanischen Schwingungslehre angewendet. Statt der reellen Anregungsfunktion (2.3) betrachten wir daher die komplexe Anregung

$$\hat{F}e^{i(\Omega t)}$$

mit der imaginären Einheit i, sodass wir aus (2.4) die Differenzialgleichung

$$m\ddot{X} + d\dot{X} + cX = \hat{F}e^{i(\Omega t)} \tag{2.11}$$

erhalten. Die zugehörige Partikulärlösung X ist nun ebenfalls komplex. Da aber die reelle Anregung (2.3) gleich dem Realteil der komplexen Anregung ist und die Differenzialgleichung linear ist, kann x aus X durch Bildung des Realteils ermittelt werden

$$x = \mathrm{Re}\,\{X\}\ . \tag{2.12}$$

Analog zu dem Ansatz (2.10) für die reelle Partikulärlösung x können wir für die komplexe Partikulärlösung X den Ansatz

$$X = \hat{x}e^{i(\Omega t+\varphi)}$$

wählen. Die reelle Amplitude und den Phasenverschiebungswinkel fassen wir nun in einer einzigen komplexen Zahl, der sogenannten komplexen Amplitude, auch als Zeiger bezeichnet, zusammen

$$\hat{X} = \hat{x}e^{i\varphi}\ . \tag{2.13a}$$

Der Ansatz für X ist also darstellbar als komplexe Amplitude multipliziert mit einer komplexen Exponentialfunktion

$$X = \hat{X}e^{i(\Omega t)} \,. \tag{2.13b}$$

Einsetzen in Differenzialgleichung (2.11) liefert

$$(-m\Omega^2 + di\Omega + c)\hat{X}e^{i(\Omega t)} = \hat{F}e^{i(\Omega t)} \,.$$

Hieraus lässt sich der Frequenzgang ermitteln, der gleich dem Quotienten der komplexen Amplitude der Schwingungsantwort und der (im Allgemeinen komplexen) Amplitude der Schwingungserregung ist

$$H(i\Omega) = \frac{\hat{X}}{\hat{F}} \tag{2.14a}$$

bzw. mit Gleichung (2.13a)

$$H(i\Omega) = \frac{\hat{x}}{\hat{F}}e^{i\varphi} \,. \tag{2.14b}$$

Für den Einmassenschwinger erhalten wir

$$H(i\Omega) = \frac{1}{(c - m\Omega^2) + id\Omega} \,. \tag{2.15}$$

Der Frequenzgang ist eine komplexwertige Funktion der Erregerkreisfrequenz und daher als komplexe Zahl Träger von zwei Informationen, die sich hinter dem Betrag und dem Argument verbergen. Der Betrag des Frequenzgangs wird Amplituden(frequenz)gang genannt

$$A(\Omega) = |H(i\Omega)| \tag{2.16a}$$

und gibt nach (2.14b) offensichtlich das Amplitudenverhältnis von reeller Schwingungsantwort und Schwingungserregung in Abhängigkeit der Erregerfrequenz an

$$A(\Omega) = \frac{\hat{x}}{\hat{F}} \,. \tag{2.16b}$$

Das Argument des Frequenzgangs, d. h. der Wert der Winkelkoordinate bei Polarkoordinatendarstellung des Frequenzgangs in der Ebene der komplexen Zahlen, ist in Abhängigkeit der Erregerfrequenz gleich dem Phasen(frequenz)gang und nach Gleichung (2.14b)

$$\arg(H(i\Omega)) = \varphi(\Omega) \,. \tag{2.17}$$

Er gibt die Frequenzabhängigkeit der Phasenverschiebung φ zwischen Schwingungsantwort x und Erregerkraft F an.

Der Frequenzgang setzt sich aus Amplituden- und Phasengang zusammen

$$H(i\Omega) = A(\Omega)e^{i\varphi(\Omega)} \tag{2.18}$$

und beinhaltet daher die Frequenzabhängigkeit sowohl der Antwortamplituden als auch der Phasenverschiebung zwischen Schwingungsantwort und Erregung.

Für den Einmassenschwinger erhalten wir aus Gleichung (2.15)

$$H(i\Omega) = \frac{\frac{1}{c}}{\left(1 - \frac{\Omega^2}{\frac{c}{m}}\right) + i\frac{d}{c}\Omega} .$$

Aus Gleichung (2.6) folgt

$$\frac{d}{c} = 2D\omega_0\frac{m}{c}$$

und daraus mit Gleichung (2.5)

$$\frac{d}{c} = \frac{2D}{\omega_0} .$$

Setzen wir dieses Ergebnis zusammen mit Gleichung (2.5) in den Ausdruck für den Frequenzgang ein, so ergibt sich unter Verwendung der Abkürzung η

$$\eta = \frac{\Omega}{\omega_0} \tag{2.19}$$

für das Frequenzverhältnis der Frequenzgang zu

$$H = \frac{\frac{1}{c}}{(1-\eta^2) + i2D\eta} . \tag{2.20}$$

Amplituden- und Phasengang des krafterregten Einmassenschwingers lauten also

$$A = \frac{\frac{1}{c}}{\sqrt{(1-\eta^2)^2 + (2D\eta)^2}} , \tag{2.21}$$

$$\varphi = -\arctan\left(\frac{2D\eta}{1-\eta^2}\right) . \tag{2.22}$$

In der Schwingungslehre wird der Amplitudengang oft normiert und man verwendet die Bezeichnung Vergrößerungsfunktion V, wobei

$$V = cA .$$

Die Vergrößerungsfunktion für einen einfachen Schwinger mit harmonischer Krafterregung ist daher

$$V(\eta) = \frac{1}{\sqrt{(1-\eta^2)^2 + (2D\eta)^2}} . \tag{2.23a}$$

Sie lässt sich interpretieren als Verhältnis von reeller Amplitude der Schwingungsantwort zur statischen Auslenkung x_{stat}

$$V = \frac{\hat{x}}{x_{\text{stat}}} . \tag{2.23b}$$

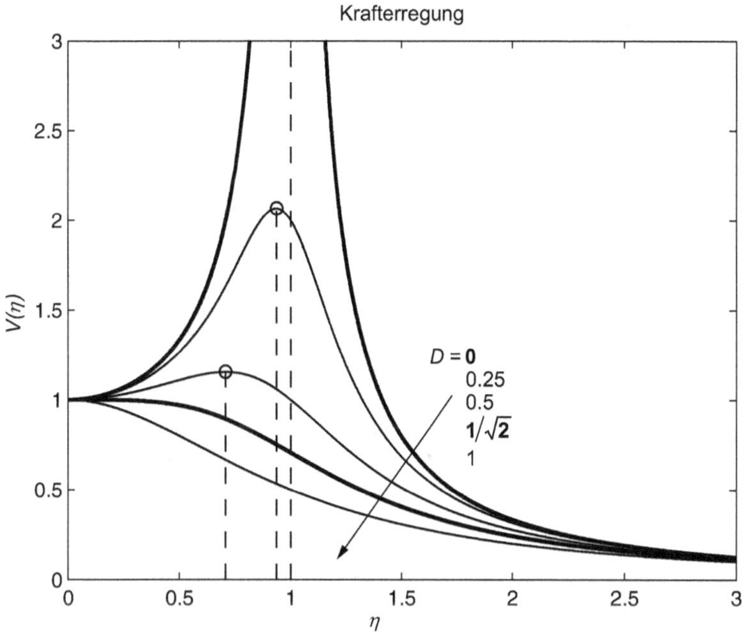

Abb. 2.10: Vergrößerungsfunktion *V* für Krafterregung.

Mit statischer Auslenkung ist hier die Auslenkung gemeint, die durch eine statische Kraft von der Größe der Erregerkraftamplitude $\hat{F}$ verursacht wird

$$x_{\text{stat}} = \frac{\hat{F}}{c}\,. \tag{2.23c}$$

In Abb. 2.10 ist die Vergrößerungsfunktion in Abhängigkeit des Frequenzverhältnisses für verschiedene Werte des Dämpfungsgrades D grafisch dargestellt. Je nach Größe von D können unterschiedliche Phänomene beobachtet werden.

Beim ungedämpften System mit $D = 0$ werden die Schwingungsamplituden bei $\eta = 1$ bzw. $\Omega = \omega_0$ unendlich groß. Da in der Praxis große Schwingungsamplituden zu einer Zerstörung des schwingenden Systems führen würden, wird der Begriff der Resonanzkatastrophe in diesem Zusammenhang verwendet.

Liegt der Dämpfungsgrad in dem Intervall $0 < D < 1/\sqrt{2}$, so hat die Vergrößerungsfunktion ein Maximum bei

$$\eta_{\max} = \sqrt{1 - 2D^2}\,.$$

Wir sprechen von Resonanzüberhöhung. Die entsprechende Erregerkreisfrequenz, die zu diesen im Verhältnis zur Erregerkraftamplitude maximalen Schwingungsausschlägen führt, heißt Resonanzkreisfrequenz

$$\omega_r = \omega_0 \sqrt{1 - 2D^2}\,. \tag{2.24}$$

Es sei darauf hingewiesen, dass die Resonanzkreisfrequenz des ungedämpften Systems mit der Eigenkreisfrequenz des ungedämpften Systems ω_0 übereinstimmt. Die Resonanzkreisfrequenz des gedämpften Systems ω_r unterscheidet sich aber von der Eigenkreisfrequenz des gedämpften System ω_e (vgl. Gleichung (2.8)). Bei kleinen Dämpfungen ist dieser Unterschied aber nur gering.

Bei großer Dämpfung $D \geq 1/\sqrt{2}$ tritt keine Resonanzüberhöhung auf.

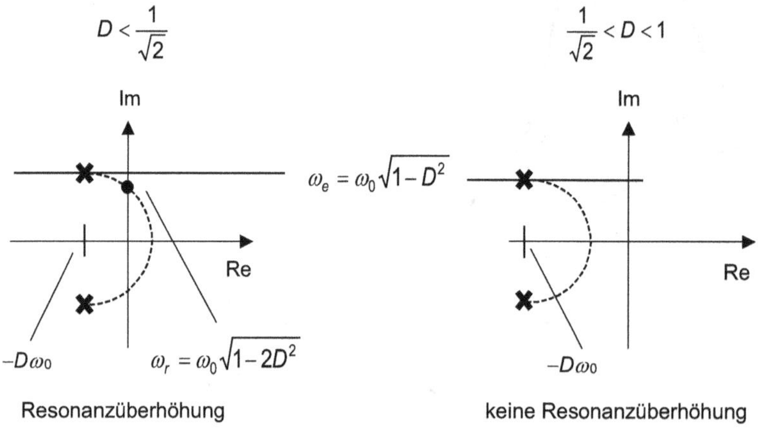

Abb. 2.11: Lage der Pole bei unterkritischer Dämpfung.

Wann Resonanzüberhöhung auftritt und wann nicht, lässt sich gut an der Lage der Pole in der komplexen Ebene erkennen. Schneidet der in Abb. 2.11 dargestellte Kreis, auf dem die Pole diametral liegen, die Imaginärachse, so tritt Resonanzüberhöhung auf [34]. Der Wert der Resonanzkreisfrequenz ergibt sich aus dem Schnittpunkt des Kreises mit der positiven Imaginärachse. Man erkennt, dass bei gedämpften Systemen die Resonanzkreisfrequenz kleiner ist als die Eigenkreisfrequenz, die gleich dem positiven Imaginärteil des einen Pols ist. Es wird auch deutlich, dass beim ungedämpften System, bei dem beide Pole auf der Imaginärachse liegen, Resonanz- und Eigenfrequenz übereinstimmen.

Wir können das Verhalten des linearen Einmassenschwingers folgendermaßen beschreiben: Bei kleinen Dämpfungen reagiert der Schwinger auf Erregungen im Bereich der Resonanzfrequenz sehr empfindlich, d. h. mit großen Schwingungsamplituden. Bei Erregerfrequenzen, die wesentlich größer als die Resonanzfrequenz sind ($\eta > 3$), ist das System unempfindlich. Es antwortet mit kleinen Schwingungsamplituden. Insbesondere die Kurven ohne Resonanzüberhöhung zeigen das Verhalten eines Tiefpassfilters. Hohe Frequenzen werden „herausgefiltert“ und tiefe Frequenzen werden ohne Verstärkung „durchgelassen“, können also „passieren“.

Die Abhängigkeit der Phasenverschiebung von Frequenz und Dämpfung geht aus Abb. 2.12 hervor. Für gedämpfte Systeme ist die Phasenverschiebung negativ, und zwar

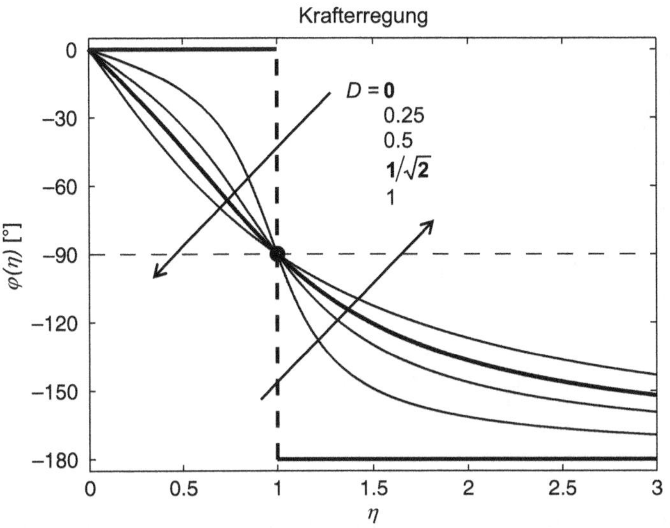

Abb. 2.12: Phasengang φ für Krafterregung.

für alle $\eta > 0$. Das heißt, dass die Antwort x des Schwingers auf die Kraftanregung F der Anregung nacheilt. Beim ungedämpften System ist für $\eta < 1$ die Phasenverschiebung null und für $\eta > 1$ ist sie gleich $-180°$. Unabhängig von der Dämpfung ist die Phasenverschiebung bei $\eta = 1$, wenn also Erregerfrequenz und Eigenfrequenz des ungedämpften Systems übereinstimmen, immer gleich $-90°$.

Insbesondere in der Regelungstechnik wird der Amplitudengang doppelt-logarithmisch aufgetragen. Das hat den Vorteil, dass dann das asymptotische Systemverhalten durch Geraden dargestellt werden kann. Für unseren einfachen Schwinger erhalten wir das asymptotische Verhalten für $\eta \to 0$

$$V \to 1 \quad \text{bzw.} \quad 20 \lg V \to 0\,\text{dB}$$

und für $\eta \to \infty$

$$V \to \frac{1}{\sqrt{\eta^4}} = \frac{1}{\eta^2} \quad \text{bzw.} \quad 20 \lg V \to 20 \lg(\eta^{-2}) = -40 \lg \eta\,.$$

Dieses Verhalten wird in Abb. 2.13 durch zwei Geraden abgebildet, und zwar eine horizontale Gerade für $\eta \to 0$ und eine Gerade mit einer Steigung von -40 dB pro Dekade für $\eta \to \infty$.

Als spektakuläres Beispiel für eine Resonanzkatastrophe wird häufig der Einsturz der Tacoma-Narrows-Brücke im US-Bundesstaat Washington im Jahre 1940 nach nur vier Monaten Betriebszeit genannt. Der Anregungsmechanismus bei diesem Beispiel ist aber nicht vergleichbar mit der eingeprägten Erregerkraft des hier betrachteten Einmassenschwingers. Bei der Tacoma-Narrows-Brücke handelte es sich um sogenannte selbsterregte Schwingungen. Die ungünstige Kopplung der Torsions- und

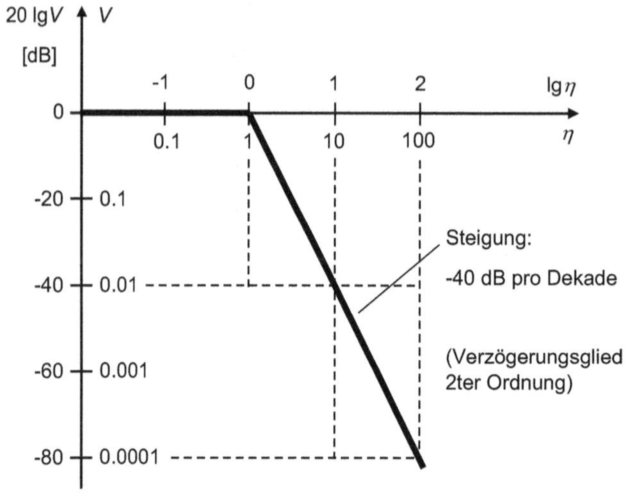

Abb. 2.13: Asymptotisches Verhalten der Vergrößerungsfunktion in doppelt-logarithmischer Darstellung.

Biegeschwingungen der Brücke führte zu Anstellwinkeln des Brückendecks in der seitlichen Windanströmung, die über die resultierenden Auf- bzw. Abtriebskräfte die Auf- und Ab-Schwingungen der Brücke jeweils verstärkten. Auf diese Weise wurde aus dem Wind ständig Energie in die Schwingung gepumpt. Man nennt derartige Schwingungen Flatterschwingungen. Diese treten immer wieder auch bei Hochspannungsleitungen in den kalten Wintern Kanadas auf. Dann vereisen die Leitungen, wodurch ihr Querschnitt ein Profil erhält, das bei entsprechenden Anstellwinkeln im Wind die Entstehung der beschriebenen Auf- und Abtriebskräfte begünstigt. Gezielt eingesetzt werden selbsterregte Schwingungen zum Beispiel in mechanischen Uhrwerken. Hier geben sie den Zeittakt vor. Das schwingende Bauteil ist die Unruh oder ein Pendel. Als Energiereservoir dienen eine Aufzugsfeder oder Gewichte bei der Pendeluhr. Der Selbsterregungsmechanismus, der die Energieentnahme steuert und mit der Schwingung koppelt, wird durch die Hemmung realisiert. Die Energiezufuhr ist notwendig, um die Schwingung trotz der vorhandenen Dämpfung und Reibung aufrechtzuerhalten. Selbsterregte Schwingungen werden in diesem Buch nicht weiter behandelt. Wir wollen nun das Phänomen der Resonanz anhand des viel einfacher zu verstehenden Beispiels der Schaukelschwingung (Abb. 2.14) betrachten.

Bei einer Schaukel (Abb. 2.14) mag man sich die Frage stellen, wie die Amplitude der Schaukelschwingung möglichst rasch vergrößert werden kann. Wir stellen uns eine ungedämpfte Schaukel vor, die bereits Eigenschwingungen ausführt und auf die wir nun mit einer Kraft einwirken dürfen, um die Amplitude zu vergrößern. Es ist offensichtlich, dass die Kraft in denjenigen Zeitintervallen relativ groß werden sollte, in denen auch die Schaukelgeschwindigkeit groß ist. Dann wäre die Leistung groß und man wäre in der Lage, der Schaukel eine große Energiemenge zuzuführen. Die

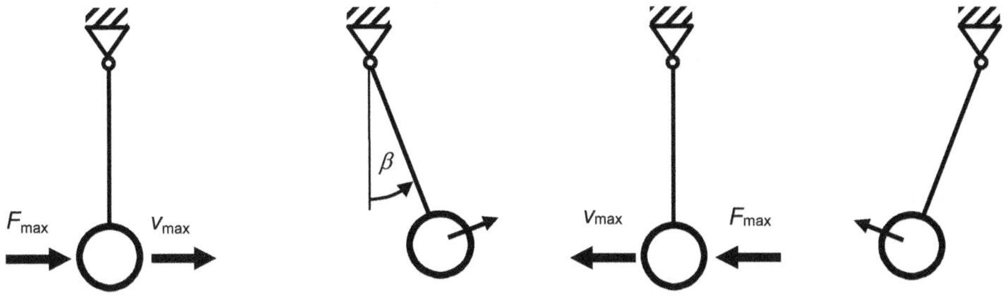

Abb. 2.14: Aufklingende Schaukelschwingung.

Geschwindigkeit v der Schaukel wird in den Nulllagen $\beta = 0$ (unterer Totpunkt) betragsmäßig maximal. Hier sollte also auch die maximale Kraft wirken. Damit die Kraft nicht nur einmalig, sondern bei jedem Passieren der Nulllage maximal wird, muss der Takt der Krafteinwirkung mit dem der Schaukel eigenen Schwingungstakt übereinstimmen. Die Erregerfrequenz ist daher gleich der Eigenfrequenz ($\eta = 1$) zu wählen, um ein rasches Aufklingen der Schwingung zu ermöglichen. Wir verstehen also, warum die Resonanzfrequenz beim ungedämpften System gleich der Eigenfrequenz ist.

Damit die Leistung der Kraft auch wirklich positiv ist, d. h. der Schaukel Energie zugeführt und nicht entnommen wird, muss jetzt nur noch gefordert werden, dass die Kraft die gleiche Richtung wie die Geschwindigkeit hat. Die Phasenlagen von Kraft und Schwingung sind entsprechend aufeinander abzustimmen. Die Schaukelgeschwindigkeit ergibt sich aus der Zeitableitung $\dot{\beta}$ der Winkelauslenkung β. Die Kraft sollte also positiv bei positivem $\dot{\beta}$ und negativ bei negativem $\dot{\beta}$ sein. Bei Annahme einer harmonischen Erregerkraft erhalten wir somit die in Abb. 2.15 dargestellte Phasenlage von β und F. Nun wird plausibel, dass bei einer rasch aufklingenden Schwingung, d. h. bei $\eta = 1$, die Phasenverschiebung von β gegenüber F exakt $\varphi = -90°$ be-

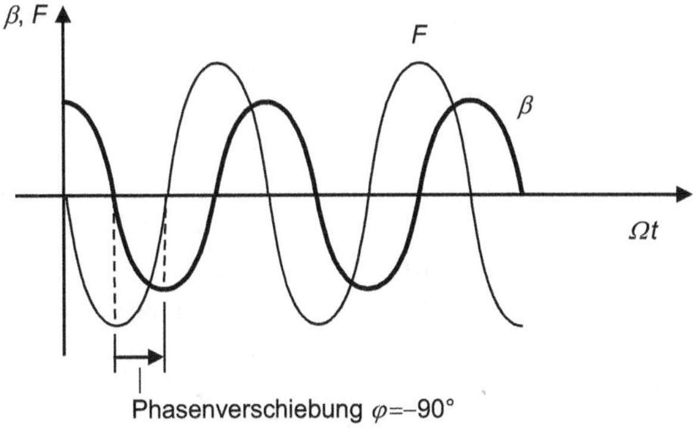

Abb. 2.15: Phasenverschiebung bei $\eta = 1$.

trägt. Das haben wir durch Berechnung des Phasengangs (vgl. Abb. 2.12) zwar bereits mathematisch gezeigt. Es ist aber mit diesem Beispiel vielleicht besser intuitiv zu verstehen.

Einfreiheitsgradschwinger und Zeigerdiagramme

Wie in der Elektrotechnik können wir bei harmonischer Erregung linearer Systeme, anstatt lineare Differenzialgleichungen mathematisch formal zu lösen, auch mit Zeigerdiagrammen arbeiten. Die Längen der Zeiger repräsentieren die Amplituden von Auslenkung bzw. Kräften und die Winkellagen in der komplexen Ebene der Zeiger entsprechen den Nullphasenwinkeln der zugehörigen harmonischen Größen.

Bei der Herleitung des Frequenzgangs (2.15) sind wir schon auf folgende Beziehung gestoßen

$$\hat{F} + m\Omega^2\hat{X} - id\Omega\hat{X} - c\hat{X} = 0\,.$$

Diese Gleichung repräsentiert das dynamische Kräftegleichgewicht

$$\hat{F} + \hat{F}_\mathrm{T} + \hat{F}_\mathrm{D} + \hat{F}_\mathrm{F} = 0\,, \tag{2.25}$$

wobei die einzelnen Summanden als Zeiger $\hat{F}$ der äußeren Kraft, Zeiger der Trägheitskraft

$$\hat{F}_\mathrm{T} = m\Omega^2\hat{X}\,, \tag{2.26}$$

Zeiger der Dämpfungskraft

$$\hat{F}_\mathrm{D} = -id\Omega\hat{X} \tag{2.27}$$

und Zeiger der Federkraft

$$\hat{F}_\mathrm{F} = -c\hat{X} \tag{2.28}$$

in der komplexen Ebene grafisch dargestellt werden können. Dem dynamischen Kräftegleichgewicht entspricht in der Elektrotechnik die Maschengleichung für die elektrischen Spannungen.

Mit dem Vorwissen (Abb. 2.12) über die Phasenverschiebung φ zwischen Erregerkraft (Zeiger $\hat{F}$) und Auslenkung (Zeiger $\hat{X}$) können wir die drei Fälle $\eta < 1$ mit $\varphi \in]-90°;0]$, $\eta > 1$ mit $\varphi \in [-180°;-90°[$ und $\eta = 1$ mit $\varphi = -90°$ unterscheiden, für die in Abb. 2.16 die Zeigerdiagramme qualitativ dargestellt sind.

Im Kontext der Zeigerdiagramme hat die Schwingungsantwort $\hat{X}$ die Bedeutung eines Skalierungsfaktors, mit dem die Zeiger der auf die Schwingungsamplitude bezogenen Feder-, Dämpfer- und Trägheitskraft $-c$, $-id\Omega$, $m\Omega^2$ skaliert werden müssen, sodass bei gegebener Erregerkraftamplitude ein geschlossenes Zeigerdiagramm entsteht. Im Fall ungedämpfter Schwingungen ist dieser Skalierungsfaktor reell, sonst komplex.

Aus der grafischen Darstellung (Abb. 2.16) ergibt sich ein Zusammenhang zwischen den drei Intervallen für die Phasenverschiebung und dem Größenverhältnis von Feder- und Trägheitskraft. Falls die Phasenverschiebung in dem Intervall $\varphi \in]-90°;0]$

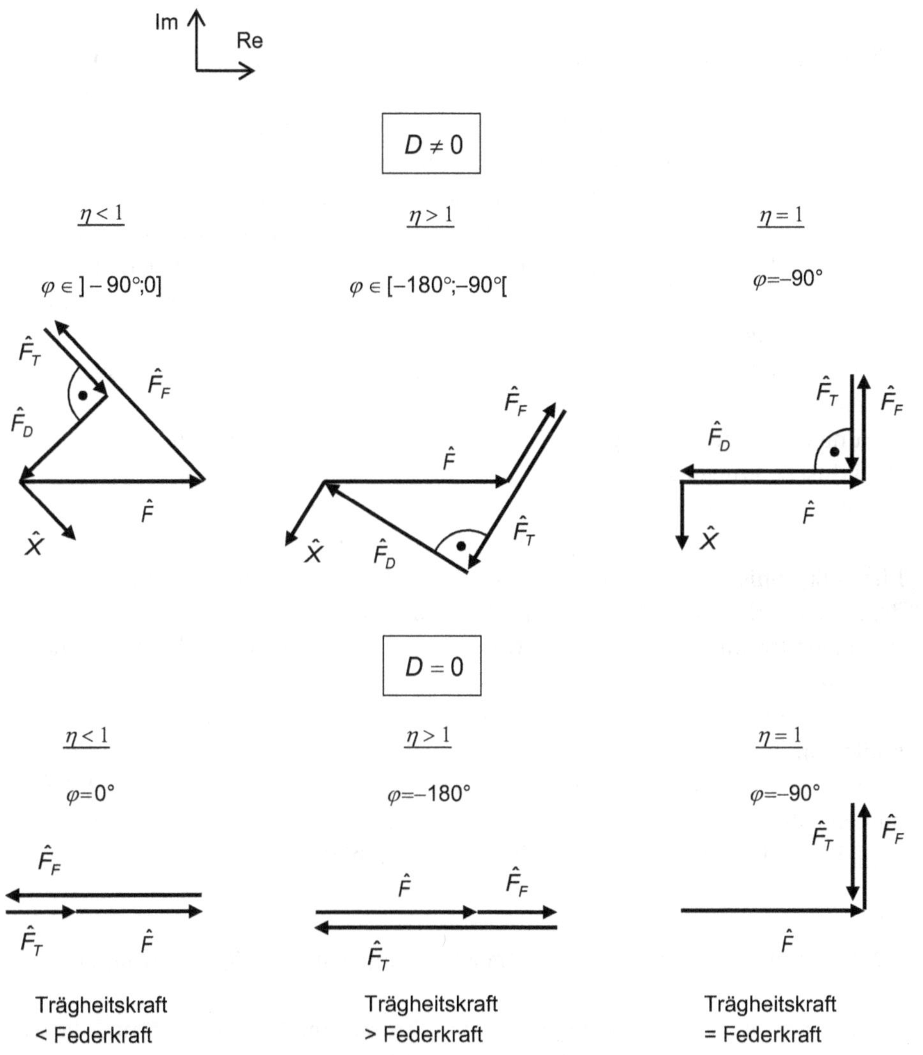

Abb. 2.16: Zeigerdiagramme für die krafterregte Schwingung.

liegt, muss die Federkraft größer als die Trägheitskraft sein. Liegt die Phasenverschiebung in dem Intervall $\varphi \in [-180°; -90°[$, muss umgekehrt die Trägheitskraft größer als die Federkraft sein, und bei $\varphi = -90°$ sind beide Kräfte notwendigerweise gleich groß. Andernfalls wäre man nicht in der Lage, jeweils geschlossene Kraftpolygone zu konstruieren, die aufgrund des dynamischen Kräftegleichgewichts vorliegen müssen.

Wir können den Sachverhalt auch andersherum formulieren. Ist die Federkraft größer als die Trägheitskraft, so ergeben sich für die Phasenverschiebung automatisch die Intervallgrenzen −90°; 0, und bei umgekehrtem Größenverhältnis von Feder- und Trägheitskraft folgen für die Phasenverschiebung die Grenzen −180°; −90°.

Im Resonanzfall des ungedämpften Systems ($D = 0$, $\eta = 1$) ist es allerdings nicht möglich, ein geschlossenes Kraftpolygon bei vorhandener Erregerkraftamplitude zu zeichnen. Dies bedeutet, dass das dynamische Kräftegleichgewicht bei Annahme stationärer Amplituden nicht erfüllt werden kann. Im Umkehrschluss existiert also keine zeitlich konstante Amplitude. Trägheitskraft und Federkraft sind schon für sich im Gleichgewicht. Jede noch so kleine Erregerkraft stört dieses Gleichgewicht und führt zu einer aufklingenden Schwingung, und genau das wissen wir bereits vom Fall der Resonanzkatastrophe.

Wir können nun das Größenverhältnis von Feder- und Trägheitskraft auch in direktem Zusammenhang zum Frequenzverhältnis η stellen:
- unterkritische Erregung $\eta < 1$ ⇒ Trägheitskraft < Federkraft,
- kritische Erregung $\eta = 1$ ⇒ Trägheitskraft = Federkraft,
- überkritische Erregung $\eta > 1$ ⇒ Trägheitskraft > Federkraft.

Dieses Ergebnis hat durchaus eine gewisse Ähnlichkeit zur Strömungsmechanik, bei der man unterkritische Strömungszustände (laminar) von überkritischen Strömungszuständen (turbulent) unterscheidet. Analog zu η dient in der Strömungsmechanik die Reynolds-Zahl Re als Indikator des Strömungszustandes.

Physikalisch gibt die Re-Zahl das Größenverhältnis von Trägheits- zu Reibungskräften an. Bei kleinen Re-Zahlen sind die Reibungskräfte gegenüber den Trägheitskräften dominant, und es liegt eine laminare Strömung vor. Bei großen Re-Zahlen dominieren die Trägheitskräfte. Die Strömung ist turbulent. Die kritische Reynolds-Zahl $\mathrm{Re}_{\mathrm{krit}}$ kennzeichnet den laminar-turbulenten Umschlag.

2.2.2 Degeneration des Zeigerdiagramms bei ungedämpften Eigenschwingungen

Bei ungedämpften Eigenschwingungen sind Erreger- und Dämpferkraft null. Es wirken nur Feder- und Trägheitskraft. Für einen beliebigen Wert der Kreisfrequenz ω sind die Trägheits- und Federkraft in der Regel nicht im dynamischen Gleichgewicht. Bei festen Werten von Masse und Federsteifigkeit existiert nur ein einziger Wert der Kreisfrequenz, bei dem ein dynamisches Gleichgewicht besteht, d. h. Feder- und Trägheitskraft sind betragsmäßig gleich groß. Wir können ihn als Skalierungsfaktor aus dem in Abb. 2.17 dargestellten Zeigerdiagramm ablesen. Es ist die Eigenkreisfrequenz des ungedämpften Systems $\omega_0 = \sqrt{c/m}$.

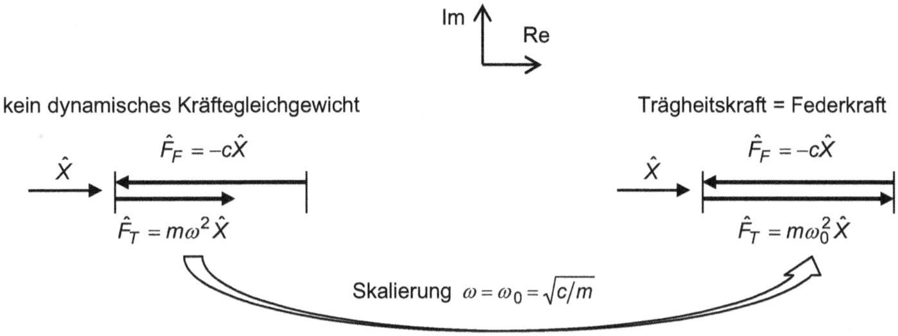

Abb. 2.17: Zeigerdiagramm für ungedämpfte Eigenschwingungen.

2.2.3 Wegerregung

Wir wollen den gleichen Einmassenschwinger wie in Abschnitt 2.2.1 betrachten. Diesmal werde er aber durch eine sogenannte Wegerregung zu Schwingungen angeregt. Dies bedeutet, dass die Lage u des Fußpunkts von Feder und Dämpfer in Abhängigkeit der Zeit vorgegeben wird (Abb. 2.18). Die Schwingungsdifferenzialgleichung lautet

$$m\ddot{x} + d\dot{x} + cx = cu + d\dot{u} \,. \tag{2.29a}$$

Bei einem harmonischen Weg-Zeit-Gesetz für die Fußpunkterregung

$$u(t) = \hat{u}\cos(\Omega t) \tag{2.29b}$$

wird die rechte Seite der Differenzialgleichung durch den Zeiger

$$(c + id\Omega)\hat{u}$$

repräsentiert.

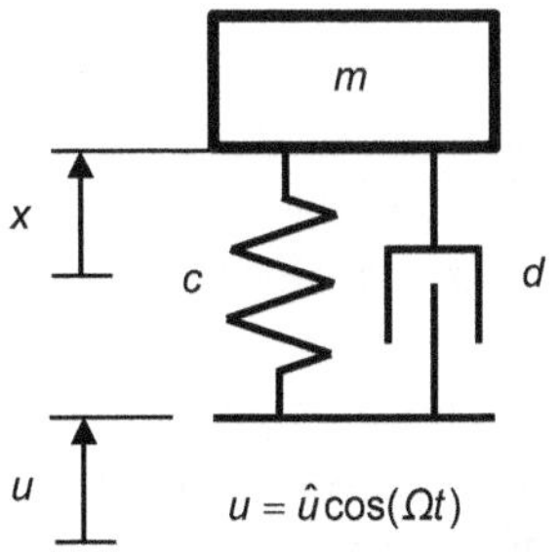

Abb. 2.18: Wegerregte Schwingung.

Substituieren wir also beim Frequenzgang des krafterregten Systems (2.14a) den Zeiger $\hat{F}$ durch $(c + id\Omega)\hat{u}$, so erhalten wir

$$\frac{\hat{X}}{\hat{u}} = (c + id\Omega)H$$

$$\Rightarrow \frac{\hat{X}}{\hat{u}} = (1 + i\frac{d}{c}\Omega)cH$$

$$\Rightarrow \frac{\hat{X}}{\hat{u}} = (1 + i2D\eta)cH \,.$$

Mit der Definition des Frequenzgangs H_1 des wegerregten Systems

$$H_1 = \frac{\hat{X}}{\hat{u}} \tag{2.30a}$$

ist also

$$H_1 = (1 + i2D\eta)cH \tag{2.30b}$$

und damit die entsprechende Vergrößerungsfunktion

$$V_1 = |H_1| \,,$$

$$V_1 = \frac{\hat{x}}{\hat{u}} \,,$$

$$V_1(\eta) = V(\eta)\sqrt{1 + (2D\eta)^2} \,, \tag{2.31a}$$

$$V_1(\eta) = \frac{\sqrt{1 + (2D\eta)^2}}{\sqrt{(1 - \eta^2)^2 + (2D\eta)^2}} \,. \tag{2.31b}$$

Der Phasengang ergibt sich zu

$$\varphi_1 = \arg(H_1)$$

mit

$$\arg(H_1) = \arg(1 + i2D\eta) + \arg(H) \,,$$

also

$$\varphi_1(\eta) = \varphi(\eta) + \arctan(2D\eta) \,. \tag{2.32}$$

Für das ungedämpfte System stimmen Vergrößerungsfunktion und Phasengang mit denen des Systems mit Krafterregung überein. Das liegt daran, dass der Term $d\dot{u}$ auf der rechten Seite der Differenzialgleichung wegfällt und der Term cu einer Krafterregung mit der konstanten Kraftamplitude $\hat{F} = c\hat{u}$ entspricht.

Für das gedämpfte System unterscheiden sich Vergrößerungsfunktion und Phasengang von denen des Systems mit Krafterregung. Da $\varphi \to -180°$ und $\arctan(2D\eta) \to 90°$ für $\eta \to \infty$, liegt folgendes asymptotisches Verhalten von φ_1 vor

$$\lim_{\eta\to\infty} \varphi_1(\eta) = -90° \,,$$

wie auch aus Abb. 2.20 hervorgeht.

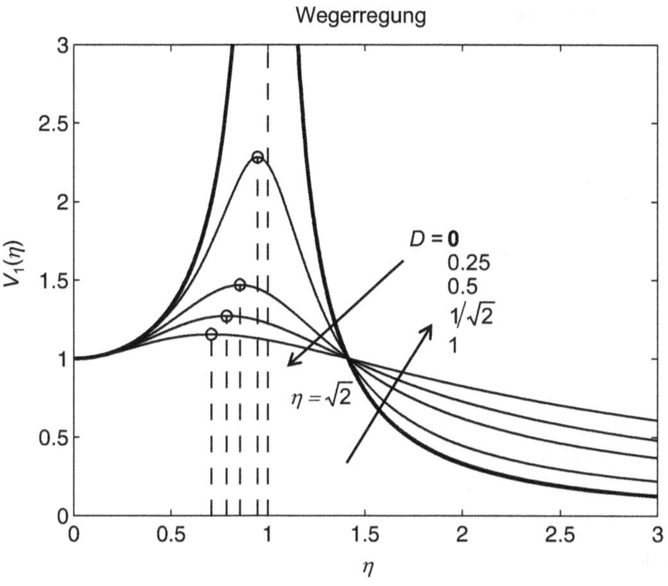

Abb. 2.19: Vergrößerungsfunktion V_1 des wegerregten Einfreiheitsgradschwingers.

Beim System mit Wegerregung gibt es eine Resonanzüberhöhung für alle Werte von $D > 0$ (Abb. 2.19), nicht nur für $D < 1/\sqrt{2}$ wie beim System mit Krafterregung. Das Maximum befindet sich an der Stelle

$$\eta_{\max} = \frac{1}{2D}\sqrt{\sqrt{1 + 8D^2} - 1} \quad .$$

Die Kurven $V_1(\eta)$ für kleine Dämpfungen liegen über denen für große Dämpfungen, allerdings nur in dem Bereich $\eta < \sqrt{2}$. Für $\eta > \sqrt{2}$ ist es genau umgekehrt.

Beispiel für Wegerregung: Fahrzeug-Hubschwingungen

Das einfachste mechanische Modell zur Beschreibung der Hubschwingungen eines Fahrzeugs, die über eine wellige Fahrbahn angeregt werden, ist der wegerregte Einfreiheitsgradschwinger, für den die Vergrößerungsfunktion $V_1(\eta)$ relevant ist.

Bei Konstantfahrt über lange Bodenwellen, wie sie zum Beispiel bei Autobahnen vorkommen können, ist die Erregerkreisfrequenz Ω und damit das Frequenzverhältnis η tendenziell klein. Wir befinden uns dann im linken Teil des Diagramms η-V_1. Bei kurzen Bodenwellen oder Querrillen, die in geringem Abstand aufeinanderfolgen, sind Ω und η eher groß. In diesem Fall ist der rechte Teil des Diagramms η-V_1 relevant.

Da die Amplitude der Fahrzeug-Aufbauschwingungen beim Überfahren von Bodenwellen aus Gründen des Fahrkomforts klein sein soll, ist die Fahrwerksfedersteifigkeit und -dämpfung so zu wählen, dass bei allen Bodenwellen V_1 nicht zu groß wird. Wie man aus dem Diagramm in Abb. 2.21 erkennt, müsste daher bei langen Bo-

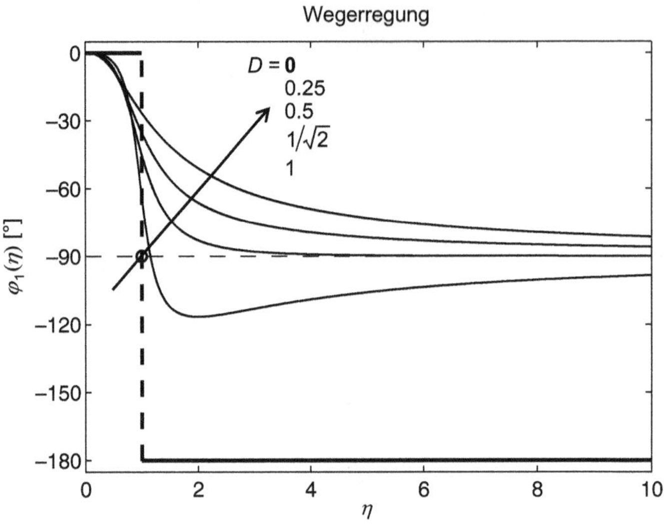

Abb. 2.20: Phasengang φ_1 des wegerregten Einfreiheitsgradschwingers.

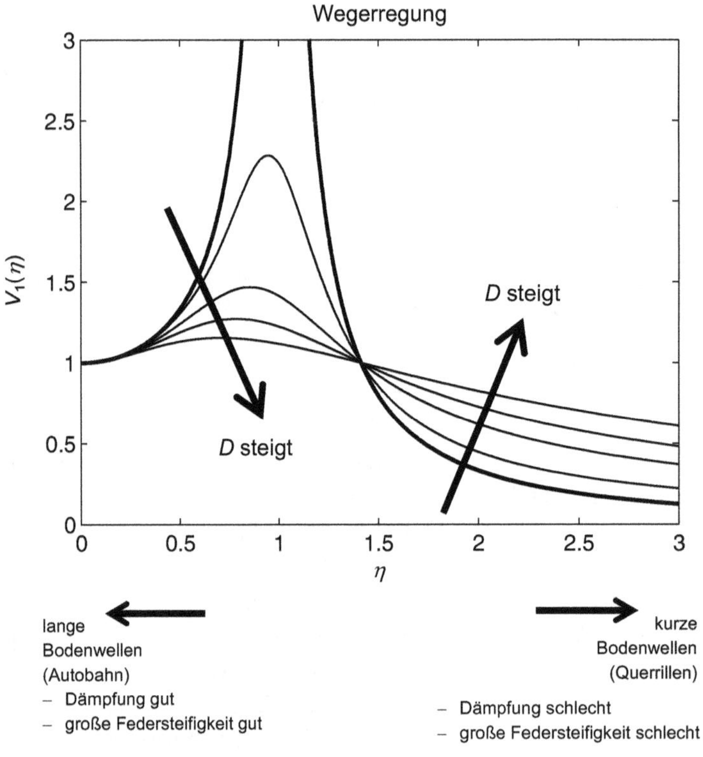

Abb. 2.21: Anwendung der Vergrößerungsfunktion V_1 auf Fahrzeug-Hubschwingungen.

denwellen die Dämpfung groß gewählt werden. Da außerdem in Richtung kleiner η auch V_1 klein wird und bei gegebener Erregerfrequenz das Frequenzverhältnis η nur durch Erhöhen der Eigenfrequenz weiter verringert werden kann, sollte man die Fahrwerkssteifigkeit bei langen Bodenwellen tendenziell groß wählen. Insgesamt ist also ein hart abgestimmtes Fahrwerk mit großer Dämpfung bei langen Bodenwellen vorteilhaft.

Aus dem Diagramm ist aber auch zu erkennen, dass bei kurzen Bodenwellen der Einfluss von Steifigkeit und Dämpfung negativ ist, also ein eher weiches Fahrwerk mit geringer Dämpfung komfortabel wäre. Alleine aus der Betrachtung der Fahrzeug-Hubschwingungen, ohne die vielen anderen Anforderungen an ein Fahrwerk zu berücksichtigen wie z. B. Kurvenstabilität usw., ist zu erkennen, dass bei einer so komplexen technischen Aufgabe wie der Fahrwerksauslegung immer Kompromisse eingegangen werden müssen. Je nach Zielkundenkreis können dann manche Auslegungskriterien stärker und andere schwächer gewichtet werden.

2.2.4 Unwuchterregung

Wir betrachten eine Maschine, deren Rotor eine Unwuchtmasse m_u im Abstand r von der Drehachse besitzt. Der Rotor laufe mit konstanter Winkelgeschwindigkeit Ω. Die Gesamtmasse der Maschine inklusive Unwuchtmasse sei m. Wir idealisieren die Maschine als Massenpunkt m_0 mit

$$m_0 = m - m_u ,$$

auf dem sich ein drehbar gelagerter Massenpunkt m_u befindet (Abb. 2.22). Der Massenpunkt m_0 ist wie beim Einmassenschwinger in Abb. 2.3 über eine Feder und einen parallel geschalteten Dämpfer gefesselt und kann vertikal schwingen. Der Massenpunkt m_u bewegt sich relativ zu m_0 mit konstanter Winkelgeschwindigkeit Ω auf einer

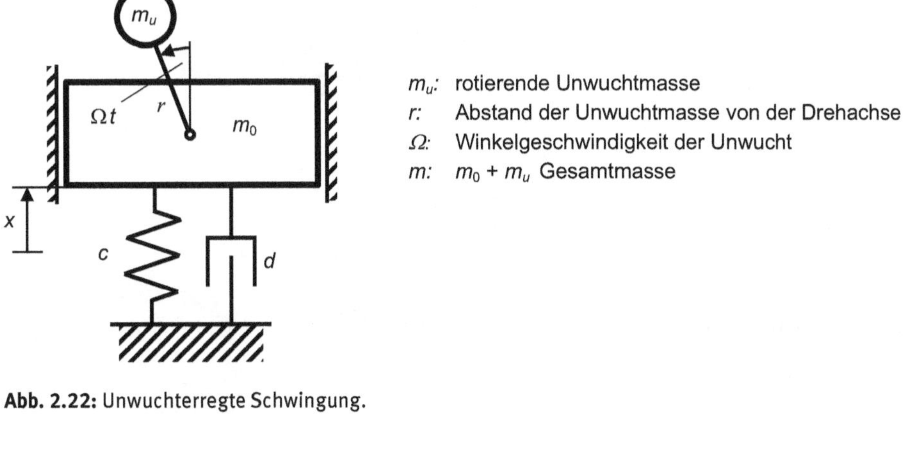

Abb. 2.22: Unwuchterregte Schwingung.

Kreisbahn mit Radius r. Für dieses System mit Unwuchterregung lautet die Schwingungsdifferenzialgleichung

$$m\ddot{x} + d\dot{x} + cx = m_\mathrm{u} r\Omega^2 \cos(\Omega t)\,. \tag{2.33}$$

Wir können also beim Frequenzgang des krafterregten Systems (2.14a) die Kraftamplitude $\hat{F}$ durch $m_\mathrm{u} r\Omega^2$ substituieren und erhalten

$$\frac{\hat{X}}{m_\mathrm{u} r} = \Omega^2 H$$

$$\Rightarrow \frac{\hat{X}}{m_\mathrm{u} r \frac{c}{m}} = \eta^2 H$$

$$\Rightarrow \frac{\hat{X}}{\frac{m_\mathrm{u} r}{m}} = \eta^2 cH\,.$$

Mit der Definition des Frequenzgangs H_2 des unwuchterregten Systems

$$H_2 = \frac{\hat{X}}{\frac{m_\mathrm{u} r}{m}} \tag{2.34a}$$

ist

$$H_2 = \eta^2 cH \tag{2.34b}$$

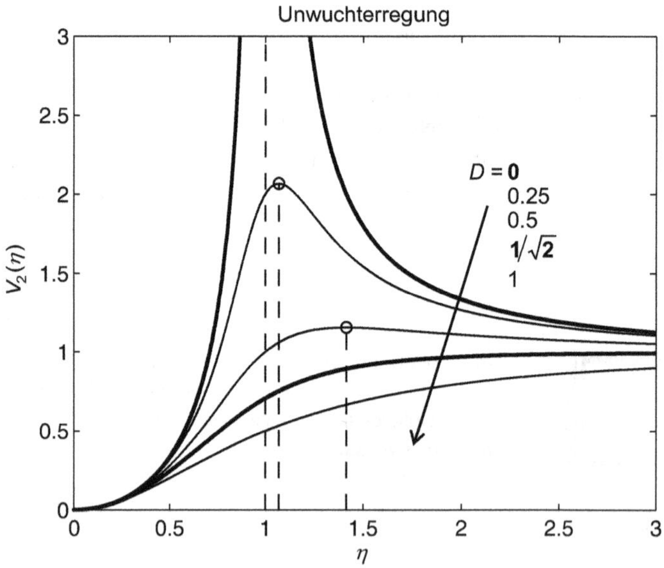

Abb. 2.23: Vergrößerungsfunktion V_2 des unwuchterregten Einfreiheitsgradschwingers.

und damit die entsprechende Vergrößerungsfunktion

$$V_2 = |H_2| \,,$$

$$V_2 = \frac{\hat{x}}{\frac{m_u r}{m}} \,,$$

$$V_2(\eta) = \eta^2 V(\eta) \,, \tag{2.35a}$$

$$V_2(\eta) = \frac{\eta^2}{\sqrt{(1-\eta^2)^2 + (2D\eta)^2}} \,. \tag{2.35b}$$

Resonanzüberhöhung tritt wie bei der Krafterregung nur für $D < 1/\sqrt{2}$ auf (Abb. 2.23). Die Resonanzstellen sind

$$\eta_{\max} = \frac{1}{\sqrt{1-2D^2}}$$

und unterscheiden sich von denen bei Krafterregung. Die Werte von V_2 an den Resonanzstellen sind aber die Gleichen wie bei Krafterregung.

Wegen (2.34b) gilt

$$\arg(H_2) = \arg(H)$$

und daher sind die Phasengänge bei Unwucht- und Krafterregung identisch

$$\varphi_2(\eta) = \varphi(\eta) \,. \tag{2.36}$$

3 Fourier-Reihe und Spektrum

Der französische Mathematiker und Physiker Jean Baptiste Joseph Fourier (1768–1830) hat 1822 gezeigt, dass periodische Signale aus einer Summe von Kosinusfunktionen zusammengesetzt werden können. Diese Summendarstellung einer periodischen Funktion nennen wir daher heute Fourier-Reihe.

Bei linearen Schwingungssystemen, bei denen das Superpositionsprinzip angewendet werden darf, können wir für jeden einzelnen Summanden der Fourier-Reihendarstellung einer periodischen Erregerkraft die zugehörige Teilschwingungsantwort berechnen, um die Gesamtschwingungsantwort als Summe der Teilschwingungsantworten anzugeben. Im Maschinenbau gibt es sehr viele Anwendungen, bei denen periodische Erregerkräfte auftreten. Daher kommt der kosinusförmigen Erregerkraft wie in Kapitel 2 bereits angesprochen eine besondere Bedeutung zu. Die Fourier-Reihe rechtfertigt also, dass wir in diesem Buch fast immer von kosinusförmigen Erregerkräften ausgehen. Aus diesem Grund werden wir an dieser Stelle die wesentlichen mathematischen Formeln zur Fourier-Reihe im Stil einer knappen Zusammenfassung angeben und ganz kurz auf den Begriff des Spektrums und die Definition der Fourier-Transformation eingehen. Für tiefergehende Betrachtungen wird auf die umfangreiche Literatur zur Signalanalyse verwiesen.

Für ein periodisches Signal mit der Periodendauer T_0 wie z. B. in Abb. 3.1 lautet die Fourier-Reihendarstellung

$$x(t) = x_0 + \sum_{k=1}^{\infty} \hat{x}_k \cos(k\Omega_0 t + \alpha_k) \tag{3.1}$$

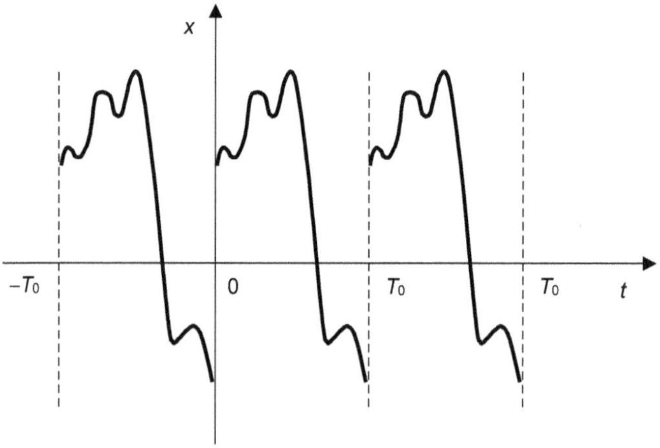

Abb. 3.1: Periodisches Signal.

DOI 10.1515/9783110465822-003

mit den reellen Koeffizienten x_0, $\hat{x}_k$, den reellen Nullphasenwinkeln α_k und mit der Grundkreisfrequenz

$$\Omega_0 = \frac{2\pi}{T_0} . \tag{3.2}$$

Die Kreisfrequenzen der in der Fourier-Reihe auftretenden Kosinusfunktionen sind ganzzahlige Vielfache der Grundkreisfrequenz, die sich Gleichung (3.2) gemäß aus der Periodendauer des Signals ergibt. Äquivalent zu Gleichung (3.1) ist

$$x(t) = \frac{b_0}{2} + \sum_{k=1}^{\infty} (a_k \sin(k\Omega_0 t) + b_k \cos(k\Omega_0 t)) \tag{3.3}$$

mit den reellen Koeffizienten

$$\frac{b_0}{2} = x_0, \quad a_k = -\hat{x}_k \sin\alpha_k, \quad b_k = \hat{x}_k \cos\alpha_k \tag{3.4}$$

oder die komplexe Darstellungsform

$$x(t) = \sum_{k=-\infty}^{\infty} \hat{X}_k e^{ik\Omega_0 t} \tag{3.5}$$

mit den Koeffizienten

$$\hat{X}_k = \begin{cases} x_0, & k = 0 \\ \frac{\hat{x}_k}{2} e^{i\alpha_k}, & k > 0 \\ \hat{X}^*_{-k}, & k < 0 \end{cases} , \tag{3.6}$$

wobei mit dem Symbol * die konjugiert Komplexe bezeichnet wird.

Die Fourier-Koeffizienten (3.6) können mithilfe der folgenden Formel berechnet werden

$$\hat{X}_k = \frac{1}{T_0} \int_{-\frac{T_0}{2}}^{\frac{T_0}{2}} x(t) e^{-ik\Omega_0 t} dt \tag{3.7}$$

mit k ganzzahlig. Der Beweis ist leicht geführt durch Multiplikation von Gleichung (3.5) mit

$$e^{-in\Omega_0 t} ,$$

wobei n eine ganze Zahl ist, und anschließende Zeitintegration über die Periodendauer

$$\int_{-\frac{T_0}{2}}^{\frac{T_0}{2}} x(t) e^{-in\Omega_0 t} dt = \sum_{k=-\infty}^{\infty} \hat{X}_k \cdot \int_{-\frac{T_0}{2}}^{\frac{T_0}{2}} e^{i(k-n)\Omega_0 t} dt .$$

Das Integral auf der rechten Seite ergibt für $n = k$

$$\int_{-\frac{T_0}{2}}^{\frac{T_0}{2}} dt = T_0$$

und für $n \neq k$

$$\int_{-\frac{T_0}{2}}^{\frac{T_0}{2}} e^{i(k-n)\Omega_0 t} dt = \left[\frac{e^{i(k-n)\Omega_0 t}}{i(k-n)\Omega_0} \right]_{-\frac{T_0}{2}}^{\frac{T_0}{2}} = \frac{e^{i(k-n)\pi} - e^{-i(k-n)\pi}}{i(k-n)\Omega_0} = 0\,,$$

womit Gleichung (3.7) bewiesen ist.

Berechnungsformeln für die reellen Fourier-Koeffizienten a_k, b_k können folgendermaßen gefunden werden. Aus Gleichung (3.6) erhalten wir

$$\hat{X}_k + \hat{X}_k^* = \hat{x}_k \frac{e^{i\alpha_k} + e^{-i\alpha_k}}{2}, \qquad k = 1, 2, \ldots$$

oder

$$\hat{X}_k + \hat{X}_k^* = \hat{x}_k \cos\alpha_k, \qquad k = 1, 2, \ldots$$

und somit wegen (3.4)

$$b_k = \hat{X}_k + \hat{X}_k^*, \qquad k = 0, 1, 2, \ldots\,. \tag{3.8a}$$

Aus Gleichung (3.6) ergibt sich auch

$$\hat{X}_k - \hat{X}_k^* = \hat{x}_k \frac{e^{i\alpha_k} - e^{-i\alpha_k}}{2}, \qquad k = 1, 2, \ldots$$

oder

$$\hat{X}_k - \hat{X}_k^* = i\hat{x}_k \sin\alpha_k, \qquad k = 1, 2, \ldots$$

und wegen (3.4)

$$a_k = \frac{\hat{X}_k - \hat{X}_k^*}{-i}, \qquad k = 1, 2, \ldots\,. \tag{3.8b}$$

Das Einsetzen von Gleichung (3.7) in Gleichung (3.8) liefert schließlich

$$b_k = \frac{1}{T_0} \int_{-\frac{T_0}{2}}^{\frac{T_0}{2}} x(t) e^{-ik\Omega_0 t} dt + \frac{1}{T_0} \int_{-\frac{T_0}{2}}^{\frac{T_0}{2}} x(t) e^{ik\Omega_0 t} dt, \qquad k = 0, 1, 2, \ldots\,,$$

$$b_k = \frac{2}{T_0} \int_{-\frac{T_0}{2}}^{\frac{T_0}{2}} x(t) \frac{e^{ik\Omega_0 t} + e^{-ik\Omega_0 t}}{2} dt, \qquad k = 0, 1, 2, \ldots\,,$$

$$b_k = \frac{2}{T_0} \int_{-\frac{T_0}{2}}^{\frac{T_0}{2}} x(t) \cos(k\Omega_0 t) dt, \qquad k = 0, 1, 2, \ldots \tag{3.9a}$$

und

$$a_k = \frac{1}{-iT_0} \int_{-\frac{T_0}{2}}^{\frac{T_0}{2}} x(t) e^{-ik\Omega_0 t} dt - \frac{1}{-iT_0} \int_{-\frac{T_0}{2}}^{\frac{T_0}{2}} x(t) e^{ik\Omega_0 t} dt, \quad k = 1, 2, \ldots ,$$

$$a_k = \frac{2}{iT_0} \int_{-\frac{T_0}{2}}^{\frac{T_0}{2}} x(t) \frac{e^{ik\Omega_0 t} - e^{-ik\Omega_0 t}}{2} dt, \quad k = 1, 2, \ldots ,$$

$$a_k = \frac{2}{T_0} \int_{-\frac{T_0}{2}}^{\frac{T_0}{2}} x(t) \sin(k\Omega_0 t) dt, \quad k = 1, 2, \ldots \tag{3.9b}$$

Da nach Gleichung (3.6)

$$\hat{X}_0 = x_0 \,,$$

ergibt Gleichung (3.7) für $k = 0$ den reellen Koeffizienten

$$x_0 = \frac{1}{T_0} \int_0^{T_0} x(t) dt \,, \tag{3.10a}$$

der offenbar gleich dem Mittelwert von $x(t)$ ist

$$x_0 = \bar{x} \,.$$

Die anderen reellen Koeffizienten der Fourier-Reihendarstellung (3.1) ergeben sich wegen Gleichung (3.4) aus

$$\hat{x}_k = \sqrt{a_k^2 + b_k^2}, \quad k = 1, 2, \ldots \tag{3.10b}$$

und die Nullphasenwinkel aus

$$\tan \alpha_k = -\frac{a_k}{b_k}, \quad k = 1, 2 \ldots . \tag{3.10c}$$

Für das in Abb. 3.2 dargestellte Rechtecksignal zum Beispiel erhalten wir nach Gleichung (3.7) die folgenden Koeffizienten der komplexen Fourier-Reihe (3.5)

$$\begin{aligned} \hat{X}_k &= \frac{1}{T_0} \int_{-\frac{T_0}{2}}^{\frac{T_0}{2}} x(t) e^{-ik\Omega_0 t} dt \\ &= \frac{\hat{x}}{T_0} \int_{-\frac{T_0}{4}}^{\frac{T_0}{4}} e^{-ik\Omega_0 t} dt - \frac{\hat{x}}{T_0} \int_{-\frac{T_0}{2}}^{-\frac{T_0}{4}} e^{-ik\Omega_0 t} dt - \frac{\hat{x}}{T_0} \int_{\frac{T_0}{4}}^{\frac{T_0}{2}} e^{-ik\Omega_0 t} dt \end{aligned}$$

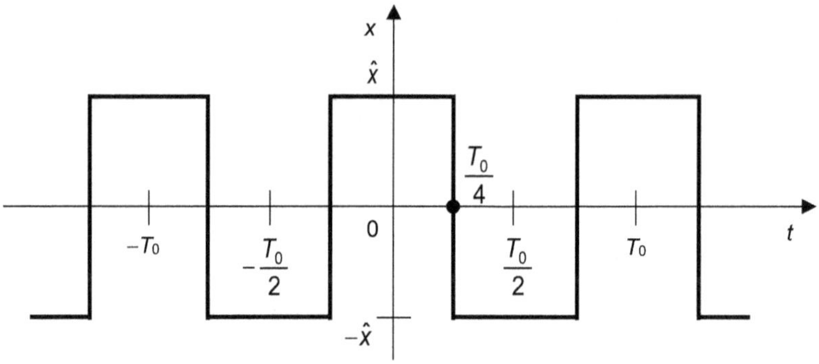

Abb. 3.2: Rechtecksignal.

$$
\begin{aligned}
&= \frac{\hat{x}}{T_0}\left\{-\frac{1}{ik\Omega_0}\left[e^{-ik\Omega_0 t}\right]_{-\frac{T_0}{4}}^{\frac{T_0}{4}} + \frac{1}{ik\Omega_0}\left[e^{-ik\Omega_0 t}\right]_{-\frac{T_0}{2}}^{-\frac{T_0}{4}} + \frac{1}{ik\Omega_0}\left[e^{-ik\Omega_0 t}\right]_{\frac{T_0}{4}}^{\frac{T_0}{2}}\right\} \\
&= \frac{\hat{x}}{ik\Omega_0 T_0}\left\{-\left(e^{-ik\frac{\pi}{2}} - e^{ik\frac{\pi}{2}}\right) + \left(e^{ik\frac{\pi}{2}} - e^{ik\pi}\right) + \left(e^{-ik\pi} - e^{-ik\frac{\pi}{2}}\right)\right\} \\
&= \frac{\hat{x}}{ik2\pi}2\left(e^{ik\frac{\pi}{2}} - e^{-ik\frac{\pi}{2}}\right) \\
&= \begin{cases} \frac{\hat{x}}{ik\pi}2i = \frac{2\hat{x}}{k\pi}, & k = \ldots -11, -7, -3, 1, 5, 9, 13, \ldots \\ \frac{\hat{x}}{ik\pi}(-2i) = -\frac{2\hat{x}}{k\pi}, & k = \ldots -13, -9, -5, -1, 3, 7, 11, \ldots . \\ 0, & k = \ldots -6, -4, -2, 0, 2, 4, 6, 8, \ldots \end{cases}
\end{aligned}
$$

Die reellen Fourier-Koeffizienten können wir nun aus Gleichung (3.8) ermitteln

$$
\begin{aligned}
a_k &= 0 \quad \forall k\,, \\
b_k &= \begin{cases} \frac{4\hat{x}}{k\pi}(-1)^n, & k = 2n+1,\ n = 0, 1, 2, 3, \ldots \\ 0, & k = 2n,\ n = 0, 1, 2, 3, \ldots \end{cases}
\end{aligned}
$$

oder

$$
b_{2k} = 0, \quad b_{2k+1} = \frac{4\hat{x}}{\pi}\frac{(-1)^k}{2k+1}, \quad k = 0, 1, 2, 3, \ldots .
$$

Damit ergibt sich die reelle Fourier-Reihe für das Rechtecksignal zu

$$
\begin{aligned}
x(t) &= \frac{4\hat{x}}{\pi}\sum_{k=0}^{\infty}\frac{(-1)^k}{2k+1}\cos((2k+1)\Omega_0 t) \\
&= \frac{4\hat{x}}{\pi}\left(\cos\Omega_0 t - \frac{1}{3}\cos 3\Omega_0 t + \frac{1}{5}\cos 5\Omega_0 t - \frac{1}{7}\cos 7\Omega_0 t + \frac{1}{9}\cos 9\Omega_0 t - + \ldots\right).
\end{aligned}
$$

Der in einer Fourier-Reihe auftretende Summand mit der Kosinus- oder Sinusfunktion

$$
\cos(k\Omega_0 t), \quad \sin(k\Omega_0 t)
$$

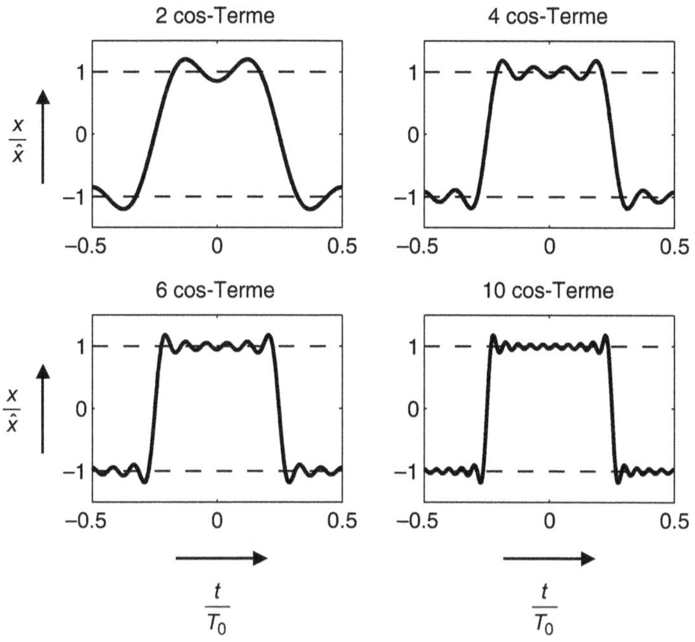

Abb. 3.3: Näherung des Rechtecksignals durch Berücksichtigung einer endlichen Anzahl an Termen der Fourier-Reihe.

wird Harmonische k-ter Ordnung genannt. In der Regel werden Näherungen von $x(t)$ verwendet, indem in der Fourier-Reihendarstellung die Harmonischen hoher Ordnung vernachlässigt werden. In Abb. 3.3 sind entsprechende Näherungen für das Rechtecksignal dargestellt.

Die Gesamtheit der Koeffizienten einer Fourier-Reihe $\hat{X}_k$ bzw. a_k und b_k definiert vollständig das periodische Signal $x(t)$. Sie wird sein Spektrum genannt. Beispielhaft ist in den Abbildungen 3.4 und 3.5 das Spektrum des Rechtecksignals dargestellt. Auf der Abszissenachse wird die Ordnung k aufgetragen oder die entsprechende Kreisfrequenz $\Omega = k\Omega_0$ und auf der Ordinatenachse werden die Koeffizienten aufgetragen. Grafisch werden die Koeffizienten repräsentiert durch Linien, deren Längen den Koeffizientenwerten entsprechen. Diese sogenannten Spektrallinien werden an den diskreten Stellen k bzw. $k\Omega_0$ auf der Abszisse eingezeichnet. Man spricht daher auch von dem Linienspektrum oder dem diskreten Spektrum eines periodischen Signals.

Je größer die Periodendauer T_0 ist, desto kleiner ist die Grundkreisfrequenz Ω_0. Da der Abstand zweier benachbarter Spektrallinien auf der Ω-Achse gleich Ω_0 ist, rücken die Spektrallinien mit steigender Periodendauer immer näher aneinander. Im Grenzfall $T_0 \to \infty$ erhalten wir ein aperiodisches Signal, für das die Spektrallinien unendlich dicht liegen. Das Spektrum ist nun nicht mehr diskret, sondern kontinu-

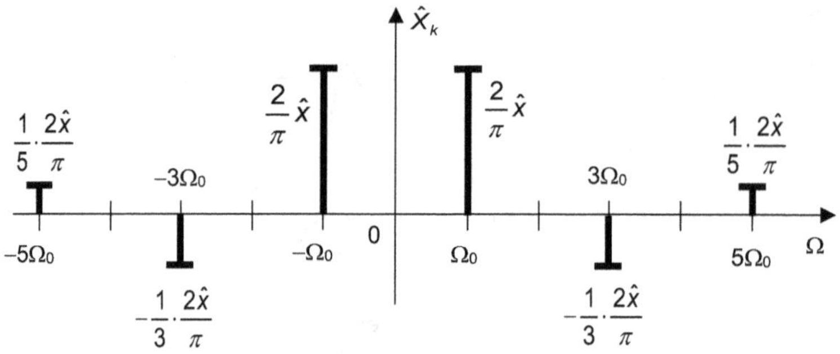

Abb. 3.4: Grafische Darstellung des Spektrums des Rechtecksignals (komplex).

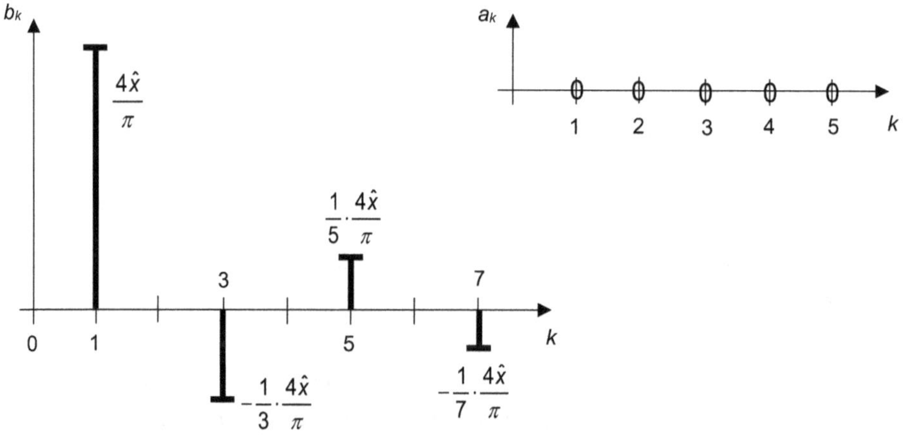

Abb. 3.5: Grafische Darstellung des Spektrums des Rechtecksignals (reell).

ierlich und wird durch die Hüllkurve der Spektrallinien dargestellt, die Spektraldichte(funktion) genannt wird.

Die Spektraldichtefunktion ergibt sich durch die Fourier-Transformation des Zeitsignals $x(t)$ als Fourier-Integral

$$X(i\Omega) = \int_{-\infty}^{\infty} x(t)e^{-i\Omega t}dt\,. \tag{3.11}$$

Mit der inversen Fourier-Transformation kann aus der Fourier-Transformierten $X(i\Omega)$ das Zeitsignal $x(t)$ zurückgewonnen werden

$$x(t) = \frac{1}{2\pi}\int_{-\infty}^{\infty} X(i\Omega)e^{i\Omega t}d\Omega\,. \tag{3.12}$$

4 Erläuterung maschinendynamischer Problemstellungen und Phänomene mit einfachen Ersatzmodellen

In diesem Kapitel werden maschinendynamische Phänomene bzw. typische Themen der Maschinendynamik behandelt, die sich mit einfachen mechanischen Ersatzmodellen erklären lassen. Dazu gehören die Schwingungsisolierung durch elastische Lagerung bzw. Aufstellung von Maschinen oder Messgeräten, kritische Drehzahlen und Selbstzentrierung bei Maschinen mit elastischen oder elastisch gelagerten Rotoren, Unwuchten und Auswuchten von starren Rotoren und der Massenkraftausgleich ebener Koppelgetriebe am Beispiel des Schubkurbeltriebs. Bei den letzten beiden Themen vernachlässigen wir im Rahmen der Modellbildung Elastizitäten und betrachten alle Bauteile als starr. Zur Erläuterung der anderen genannten Phänomene dient der lineare Einmassenschwinger als einfaches Ersatzmodell, den wir in Kapitel 2 aus diesem Grund ausführlich behandelt haben.

4.1 Schwingungsisolierung

Von Schwingungsisolierung oder Entstörung sprechen wir, wenn die von einer Maschine auf die Umgebung übertragenen Kräfte minimiert oder Erschütterungen der Umgebung von Geräten oder Menschen ferngehalten werden. Im erstgenannten Fall handelt es sich um die sogenannte aktive Entstörung und im letztgenannten Fall um passive Entstörung (Abb. 4.1).

Sowohl die aktive als auch die passive Entstörung lassen sich durch eine elastische Lagerung bewerkstelligen. Beispiele für aktive Entstörung sind

- die Verbrennungsmotorlagerung, um die vom Motor auf die Karosserie übertragenen schwingungsanregenden Kräfte gering zu halten,
- die Aufstellung einer Maschine auf einem elastisch gelagerten Blockfundament oder Direktabfederung der Maschine (Abb. 4.3), um die von der Maschine auf die Umgebung übertragenen Kräfte gering zu halten.

Einrichtungen bzw. Maßnahmen der passiven Entstörung sind zum Beispiel

- das Kraftfahrzeugfahrwerk mit Feder und Dämpfer, das Erschütterungen durch die Straße vom Fahrgastraum fernhält, und
- die Aufstellung empfindlicher Messgeräte auf einem elastisch gelagerten Tisch/Fundament im Labor.

DOI 10.1515/9783110465822-004

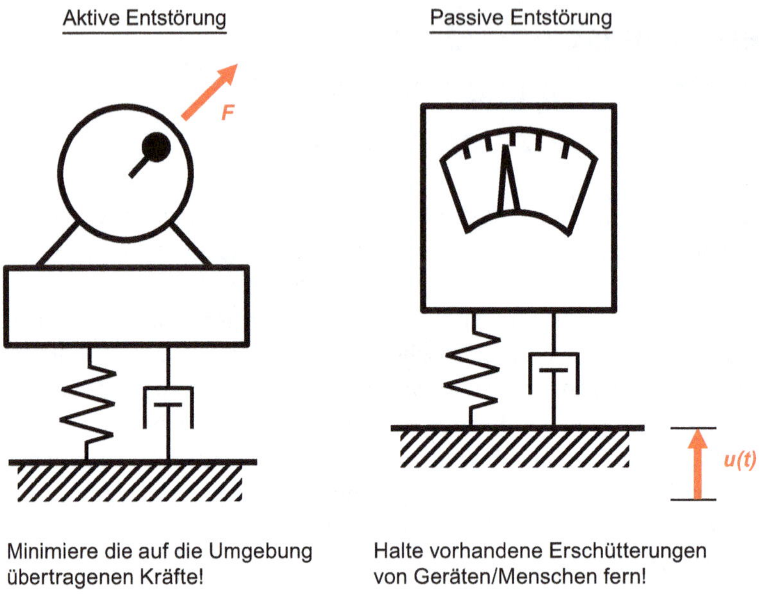
Aktive Entstörung
Passive Entstörung
F
u(t)
Minimiere die auf die Umgebung übertragenen Kräfte!
Halte vorhandene Erschütterungen von Geräten/Menschen fern!

Abb. 4.1: Aktive und passive Entstörung.

4.1.1 Aktive Entstörung

Ziel der aktiven Entstörung ist die optimierte Gestaltung des Übertragungswegs der Kräfte, die in einer Maschine unvermeidlich entstehen, sodass in der Umgebung nur noch ein geringer Anteil der Kräfte ankommt. Um konstruktive Maßnahmen abzuleiten, betrachten wir das in Abb. 4.2 dargestellte Berechnungsmodell, das dem linearen Einmassenschwinger aus Kapitel 2 entspricht. Aus den dort und in Kapitel 3 genannten Gründen gehen wir von einer harmonischen Erregerkraft F aus.

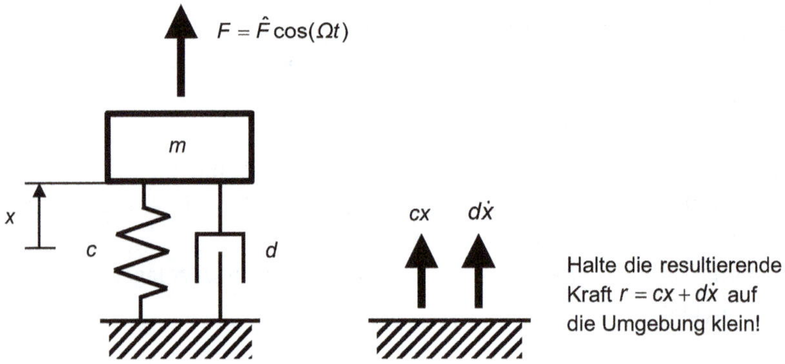
F = F̂ cos(Ωt)
m
x
c
d
cx
dẋ
Halte die resultierende Kraft r = cx + dẋ auf die Umgebung klein!

Abb. 4.2: Berechnungsmodell für die aktive Entstörung.

Die Bewegungsdifferenzialgleichung ist durch die Gleichungen (2.3) und (2.4) gegeben

$$m\ddot{x} + d\dot{x} + cx = \hat{F}\cos(\Omega t)$$

mit der Masse m von Maschine und gegebenenfalls Fundament, Steifigkeit c und Dämpfung d der Lagerung, Amplitude $\hat{F}$ und Kreisfrequenz Ω der Erregerkraft.

Die auf die Umgebung übertragene Resultierende von Feder- und Dämpferkraft

$$r = cx + d\dot{x} ,$$

wird repräsentiert durch den Zeiger

$$\hat{R} = -\hat{F}_F - \hat{F}_D \tag{4.1}$$

mit den Zeigern von Dämpfer- und Federkraft $\hat{F}_D, \hat{F}_F$ den Gleichungen (2.27) und (2.28) gemäß. Im Sinne der aktiven Entstörung fordern wir, dass das Amplitudenverhältnis von r und F klein sein soll, d. h.

$$\left|\frac{\hat{R}}{\hat{F}}\right| \overset{!}{\ll} 1 . \tag{4.2}$$

Das Einsetzen von Gleichung (4.1) mit Gleichungen (2.27), (2.28) in Gleichung (4.2) liefert

$$\left|(c + id\Omega)\frac{\hat{X}}{\hat{F}}\right| \overset{!}{\ll} 1$$

und mit Gleichungen (2.14a), (2.19)

$$|(c + id\Omega)H| \overset{!}{\ll} 1 ,$$

$$\left|(1 + i2D\eta)cH\right| \overset{!}{\ll} 1$$

sowie mit Gleichung (2.30b)

$$|H_1| \overset{!}{\ll} 1 .$$

Es ist also sicherzustellen, dass die Vergrößerungsfunktion für Wegerregung nach Gleichung (2.31b) kleine Werte annimmt

$$V_1(\eta) \overset{!}{\ll} 1 . \tag{4.3}$$

Es sei hier ausdrücklich darauf hingewiesen, dass wir es nicht mit einem wegerregten, sondern mit einem krafterregten System zu tun haben. Dennoch tritt in dem Auslegungskriterium (4.3) die Vergrößerungsfunktion für Wegerregung auf.

Beim Betrachten der grafischen Darstellung von $V_1(\eta)$ in Abb. 2.19 können wir folgende Maßnahmen ableiten:

- Das System aus Maschine/Fundament und elastischer Lagerung ist tief abzustimmen. Durch entsprechende Wahl von Federsteifigkeit und Fundamentmasse ist also eine niedrige Eigenkreisfrequenz ω_0 zu erzielen, damit sich im Betrieb ein relativ großer Wert des Frequenzverhältnisses η einstellt. Anzustreben ist $3 < \eta < 4$. Die Realisierung von Werten $\eta > 4$ wäre unwirtschaftlich. Eine tiefe Abstimmung kann durch Wahl einer weichen Lagerung (c klein) und/oder einer großen Fundamentmasse (m groß) erreicht werden.
- Obwohl sich Dämpfung in dem Arbeitsbereich $3 < \eta < 4$ ungünstig auswirkt, ist geringe Dämpfung ($D = 0{,}1 \ldots 0{,}2$) für die Resonanzdurchfahrt beim Hochlauf und für ein Abklingen des Einschwingvorgangs erforderlich.
- Eine große Fundamentmasse wirkt sich positiv auf die Maschinenbewegungen x aus, weil diese dann klein bleiben. Denn aus den Gleichungen (2.23b,c) ergibt sich die Amplitude der Maschinenbewegung zu

$$\hat{x} = \frac{\hat{F} V(\eta)}{c}$$

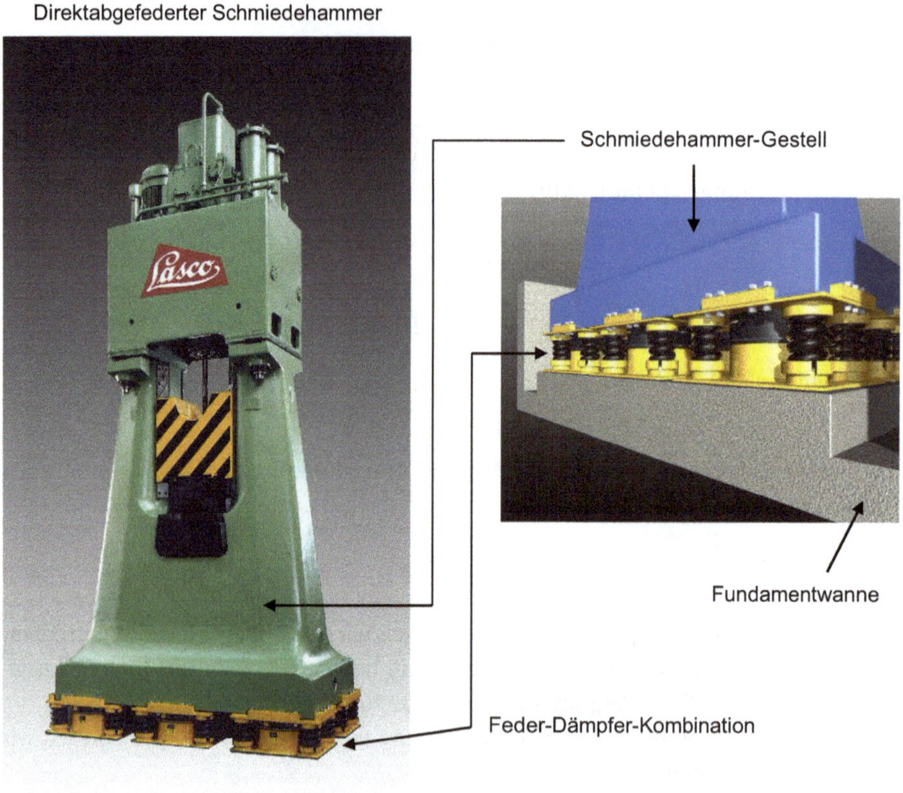

Abb. 4.3: Beispiel für aktive Entstörung – Direktabfederung eines Schmiedehammers (Bilder: GERB).

und wegen Gleichung (2.5)

$$\hat{x} = \frac{1}{m} \cdot \frac{\hat{F}V(\eta)}{\omega_0^2} . \tag{4.4}$$

Bei gewählter Abstimmung des Schwingungssystems liegen Eigenkreisfrequenz ω_0 und Frequenzverhältnis η fest. Damit lässt sich die Amplitude der Maschinenschwingung nur noch über die Maschinen-/Fundamentmasse m beeinflussen, die nach Gleichung (4.4) in einem umgekehrt proportionalen Verhältnis zueinander stehen. Eine große Fundamentmasse lässt sich leicht z. B. bei der Aufstellung einer Maschine in einer Werkhalle realisieren. Bei der Lagerung eines Verbrennungsmotors im Kraftfahrzeug wird jedoch die Masse des Verbrennungsmotors von anderen als den Anforderungen der Schwingungsisolierung diktiert.

4.1.2 Passive Entstörung

Als Berechnungsmodell für die passive Entstörung dient uns der wegerregte lineare Einmassenschwinger in Abb. 4.4. Masse m, Federsteifigkeit c und Dämpfung d haben jeweils die gleiche Bedeutung wie bei unserem Modell für die aktive Entstörung. Um eine gute Schwingungsisolierung zu erreichen, fordern wir, dass das Amplitudenverhältnis von Gerät-/Fundamentauslenkung x und Wegerregung u klein bleibt

$$\frac{\hat{x}}{\hat{u}} \overset{!}{\ll} 1$$

oder mit dem Zeiger der Gerät-/Fundamentauslenkung nach Gleichung (2.13a)

$$\left|\frac{\hat{X}}{\hat{u}}\right| \overset{!}{\ll} 1$$

und wegen Gleichung (2.30a)

$$|H_1| \overset{!}{\ll} 1 .$$

Offensichtlich ist das gleiche Auslegungskriterium (4.3) wie bei der aktiven Entstörung anzuwenden. Wir geben daher auch die gleichen Empfehlungen wie in Abschnitt 4.1.1.

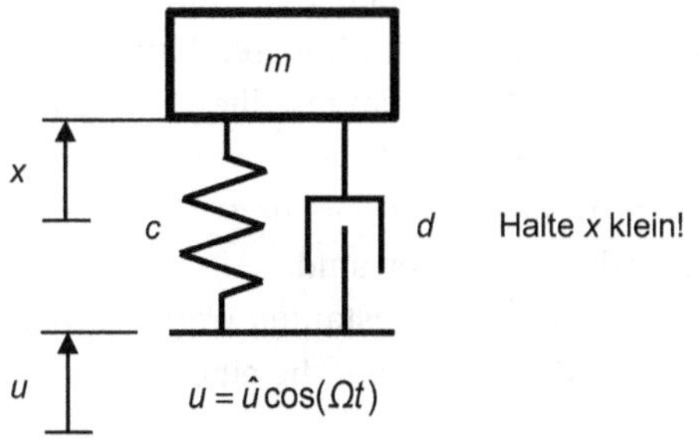

Abb. 4.4: Berechnungsmodell für die passive Entstörung.

- Das Schwingungssystem ist tief abzustimmen ($3 < \eta < 4$) durch Wahl einer weichen Feder und/oder einer großen Fundamentmasse.
- Obwohl sich Dämpfung im Arbeitsbereich ($3 < \eta < 4$) ungünstig auswirkt, ist geringe Dämpfung ($D = 0{,}1 \ldots 0{,}2$) für die Resonanzdurchfahrt beim Hochlauf und für das Abklingen des Einschwingvorgangs notwendig.

4.2 Kritische Drehzahlen und Selbstzentrierung

Bei einem elastischen Rotor lässt sich selbst bei guter Auswuchtung beobachten, dass der Rotor bei ganz bestimmten Drehzahlen eine relativ starke Durchbiegung erfährt und dadurch die Rotor- von der Schaftachse (Drehachse) abweicht. Dies sind die sogenannten biegekritischen Drehzahlen. Dadurch, dass bei dem durchgebogenen Rotor freie, mit dem Rotor umlaufende Massenkräfte entstehen, die Schwingungen erregen, ist der Betrieb bei biegekritischer Drehzahl sehr unruhig und kann zur Zerstörung der Maschine führen. Ist die Drehzahl einer Maschine kleiner als die erste kritische Drehzahl, sprechen wir von unterkritischem Betrieb. Im kritischen Betrieb stimmen kritische und Betriebsdrehzahl überein oder liegen nahe beieinander. Dreht der Rotor schneller als die kritische Drehzahl, so arbeitet die Maschine überkritisch. Biegekritische Drehzahlen sind insbesondere bei der Auslegung von Strömungsmaschinen zu berücksichtigen, zum Beispiel bei Kreiselpumpen (meist unterkritischer Betrieb), bei mehrstufigen Radialverdichtern (meist überkritischer Betrieb), bei Turboladern (außengelagert → überkritisch, innengelagert → unterkritisch), bei Gas- und Dampfturbinen (sowohl überkritischer als auch unterkritischer Betrieb) [40]. Bei Kolbenmaschinen spielt die biegekritische Drehzahl eine untergeordnete Rolle aufgrund der dominierenden Bedeutung der Torsionsschwingungen [40]. Die Berechnung kritischer Drehzahlen wird ausführlich behandelt zum Beispiel in [2, 8].

4.2.1 Kritische Drehzahlen

Um das Phänomen der biegekritischen Drehzahlen zu verstehen, betrachten wir zunächst die krafterregte Biegeschwingung (Erregerkreisfrequenz Ω) der mit einem Massenpunkt m besetzten, aber ansonsten masselosen, elastischen Welle mit Ersatzfedersteifigkeit c (Abb. 4.5). Da es sich um einen ungedämpften, linearen Einmassenschwinger handelt, gelten die entsprechenden in Abb. 2.16 dargestellten Zeigerdiagramme. Diese finden sich in Abb. 4.6 zusammen mit dem Biegeschwinger wieder, wobei die Zeiger von Feder- und Trägheitskraft mithilfe der Gleichungen (2.26) und (2.28) durch den Zeiger $\hat{X}$ der Auslenkung ausgedrückt worden sind.

Wir wollen nun den Biegeschwinger mit einer um den konstanten Wert $\hat{X}$ durchgebogenen, mit Winkelgeschwindigkeit Ω rotierenden Welle, auf die eine mit Ω um-

Abb. 4.5: Einfaches mechanisches Modell zur Erläuterung der biegekritischen Drehzahl.

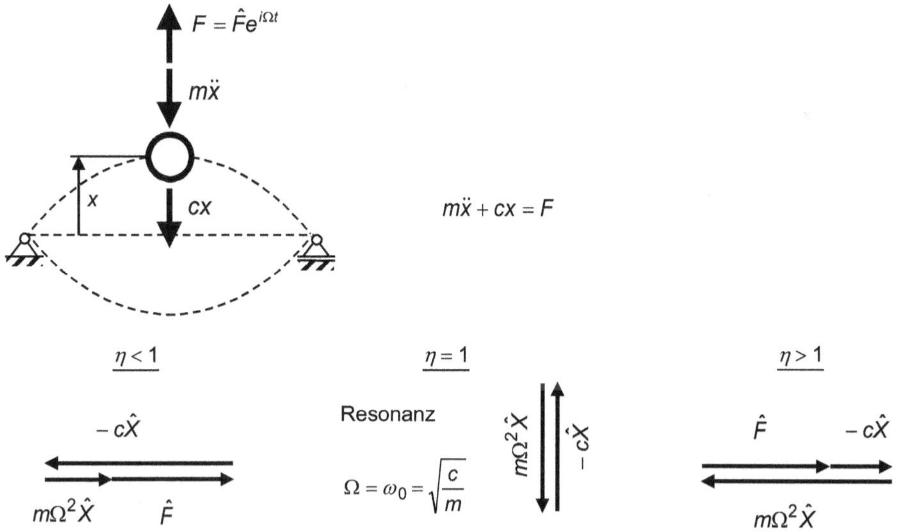

Abb. 4.6: Kräftebilanz und Zeigerdiagramme für die Biegeschwingung der mit Massenpunkt besetzten elastischen Welle.

laufende äußere Kraft $\hat{F}$ wirkt, vergleichen. Für diese rotierende gebogene Welle findet sich in Abb. 4.7 das Krafteck (Kräftebilanz) bei unterkritischem Betrieb. Wir erkennen, dass die Vektoren der Fliehkraft $m\Omega^2\hat{X}$, der Federkraft $-c\hat{X}$ (rückstellende Wirkung der gebogenen Welle) und der äußeren Kraft $\hat{F}$ ein geschlossenes Krafteck bilden müssen, damit die (dynamische) Kräftebilanz erfüllt ist. Da das Krafteck bei konstanter Winkelgeschwindigkeit Ω und konstanter Durchbiegung $\hat{X}$ zu allen Zeiten gleich aussieht, ist es unerheblich, dass die Kraftvektoren mit Ω im Raum umlaufen. Der Vergleich mit Abb. 4.6 ergibt, dass das Krafteck genauso aussieht wie das Zeigerdiagramm des mit Kreisfrequenz Ω erzwungene Biegeschwingungen ausführenden stehenden Rotors bei unterkritischer Erregung, das ebenfalls geschlossen sein muss. Die Vektoren der Fliehkraft, der Federkraft und der äußeren Kraft der durchgebogenen, rotierenden Welle auf der einen Seite entsprechen den Zeigern der Trägheitskraft $m\Omega^2\hat{X}$, der Federkraft $-c\hat{X}$ und der Erregerkraft $\hat{F}$ der schwingenden Welle auf der anderen Seite. Da sich bei der durchgebogenen, rotierenden Welle die Verhältnisse der Kraftvektoren mit steigender Winkelgeschwindigkeit Ω offensichtlich genauso verän-

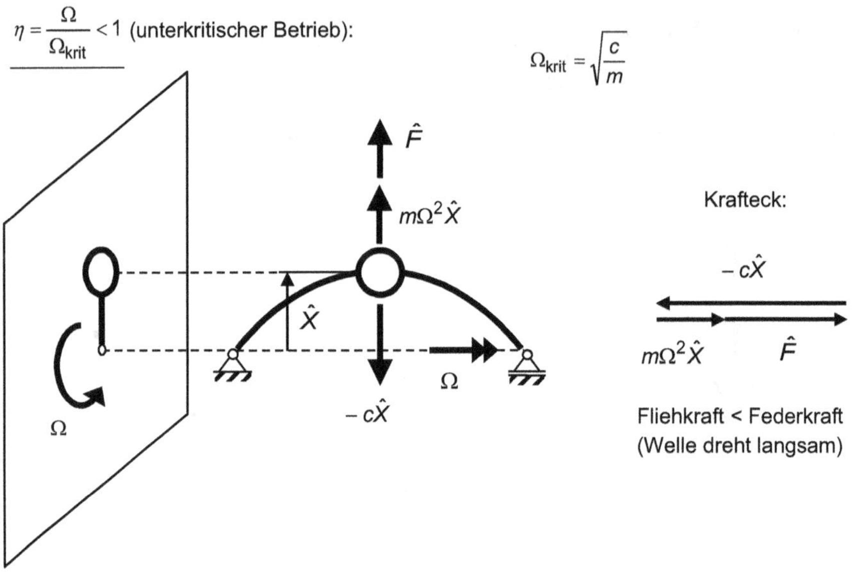

Abb. 4.7: Krafteck für die rotierende, gebogene mit Massenpunkt besetzte Welle im unterkritischen Betrieb.

dern wie die Verhältnisse der Kraftzeiger bei der schwingenden Welle mit steigender Erregerkreisfrequenz, müssen die Kraftecke für $\Omega = \omega_0$ und $\Omega > \omega_0$ mit ω_0 nach Gleichung (2.5) jeweils genauso aussehen (Abb. 4.8, 4.9) wie die Zeigerdiagramme der Biegeschwingung bei kritischer ($\eta = 1$) und überkritischer ($\eta > 1$) Erregung (Abb. 4.6).

Betrachten wir das Krafteck der rotierenden Welle bei Winkelgeschwindigkeit $\Omega = \omega_0$ (Abb. 4.8), so wird klar, warum es sich hier um die biegekritische Winkelgeschwindigkeit handeln muss, die sich nun offenbar ergibt zu

$$\Omega_{\mathrm{krit}} = \sqrt{\frac{c}{m}}\,. \tag{4.5}$$

Die Kräftebilanz ist nämlich schon bei verschwindender äußerer Kraft $\hat{F}$ erfüllt, und zwar unabhängig von der Größe der Durchbiegung $\hat{X}$. Daher können selbst bei ideal ausgewuchtetem Rotor Durchbiegungen ungleich null auftreten. Falls $\hat{F}$ aber zum Beispiel aufgrund einer noch so kleinen Restunwucht nicht verschwindet, bringt die Kraft im übertragenen Sinne das Fass zum Überlaufen. Es ist kein stationäres Kräftegleichgewicht möglich, daher wächst die Wellendurchbiegung stark an. Dies entspricht dem Resonanzfall der Biegeschwingung, deswegen wird die entsprechende Drehzahl, die mit der Biegeeigenfrequenz übereinstimmt, biegekritische Drehzahl genannt. Man beachte aber, dass keine Biegeschwingung vorliegt. Die Welle rotiert im gebogenen Zustand und wird quasistatisch beansprucht. Es treten keine Biegewechsel auf, daher wird keine Werkstoffdämpfung der Welle wirksam.

$\eta = \dfrac{\Omega}{\Omega_{\text{krit}}} = 1$ (kritischer Betrieb):

$\Omega_{\text{krit}} = \sqrt{\dfrac{c}{m}}$

$m\Omega_{\text{krit}}^2 \hat{X}$

$\hat{X}$

Ω_{krit}

$-c\hat{X}$

Ω

Krafteck:

$-c\hat{X}$

$m\Omega_{\text{krit}}^2 \hat{X}$

Fliehkraft = Federkraft

Krafteck <u>nur</u> geschlossen für $\hat{F} = 0$.
$\Rightarrow$ Für $\hat{F} \neq 0$ keine stationäre Auslenkung $\hat{X}$ möglich.

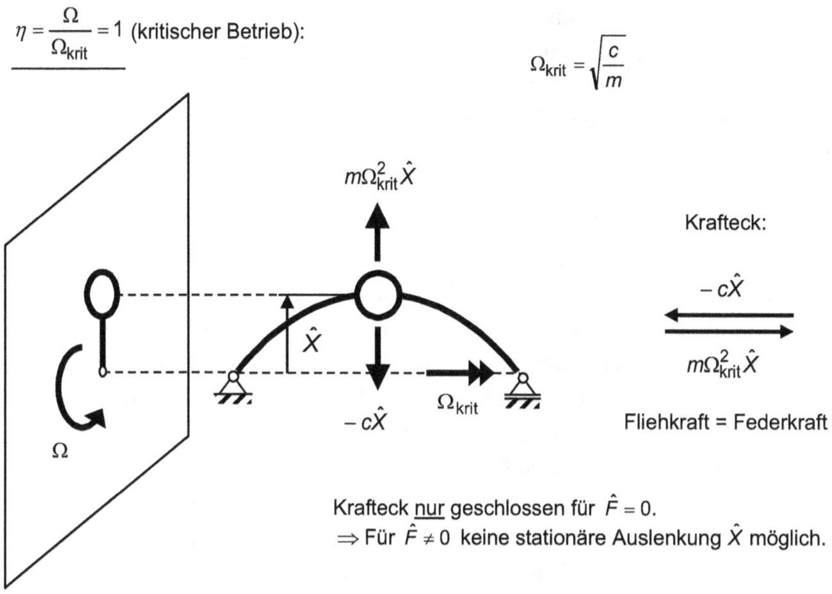

Abb. 4.8: Krafteck für die rotierende, gebogene mit Massenpunkt besetzte Welle im kritischen Betrieb.

$\eta = \dfrac{\Omega}{\Omega_{\text{krit}}} > 1$ (überkritischer Betrieb):

$\Omega_{\text{krit}} = \sqrt{\dfrac{c}{m}}$

$\hat{F}$

$m\Omega^2 \hat{X}$

$\hat{X}$

$-c\hat{X}$

Ω

Ω

Krafteck:

$-c\hat{X}$ $\hat{F}$

$m\Omega^2 \hat{X}$

Fliehkraft > Federkraft
(Welle dreht schnell)

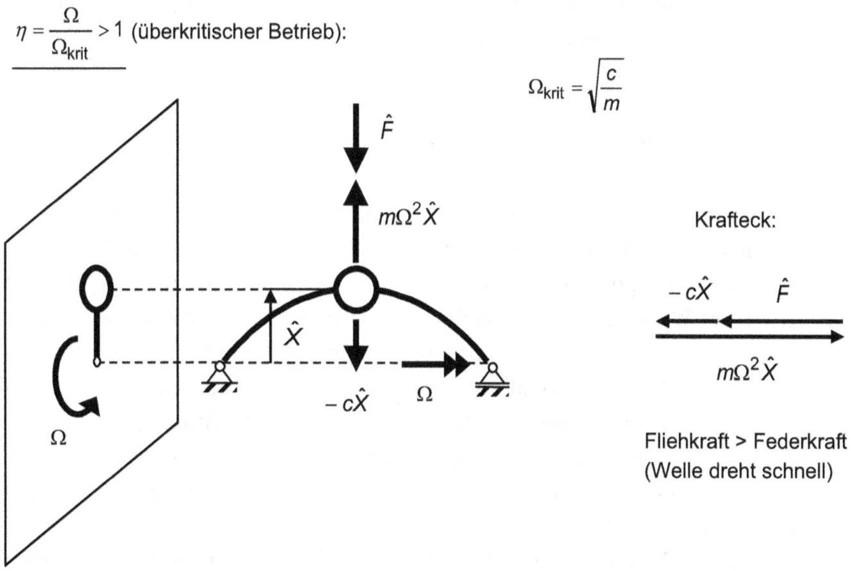

Abb. 4.9: Krafteck für die rotierende, gebogene mit Massenpunkt besetzte Welle im überkritischen Betrieb.

In der Praxis beobachtet man beim Hochfahren eines Rotors eine merkliche Zunahme von Vibrationen, wenn man sich einer kritischen Drehzahl annähert. Sobald man aber den kritischen Zustand durchfahren hat, nehmen die Vibrationen wieder ab. Diese Beruhigung oberhalb der kritischen Drehzahl ist mit unserem einfachen mechanischen Modell des Rotors als masselose elastische Welle, die mit einem Massenpunkt besetzt ist, allerdings nicht zu erklären.

Bei überkritischem Betrieb ist unserer Modellvorstellung gemäß eine radial nach innen gerichtete Kraft $\hat{F}$ notwendig, damit sich eine stationäre Auslenkung $\hat{X}$ einstellen kann (Abb. 4.9). Daher erwartet man, dass bei Nicht-Vorhandensein einer derartigen äußeren Kraft oder noch schlimmer bei einer radial nach außen gerichteten Kraft die Auslenkung rasch anwachsen müsste. Dies ließe auf eine verstärkte Unruhe des Rotorlaufs oberhalb der kritischen Drehzahl schließen. Das ist aber genau das Gegenteil von dem, was in der Praxis beobachtet wird. Um das Phänomen der Schwingungsberuhigung oberhalb der kritischen Drehzahl zu erläutern, verwenden wir im folgenden Abschnitt 4.2.2 ein verfeinertes mechanisches Modell, bei dem auf der masselosen elastischen Welle ein massebehafteter Körper exzentrisch angebracht ist.

Liegt die Betriebsdrehzahl über einer kritischen Drehzahl (überkritischer Betrieb, z. B. bei Fahrzeug-Antriebssträngen), so muss diese beim Hochlauf durchfahren werden (Resonanzdurchfahrt). Das ist gefährlich, da die Schwingungsamplitude anwächst und es zu starken Belastungen kommen kann. Die Resonanzstelle sollte möglichst schnell durchfahren werden. Je schneller die Resonanzdurchfahrt vonstattengeht, desto kleiner bleiben die Amplituden.

4.2.2 Selbstzentrierung

Wir betrachten das in Abb. 4.10 dargestellte mechanische Modell, bei dem auf einer masselosen elastischen Welle mit Ersatzfedersteifigkeit c mittig zwischen den Lagern ein massebehafteter Körper mit Schwerpunkt S und Masse m exzentrisch angebracht ist. Bei gebogener Welle ist die Rückstellkraft aufgrund der Federwirkung der Welle unter Annahme linearen Verhaltens proportional zur Wellendurchbiegung r_W. Die Fliehkraft hingegen ist proportional zum Abstand r_S des Körperschwerpunktes von der Drehachse (Schaftachse). Dieser Abstand setzt sich aus zwei Anteilen zusammen, und zwar aus der Wellendurchbiegung r_W und aus der Schwerpunkt-Exzentrizität e. Daher liegt es nahe, auch die Fliehkraft $mr_S\Omega^2$ in zwei Anteile, nämlich $mr_W\Omega^2$ und $me\Omega^2$, additiv aufzuspalten.

Vergleichen wir die an der Welle mit exzentrisch befestigtem Körper wirkenden Kräfte (Abb. 4.11) mit den Kräften in der Abb. 4.7 der mit Massenpunkt besetzten Welle für unterkritischen Betrieb, so erkennen wir die Entsprechung von r_W und $\hat{X}$, also auch von den Federkräften $-cr_W$ und $-c\hat{X}$ sowie von $mr_W\Omega^2$ und der Trägheitskraft $m\Omega^2\hat{X}$. Bei einer vollständigen Analogie übernimmt der Term $me\Omega^2$ offenbar die Rolle der Erregerkraft $\hat{F}$ der mit einem Massenpunkt besetzten Welle. Mit diesen Entspre-

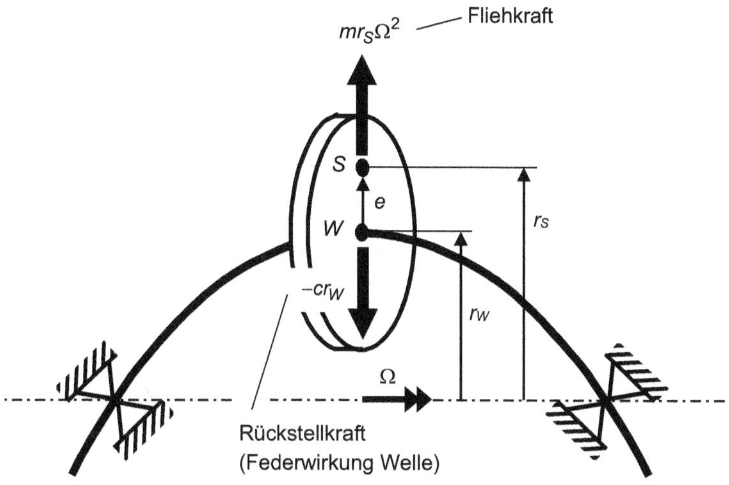

Abb. 4.10: Einfaches mechanisches Modell zur Erläuterung der Selbstzentrierung.

$$\eta = \frac{\Omega}{\Omega_{krit}} < 1 \text{ (unterkritischer Betrieb):}$$

$$\Omega_{krit} = \sqrt{\frac{c}{m}}$$

Krafteck:

Welle dreht langsam

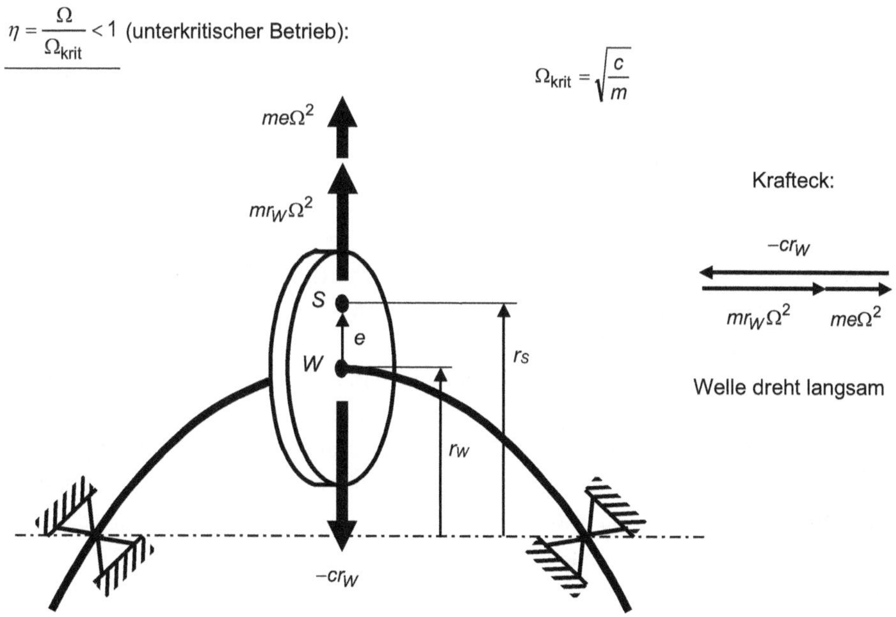

Abb. 4.11: Krafteck für die rotierende, gebogene mit Scheibe besetzte Welle im unterkritischen Betrieb.

chungen können nun auch die Kraftecke für kritischen und überkritischen Betrieb aus Abschnitt 4.2.1 auf unseren hier betrachteten Rotor übertragen werden (Abb. 4.12). Bei kritischer Winkelgeschwindigkeit Ω_{krit} nach Gleichung (4.5) sind die Rückstellkraft $-cr_W$ und die Fliehkraft $mr_W\Omega^2$ bei Exzentrizität $e = 0$ für beliebige Durchbie-

$\eta = \dfrac{\Omega}{\Omega_{\mathrm{krit}}} > 1$ (überkritischer Betrieb):

$\Omega_{\mathrm{krit}} = \sqrt{\dfrac{c}{m}}$

Krafteck:

$-cr_W$ $me\Omega^2$

$mr_W\Omega^2$

Welle dreht schnell

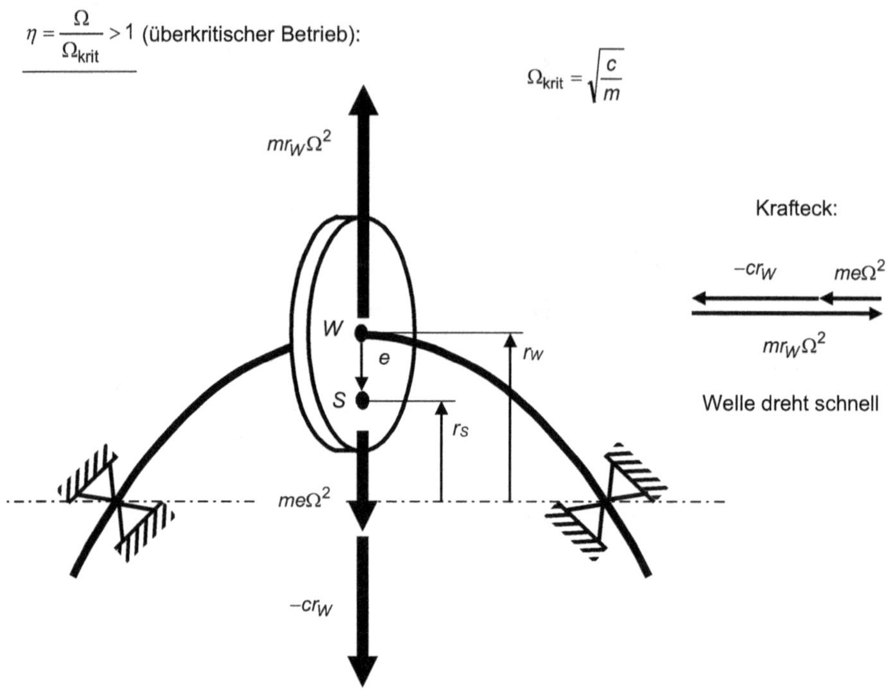

Abb. 4.12: Krafteck für die rotierende, gebogene mit Scheibe besetzte Welle im überkritischen Betrieb.

gungen r_W im Gleichgewicht. Jede kleinste in der Praxis immer vorhandene Störung führt zu einer Verletzung dieses Gleichgewichts und so zu einem raschen Anwachsen der Auslenkung wie in Abschnitt 4.2.1 erläutert.

Durch Betrachten von Abb. 4.12 wird nun auch klar, was im überkritischen Betrieb passiert. Im Vergleich zum unterkritischen Betrieb muss die Kraft $me\Omega^2$ aus Gründen der Kräftebilanz ihre Richtung gegenüber $mr_W\Omega^2$ umkehren und unterstützend zur Rückstellkraft $-cr_W$ wirken. Dies kann das System nur dadurch bewerkstelligen, dass der Schwerpunkt radial nach innen, auf die Schaftachse zu wandert, indem sich der Körper mit der Welle in ihrem gebogenen Zustand bei räumlich feststehender Biegelinie um 180° dreht. Man spricht bei diesem Vorgang von Selbstzentrierung. Dadurch liegt trotz großer Wellengeschwindigkeit Ω im überkritischen Betrieb ein geschlossenes Krafteck vor, sodass es eine endliche stationäre Durchbiegung r_W gibt, für die die Kräftebilanz erfüllt ist. Die in Abb. 4.9 notwendige, radial nach innen gerichtete Kraft $\hat{F}$ wird durch das System gewissermaßen durch die Selbstzentrierung realisiert. Strebt die Winkelgeschwindigkeit Ω gegen ∞, geht die Durchbiegung r_W gegen die Exzentrizität e. In diesem Grenzfall liegt der Schwerpunkt S exakt auf der Drehachse, und der Wellenmittelpunkt W dreht sich mit der gebogenen Welle um S. Im Unterschied zu dem einfachen mechanischen Modell aus Abschnitt 4.2.1 bietet also unser verfeinertes Modell mit dem Effekt der Selbstzentrierung eine Erklärung für die in der Praxis zu beobachtende Beruhigung nach Durchfahren der kritischen Drehzahl an.

Das Phänomen der Selbstzentrierung wird bei Zentrifugen und Schleudern technisch genutzt, wie z. B. bei Separatoren zur Reinigung des Kraftstoffs (Schweröl) in der Schiffsbetriebstechnik [18]. Bei diesen Anwendungen sind aufgrund der willkürlichen Verteilung des in der Trommel eingefüllten Gutes starke Unwuchten nicht zu vermeiden. Als Beispiel wollen wir die in Abb. 4.13 dargestellte Trommel mit starrer Schaftachse betrachten. Durch Abstützung der Schaftachse inklusive der Wälzlager über sogenannte weiche Halslagerfedern (Gesamtsteifigkeit c) gegenüber dem starren Gehäuse lässt sich die kritische Winkelgeschwindigkeit Ω_{krit} nach Gleichung (4.5) soweit reduzieren, dass die Zentrifuge überkritisch arbeitet (Abb. 4.14). Unabhängig von der Verteilung des Trommelgutes kommt es zur Selbstzentrierung. Der Schwerpunkt S von Trommel und Füllung wandert also in die Nähe der Drehachse. Die Auslenkung r_W der Halslagerfedern ist dann ungefähr gleich der Schwerpunkt-Exzentrizität e. Die umlaufende Lagerkraft L ist daher näherungsweise ce, also proportional zur Exzentrizität e und zur Steifigkeit c der Halslagerfedern unabhängig von der Winkelgeschwindigkeit Ω der Zentrifuge. Im Vergleich zu der Lagerkraft $me\Omega^2$, die sich

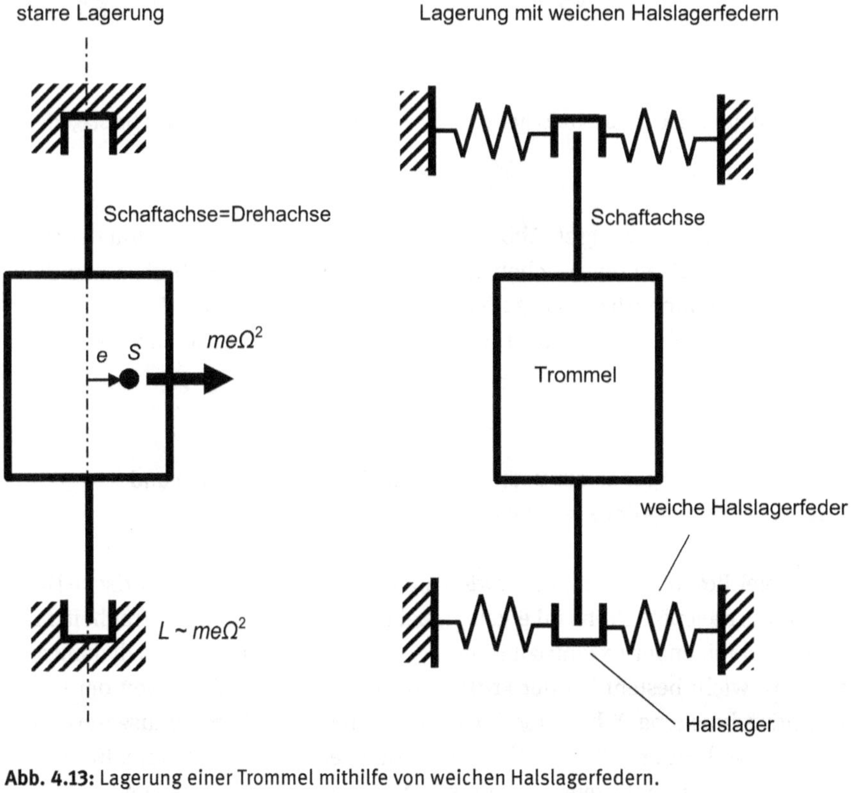

Abb. 4.13: Lagerung einer Trommel mithilfe von weichen Halslagerfedern.

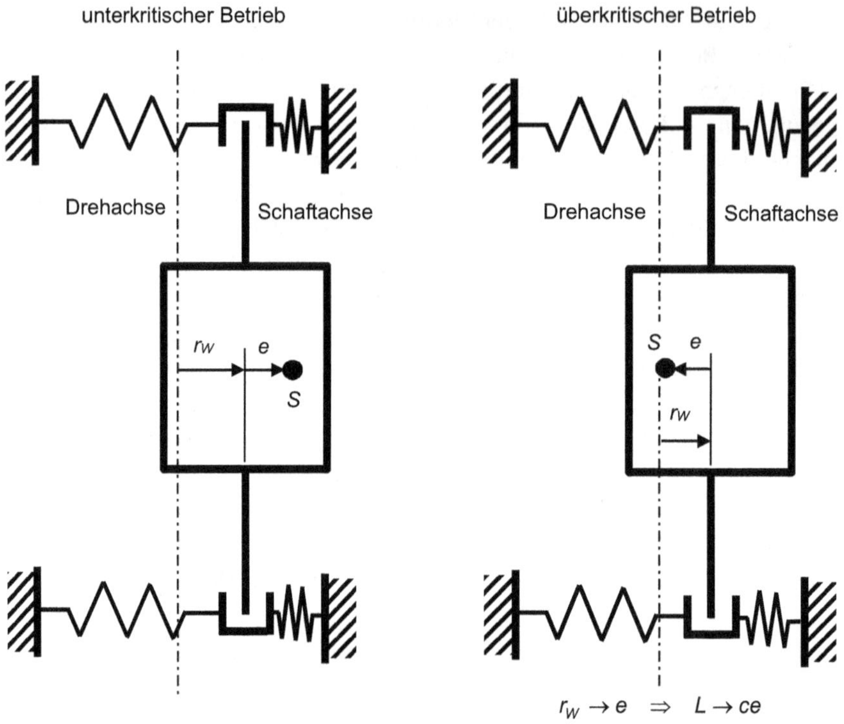

Abb. 4.14: Unterkritischer und überkritischer Betrieb einer Trommel bei Lagerung mit Halslagerfedern.

bei einer starren Lagerung ergibt (Abb. 4.13) und proportional zum Quadrat der Drehzahl ist, wird der Nutzen der weichen Halslagerfedern bei hohen Drehzahlen deutlich. In der Praxis können die Halslagerfedern z. B. auch als Elastomerringe ausgeführt sein, die den Außenring des Wälzlagers umschließen und ihn dem Gehäuse gegenüber weich abstützen.

4.2.3 Allgemeines Vorgehen zur Bestimmung kritischer Drehzahlen und Berücksichtigung der Kreiselwirkung

Für die Beispiel-Rotoren in den Abschnitten 4.2.1 und 4.2.2 hat sich die kritische Drehzahl jeweils als diejenige Drehzahl ergeben, bei der die Feder- und die Trägheitskraft (Fliehkraft) bei fehlender Exzentrizität im Gleichgewicht stehen. Dieses dynamische Kräftegleichgewicht besteht bei der kritischen Drehzahl unabhängig von der Größe der Wellendurchbiegung $\hat{X}$ bzw. r_W linear elastisches Verhalten vorausgesetzt. Die kritische Drehzahl stimmt offensichtlich mit derjenigen Drehzahl überein, für die die Welle auch bei fehlender Exzentrizität einer stationären Auslenkung fähig wäre. Dieser Sachverhalt ist allgemeingültig und als das von Biezeno und Grammel formulierte Äquivalenzprinzip bekannt [2].

Betrachten wir noch einmal den in Abb. 4.10 dargestellten Rotor. Wir wollen diesmal aber dem Äquivalenzprinzip gemäß von fehlender Exzentrizität $e = 0$ ausgehen und zulassen, dass sich die gebogene Rotorachse mit dem Rotorscheibenmittelpunkt und die Rotorscheibe mit der Welle mit unterschiedlichen Winkelgeschwindigkeiten ω bzw. Ω drehen können. Dann erhalten wir aus dem Kräftegleichgewicht

$$F_\mathrm{T} + F_\mathrm{F} = 0$$

von Trägheitskraft (Fliehkraft) F_T und Federkraft

$$F_\mathrm{F} = -cr_\mathrm{W}$$

die Beziehung

$$cr_\mathrm{W} = F_\mathrm{T} \tag{4.6a}$$

mit

$$F_\mathrm{T} = mr_\mathrm{W}\omega^2 \,. \tag{4.6b}$$

Das Einsetzen der Gleichung (4.6b) in Gleichung (4.6a) liefert eine homogene lineare Gleichung für die Auslenkung r_W

$$(c - m\omega^2)r_\mathrm{w} = 0 \,. \tag{4.7}$$

Eine nicht triviale Lösung, also eine Auslenkung r_W ungleich null, existiert nur, wenn der Klammerterm (Koeffizient von r_W) verschwindet, also

$$\omega^2 - \omega_0^2 = 0 \tag{4.8a}$$

mit

$$\omega_0 = \sqrt{\frac{c}{m}} \,. \tag{4.8b}$$

Die linke Seite von Gleichung (4.8a) ist ein Polynom zweiter Ordnung in ω, mit den reellen Nullstellen $\pm\omega_0$. Die Winkelgeschwindigkeit der Rotorachse ω ist offenbar unabhängig von der Winkelgeschwindigkeit Ω der Rotorscheibe. Bei einer kreiszylindrischen Welle mit stationärer Durchbiegung ändert sich die Formänderungsenergie bei Drehung der Welle relativ zur gebogenen Rotorachse nicht. Daher ist in diesem Fall bei Vernachlässigung der Werkstoffdämpfung die Winkelgeschwindigkeit Ω konstant und ansonsten beliebig. Das Ergebnis ist in Abb. 4.15 grafisch dargestellt. Für $\omega < 0$ ergibt sich das am Koordinatenursprung punktgespiegelte Bild, das aber keine zusätzlichen Informationen enthält.

Haben Rotorachse und Rotorscheibe die gleiche Drehrichtung, so spricht man von Gleichlauf, sonst von Gegenlauf. Stimmen zusätzlich die Winkelgeschwindigkeiten betragsmäßig überein, handelt es sich um synchronen Gleichlauf bzw. synchronen Gegenlauf. Beim synchronen Gleichlauf ist wegen $\Omega = \omega$ die kritische Winkelgeschwindigkeit der Rotorscheibe

$$\Omega_\mathrm{krit}^{(+)} = \omega_0$$

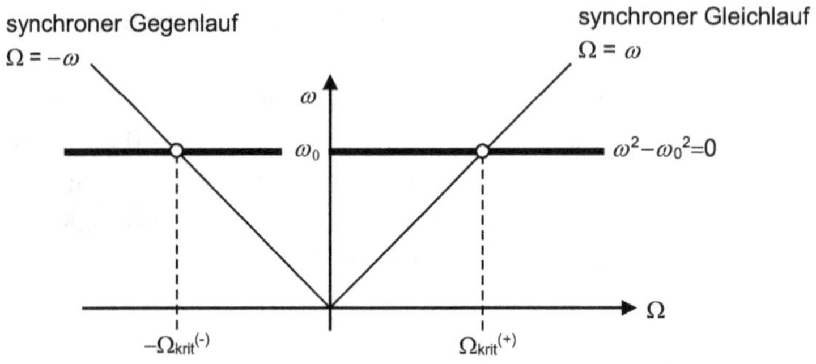

Abb. 4.15: Kritische Winkelgeschwindigkeit eines mittig mit Masse besetzten Rotors sowie synchroner Gleich- und Gegenlauf.

und ergibt sich grafisch als Schnittpunkt der Gerade des synchronen Gleichlaufs $\Omega = \omega$ und der horizontalen Gerade (4.8a). Sie stimmt mit der Biegeeigenkreisfrequenz des Rotors überein. Beim synchronen Gegenlauf ergibt sich die kritische Winkelgeschwindigkeit aus dem entsprechenden Schnitt mit der Gerade $\Omega = -\omega$, was aber bei diesem einfachen Beispiel betragsmäßig auf die gleiche Winkelgeschwindigkeit führt.

Beim synchronen Gegenlauf ist die Relativwinkelgeschwindigkeit zwischen Welle und gebogener Wellenachse 2Ω. Das heißt, dass sich bei einer Drehung der gebogenen Wellenachse um 90° die Welle relativ zur Wellenachse um 180° gedreht hat und Wellenfasern, die anfänglich auf Zug beansprucht waren, jetzt auf Druck beansprucht sind und umgekehrt (Abb. 4.16). Nach einer Drehung der Wellenachse um 180° sind also die Wellenfasern wieder so beansprucht wie am Anfang. Durch diesen Biegewechsel kann beim Gegenlauf Werkstoffdämpfung wirksam werden. Nur beim synchronen Gleichlauf ist die Relativwinkelgeschwindigkeit null, und die Welle erfährt somit keine Biegewechsel. Daher fehlt die dämpfende Wirkung des Werkstoffs, was die Gefähr-

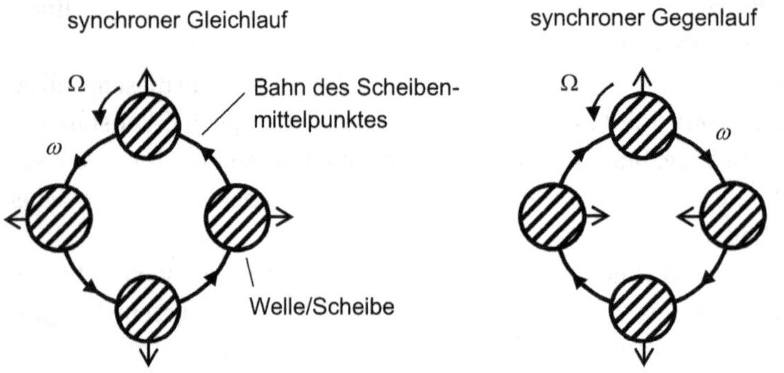

Abb. 4.16: Synchroner Gleichlauf und synchroner Gegenlauf.

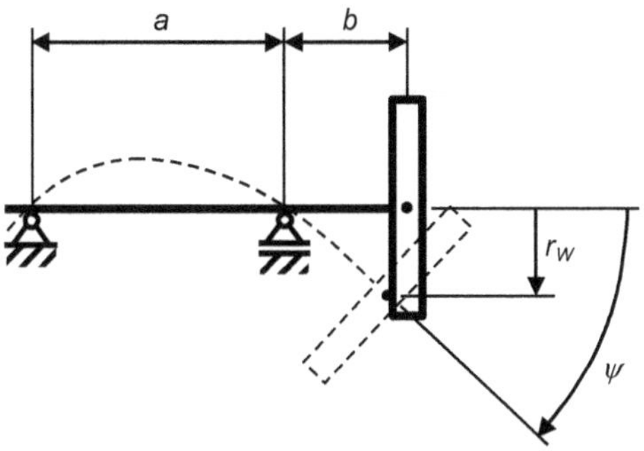

Abb. 4.17: Schiefstellung einer rotierenden Scheibe bei fliegender Lagerung.

lichkeit des synchronen Gleichlaufs bei kritischer Drehzahl ausmacht. Im Vergleich dazu ist der Gegenlauf von untergeordneter Bedeutung.

Abgesehen davon erhalten wir den Gegenlauf mit konstanter Winkelgeschwindigkeit Ω als Lösung des mechanischen Rotormodells nur bei verschwindender Exzentrizität (ideal gewuchteter Rotor) und Wellenquerschnitten, deren axiale Flächenträgheitsmomente um die beiden Achsen quer zur Rotorachse gleich groß sind, was aber den wichtigsten Fall des kreisförmigen Querschnitts einschließt. Sind die Flächenträgheitsmomente nämlich ungleich, führt eine Drehung der Welle relativ zur gebogenen Rotorachse mit gleichbleibender Krümmung zu einer Änderung der Formänderungsenergie und daher auch der kinetischen Energie. Der synchrone Gleichlauf ergibt sich als Lösung auch, wenn diese beiden Bedingungen verletzt sind. In Abschnitt 4.2.2 haben wir keine verschwindende Exzentrizität vorausgesetzt.

Wir wollen nun das beschriebene Vorgehen zur Ermittlung kritischer Drehzahlen auf den in Abb. 4.17 dargestellten fliegend gelagerten Rotor anwenden, um den Effekt der Kreiselwirkung zu erläutern. Kreiselwirkung tritt auf, wenn der betrachtete scheibenförmige Körper nicht wie bisher mittig zwischen den beiden Lagern auf der elastischen Welle sitzt, sondern z. B. wie bei der dargestellten fliegenden Lagerung an dem Ende der Welle, das über die Lagerung herausragt. Dann ist nämlich die Vertikalauslenkung der Scheibe r_W mit einer gleichzeitigen Schiefstellung ψ gekoppelt.

Wie wir wissen, lässt sich eine rotierende Scheibe nur schief stellen, wenn man ein äußeres Moment aufbringt. Dieses Drehmoment muss z. B. auch von Fahrradfahrern bei einer Kurvenfahrt erzeugt und auf die Räder übertragen werden. Sie bewerkstelligen dies, indem sie ihr Gewicht in Richtung Kurvenzentrum verlagern. Das zu diesem äußeren Drehmoment entgegengesetzt gerichtete, betragsmäßig gleich große Drehmoment wollen wir Trägheitsdrehmoment M_T nennen analog zu dem Begriff der Trägheitskraft. Im Folgenden leiten wir dieses Trägheitsdrehmoment mithilfe des Drallsatzes für den elastischen Rotor mit fliegend gelagerter Scheibe her (Abb. 4.18).

Die Bezeichnungen in Abb. 4.18 haben die folgenden Bedeutungen

S: Scheibenschwerpunkt und zugleich Scheibenmittelpunkt,

ψ: Schiefstellung der Scheibe aufgrund der Rotorelastizität,

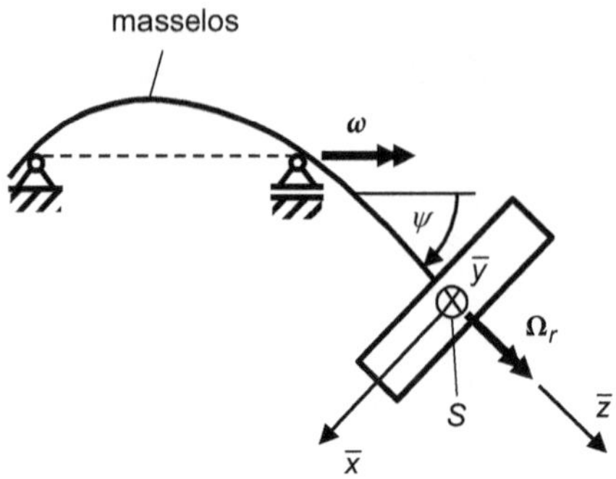

Abb. 4.18: Zur Berechnung der Kreiselwirkung.

$\boldsymbol{\omega}$: Winkelgeschwindigkeit der gekrümmten Rotorachse und des Scheibenmittelpunkts bei der Rotation um die strichliniert dargestellte Schaftachse,
$\bar{x}, \bar{y}, \bar{z}$: mit $\boldsymbol{\omega}$ um die Schaftachse mitrotierendes Koordinatensystem,
$\boldsymbol{\Omega}_{\mathrm{r}}$: Relativwinkelgeschwindigkeit der Scheibe zur mit $\boldsymbol{\omega}$ drehenden Rotorachse.

Wir geben im Folgenden alle Vektoren im mitbewegten $(\bar{x}, \bar{y}, \bar{z})$-Koordinatensystem an. Die Winkelgeschwindigkeitsvektoren $\boldsymbol{\omega}$, $\boldsymbol{\Omega}_{\mathrm{r}}$ sind

$$\boldsymbol{\omega} = \begin{bmatrix} -\omega \sin \psi \\ 0 \\ \omega \cos \psi \end{bmatrix}, \qquad \boldsymbol{\Omega}_{\mathrm{r}} = \begin{bmatrix} 0 \\ 0 \\ \Omega_{\mathrm{r}} \end{bmatrix}$$

und die Absolutwinkelgeschwindigkeit der Scheibe

$$\boldsymbol{\Omega} = \boldsymbol{\omega} + \boldsymbol{\Omega}_{\mathrm{r}} ,$$

$$\boldsymbol{\Omega} = \begin{bmatrix} -\omega \sin \psi \\ 0 \\ \omega \cos \psi + \Omega_{\mathrm{r}} \end{bmatrix} .$$

Der Drallvektor $\boldsymbol{L}^{(S)}$ der Scheibe bezüglich S ergibt sich mit den axialen Massenträgheitsmomenten $\theta_{\bar{x}\bar{x}}$, $\theta_{\bar{z}\bar{z}}$ bezüglich der $\bar{x}$- bzw. der $\bar{z}$-Achse

$$\boldsymbol{L}^{(S)} = \underline{\underline{\theta}} \circ \boldsymbol{\Omega} ,$$

$$\boldsymbol{L}^{(S)} = \begin{bmatrix} -\theta_{\bar{x}\bar{x}} \omega \sin \psi \\ 0 \\ \theta_{\bar{z}\bar{z}}(\omega \cos \psi + \Omega_{\mathrm{r}}) \end{bmatrix} .$$

Es sei an dieser Stelle angemerkt, dass die Komponentenmatrix des Trägheitstensors $\underline{\underline{\theta}}$ neie Diagonalmatrix ist

$$\underline{\underline{\theta}} \mathrel{\hat{=}} \begin{bmatrix} \theta_{\bar{x}\bar{x}} & 0 & 0 \\ 0 & \theta_{\bar{y}\bar{y}} & 0 \\ 0 & 0 & \theta_{\bar{z}\bar{z}} \end{bmatrix} ,$$

da das $(\bar{x}, \bar{y}, \bar{z})$-Koordinatensystem ein Hauptachsensystem darstellt, und dass wegen der Rotationssymmetrie der Scheibe

$$\theta_{\bar{y}\bar{y}} = \theta_{\bar{x}\bar{x}}$$

gilt.

Der Drallsatz in der Form für mitbewegte Koordinatensysteme lautet [5]

$$\boldsymbol{M}^{(S)} = \frac{d^*\boldsymbol{L}^{(S)}}{dt} + \boldsymbol{\omega} \times \boldsymbol{L}^{(S)}$$

mit dem resultierenden Drehmoment auf die Scheibe $\boldsymbol{M}^{(S)}$ bezüglich S und mit der Relativableitung $d^*()/dt$, die nur die zeitliche Änderung der Koordinatenwerte eines Vektors und nicht die zeitliche Änderung der Einheitsvektoren des Koordinatensystems berücksichtigt. In unserem Fall ist aber

$$\frac{d^*\boldsymbol{L}^{(S)}}{dt} = \boldsymbol{0}\,,$$

weil ψ, ω, Ω_r = konst. und weil aufgrund der Koordinatenwahl in Verbindung mit der Rotationssymmetrie der Scheibe die Massenträgheitsmomente ebenfalls zeitlich konstant sind. Nach Berechnung des Terms mit Kreuzprodukt auf der rechten Seite des Drallsatzes ergibt sich für den Momentenvektor

$$\boldsymbol{M}^{(S)} = \begin{bmatrix} 0 \\ \omega \sin\psi(\omega\cos\psi + \Omega_\mathrm{r})\theta_{\bar{z}\bar{z}} - \theta_{\bar{x}\bar{x}}\omega^2 \sin\psi\cos\psi \\ 0 \end{bmatrix}.$$

Nur die $\bar{y}$-Komponente $M_{\bar{y}}^{(S)}$ des Momentenvektors ist ungleich null. Mit den Näherungen

$$\sin\psi \approx \psi, \qquad \sin\psi\cos\psi = \frac{1}{2}\sin 2\psi \approx \psi$$

für kleine Winkel ψ ist diese

$$M_{\bar{y}}^{(S)} \approx (\theta_{\bar{z}\bar{z}} - \theta_{\bar{x}\bar{x}})\omega^2\psi + \theta_{\bar{z}\bar{z}}\Omega_\mathrm{r}\omega\psi\,.$$

Außerdem gilt für kleine ψ wegen $\cos\psi \approx 1$ und $\sin\psi \approx \psi \ll 1$ auch

$$\boldsymbol{\Omega} \approx \begin{bmatrix} 0 \\ 0 \\ \omega + \Omega_\mathrm{r} \end{bmatrix}$$

und daher

$$\Omega \approx \omega + \Omega_\mathrm{r} \quad \Rightarrow \quad \Omega_\mathrm{r} = \Omega - \omega\,,$$

womit sich schließlich

$$M_{\bar{y}}^{(S)} \approx \theta_{\bar{z}\bar{z}}\Omega\omega\psi - \theta_{\bar{x}\bar{x}}\omega^2\psi$$

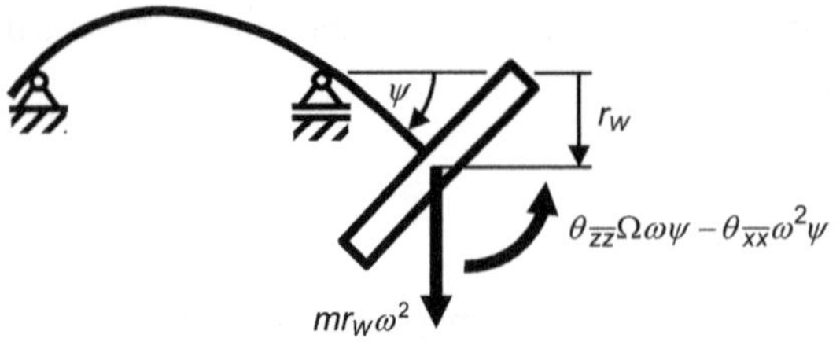

Abb. 4.19: Trägheitskraft und -drehmoment einer sich schief stellenden rotierenden Scheibe.

und das Trägheitsdrehmoment $M_\mathrm{T} = -M_y^{(S)}$ ergeben

$$M_\mathrm{T} \approx -(\theta_{\bar{z}\bar{z}}\Omega\omega\psi - \theta_{\bar{x}\bar{x}}\omega^2\psi)\,. \tag{4.9}$$

Im Rahmen einer Momentenbilanz dürfen Trägheitsdrehmomente wie eine äußere Belastung des Systems behandelt werden. Daher haben wir es in Abb. 4.19 wie ein auf die schief stehende Scheibe wirkendes äußeres Drehmoment zusammen mit der Trägheitskraft F_T nach Gleichung (4.6b) eingezeichnet. Das negative Vorzeichen des Ausdrucks von M_T in Gleichung (4.9) wurde dadurch berücksichtigt, dass das Moment entgegen der Richtung des Neigungswinkels ψ eingezeichnet wurde. Der Term

$$M_\mathrm{K} = \theta_{\bar{z}\bar{z}}\Omega\omega\psi \tag{4.10}$$

wird in vielen Lehrbüchern als Kreiselmoment bezeichnet.

Trägheitskraft und -drehmoment führen zu den Auslenkungen r_W und ψ, sodass wir analog zu Gleichung (4.6a) bei linear elastischem Materialverhalten wie folgt ansetzen können

$$\begin{bmatrix} c_{11} & c_{12} \\ c_{12} & c_{22} \end{bmatrix} \begin{bmatrix} r_\mathrm{W} \\ \psi \end{bmatrix} = \begin{bmatrix} F_\mathrm{T} \\ M_\mathrm{T} \end{bmatrix} \tag{4.11}$$

mit der konstanten, symmetrischen und positiv definiten Steifigkeitsmatrix (vgl. Kapitel 5)

$$\boldsymbol{K} = \begin{bmatrix} c_{11} & c_{12} \\ c_{12} & c_{22} \end{bmatrix}\,. \tag{4.12}$$

Die Steifigkeitsmatrix können wir durch Invertierung der symmetrischen, positiv definiten Nachgiebigkeitsmatrix $\boldsymbol{\delta}$ berechnen

$$\boldsymbol{K} = \boldsymbol{\delta}^{-1} \tag{4.13}$$

mit

$$\boldsymbol{\delta} = \begin{bmatrix} \delta_{11} & \delta_{12} \\ \delta_{12} & \delta_{22} \end{bmatrix}\,. \tag{4.14a}$$

Die Elemente δ_{ik} der Nachgiebigkeitsmatrix werden Einflusszahlen genannt, da sie wegen

$$\begin{bmatrix} r_\mathrm{W} \\ \psi \end{bmatrix} = \begin{bmatrix} \delta_{11} & \delta_{12} \\ \delta_{12} & \delta_{22} \end{bmatrix} \begin{bmatrix} F_\mathrm{T} \\ M_\mathrm{T} \end{bmatrix}$$

den Einfluss der k-ten generalisierten Kraft (Kraft oder Moment) auf die i-te generalisierte Verschiebung (Verschiebung oder Verdrehung) beschreiben. Durch die Einflusszahl δ_{12} und damit auch durch die Steifigkeit c_{12} wird berücksichtigt, dass die Kraft F_T zusätzlich zur Auslenkung r_W auch eine Schiefstellung ψ erzeugt bzw. dass das Drehmoment M_T zusätzlich zur Schiefstellung ψ auch eine Auslenkung r_W bewirkt. Bei einem Rotor, der mit einer Scheibe mittig zwischen den Lagern besetzt ist wie in Abb. 4.10, sind δ_{12}, c_{12} null. Unter Vernachlässigung von Querkrafteinflüssen auf die Formänderungsenergie können die Einflusszahlen δ_{ik} mithilfe der Biegemomente M_i, M_k und der Biegesteifigkeit EI des elastischen Rotors durch Integration über die gesamte Rotorlänge l berechnet werden

$$\delta_{ik} = \int \frac{M_i M_k}{EI} dl, \quad i, k = 1, 2. \tag{4.14b}$$

Hier sind M_i, M_k die Biegemomente, die sich jeweils für eine generalisierte Kraft der Größe „1" am Angriffspunkt und in Richtung der i-ten bzw. k-ten generalisierten Kraft des Vektors der generalisierten Kräfte auf der rechten Seite von Gleichung (4.11) ergeben.

Das Einsetzen der Gleichungen (4.6b) und (4.9) in Gleichung (4.11) liefert ein lineares homogenes Gleichungssystem für die Auslenkung und Schiefstellung analog zu Gleichung (4.7)

$$\begin{bmatrix} (c_{11} - m\omega^2) & c_{12} \\ c_{12} & (c_{22} + \theta_{\bar{z}\bar{z}}\Omega\omega - \theta_{\bar{x}\bar{x}}\omega^2) \end{bmatrix} \begin{bmatrix} r_W \\ \psi \end{bmatrix} = \begin{bmatrix} 0 \\ 0 \end{bmatrix} . \tag{4.15}$$

Damit Auslenkungen/Verdrehungen ungleich null existieren, fordern wir analog zu Gleichung (4.8), dass die Determinante der Koeffizientenmatrix in Gleichung (4.15) null wird

$$(c_{11} - m\omega^2)(c_{22} + \theta_{\bar{z}\bar{z}}\Omega\omega - \theta_{\bar{x}\bar{x}}\omega^2) - c_{12}^2 = 0 .$$

Die Winkelgeschwindigkeiten Ω der Rotorscheibe und ω der Rotorachse sind bei dem fliegend gelagerten Rotor anders als bei dem Rotor mit mittig angeordneter Rotorscheibe (vgl. Gleichung (4.8)) nicht unabhängig voneinander, sondern wir erhalten nach Ausmultiplizieren die Beziehung

$$\Omega\theta_{\bar{z}\bar{z}} = \theta_{\bar{x}\bar{x}} \frac{\omega^4 - \omega^2\left(\frac{c_{22}}{\theta_{\bar{x}\bar{x}}} + \frac{c_{11}}{m}\right) + \frac{c_{11}c_{22} - c_{12}^2}{m\theta_{\bar{x}\bar{x}}}}{\omega\left(\omega^2 - \frac{c_{11}}{m}\right)} \tag{4.16a}$$

oder

$$\Omega\theta_{\bar{z}\bar{z}} = \theta_{\bar{x}\bar{x}} \frac{\omega^4 - \omega^2(\omega_{0_1}^2 + \omega_{0_2}^2) + \omega_{0_1}^2\omega_{0_2}^2}{\omega(\omega^2 - \omega_{\infty_1}^2)} \tag{4.16b}$$

mit den Nullstellen

$$\omega_{0_{1,2}}^2 = \frac{1}{2}\left[\left(\frac{c_{22}}{\theta_{\bar{x}\bar{x}}} + \frac{c_{11}}{m}\right) \pm \sqrt{\left(\frac{c_{22}}{\theta_{\bar{x}\bar{x}}} + \frac{c_{11}}{m}\right)^2 - 4\frac{c_{11}c_{22} - c_{12}^2}{m\theta_{\bar{x}\bar{x}}}}\right] \tag{4.17a}$$

oder

$$\omega_{0_{1,2}}^2 = \frac{1}{2}\left[\left(\frac{c_{22}}{\theta_{\bar{x}\bar{x}}} + \frac{c_{11}}{m}\right) \pm \sqrt{\left(\frac{c_{22}}{\theta_{\bar{x}\bar{x}}} - \frac{c_{11}}{m}\right)^2 + 4\frac{c_{12}^2}{m\theta_{\bar{x}\bar{x}}}}\right] \tag{4.17b}$$

und den Polstellen null sowie

$$\omega_{\infty_1}^2 = \frac{c_{11}}{m}\,. \tag{4.18}$$

Der Radikand in Gleichung (4.17b) ist offensichtlich größer als null. Damit sind ω_{01}^2 und ω_{02}^2 reell. Bei Betrachtung von Gleichung (4.17a) erkennen wir, dass ω_{01}^2 und ω_{02}^2 beide positiv sind. Dies liegt daran, dass wegen der positiven Definitheit der Steifigkeitsmatrix deren Determinante größer als null ist

$$c_{11}c_{22} - c_{12}^2 > 0\,.$$

Insgesamt gibt es also vier reelle Nullstellen $\omega_{01}, -\omega_{01}, \omega_{02}, -\omega_{02}$ und drei reelle Polstellen 0, $\omega_{\infty 1}, -\omega_{\infty 1}$. Alternative Formulierungen zu Gleichung (4.16) sind

$$\Omega\theta_{\bar{z}\bar{z}} = \theta_{\bar{x}\bar{x}}\frac{(\omega^2 - \omega_{0_1}^2)(\omega^2 - \omega_{0_2}^2)}{\omega(\omega^2 - \omega_{\infty_1}^2)}\,, \tag{4.19}$$

$$\Omega\theta_{\bar{z}\bar{z}} = \theta_{\bar{x}\bar{x}}\frac{(\omega - \omega_{0_1})(\omega + \omega_{0_1})(\omega - \omega_{0_2})(\omega + \omega_{0_2})}{\omega(\omega - \omega_{\infty_1})(\omega + \omega_{\infty_1})}\,. \tag{4.20}$$

Die Beziehung (4.16) bzw. (4.19) haben wir in Abb. 4.21 grafisch dargestellt, und zwar für den fliegend gelagerten Rotor in Abb. 4.17 mit $a = b$, und besetzt mit einer dünnen Kreisscheibe, deren Radius gleich a, b ist. Dazu haben wir den folgenden Berechnungsgang durchgeführt.

Die Massenträgheitsmomente der dünnen Kreisscheibe sind

$$\theta_{\bar{z}\bar{z}} = \frac{1}{2}ma^2, \qquad \frac{\theta_{\bar{z}\bar{z}}}{\theta_{\bar{x}\bar{x}}} = 2$$

und die Einflusszahlen ergeben sich aus den in Abb. 4.20 dargestellten Biegemomentenverläufen mit Gleichung (4.14b) zu

$$\delta_{11} = \frac{2}{3}\cdot\frac{a^3}{EI}, \qquad \delta_{12} = \frac{5}{6}\cdot\frac{a^2}{EI}, \qquad \delta_{22} = \frac{4}{3}\cdot\frac{a}{EI}\,.$$

Die Steifigkeiten (4.12) erhalten wir dann nach Gleichung (4.13) durch Invertierung der Nachgiebigkeitsmatrix (4.14a)

$$c_{11} = \frac{48}{7}\cdot\frac{EI}{a^3}, \qquad c_{12} = -\frac{30}{7}\cdot\frac{EI}{a^2}, \qquad c_{22} = \frac{24}{7}\cdot\frac{EI}{a}\,.$$

Die Auswertung der Gleichungen (4.17b) und (4.18) ergibt schließlich

$$\frac{\omega_{0_{1,2}}}{\sqrt{\frac{EI}{ma^3}}} = \sqrt{\frac{144 \pm \sqrt{48^2 + 120^2}}{14}} \approx \begin{cases} 1.0266 \\ 4.4179 \end{cases}, \qquad \frac{\omega_{\infty_1}}{\sqrt{\frac{EI}{ma^3}}} = \sqrt{\frac{48}{7}} \approx 2.6186\,.$$

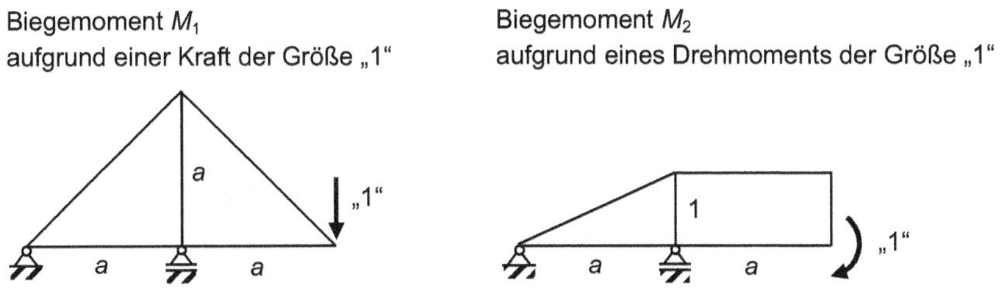

Abb. 4.20: Biegemomentenverläufe zur Berechnung der Einflusszahlen.

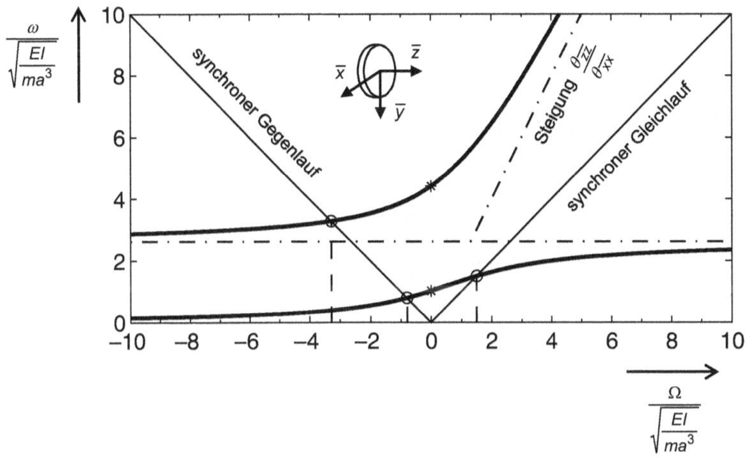

Abb. 4.21: Kritische Winkelgeschwindigkeiten des fliegend gelagerten Rotors bei Berücksichtigung der Kreiselwirkung.

Da die Funktion $\Omega = f(\omega)$ punktsymmetrisch zum Koordinatenursprung ist, haben wir sie in Abb. 4.21 nur für positive Werte von ω dargestellt, für die sie aus zwei Kurvenästen besteht. Der untere und obere Kurvenast haben als gemeinsame Asymptote die strichpunktierte horizontale Gerade $\omega = \omega_{\infty 1}$. Hier an der Polstelle $\omega_{\infty 1}$ strebt Ω gegen $\pm\infty$. Aus Gleichung (4.16) erhalten wir auch das asymptotische Verhalten

$$\omega \to \infty: \quad \Omega \to \frac{\theta_{\bar{x}\bar{x}}}{\theta_{\bar{z}\bar{z}}}\omega \,.$$

Die entsprechende Asymptote ist die in Abb. 4.21 dargestellte strichpunktierte Gerade mit der Steigung $\theta_{\bar{z}\bar{z}}/\theta_{\bar{x}\bar{x}}$, die in unserem Beispiel des kreisscheibenförmigen Rotors gleich 2 ist. Die Nullstellen sind durch Sterne markiert. Die kritischen Drehzahlen für synchronen Gleichlauf und für synchronen Gegenlauf ergeben sich aus den Schnittpunkten der beiden Kurvenäste mit den beiden Winkelhalbierenden $\Omega = \omega$ und $\Omega = -\omega$ und sind durch Kreise markiert. Offensichtlich gibt es in unserem Beispiel eine kritische Drehzahl für den synchronen Gleichlauf und zwei kritische Drehzahlen für den synchronen Gegenlauf.

Wir können die kritischen Drehzahlen berechnen, indem wir für synchronen Gleichlauf $\Omega = \omega$ in Gleichung (4.16) einsetzen. Daraus ergibt sich ein Polynom vierter Ordnung in ω, dessen reelle Nullstellen die kritischen Winkelgeschwindigkeiten sind

$$\omega^4 \left(\frac{\theta_{\bar{z}\bar{z}}}{\theta_{\bar{x}\bar{x}}} - 1 \right) + \omega^2 \left(\omega_{0_1}^2 + \omega_{0_2}^2 - \frac{\theta_{\bar{z}\bar{z}}}{\theta_{\bar{x}\bar{x}}} \omega_{\infty_1}^2 \right) - \omega_{0_1}^2 \omega_{0_2}^2 = 0\,. \tag{4.21}$$

Für unseren Beispielrotor ergibt sich

$$\frac{\omega^2}{\frac{EI}{ma^3}} = \frac{-24 \pm \sqrt{24^2 + \frac{144^2-48^2-120^2}{4}}}{7} \approx \begin{cases} 2.2571 \\ -9.1142 \end{cases}.$$

Nur der positive Wert führt auf reelle Nullstellen. Die kritische Winkelgeschwindigkeit für den synchronen Gleichlauf $\omega_{\text{krit}}^{(+)}$ beträgt also

$$\frac{\omega_{\text{krit}}^{(+)}}{\sqrt{\frac{EI}{ma^3}}} = \sqrt{\frac{-24 + \sqrt{24^2 + \frac{144^2-48^2-120^2}{4}}}{7}} \approx 1.5024\,.$$

Für den synchronen Gegenlauf setzen wir $\Omega = -\omega$ in Gleichung (4.16) ein und erhalten als Bestimmungsgleichung für die kritischen Winkelgeschwindigkeiten

$$\omega^4 \left(\frac{\theta_{\bar{z}\bar{z}}}{\theta_{\bar{x}\bar{x}}} + 1 \right) - \omega^2 \left(\omega_{0_1}^2 + \omega_{0_2}^2 + \frac{\theta_{\bar{z}\bar{z}}}{\theta_{\bar{x}\bar{x}}} \omega_{\infty_1}^2 \right) + \omega_{0_1}^2 \omega_{0_2}^2 = 0\,, \tag{4.22}$$

die sich auch aus der Gleichung (4.20) durch Multiplikation von $\theta_{\bar{z}\bar{z}}$ mit -1 ergibt. Die Zahlenwerte für den Beispielrotor ergeben

$$\frac{\omega^2}{\frac{EI}{ma^3}} = \frac{(144+96) \pm \sqrt{(144+96)^2 - 12 \cdot 7 \cdot 144}}{6 \cdot 7} \approx \begin{cases} 0.6353 \\ 10.7933 \end{cases},$$

und führen auf zwei kritische Winkelgeschwindigkeiten $\omega_{\text{krit}}^{(-)}$ des synchronen Gegenlaufs

$$\frac{\omega_{\text{krit}_{1,2}}^{(-)}}{\sqrt{\frac{EI}{ma^3}}} = \sqrt{\frac{(144+96) \pm \sqrt{(144+96)^2 - 12 \cdot 7 \cdot 144}}{6 \cdot 7}} \approx \begin{cases} 0.7971 \\ 3.2853 \end{cases}.$$

Bei Vernachlässigung des Kreiselmoments M_K nach Gleichung (4.10) bzw. der Kreiselwirkung durch Nullsetzen von Ω in den Gleichungen (4.16) bzw. (4.19) werden aus den beiden Kurvenästen in Abb. 4.21 die durch die Nullstellen ω_{01}, ω_{02} verlaufenden horizontalen Geraden in Abb. 4.22 analog zu Abb. 4.15. Jetzt ergeben sich für den synchronen Gleichlauf zwei kritische Winkelgeschwindigkeiten

$$\omega_{\text{krit}_1}^{(+)} = \omega_{0_1} \approx 1.0266 \cdot \sqrt{\frac{EI}{ma^3}}, \qquad \omega_{\text{krit}_2}^{(+)} = \omega_{0_2} \approx 4.4179 \cdot \sqrt{\frac{EI}{ma^3}},$$

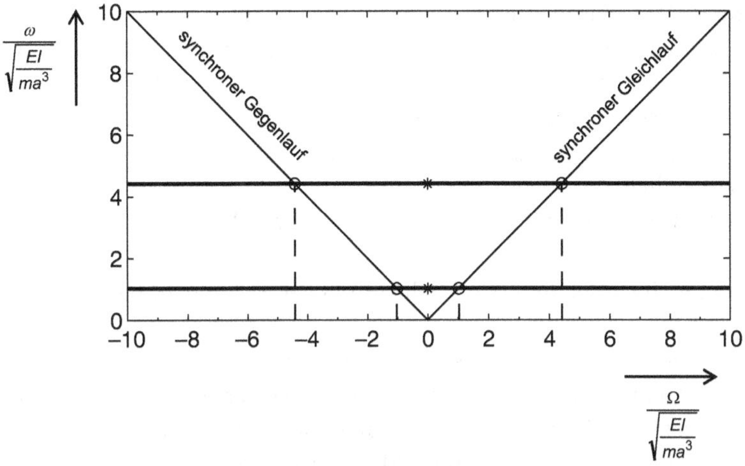

Abb. 4.22: Übereinstimmung der kritischen Winkelgeschwindigkeiten und Biegeeigenkreisfrequenzen bei Vernachlässigung der Kreiselwirkung.

die mit den beiden Biegeeigenkreisfrequenzen des stillstehenden Rotors übereinstimmen. Zum Auftreten von mehr als einer Eigenfrequenz bzw. Eigenschwingungsform sei auf Kapitel 5 verwiesen, in dem ausführlich die Schwingungen von Systemen behandelt werden, deren Freiheitsgrad größer als 1 ist.

Offenbar führt die Kreiselwirkung zu einer Erhöhung der ersten kritischen Winkelgeschwindigkeit des synchronen Gleichlaufs um den Faktor 1.5024/1.0266. Dies liegt daran, dass der untere Kurvenast in Abb. 4.21 im Bereich des Gleichlaufs ($\Omega > 0$) über den Wert der Nullstelle ω_{01} und damit über das Niveau der unteren horizontalen Geraden in Abb. 4.22 hinaus ansteigt. Eine Vergrößerung der kritischen Drehzahl im synchronen Gleichlauf durch die Wirkung des Kreiselmoments M_K ist physikalisch plausibel, wenn wir bedenken, dass M_K im Gleichlauf der Schiefstellung ψ der Scheibe wie ein rückstellendes Federmoment entgegenwirkt und so zu einer Versteifung des Systems führt (vgl. Abb. 4.19). Bei unterkritischem Betrieb gewinnt man also zusätzliche Sicherheit, wenn die Kreiselwirkung bei der Auslegung der Maschine vernachlässigt wird. Bei überkritischem Betrieb verliert man allerdings an Sicherheitsabstand zur kritischen Drehzahl.

Bei einem trommelförmigen Rotor ist $\theta_{\bar{z}\bar{z}} < \theta_{\bar{x}\bar{x}}$, daher verläuft in diesem Fall der obere Kurvenast in Abb. 4.21 flacher als dargestellt und schneidet die Gerade des synchronen Gleichlaufs. Es gibt dann also eine zweite kritische Drehzahl für synchronen Gleichlauf. Ist $\theta_{\bar{z}\bar{z}} \approx \theta_{\bar{x}\bar{x}}$, so nähert sich der obere Kurvenast asymptotisch der Gerade des synchronen Gleichlaufs. Der Zustand des Rotors ist dann bei allen höheren Drehzahlen kritisch, und das Durchfahren der zweiten kritischen Drehzahl im synchronen Gleichlauf ist nicht möglich. Dies ist konstruktiv zu vermeiden. Der Effekt ist insbesondere auch zu berücksichtigen, wenn das Massenträgheitsmoment vom Beladungszustand einer Maschine abhängt wie z. B. bei Schleudern. Bei einem Rotor mit Walzenform $\theta_{\bar{z}\bar{z}} \ll \theta_{\bar{x}\bar{x}}$ ist der erste Term in dem Ausdruck für das Trägheitsdrehmoment nach Gleichung (4.9) gegenüber dem zweiten Term sehr klein. Der erste Term ist aber gleich dem Kreiselmoment nach Gleichung (4.10), sodass bei walzenförmigen Rotoren die Kreiselwirkung vernachlässigbar ist. Bei Scheibenform $\theta_{\bar{z}\bar{z}} > \theta_{\bar{x}\bar{x}}$ ist die Kreiselwirkung wesentlich.

Zum Thema Kreiselwirkung können wir zusammenfassend also folgende Aussagen treffen:

- Kreiselwirkung ist insbesondere bei scheibenförmigen Rotoren zu berücksichtigen.
- Da das Kreiselmoment beim synchronen Gleichlauf eine versteifende Wirkung auf die Welle hat, führt die Kreiselwirkung zu einem Anstieg der kritischen Drehzahl.
- Bei $\theta_{\bar{z}\bar{z}} \approx \theta_{\bar{x}\bar{x}}$ treten kritische Zustände bei allen höheren Drehzahlen auf, ein Durchfahren der zweiten kritischen Drehzahl ist nicht möglich.
- Bei Auftreten eines Kreiselmoments stimmen die kritischen Drehzahlen nicht mit den Biegeeigenkreisfrequenzen ω_0 des stillstehenden Rotors überein, andernfalls sehr wohl.

4.3 Unwuchten und Auswuchten

Eine „nicht ideale" Massenverteilung (Unwucht) von Rotoren führt im Maschinenbetrieb zu freien Fliehkräften, die die Maschine und die Lager belasten und Schwingungen erregen. Da die zusätzlichen Kräfte in der Regel einen vorzeitigen Verschleiß oder Ausfall der Maschine herbeiführen und die Übertragung der Schwingungen auf Umgebung und Mensch störend und gesundheitsschädlich sein kann, sind Unwuchten oft unerwünscht, wie zum Beispiel bei Ventilatoren, Propellern, Zentrifugentrommeln, Autorädern, Antriebswellen, Elektromotoren, Generatoren und Turbinen.

Mögliche Ursachen von Unwuchten sind zum Beispiel [40]

- Konstruktions- und Zeichenfehler, durch die z. B. Flächen am Rotor unbearbeitet belassen werden, zu grobe Passungen oder eine Passfeder, die kürzer als die Nut ist
- Materialfehler wie Lunker in Gussteilen oder ungleiche Materialdicke bei Schweißkonstruktionen,
- Fertigungs- und Montagefehler wie Formfehler beim Schweißen und Gießen, Spannfehler bei der spanabhebenden Bearbeitung, Verspannen durch ungleichmäßiges Anziehen von Befestigungsschrauben.

Bei einigen technischen Anwendungen werden Unwuchten aber auch gezielt eingesetzt, um Schwingungen zu erzeugen, wie zum Beispiel bei Boden-/Betonverdichtern, Schwingsieben, Schwingrinnen und -förderern (Abb. 4.25, 4.26). Dazu können Elektromotoren eingesetzt werden, auf deren Welle kreissegmentförmige Gewichte sitzen

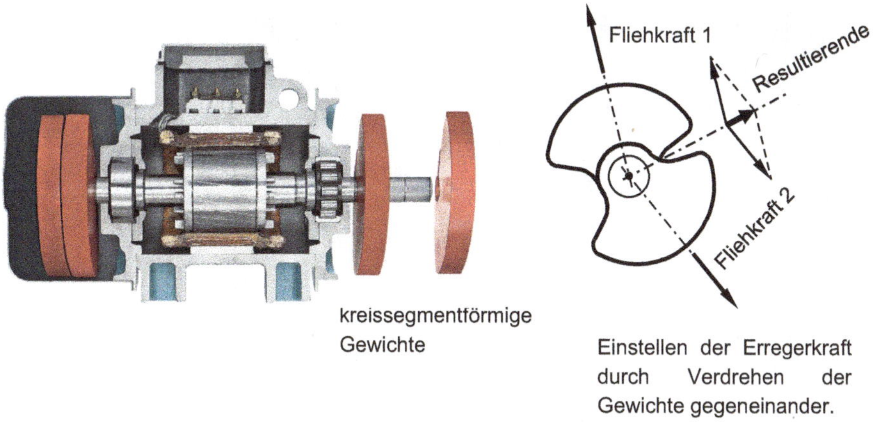

Abb. 4.23: Innenleben eines Unwuchtmotors (Foto: AViTEQ).

(Abb. 4.23). Durch Verdrehen der Gewichte gegeneinander lässt sich die Erregerkraft in der Größe verstellen.

Bei Schwingförderern werden in der Regel zwei Unwuchtmotoren eingesetzt, deren Unwuchtgewichte gegenläufig synchron umlaufen. Dadurch wird aus den beiden umlaufenden Fliehkräften eine gerichtete Erregerkraft erzeugt. Anordnungsmöglichkeiten der Unwuchtmotoren gehen aus den Abb. 4.24 und 4.26 hervor.

Schwingförderer wie die in Abb. 4.24 schematisch dargestellte Schwingrinne arbeiten nach dem sogenannten Wurfverfahren, bei dem die Schwingrichtung gegenüber der Förderrichtung geneigt ist. Dadurch bewegt sich die Rinne nach vorn (in Förderrichtung) aufwärts und zurück abwärts. Das System ist so ausgelegt, dass die negative Vertikalbeschleunigung beim Rinnenrücklauf größer als die Fallbeschleunigung ist, sodass das Fördergut von der Rinne abhebt. Da die Fallbeschleunigung vertikal nach unten gerichtet ist und die Rinne beim Rinnenrücklauf sich nicht nur abwärts, sondern auch zurückbewegt, ist die Relativbewegung des Förderguts zur Rinne nach vorn gerichtet. Beim Wiederauftreffen des Förderguts auf die Rinne hat es

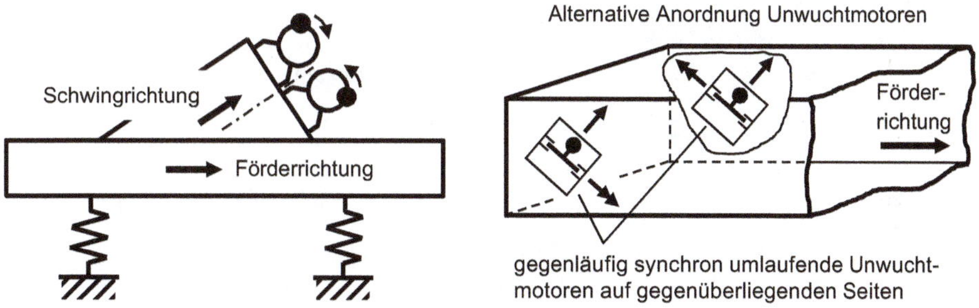

Abb. 4.24: Arbeitsprinzip von Schwingförderern am Beispiel der Schwingrinne.

Abb. 4.25: Lenkergeführte Förderrinne (Bild: AViTEQ).

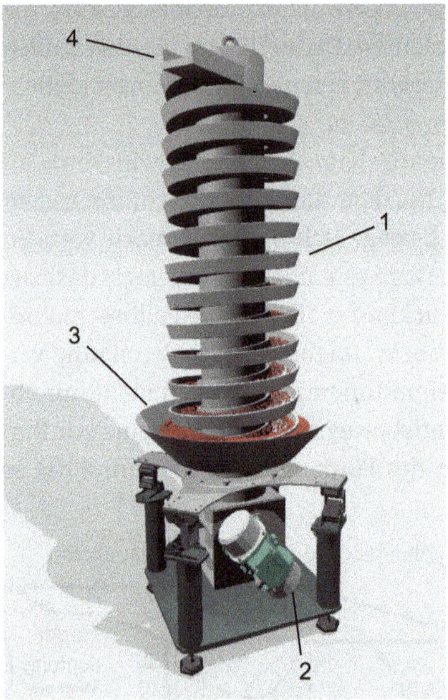
4
1
3
2

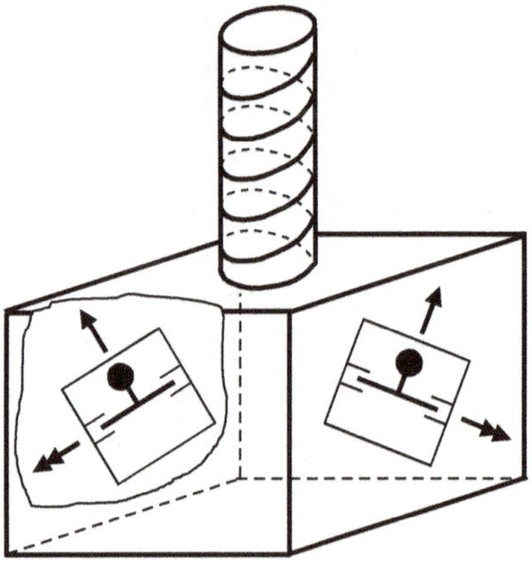
ANORDNUNG UNWUCHTMOTOREN
„gegenläufig" synchron umlaufende Unwuchtmotoren auf gegenüberliegenden Seiten am Fuß des Wendelteils

Abb. 4.26: Wendelschwingförderer. 1 Wendelteil, 2 Unwuchtmotor, 3 Aufgabeteller, 4 Abgaberutsche [linkes Bild: AViTEQ].

sich also in Förderrichtung verschoben. Das Arbeitsprinzip bei Wendelschwingförderern (Abb. 4.26) ist das Gleiche. Der Unterschied besteht nur darin, dass die Bewegungsbahn nicht geradlinig ist, sondern sich wendelförmig um eine Vertikalachse nach oben schraubt. Die Schwingrichtung stimmt mit der Richtung der Erregerkraft überein, es sei denn, die Schwingrinne unterliegt einem kinematischen Zwang wie die in Abb. 4.25 dargestellte Rinne, die durch Lenker geführt wird.

4.3.1 Definition der Unwucht und Unwuchtarten

Die Unwucht, die durch einen Massenpunkt m entsteht, der an einem Rotor im Abstand r von der Drehachse befestigt ist, wird als Produkt von Masse m und Abstandsvektor (Abb. 4.27) definiert

$$\boldsymbol{U} = m\boldsymbol{r}\,. \tag{4.23}$$

Bei Drehung des Rotors mit Winkelgeschwindigkeit ω ist eine freie Fliehkraft (Trägheitskraft) zu berücksichtigen

$$\boldsymbol{F} = m\boldsymbol{r}\omega^2\,, \tag{4.24a}$$

die gleich dem Produkt des Quadrats der Winkelgeschwindigkeit und des Unwuchtvektors ist

$$\boldsymbol{F} = \omega^2\boldsymbol{U}\,. \tag{4.24b}$$

Sie läuft im Raum um die Drehachse mit Winkelgeschwindigkeit ω um und wird von den Lagern aufgenommen.

Es wird zwischen den in den Abb. 4.28, 4.29 und 4.30 dargestellten Unwuchtarten unterschieden. Beim ideal ausgewuchteten starren Rotor entstehen bei Rotation keine freien Fliehkräfte, also keine zusätzlichen Lagerkräfte. Bedingung dafür ist, dass eine der drei zentralen Hauptträgheitsachsen mit der Schaftachse übereinstimmt. Unter der Schaftachse verstehen wir die Drehachse des Rotors, deren Lage im Raum durch die Lagersitze definiert wird. Wir gehen hier und im Folgenden immer von starren Rotoren aus. Es sei denn, wir weisen extra auf die elastische Eigenschaft des Rotors hin.

Die Entstehung einer statischen Unwucht U_S kann man sich denken durch Anbringen eines einzigen Massenpunkts an einen ideal ausgewuchteten Rotor, und zwar so, dass der Massenpunkt nur einen radialen Abstand zum Schwerpunkt des ideal gewuchteten Rotors besitzt, aber keinen Abstand in Richtung der Schaftachse

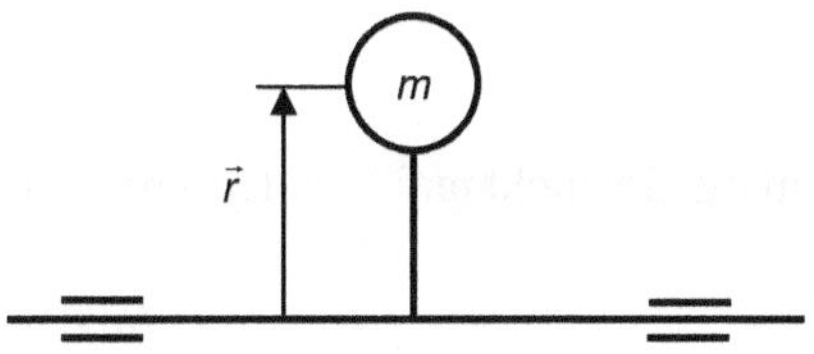

Abb. 4.27: Definition der Unwucht.

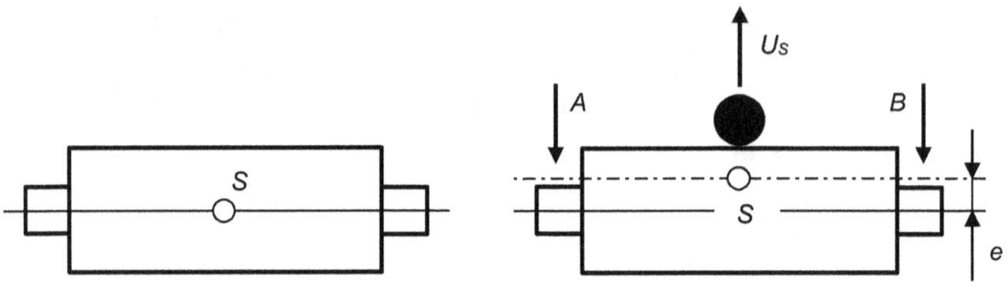

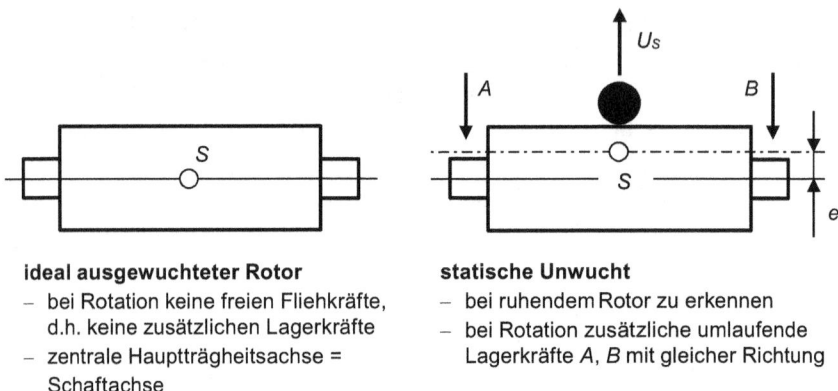

ideal ausgewuchteter Rotor
- bei Rotation keine freien Fliehkräfte, d.h. keine zusätzlichen Lagerkräfte
- zentrale Hauptträgheitsachse = Schaftachse

statische Unwucht
- bei ruhendem Rotor zu erkennen
- bei Rotation zusätzliche umlaufende Lagerkräfte *A*, *B* mit gleicher Richtung

Abb. 4.28: Unwuchtarten – statische Unwucht.

(Abb. 4.28). Dies führt zu einer rein radialen Verschiebung des Schwerpunkts des Rotors mit Unwucht gegenüber dem Schwerpunkt des idealen Rotors. Mit dem Schwerpunkt verschiebt sich die zentrale Hauptträgheitsachse. Ihre Richtung parallel zur Schaftachse bleibt aber erhalten. Der Abstand von Schwerpunkt und Schaftachse ist die Exzentrizität e. Da der Rotor die Tendenz hat, immer die stabile Gleichgewichtslage einzunehmen, bei der sich der Schwerpunkt in der tiefsten möglichen Lage befindet, ist die Unwucht durch das Auspendeln nach leichter Verdrehung zu erkennen. Der Rotor muss also nicht auf Drehzahl gebracht werden, um die statische Unwucht zu erkennen, sondern dies ist schon bei ruhendem Rotor möglich. Daher rührt die Bezeichnung dieser Unwuchtart.

Die rein dynamische Unwucht oder Momentenunwucht entsteht zum Beispiel durch Anbringen zweier Massenpunkte mit gleicher Masse in gleichem radialen Abstand von der Achse des ideal gewuchteten Rotors, aber an Stellen, die sich diametral gegenüberliegen und zusätzlich seitlich (in Richtung der Schaftachse) versetzt sind (Abb. 4.29). Die Unwuchtvektoren der beiden Massenpunkte haben den gleichen Betrag U, sind aber entgegengesetzt gerichtet und haben seitlichen Versatz wie die Kräfte eines Kräftepaares, deren Resultierende null ist, die aber ein resultierendes (freies) Drehmoment besitzen. Analog zum Drehmoment des Kräftepaares wird die Momentenunwucht definiert mithilfe eines beliebigen Vektors, der von der Wirkungslinie des einen Unwuchtvektors zur Wirkungslinie des zweiten Unwuchtvektors führt und mit dem zweiten Unwuchtvekor über das Kreuzprodukt zu verknüpfen ist

$$\boldsymbol{U}_{\mathrm{m}} = \boldsymbol{l} \times \boldsymbol{U} \, . \tag{4.25a}$$

Betragsmäßig können wir die Momentenunwucht als Unwucht mal Hebelarm berechnen

$$U_{\mathrm{m}} = l \cdot U \, . \tag{4.25b}$$

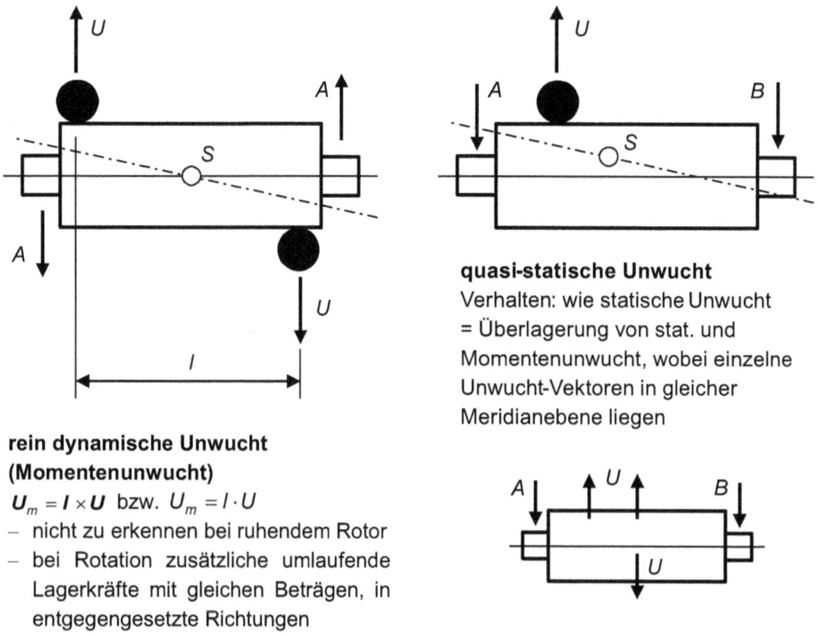
U
A
S
A
U
l
rein dynamische Unwucht
(Momentenunwucht)
$\boldsymbol{U}_m = \boldsymbol{l} \times \boldsymbol{U}$ bzw. $U_m = l \cdot U$
– nicht zu erkennen bei ruhendem Rotor
– bei Rotation zusätzliche umlaufende Lagerkräfte mit gleichen Beträgen, in entgegengesetzte Richtungen
U
A
B
S
quasi-statische Unwucht
Verhalten: wie statische Unwucht
= Überlagerung von stat. und Momentenunwucht, wobei einzelne Unwucht-Vektoren in gleicher Meridianebene liegen
A
U
B
U

Abb. 4.29: Unwuchtarten – rein dynamische und quasi-statische Unwuchten.

Der Schwerpunkt verschiebt sich durch die Momentenunwucht nicht. Es neigt sich aber die zentrale Hauptträgheitsachse in Richtung der Zusatzmassen. Bei ruhendem Rotor ist die rein dynamische Unwucht nicht zu erkennen, da der Schwerpunkt auf der Schaftachse liegt und sich sein Höhenniveau bei Verdrehung des Rotors nicht ändert. Alle Winkellagen sind indifferente Gleichgewichtslagen. Wird der Rotor aber auf Drehzahl gebracht, so können umlaufende Lagerkräfte A gemessen werden, die betragsmäßig gleich groß, aber zu jedem Zeitpunkt entgegengesetzt gerichtet sind. Das resultierende Drehmoment der Lagerkräfte steht im Gleichgewicht mit dem Unwuchtmoment M_{U}, das das resultierende Moment der freien Fliehkräfte ist

$$\boldsymbol{M}_{\mathrm{U}} = \boldsymbol{l} \times \boldsymbol{F} \tag{4.26a}$$

und sich nach Einsetzen der Gleichungen (4.23b) und (4.24a) aus der Momentenunwucht durch Multiplikation mit dem Quadrat der Winkelgeschwindigkeit ergibt

$$\boldsymbol{M}_{\mathrm{U}} = \omega^2 \boldsymbol{U}_{\mathrm{m}} \, . \tag{4.26b}$$

Da sich nach den Gleichungen (4.23b) und (4.25b) Kraft- und Unwuchtvektor sowie Drehmoment und Momentenunwucht jeweils nur durch den gleichen Skalierungsfaktor ω^2 unterscheiden, können wir mit Unwuchtvektoren und Momentenunwuchten genauso rechnen wie mit Kräften und Drehmomenten in der Statik. Es kann zum Beispiel wie die Dyname einer Kräftegruppe bestehend aus resultierender Kraft und resultierendem Drehmoment die sogenannte Unwuchtdyname einer Gruppe von Unwuchtvektoren berechnet werden, die sich aus resultierendem Unwuchtvektor und resultierender Momentenunwucht zusammensetzt (Abb. 4.31) und sich auf einen beliebig wählbaren Punkt, z. B. den Schwerpunkt, bezieht. Mit der Angabe der Unwuchtdyname ist der Unwuchtzustand des Rotors eindeutig beschrieben.

Die quasi-statische Unwucht kann wie die statische Unwucht mithilfe eines einzigen Massenpunkts erzeugt werden, der aber mit seitlichem Versatz zum Schwerpunkt des idealen Rotors angebracht werden muss. Dadurch verschiebt sich die Hauptzentralachse aus dem Schwerpunkt des idealen Rotors heraus und neigt sich gleichzeitig. Sie schneidet aber wie bei der rein dynamischen Unwucht die Schaftachse. Die quasi-statische Unwucht kann als Überlagerung von statischer Unwucht und rein dynamischer Unwucht begriffen werden, wobei die einzelnen Unwuchtvektoren alle in ein und derselben Meridianebene des Rotors liegen (Abb. 4.29). Die quasi-statische Unwucht kann wie die statische Unwucht schon bei ruhendem Rotor erkannt werden. Bei Rotation treten räumlich umlaufende Lagerkräfte A, B auf, die wie bei der statischen Unwucht gleich gerichtet sind.

Alle bisher beschriebenen Unwuchtarten haben gemeinsam, dass die Schaftachse und die zentrale Hauptträgheitsachse in einer Ebene liegen. Bei einem allgemeinen Unwuchtzustand ist denkbar, dass die Achsen windschief sind. Dieser Unwuchtzustand kann durch Überlagerung einer statischen und einer Momentenunwucht erzeugt werden, aber anders als bei der quasi-statischen Unwucht liegen nun die erzeugenden Unwuchtvektoren U, U_S nicht mehr in ein und derselben Meridianebene (Abb. 4.30). Bei Rotation sind die entstehenden Lagerkräfte A, B dann offensichtlich weder gleich noch entgegengesetzt gerichtet.

Der Begriff der dynamischen Unwucht ist ein Oberbegriff und besagt, dass Schaftachse und zentrale Hauptträgheitsachse nicht übereinstimmen. Er umfasst den in Abb. 4.30 dargestellten allgemeinen Unwuchtzustand und schließt als Sonderfälle die statische, quasi-statische und rein dynamische Unwucht ein.

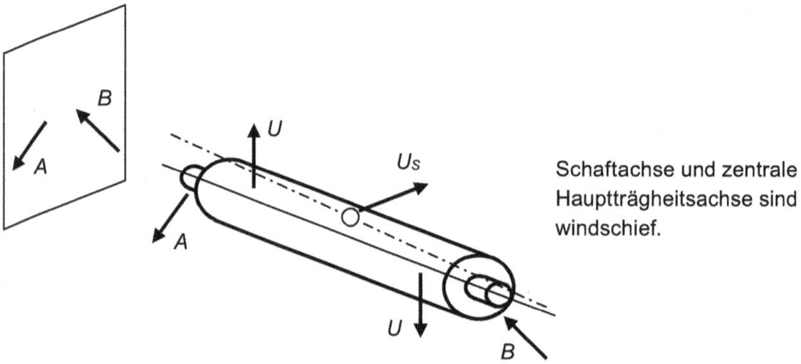

Abb. 4.30: Unwuchtarten – dynamische Unwucht.

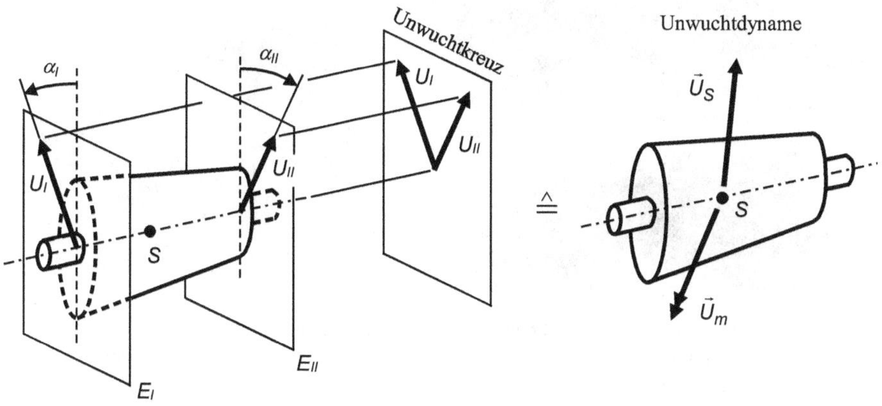

Abb. 4.31: Darstellung eines Unwuchtzustands. Unwuchtkreuz (links) und Unwuchtdyname (rechts).

Der Unwuchtzustand kann wie schon erwähnt durch die Unwuchtdyname dargestellt werden oder durch das in Abb. 4.31 gezeigte Unwuchtkreuz [40]. Da bei Lagerung des Rotors durch zwei Lager jeder Unwuchtzustand nur zu Lagerkräften in den beiden Lagerebenen führt, ist ein Unwuchtzustand (eines starren Rotors) immer darstellbar durch zwei Unwuchtvektoren, die aber nicht notwendigerweise den Lagerebenen zugeordnet sein müssen, sondern sich auf zwei frei wählbare Radialebenen beziehen können. Legt man die Radialebenen mit den Unwuchtvektoren übereinander, entsteht ein Kreuz. Daher wird die Darstellung durch Unwuchtvektoren in zwei Radialebenen als Unwuchtkreuz bezeichnet. Es können auch mehr als zwei Radialebenen verwendet werden.

4.3.2 Auswuchten

Eine unerwünschte Unwucht wird durch Auswuchten reduziert. Dazu wird dem Rotor Masse hinzugefügt durch Anbringen von Auswuchtgewichten oder es wird Masse mithilfe von Wuchtbohrungen entfernt (Abb. 4.32). Es ist offensichtlich, dass die umlaufenden Lagerkräfte als Wirkung der Unwucht theoretisch durch Anbringen oder Entfernen von Massen in den beiden Lagerebenen des Rotors kompensiert werden können. Aus konstruktiven Gründen eignen sich in der Regel die Lagerebenen nicht als Ausgleichsebenen. Das ist aber nicht tragisch, da bei starren Rotoren zwei Radialebenen als Ausgleichsebenen frei gewählt werden können. Die Lage dieser Ebenen wird schon bei der Konstruktion des Rotors festgelegt.

Bei der Fertigung von Kurbelwellen wird heute manchmal noch das sogenannte Wuchtzentrieren oder Massenzentrieren angewendet (Abb. 4.33). Dabei wird in einer Auswuchtmaschine die zentrale Hauptträgheitsachse gemessen und durch Anbringen von Zentrierbohrungen gekennzeichnet. Zur Fertigbearbeitung der Lagerzapfen wird

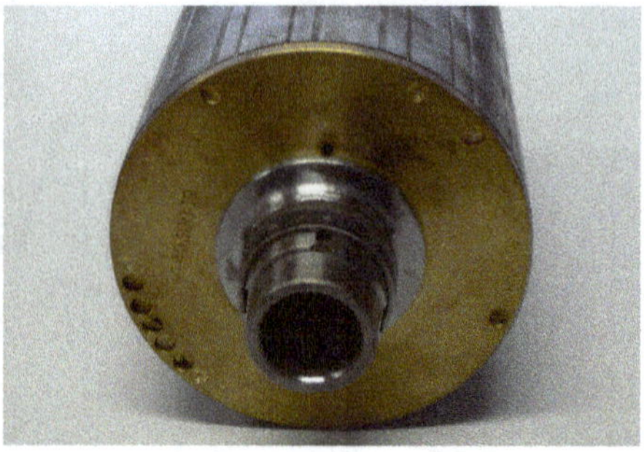

Abb. 4.32: Auswuchten mit Auswuchtgewichten oder Wuchtbohrungen. Links: Auswuchtgewicht zum Auswuchten von Autorädern. Rechts: Rotor eines Elektromotors mit Wuchtbohrungen.

Abb. 4.33: Wuchtzentriermaschine für Kurbelwellen (Foto: SCHENCK RoTec).

der Rotor dann in den Zentrierbohrungen aufgenommen, sodass am Ende die Schaftachse innerhalb von Toleranzgrenzen mit der zentralen Hauptträgheitsachse übereinstimmt. Da ein anschließendes Auswuchten trotzdem noch vorgenommen wird, ist der Aufwand relativ hoch. Aus diesem Grunde wird heute oft auf das Wuchtzentrieren verzichtet.

Im Unterschied zu starren Rotoren ändert sich bei nachgiebigen Rotoren der Unwuchtzustand im Betriebsdrehzahlband. Als nachgiebig zu betrachtende Rotoren sind zum Beispiel [40]:

- Rotoren, deren Betriebsdrehzahl größer als eine oder mehrere biegekritische Drehzahlen ist, die beim Hochlauf durchfahren werden müssen. Im Bereich der kritischen Drehzahlen treten nicht zu vernachlässigende Verformungen auf, die den Unwuchtzustand beeinflussen. Dann wird die Auswuchtung in mehr als zwei Ausgleichsebenen durchgeführt. Ideal wäre nämlich, die Unwuchten dort auszugleichen, wo sie auftreten, um die Durchbiegung der Welle aufgrund freier Fliehkräfte zu vermeiden.
- Rotoren mit Bauteilen, die sich aufgrund der Fliehkräfte unterschiedlich stark dehnen und entsprechend ihre Abstände von der Drehachse unterschiedlich stark ändern. Eine konstruktive Verhinderung dieses Effektes ist anzustreben. Wenn dies nicht vollständig gelingt, kann eine Auswuchtung bei Betriebsdrehzahl vorgenommen werden.
- Elektromaschinen-Rotoren, dessen Wicklungen sich setzen. Derartige Rotoren werden mit ungefähr 10 % Überdrehzahl „geschleudert", damit sich die Wicklungen vollständig setzen und sich der Unwuchtzustand danach im Betriebsdrehzahlband nicht mehr ändert. Nach dem Schleudern kann niedertourig ausgewuchtet werden.

In einer Auswuchtmaschine wird der Rotor gelagert und auf eine bestimmte Drehzahl hochbeschleunigt. Mithilfe von Schwingungssensoren werden bei konstanter Drehzahl die Rotorschwingungen zum Beispiel in zwei Ebenen gemessen (Abb. 4.34). Durch den Winkelreferenzsensor, der Nullwinkelimpulse liefert, können die zeitabhängigen Schwingungssignale der Winkellage des Rotors zugeordnet werden. Mit einem Algorithmus werden aus diesen Signalen die entsprechenden Ausgleichsmassen und die Winkel, unter denen diese anzubringen sind, für beide Ausgleichsebe-

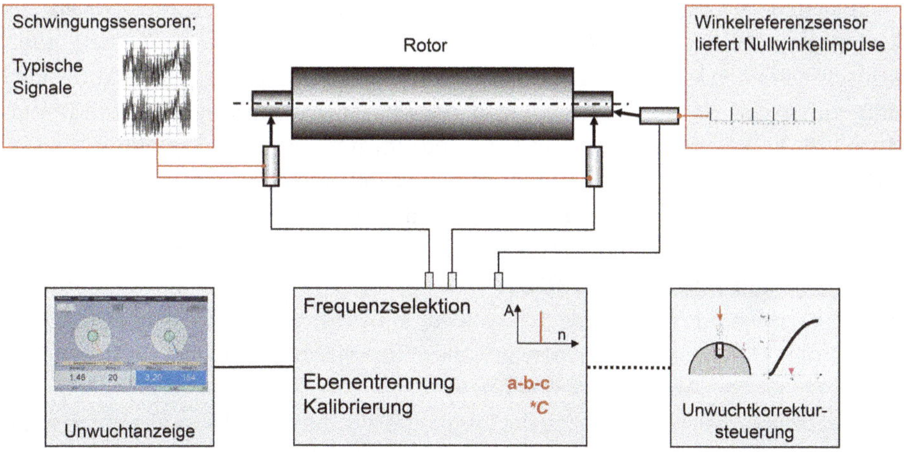

Abb. 4.34: Messkette (Bild: SCHENCK RoTec).

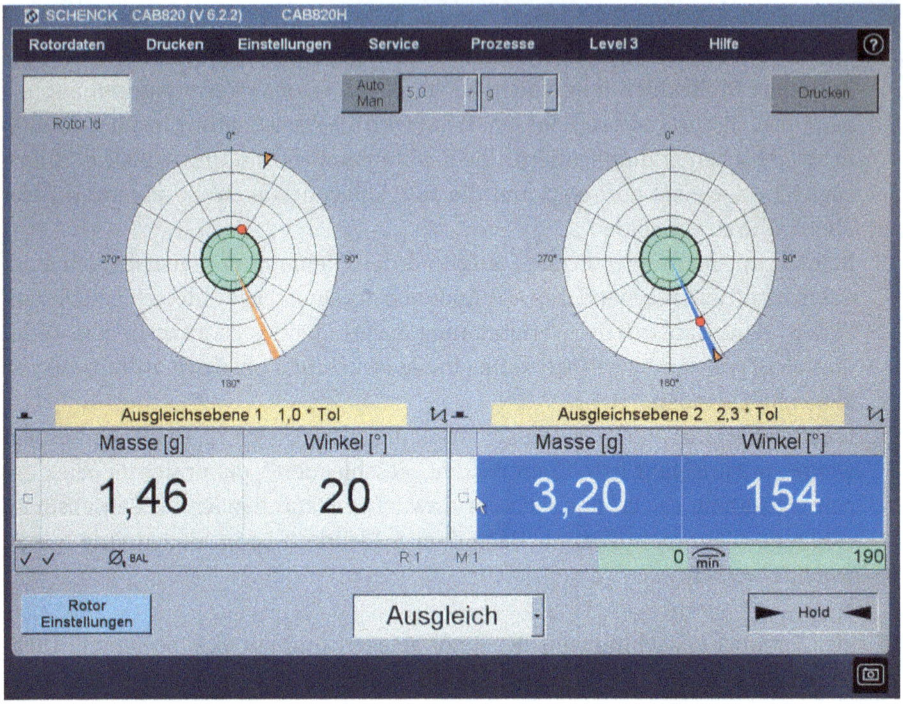

Abb. 4.35: Messgerät für Universalmaschinen (Typ: CAB820H) – Unwuchtanzeige (Bild: SCHENCK RoTec).

nen berechnet. Das Ergebnis wird übersichtlich in der Unwuchtanzeige dargestellt (Abb. 4.35).

Es gibt sogenannte kraftmessende und wegmessende Auswuchtmaschinen. Bei kraftmessenden Auswuchtmaschinen ist der Rotor hart gelagert. Sie werden unterkritisch betrieben mit $\eta \ll 1$. In dem Bereich ist die Vergrößerungsfunktion $V(\eta)$ näherungsweise konstant gleich 1 und die Phasenverschiebung ungefähr 0 (vgl. Abb. 2.10, 2.12). Schwingwegamplitude $\hat{x}$ und Unwuchterregerkraftamplitude $m_u r \Omega^2$ sind also proportional und Schwingweg x und Unwuchterregerkraft sind in Phase. In wegmessenden Auswuchtmaschinen wird der Rotor weich gelagert, sodass sie im überkritischen Bereich $\eta \gg 1$ arbeiten. Hier ist die Vergrößerungsfunktion $V_2(\eta)$ ungefähr konstant 1 (vgl. Abb. 2.23). Die Schwingwegamplitude $\hat{x}$ ist also proportional zur Unwucht $m_u r$. Erregung und Schwingweg sind aber gegenphasig (vgl. Gleichung (2.36), Abb. 2.12). Beispiele von Auswuchtmaschinen für unterschiedliche Anwendungen werden in den Abb. 4.36–4.39 gezeigt.

Nach dem Auswuchten besitzt der Rotor eine Restunwucht. Diese akzeptiert man, wenn sie in den Toleranzgrenzen der anzuwendenden Auswucht-Gütestufe liegt, da
- ideales Auswuchten technisch nicht möglich ist,
- Auswuchten nur bis zu einer bestimmten Auswuchtgüte ökonomisch sinnvoll ist.

Abb. 4.36: Universalauswuchtmaschinen. Links: horizontal (Typ: Pasio 50), rechts: vertikal (Foto: SCHENCK RoTec).

Abb. 4.37: Vollautomatische Auswuchtmaschine für kleine Elektroläufer – Typ: 440 KBTU (Foto: SCHENCK RoTec).

Abb. 4.38: Auswuchtmaschine für Triebwerksrotoren – Typ: HL5U, kraftmessend (Foto: SCHENCK RoTec).

Abb. 4.39: Hochtourige Auswucht- und Schleuderanlage für Kraftwerksrotoren – Typ: DH13 (Foto: SCHENCK RoTec).

In der DIN ISO 1940-1 werden unterschiedliche Auswucht-Gütestufen von G 0,4 bis G 4000 für starre Rotoren zusammen mit Anwendungsbeispielen aufgelistet [6]. Die höchste Auswucht-Gütestufe G 0,4 findet zum Beispiel Anwendung bei Feinstschleifmaschinenankern und bei Kreiseln, die niedrigste Auswucht-Gütestufe G 4000 bei Kurbeltrieben bestehend aus Kurbelwelle, Schwungrad, Kupplung, Riemenscheibe, Schwingungsdämpfer, rotierender Pleuelanteil usw. starr aufgestellter langsam laufender (Kolbengeschwindigkeit $< 9\,\text{m/s}$) Schiffsdieselmotoren mit ungerader Zylinderzahl. Die Zahl in der Bezeichnung der Auswucht-Gütestufe gibt die zulässige Umfangsgeschwindigkeit des Rotorschwerpunkts in mm/s an

$$\frac{e_{\text{zul}} \cdot \omega}{\frac{\text{mm}}{\text{s}}}$$

mit der Rotorwinkelgeschwindigkeit ω und der zulässigen Schwerpunktsexzentrizität des Rotors e_{zul}. Details hinsichtlich der Verteilung der zulässigen Restunwucht auf die Ausgleichsebenen finden sich ebenfalls in [6].

4.4 Massenkraftausgleich ebener Koppelgetriebe

Die Beschleunigungen der bewegten Teile einer Maschine können durch entsprechende Trägheitskräfte und -momente berücksichtigt werden und führen zu Lagerkräften, die auf das Maschinengestell, das Fundament und den Boden übertragen werden. So können sie unerwünschte Belastungen und Vibrationen der Maschine und der Umgebung verursachen. Als Gegenmaßnahme bei rotierenden Teilen (Rotoren) haben wir in Abschnitt 4.3 bereits das Auswuchten kennengelernt.

Sogenannte Koppelgetriebe bestehen aus Körpern, die sich sowohl translatorisch als auch rotatorisch bewegen können und untereinander zum Beispiel durch Drehgelenke oder prismatische Gelenke (Geradführungen) miteinander verbunden sind. Derartige ungleichmäßig übersetzende Getriebe kommen bei Textilmaschinen, Verpackungsmaschinen, Schwingförderern usw. vor. In der Fahrzeugtechnik werden Koppelgetriebe zum Beispiel bei Klappen (Motorraum, Kofferraum, Verdeck) eingesetzt und in der Vergangenheit auch beim Scheibenwischerantrieb. Prominentestes Beispiel ist aber wohl das in Kolbenmaschinen verwendete Schubkurbelgetriebe.

Der Massenkraftausgleich bei Koppelgetrieben ist ungleich schwieriger als das Auswuchten starrer Rotoren. Ein vollständiger Ausgleich ist oftmals auch aus konstruktiven Gründen gar nicht möglich. Das prinzipielle Vorgehen soll hier nur am Beispiel des in Abb. 4.40 dargestellten zentrischen Schubkurbelgetriebes (Synonyme: gerader oder ungeschränkter Kurbeltrieb) einer Einzylinder-Hubkolbenmaschine betrachtet werden. Für eine ausführliche Behandlung des Themas Massenausgleich verweisen wir zum Beispiel auf [2, 8].

4.4.1 Vollständiger und harmonischer Massenkraftausgleich beim zentrischen Schubkurbelgetriebe

Der in Abb. 4.40 dargestellte Kurbeltrieb besteht aus dem Gestell (Motorgehäuse), der Kurbelwelle mit Kurbel und Kurbelzapfen, der Kolbenstange oder Pleuel und dem Kolben mit Kolbenbolzen. Man nennt den hier betrachteten Kurbeltrieb zentrisch, gerade oder ungeschränkt, weil die Gerade, auf der sich der Kolbenbolzenmittelpunkt bewegt, die Kurbelwellenachse schneidet. Zur Bezeichnung nummerieren wir die Getriebeglieder von 1 bis 4 durch:

- Gestell 1,
- Kurbelwelle bzw. Kurbel 2,
- Pleuel 3,
- Kolben 4.

Die Massen von Kurbelwelle, Pleuel und Kolben werden entsprechend mit m_2, m_3, m_4 bezeichnet und die zugehörigen Schwerpunkte mit S_2, S_3, S_4. Als Länge l_2 der Kurbel oder Kurbelradius bezeichnen wir den Abstand von Kurbelwellen- und Kurbelzapfenachse und als Länge l_3 der Kolbenstange den Abstand von Kurbelzapfen- und Kolben-

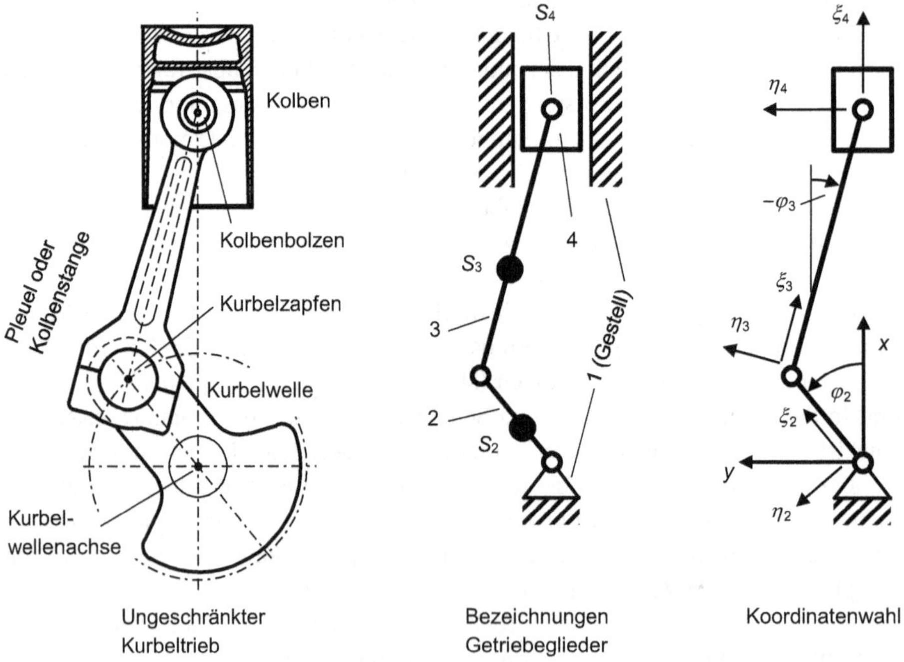

Abb. 4.40: Bezeichnungen und Koordinaten des Kurbeltriebs.

bolzenachse. Das Pleuelstangenverhältnis

$$\lambda = \frac{l_2}{l_3} \tag{4.27}$$

ist aus konstruktiven Gründen kleiner als 1 und liegt in dem Bereich $\lambda \sim 0,2 \ldots 0,4$.

Wir nehmen alle Getriebeglieder als starr an und führen zur kinematischen Beschreibung der Bewegung ein raumfestes Koordinatensystem (x, y) ein und für jedes Getriebeglied $i = 2, 3, 4$ zusätzlich jeweils ein lokales Koordinatensystem (ξ_i, η_i), das fest mit dem Getriebeglied verbunden ist. Die ξ_i–Achse zeigt in Richtung der Verbindungsachse der benachbarten Gelenkpunkte, und η_i ist senkrecht dazu. Die momentanen Winkellagen der Getriebeglieder werden durch die Winkel φ_i zwischen der x- und ξ_i-Achse beschrieben.

Die Aufgabe des Massenkraftausgleichs ist, die Resultierende $\boldsymbol{F}$ der freien Massenkräfte (Trägheitskräfte)

$$\boldsymbol{F} = -m_2\ddot{\boldsymbol{r}}_{S_2} - m_3\ddot{\boldsymbol{r}}_{S_3} - m_2\ddot{\boldsymbol{r}}_{S_4} \,,$$

die auf das Gestell 1 wirkt, zu minimieren. Hier bezeichnet $\boldsymbol{r}_{\mathrm{S}i}$ den Ortsvektor von S_i, $i = 2, 3, 4$. Generell ist zu berücksichtigen, dass selbst bei verschwindender Resultierenden die Massenkräfte unter Umständen immer noch ein resultierendes Drehmoment besitzen können, das zu Lagerkräften führt.

Da der Freiheitsgrad des Schubkurbeltriebs gleich 1 ist, benötigen wir nur eine einzige Koordinate zur Beschreibung der Bewegung. Folgendes Vorgehen zur Ableitung von konstruktiven Bedingungen für den Massenkraftausgleich wäre denkbar: Wir wählen den Kurbelwinkel φ_2 und drücken die x-, y-Komponenten der Ortsvektoren $\boldsymbol{r}_{\mathrm{S}i}$ in Abhängigkeit von diesem aus. Das führt nach zweimaliger Ableitung nach der Zeit auf folgende Form der Komponentendarstellung der Gestellkraft

$$\boldsymbol{F} \mathrel{\hat{=}} \begin{bmatrix} F_x(\varphi_2, \dot{\varphi}_2, \ddot{\varphi}_2) \\ F_y(\varphi_2, \dot{\varphi}_2, \ddot{\varphi}_2) \end{bmatrix} \tag{4.28}$$

oder bei konstanter Kurbelwellenwinkelgeschwindigkeit

$$\dot{\varphi}_2 = \Omega_0 = \text{konst.}\,,$$

$$\boldsymbol{F} \mathrel{\hat{=}} \begin{bmatrix} F_x(\varphi_2, \Omega_0) \\ F_y(\varphi_2, \Omega_0) \end{bmatrix} . \tag{4.29}$$

Fordern wir im Sinne des Massenkraftausgleichs, dass die Gestellkraft verschwindet, ergeben sich mit der gewonnenen Komponentendarstellung (4.27) bzw. (4.28) zwei Bedingungen der Form

$$F_x(\varphi_2, \dot{\varphi}_2, \ddot{\varphi}_2) = 0\,, \tag{4.30a}$$

$$F_y(\varphi_2, \dot{\varphi}_2, \ddot{\varphi}_2) = 0\,, \tag{4.30b}$$

bzw. bei konstanter Kurbelwellenwinkelgeschwindigkeit Ω_0

$$F_x(\varphi_2, \Omega_0) = 0 \,, \tag{4.31a}$$

$$F_y(\varphi_2, \Omega_0) = 0 \,. \tag{4.31b}$$

Aus diesen Bedingungen wären konstruktive Maßnahmen abzuleiten.

Wir wollen dieses allgemein anwendbare Vorgehen aber nicht weiter verfolgen, sondern eine speziell beim Schubkurbelgetriebe übliche Aufteilung der Pleuelmasse m_3 in zwei Anteile, einen oszillatorischen Anteil m_3^{osz} und einen rotatorischen Anteil m_3^{rot}, vornehmen [26]. Der rotatorische Anteil wird dem Kurbelzapfen zugeschlagen und der oszillatorische Anteil dem Kolbenbolzen. Gedanklich liegt dieser Aufteilung das in Abb. 4.41 dargestellte Ersatzsystem des Pleuels bestehend aus zwei Massenpunkten m_3^{rot}, m_3^{osz} und einer starren masselosen Verbindungsstange der Länge l_3 zugrunde. Zur Bestimmung von rotatorischem und oszillatorischem Anteil wird gefordert, dass das Ersatzsystem und der Pleuel die gleiche Gesamtmasse besitzen

$$m_3 = m_3^{\mathrm{osz}} + m_3^{\mathrm{rot}}$$

und dass bei Ersatzsystem und Pleuel auch die Schwerpunktlagen übereinstimmen

$$m_3 \xi_{3S_3} = m_3^{\mathrm{osz}} l_3 \,.$$

Hieraus ergeben sich beide Massenanteile

$$m_3^{\mathrm{osz}} = m_3 \frac{\xi_{3S_3}}{l_3} \,, \tag{4.32}$$

$$m_3^{\mathrm{rot}} = m_3 \left(1 - \frac{\xi_{3S_3}}{l_3} \right) . \tag{4.33}$$

Das Pleuel-Ersatzsystem liefert zwar exakte Ergebnisse bei der Berechnung der resultierenden Gestellkraft, bildet den Pleuel aber nur näherungsweise ab in Bezug auf das

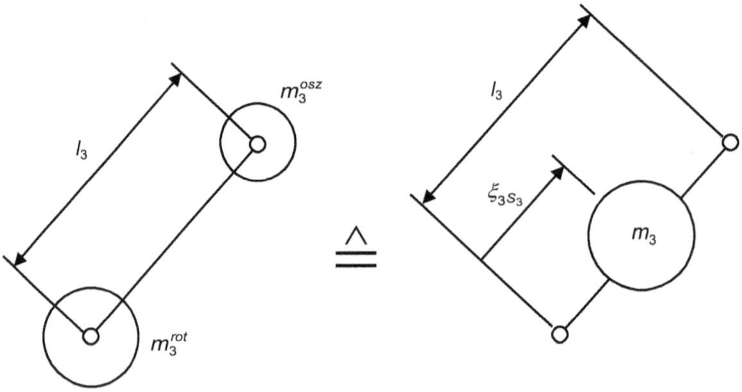

Abb. 4.41: Aufteilung der Pleuelmasse in einen rotatorischen und einen oszillatorischen Anteil.

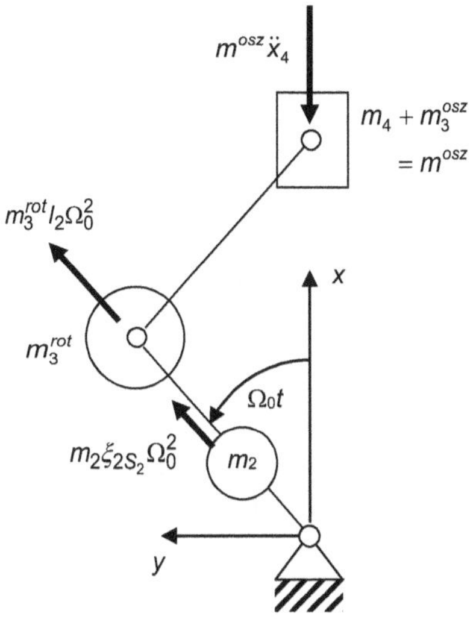

Abb. 4.42: Massenkräfte des Schubkurbeltriebs.

sogenannte Umlaufmoment. Dies ist das resultierende Drehmoment der Massenkräfte, bei dessen Berechnung das Massenträgheitsmoment θ_3 des Pleuels zu berücksichtigen ist, das zum Kippen des Motorgehäuses führt.

In Abb. 4.42 sind alle Massenkräfte des Schubkurbeltriebs unter Verwendung des Pleuel-Ersatzsystems eingezeichnet. Hier bezeichnet m^{osz} den oszillatorischen Anteil der Gesamtmasse

$$m^{\text{osz}} = m_4 + m_3^{\text{osz}} ,$$

sodass wir die Summe von Pleuel- und Kolbenmasse auch als Summe von oszillatorischem Anteil der Gesamtmasse und rotatorischem Anteil der Pleuelmasse angeben können

$$m_3 + m_4 = m^{\text{osz}} + m_3^{\text{rot}} . \tag{4.34}$$

Die y-Komponente F_y der resultierenden Massenkraft ergibt sich aus Abb. 4.42 zu

$$F_y = \Omega_0^2 [m_2 \xi_{2S_2} + m_3^{\text{rot}} l_2] \sin \Omega_0 t , \tag{4.35}$$

wenn wir von einer konstanten Winkelgeschwindigkeit Ω_0 der Kurbelwelle ausgehen.

Zur Berechnung der x-Komponente F_x der resultierenden Massenkraft stelle man sich zunächst vor, der Kolben sei nicht im Zylinder geführt, sondern Pleuel und Kolben bleiben bei der Drehbewegung der Kurbelwelle stets in vertikaler Ausrichtung. Dann bewegen sich Kolben und Pleuel zusammen wie ein einziger starrer Körper, und zwar rein translatorisch. Die Körper m^{osz} und m_3^{rot} haben in diesem Fall die gleiche Beschleunigung und F_x ergibt sich, indem wir in der Formel für F_y die Masse m^{osz} zu m_3^{rot} addieren und $\sin(\Omega_0 t)$ durch $\cos(\Omega_0 t)$ ersetzen

$$\Omega_0^2 [m_2 \xi_{2S_2} + (m_3^{\text{rot}} + m^{\text{osz}}) l_2] \cos \Omega_0 t$$

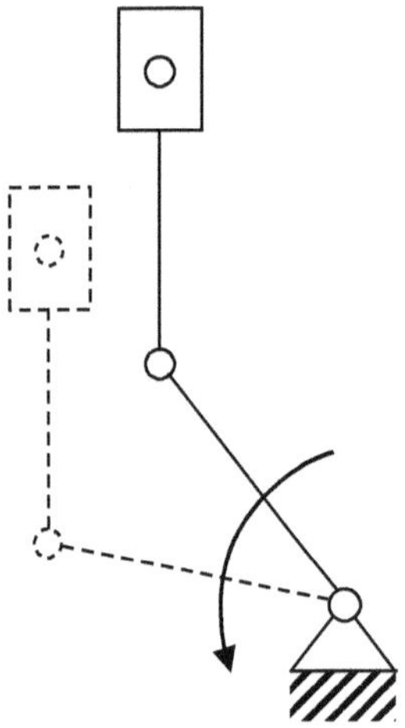

Abb. 4.43: Zur Berechnung der Harmonischen 1. Ordnung der Massenkraft F_x.

oder mit Gleichung (4.33)

$$\Omega_0^2[m_2\xi_{2S_2} + (m_3 + m_4)l_2]\cos\Omega_0 t\ .$$

Da der Kolben aber im Zylinder geführt wird, kippt der Pleuel während der Bewegung hin- und her. Diese Kippbewegung führt zu zusätzlichen Termen, die als Summanden einer Fourier-Reihe aufgefasst werden können, da die Kippbewegung periodisch ist (vgl. Kapitel 3)

$$\begin{aligned} F_x = &\Omega_0^2[m_2\xi_{2S_2} + (m_3 + m_4)l_2]\cos(\Omega_0 t) \\ &+ \Omega_0^2 B_2 m^{\text{osz}}\cos(2\Omega_0 t) \\ &- \Omega_0^2 B_4 m^{\text{osz}}\cos(4\Omega_0 t) \\ &+ \Omega_0^2 B_6 m^{\text{osz}}\cos(6\Omega_0 t) \\ &- \dots \\ &+ \dots \\ &\vdots \end{aligned} \tag{4.36a}$$

mit den Koeffizienten

$$\begin{aligned} B_2 &= \lambda + \frac{1}{4}\lambda^3 + \frac{15}{128}\lambda^5 + \dots \\ B_4 &= \frac{1}{4}\lambda^3 + \frac{3}{16}\lambda^5 + \dots \\ B_6 &= \frac{9}{128}\lambda^5 + \dots \end{aligned} \tag{4.36b}$$

in Potenzreihendarstellung mit dem Pleuelstangenverhältnis λ als Unbestimmte. Die in der Fourier-Reihendarstellung (4.35a) der Gestellkraftkomponente F_x auftretenden

Tab. 4.1: Harmonische Terme der Massenkraft.

Summanden mit	Massenkraft, Harmonische	Erregerfrequenz/Kurbelwellendrehzahl
$\cos(\Omega_0 t)$, $\sin(\Omega_0 t)$	1. Ordnung	1
$\cos(2\Omega_0 t)$	2. Ordnung	2
$\cos(4\Omega_0 t)$	4. Ordnung	4
$\cos(6\Omega_0 t)$	6. Ordnung	6
$\vdots$	$\vdots$	$\vdots$

Harmonischen sind in Tab. 4.1 zusammengefasst. Die Harmonische k-ter Ordnung stellt eine Schwingungserregung dar mit einer Frequenz, die gleich der k-fachen Kurbelwellendrehzahl ist.

Für verschwindende Komponenten der Gestellkraft ergeben sich mit den Gleichungen (4.34), (4.35) die Bedingungen für den Massenkraftausgleich. Wir erhalten aus Gleichung (4.35)

$$m_2\xi_{2S_2} + (m_3 + m_4)l_2 = 0\,, \tag{4.37}$$

$$m^{\mathrm{osz}} = 0 \tag{4.38}$$

und aus Gleichung (4.34)

$$m_2\xi_{2S_2} + m_3^{\mathrm{rot}}l_2 = 0\,. \tag{4.39}$$

Die Gleichung (4.38), die die Bedingung für verschwindende y-Komponente der Gestellkraft darstellt, ist automatisch erfüllt, wenn den Bedingungen (4.36) und (4.37) entsprochen wird. Für $m^{\mathrm{osz}} = 0$ ist nämlich nach Gleichung (4.33) $m_3 + m_4 = m_3^{\mathrm{rot}}$, sodass dann die Gleichungen (4.36) und (4.38) übereinstimmen.

Aus Bedingung (4.37) ergibt sich unter Verwendung der Gleichungen (4.33) und (4.32)

$$\xi_{3S_3}m_3 = -m_4l_3\,.$$

Dies bedeutet, dass der gemeinsame Schwerpunkt $S_{3/4}$ von Pleuel m_3 und Kolben m_4 im Kurbelzapfen liegen muss (Abb. 4.44). Das ist allerdings konstruktiv nicht zu realisieren.

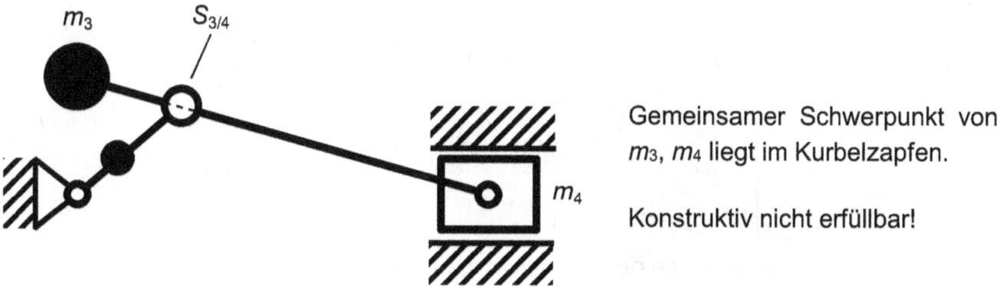
m3
S3/4
m4
Gemeinsamer Schwerpunkt von
m3, m4 liegt im Kurbelzapfen.
Konstruktiv nicht erfüllbar!

Abb. 4.44: Zur Interpretation der Bedingung (4.37) für den Massenkraftausgleich.

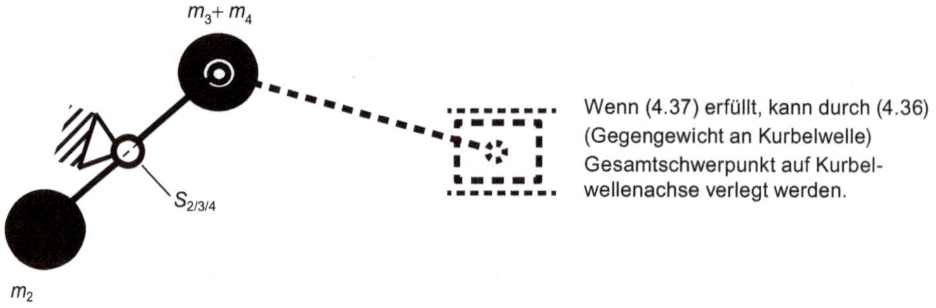
$m_3 + m_4$
$S_{2/3/4}$
m_2
Wenn (4.37) erfüllt, kann durch (4.36) (Gegengewicht an Kurbelwelle) Gesamtschwerpunkt auf Kurbelwellenachse verlegt werden.

Abb. 4.45: Zur Interpretation der Bedingung (4.36) für den Massenkraftausgleich.

Stellen wir Gleichung (4.36) um

$$m_2 \xi_{2S_2} = -(m_3 + m_4) l_2 \, ,$$

so wird deutlich, dass bei Erfüllung dieser Bedingung zum Beispiel durch ein Gegengewicht an der Kurbelwelle der Gesamtschwerpunkt von Kurbelwelle, Pleuel und Kolben $S_{2/3/4}$ auf der Kurbelwellenachse liegt, aber nur unter der Voraussetzung, dass auch Bedingung (4.37) Genüge getan wird (Abb. 4.45).

Da sich die Kurbelwellenachse nicht bewegt, wäre bei Lage des Gesamtschwerpunkts auf der Kurbelwellenachse diese Lage zeitlich unveränderlich und man hätte einen vollständigen Ausgleich der Massenkräfte erzielt. Der Bedingung (4.36) trägt man durch kreissegmentförmige Gegengewichte an den Kurbelwangen Rechnung (Abb. 4.46).

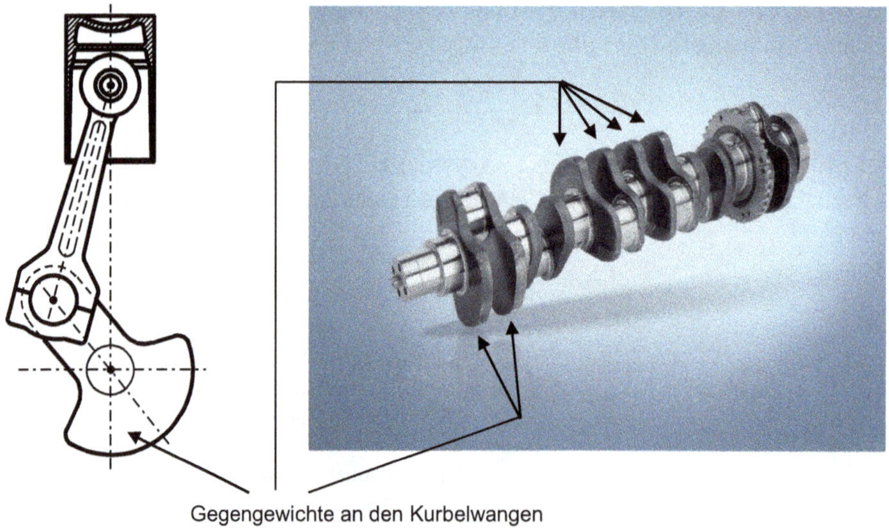
Gegengewichte an den Kurbelwangen

Abb. 4.46: Kreissegmentförmige Kurbelwangen (rechtes Bild: thyssenkrupp).

Da Bedingung (4.37) aus konstruktiven Gründen nicht erfüllbar ist, lässt sich in der Praxis ohne Zusatzmaßnahmen kein vollständiger Massenkraftausgleich realisieren. Die alleinige Erfüllung von Bedingung (4.36) zum Beispiel durch die genannten kreissegmentförmigen Kurbelwangen würde aber einen sogenannten harmonischen Massenkraftausgleich bewerkstelligen. Man spricht von einem harmonischen Ausgleich, wenn einzelne Harmonische ausgeglichen werden. In unserem Fall würde die Harmonische 1. Ordnung von F_x getilgt werden. Bei Erfüllung der Bedingung (4.37) würden die Harmonischen 2., 4., 6. Ordnung usw. von F_x ausgeglichen.

Wie bereits erwähnt führt die Trägheitswirkung der bewegten Getriebeglieder auch zu einem auf das Gestell wirkenden Drehmoment um die z-Achse, dem sogenannten Umlaufmoment. Das Umlaufmoment des Schubkurbeltriebs enthält Harmonische ungerader Ordnungen 1, 3, 5, 7, ... [26, 42]. Zur Berechnung muss das Massenträgheitsmoment des Pleuels berücksichtigt werden. Es wird hier nicht weiter darauf eingegangen.

4.4.2 Kurbeltriebe von Mehrzylinder-Reihenmotoren

Bei Mehrzylindermaschinen ist die Kurbelwelle mehrfach gekröpft (Abb. 4.46, 4.47). An jeder Kröpfung ist ein Pleuel im Kurbelzapfen gelagert. In der Regel sind die Kurbeltriebe für alle Kröpfungen gleich. Bei der dargestellten Kurbelwelle des 3-Zylinder-Reihenmotors (Abb. 4.47) beträgt der Winkel zwischen zwei benachbarten Kröpfungen (Kröpfungswinkel) 120°, wie aus dem Kurbelstern 1. Ordnung hervorgeht. Der Kurbelstern 1. Ordnung lässt sich konstruieren, indem man für jede Kröpfung jeweils einen Pfeil gleicher Länge von der Kurbelwellenachse in Richtung des entsprechenden Kurbelzapfens zeichnet. Bei Projektion der Pfeile in eine Ebene senkrecht zur Kurbelwellenachse bzw. bei Blick in Richtung der Kurbelwellenachse ergibt sich dann das Kurbeldiagramm 1. Ordnung. Der Kröpfungswinkel hängt nicht nur von der Zahl der Zylinder ab, sondern auch davon, ob es sich um einen Zweitakt- oder Viertaktmotor handelt.

Für die Analyse einer Harmonischen einer bestimmten Ordnung der Massenkraft oder des Umlaufmoments müssen die entsprechenden Terme dieser Ordnung, die von den einzelnen Kurbeltrieben herrühren, phasenrichtig unter Berücksichtigung der Kröpfungswinkel addiert werden. Dies kann zum Beispiel wie in der Wechselstromlehre mithilfe eines Zeigerdiagramms durchgeführt werden. Man spricht in dem Fall von einem Kurbeldiagramm. Die Harmonischen der einzelnen Kurbeltriebe werden jeweils durch einen Zeiger repräsentiert, der für eine bestimmte Ordnung in der komplexen Ebene dargestellt wird. Dabei ergibt sich das Zeigerdiagramm (Kurbeldiagramm) der k-ten Ordnung aus dem Kurbeldiagramm 1. Ordnung auf einfache Weise durch Berücksichtigung, dass alle Phasenwinkel der k-ten Ordnung jeweils den k-fachen Wert des entsprechenden Phasenwinkels der 1. Ordnung besitzen. Zur Bestimmung der resultierenden Harmonischen müssen alle Zeiger einer Ordnung

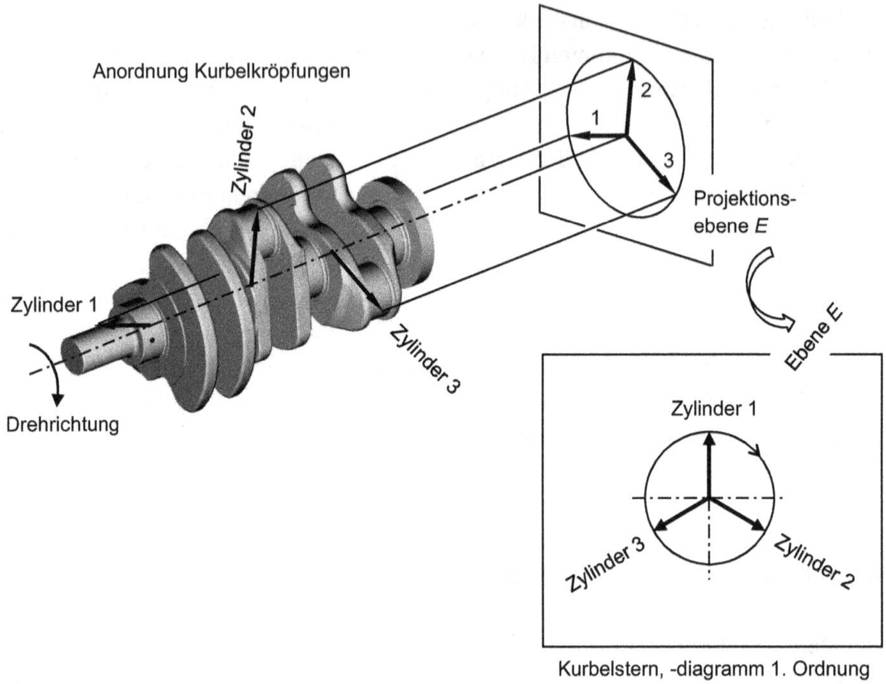

Abb. 4.47: Kurbeldiagramm 1. Ordnung am Beispiel einer 3-Zylinder-Maschine (Bild der Kurbelwelle: thyssenkrupp).

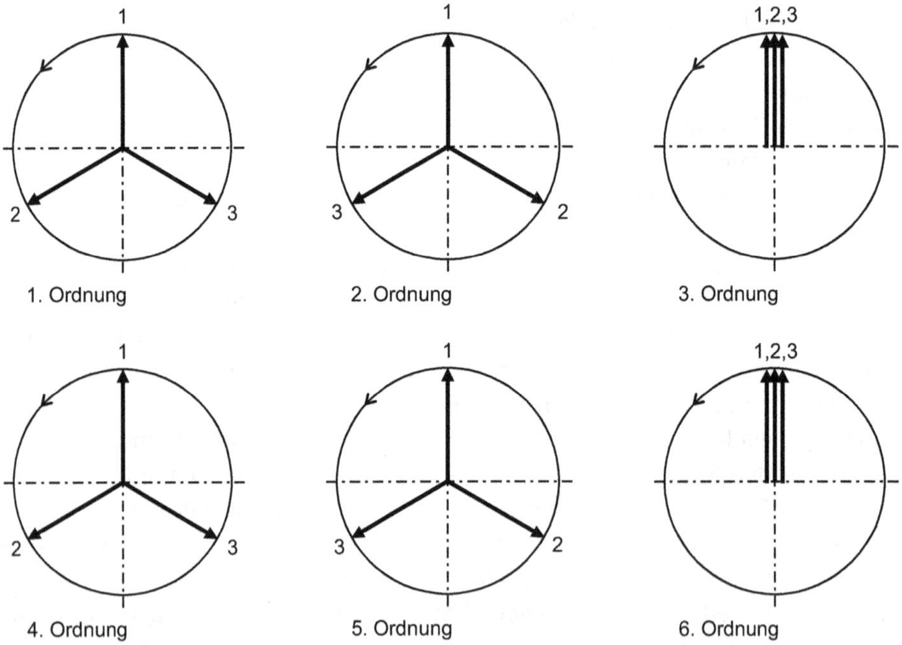

Abb. 4.48: Kurbeldiagramme für eine 3-Zylinder-Maschine (2-Takt oder 4-Takt).

vektoriell addiert werden. Ergibt sich für eine bestimmte Ordnung die Vektorsumme zu null, bedeutet dies, dass diese Ordnung ausgeglichen ist alleine aufgrund der Anordnung der einzelnen Kurbeltriebe, deren Massenkräfte sich gegenseitig kompensieren. Zusätzliche Ausgleichsmaßnahmen sind für diese Ordnung dann nicht mehr notwendig.

Zweitaktmaschinen

l\n	1	2	3	4	5	6	7	8	9	10	11	12
1	•◊	•	◊	•	◊	•	◊	•	◊	•	◊	•
2		•		•		•		•		•		•
3			◊			•			◊			•
4				•				•				•
5					◊					•		
6						•						•
7							◊					
8								•				
9									◊			
10										•		
11											◊	
12												•

Viertaktmaschinen

l\n	1	2	3	4	5	6	7	8	9	10	11	12
1	•◊	•	◊	•	◊	•	◊	•	◊	•	◊	•
2	•◊	•	◊	•	◊	•	◊	•	◊	•	◊	•
3			◊			•			◊			•
4		•		•		•		•		•		•
5					◊					•		
6			◊			•			◊			•
7							◊					
8				•				•				•
9									◊			
10					◊					•		
11											◊	
12						•						•

Legende:

n Ordnung der Harmonischen

l Zylinderzahl

• Ordnung der Längskraft F_x ist unausgeglichen

◊ Ordnung des Umlaufmoments M_z ist unausgeglichen

Abb. 4.49: Übersicht der unausgeglichenen Ordnungen von Mehrzylindermaschinen.

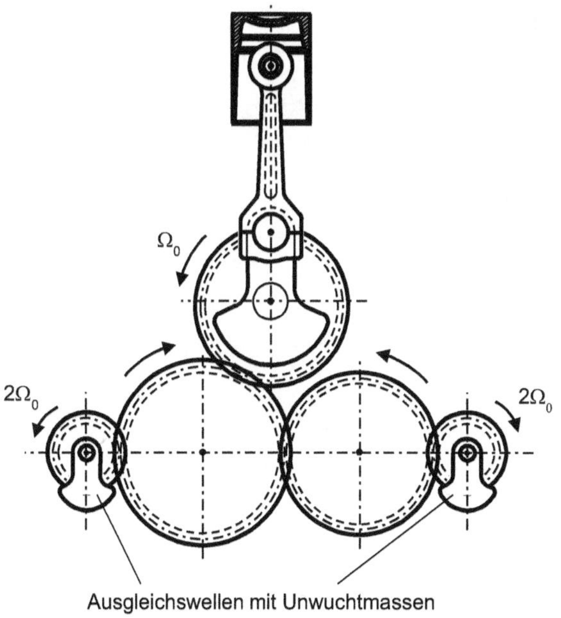

Abb. 4.50: Prinzip des Lanchester-Ausgleichs mit zwei sich gegensinnig drehenden Ausgleichswellen mit doppelter Kurbelwellendrehzahl.

Aus den dargestellten Kurbeldiagrammen für die 3-Zylinder-Maschine (Abb. 4.48) kann man zum Beispiel ablesen, dass die Ordnungen 1, 2, 4, die in der Längskraft F_x des Schubkurbelgetriebes auftreten, ausgeglichen sind. Die Zeiger der drei Schubkurbelgetriebe addieren sich zu null. Die 6. Ordnung ist aber unausgeglichen. Die 3. Ordnung kommt nur im Umlaufmoment M_z vor und ist ebenfalls unausgeglichen. In Abb. 4.49 sind die unausgeglichenen Ordnungen von Zwei- und Viertaktmaschinen unterschiedlicher Zylinderzahl zusammengestellt [26, 42].

Eine technische Maßnahme zum Ausgleich von einzelnen Harmonischen stellt auch der Einsatz von Ausgleichswellen dar. Zum Ausgleich der Harmonischen 2. Ordnung der Längskraft F_x kann man zum Beispiel zwei gleichartige Wellen mit Unwuchtgewichten einsetzen, die gegensinnig mit doppelter Kurbelwellendrehzahl umlaufen (Abb. 4.50). Man spricht dann vom Lanchester-Ausgleich, der beim 4-Zylinder-Viertaktmotor Anwendung findet.

5 Lineare Schwinger mit endlichem Freiheitsgrad

Komponenten oder Systeme mit kontinuierlicher Massenverteilung, die Schwingungen ausführen, werden als schwingende Kontinua oder als Schwinger mit unendlichem Freiheitsgrad bezeichnet. Beispiele für die Schwingungen von Kontinua sind die Biegeschwingung eines Karosserieblechs, die Längsschwingung eines Zugstabs oder Torsionsschwingung einer Welle. Eine kontinuierliche Massenverteilung liegt bei technischen Systemen streng genommen immer vor. Man spricht von einem Schwingungssystem mit unendlichem Freiheitsgrad, da man theoretisch zur vollständigen Beschreibung der Schwingungsauslenkungen zum Beispiel des Karosserieblechs für jeden materiellen Punkt eine eigene Koordinate einführen müsste, also insgesamt unendlich viele Koordinaten. Allerdings verwendet man zunächst keine diskreten Koordinaten, sondern eine kontinuierlich vom Ort und der Zeit abhängige Verschiebungsfunktion. Das Schwingungssystem wird dann durch eine partielle Differenzialgleichung beschrieben, in der partielle Ableitungen der Verschiebungsfunktion nach Ort und Zeit auftreten.

Bei einigen technischen Anwendungen ist die Masse an ganz bestimmten Stellen konzentriert, wie zum Beispiel bei einem Antriebsstrang bestehend aus Wellen und auf diesen Wellen angeordneten Schwungrädern. Die Massen der Wellen können im Rahmen der Modellbildung vernachlässigt werden, wenn sie klein gegenüber den Massen der Schwungräder sind. Es wird dann nur die Massenwirkung der Schwungräder und nur die Elastizitätswirkung der Wellen berücksichtigt (Abb. 5.2). Zur Beschreibung der Torsionsschwingung wird für jedes Schwungrad jeweils eine (diskrete) Winkelkoordinate eingeführt, also insgesamt endlich viele Koordinaten. Daher spricht man in diesem Fall im Unterschied zu schwingenden Kontinua von einem Schwinger mit endlichem Freiheitsgrad oder von einem diskreten Schwinger. Ein weiteres Beispiel, bei dem Massen und Elastizitäten an unterschiedlichen Stellen konzentriert sind, ist das Kraftfahrzeug bei Beschränkung der Betrachtung auf die Hubschwingungen und gegebenenfalls auf die Nickschwingungen sowie Wankbewegungen des Fahrzeugaufbaus (Abb. 5.1).

Selbst bei schwingenden Kontinua, bei denen keine eindeutige Konzentration der Masse an bestimmten Stellen vorliegt, führt man in der Regel die partiellen Differenzialgleichungen im Rahmen ihrer numerischen Behandlung zum Beispiel durch Anwendung der Finite-Differenzen-Methode auf diskrete mathematische Modelle (Diskretisierung) zurück, da eine analytische Lösung der partiellen Differenzialgleichungen nur für sehr einfache Beispiele möglich ist. Das örtlich diskrete Modell wird in der Praxis auch sehr häufig durch Anwendung der Finite-Elemente-Methode (FEM) abgeleitet, bei der nicht die partiellen Differenzialgleichungen den Ausgangspunkt der Herleitung des diskreten Modells bilden, sondern ein mechanisches Prinzip, wie zum Beispiel im statischen Fall das Prinzip vom Minimum der Gesamtenergie. In der mathematischen Formulierung treten Integralausdrücke auf wie das Integral über das

DOI 10.1515/9783110465822-005

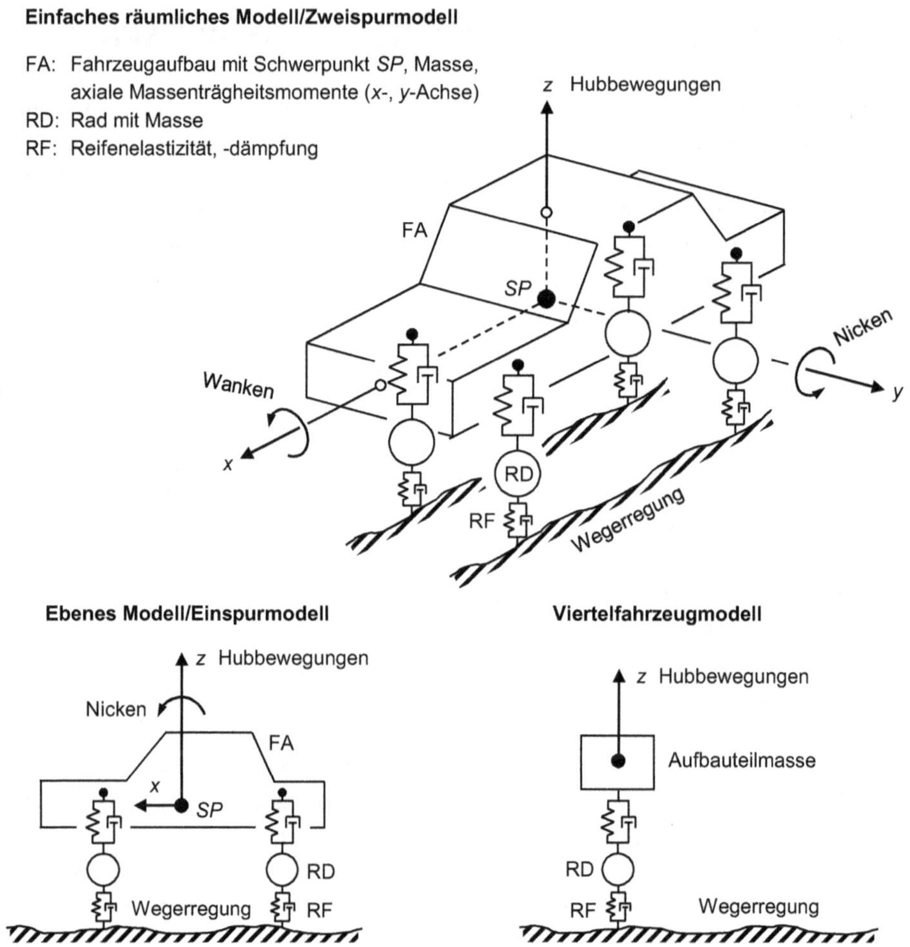

Abb. 5.1: Diskrete Modelle zur Beschreibung der Schwingungen des Kraftfahrzeugaufbaus.

Bauteilvolumen zur Berechnung der Formänderungsenergie. Durch Einteilen des Bauteilvolumens in finite Elemente und Einführung von Ansatzfunktionen zum Beispiel für die Verschiebung in Abhängigkeit der in dem finiten Element gültigen lokalen Ortskoordinaten kann ein diskretes Modell gewonnen werden, wenn nur eine diskrete Anzahl an Parametern der Ansatzfunktionen, zum Beispiel die sogenannten Knotenpunktverschiebungen, bei der Minimierung variiert werden dürfen (Abb. 5.3). Da also selbst schwingende Kontinua letztendlich mithilfe diskreter Modelle behandelt werden, beschränken wir unsere Betrachtungen hier auf Schwingungssysteme mit endlichem Freiheitsgrad. Dabei konzentrieren wir uns auf lineare Systeme.

In Abschnitt 5.1 werden unterschiedliche Methoden behandelt, die dem Aufstellen der Bewegungsgleichungen dienen. Dabei wird auch auf unterschiedliche Formen

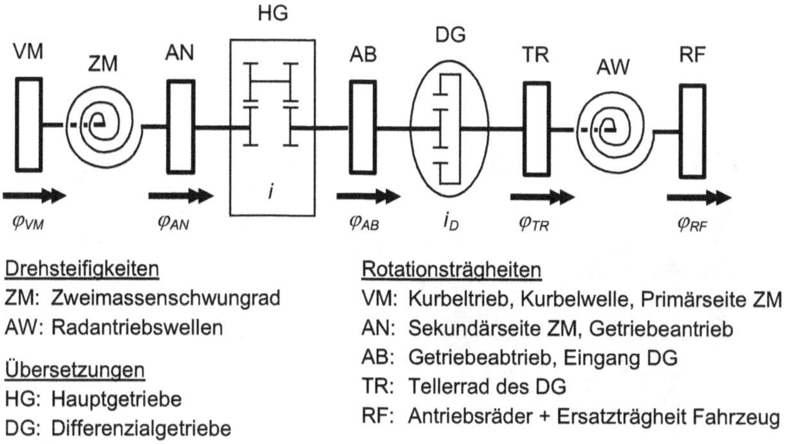

Abb. 5.2: Einfaches Torsionsschwingungsmodell eines Kraftfahrzeug-Antriebsstrangs (Torsionsschwingerkette).

der Bewegungsgleichungen eingegangen, die jeweils andere Integrationsroutinen zur Lösung erfordern. Der Abschnitt ist einerseits eine Vorbetrachtung, um die freien und erzwungenen Schwingungen von Mehrfreiheitsgrad-Schwingern als Lösung der Bewegungsgleichungen in den anschließenden Abschnitten studieren zu können. Andererseits werden Grundlagen vermittelt, auf die auch die Algorithmen aufbauen, die in kommerziellen Programmsystemen zur Bewegungssimulation implementiert sind. Für den Ingenieur, der solche Programmsysteme anwendet, ist dieses Grundlagenwissen hilfreich, wenn nicht sogar notwendig. Er muss schließlich die Auswahl des für das jeweilige Problem geeigneten Programms treffen, die Modellbildung vornehmen und die Berechnungsergebnisse kompetent interpretieren. Außerdem ist es manchmal sinnvoll, die Bewegungsgleichungen eines mechanischen Systems von Hand herzuleiten, zum Beispiel im Rahmen einer Rapid-Prototyping-Entwicklung eines Steuergerätes bzw. der Steuerungssoftware. Bei derartigen Anwendungen existiert das zu steuernde/regelnde mechanische System zu Beginn bzw. während der ersten Phasen der Steuergeräte-/Softwareentwicklung nur in Form eines Konzepts oder in Form von Konstruktionszeichnungen, nicht aber als Hardware. In dem Fall können das neue Steuergerät bzw. nur die neue Steuerungssoftware mithilfe eines Simulationsmodells des mechanischen Systems getestet werden (engl. *Hardware in the Loop*, Abk. HiL, bzw. *Software in the Loop*, Abk. SiL). Durch die manuelle Herleitung der mechanischen Gleichungen wird ein gewisser Overhead umgangen, den kommerzielle Programmsysteme zur Bewegungssimulation aufgrund ihrer vielseitigen Anwendbarkeit oft mit sich bringen. Dies kann ein wichtiger Beitrag sein, um die Echtzeitfähigkeit des Simulationsmodells sicherzustellen.

In Abschnitt 5.2 werden die freien ungedämpften Schwingungen von Mehrfreiheitsgrad-Schwingern betrachtet. Die Existenz von Eigenformen mit zugehörigen Ei-

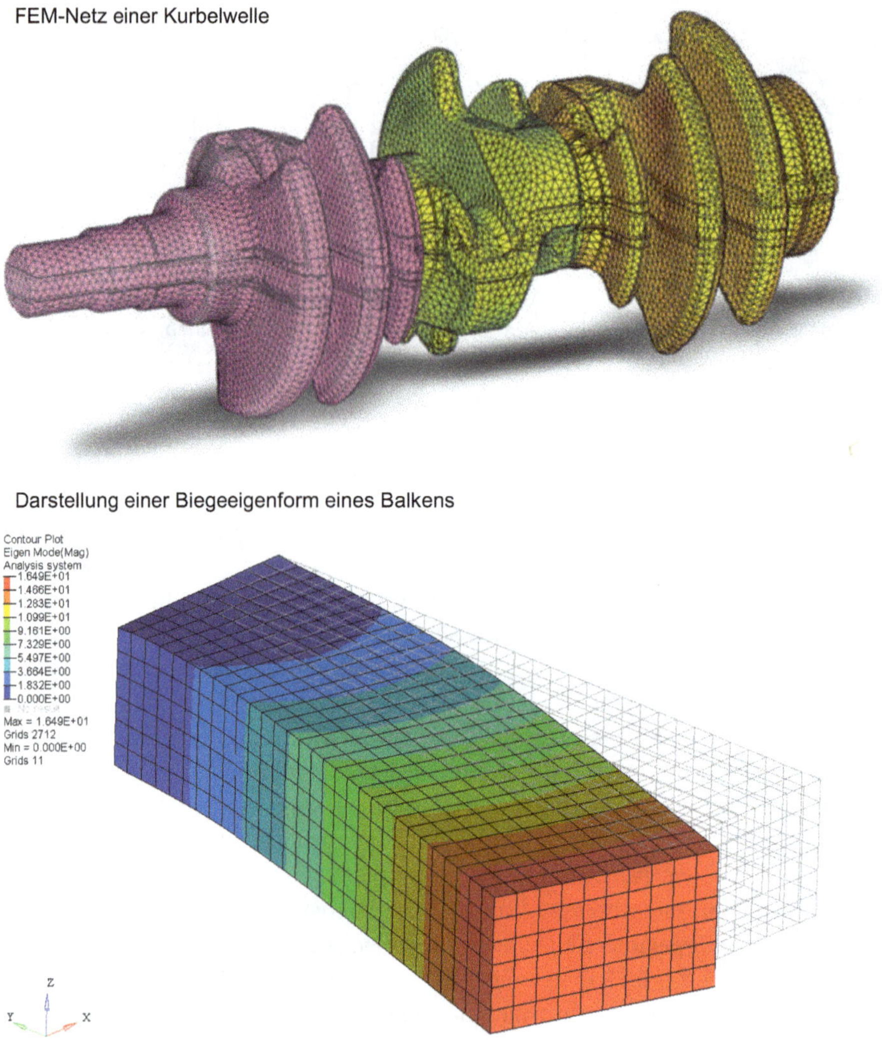

Abb. 5.3: Finite-Elemente-Modelle (Bilder ALTAIR).

genfrequenzen wird im anschließenden Abschnitt 5.3 auch differenzialgeometrisch gedeutet. Abschnitt 5.4 widmet sich den erzwungenen Schwingungen. Hier werden die bekannten Vorgehensweisen zur Berechnung der Schwingungsantwort mithilfe der Frequenzgangmatrix oder mithilfe der modalen Transformation vorgestellt. Es werden aber auch die vom Einmassenschwinger bekannten Zeigerdiagramme für Mehrfreiheitsgradsysteme durch Anwendung schiefwinkliger Koordinaten erweitert. Dazu wird ein (direktes) Koordinatengitter eingeführt, dessen Achsen in Richtung der die Eigenschwingungsformen beschreibenden Eigenvektoren zeigen, und es wird ein dazu reziprokes Koordinatengitter definiert. Wir zeigen, dass Kräfte, die nur in Richtung einer der Achsen des reziproken Gitters wirken, eine Schwingung in Richtung der zugeordneten Achse des direkten Gitters hervorrufen. Umgekehrt ist eine Schwingung in Richtung einer der Achsen des direkten Gitters nur mit Kräften verbunden, die in Richtung der zugeordneten Achse des reziproken Gitters wirken. Aufgrund dieser Eigenschaft der auf spezielle Art und Weise gewählten Koordinatengitter lässt sich eine dem Systemfreiheitsgrad entsprechende Anzahl entkoppelter Zeigerdiagramme finden, durch die die erzwungenen Schwingungen repräsentiert werden. Jedes der Zeigerdiagramme bezieht sich jeweils auf eine Kraftkomponente in Richtung einer der Achsen des reziproken Gitters. Die Koordinaten der Schwingungsantwort im direkten Gitter können als Faktoren interpretiert werden, durch die die Zeigerdiagramme so skaliert werden, dass sie geschlossen sind, damit ein dynamisches Kräftegleichgewicht besteht (Abb. 5.32). Bei den ungedämpften Eigenschwingungen verschwinden die äußeren Kräfte und die Zeigerdiagramme degenerieren entsprechend (Abb. 5.51). Jetzt übernehmen die Quadrate der Eigenkreisfrequenzen die Rolle der Skalierungsfaktoren, die zu geschlossenen Zeigerdiagrammen führen. Die wesentlichen physikalischen Zusammenhänge sowohl der freien als auch der erzwungenen Schwingungen lassen sich also verdichtet in Form des Bildes der skalierten Zeigerdiagramme der Kraftkomponenten in Richtung der Achsen des reziproken Gitters darstellen. Mit diesem Bild vor Augen erschließt sich dem Leser ein vertieftes physikalisches Verständnis, das ihm bei Beschränkung auf den direkten, rein algebraisch formalen Weg der Berechnung der Schwingungsantwort über die Frequenzgangmatrix verschlossen bleibt.

In Abschnitt 5.5 wird das in vielen technischen Anwendungen genutzte und daher so wichtige maschinendynamische Phänomen der Schwingungstilgung erläutert. Hierfür wird ein Modellschwinger benötigt, dessen Freiheitsgrad mindestens gleich zwei ist. Aus diesem Grund konnte die Schwingungstilgung nicht in Kapitel 4 behandelt werden wie die anderen maschinendynamischen Phänomene und Themen Unwuchten/Auswuchten, Massenkraftausgleich, Schwingungsisolierung, kritische Drehzahlen und Selbstzentrierung, die wir schon anhand eines Starrkörpermodells oder eines Einmassenschwingers behandeln konnten und daher dem Kapitel 5 zum Mehrfreiheitsgrad-Schwinger vorangestellt haben.

Die Abschnitte 5.6 und 5.7 beschließen das Kapitel mit Anmerkungen zu gedämpften Systemen und zur experimentellen Modalanalyse.

5.1 Aufstellen der Bewegungsgleichungen

Wir wollen verschiedene Vorgehensweisen anhand des in Abb. 5.4 dargestellten Beispiel-Antriebsstrangs betrachten. Es handelt sich um ein System aus elastischen Wellen, auf denen Schwungräder mit den axialen Massenträgheitsmomenten θ_1, θ_3, θ_5 befestigt sind sowie zwei Zahnräder mit den Rotationsträgheiten θ_2, θ_4. Die Zahnrä-

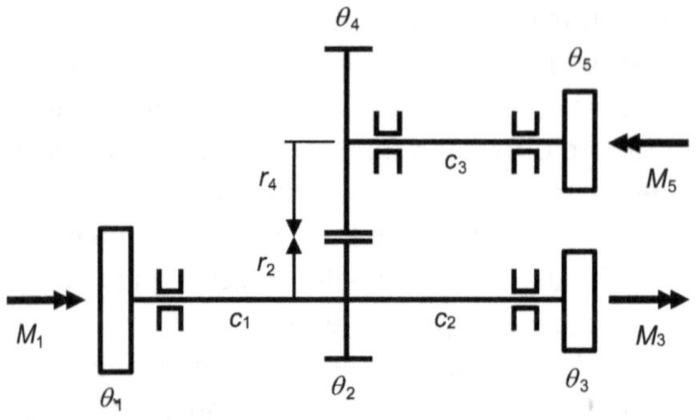

Abb. 5.4: Beispielsystem Antriebsstrang mit Zahnradgetriebe.

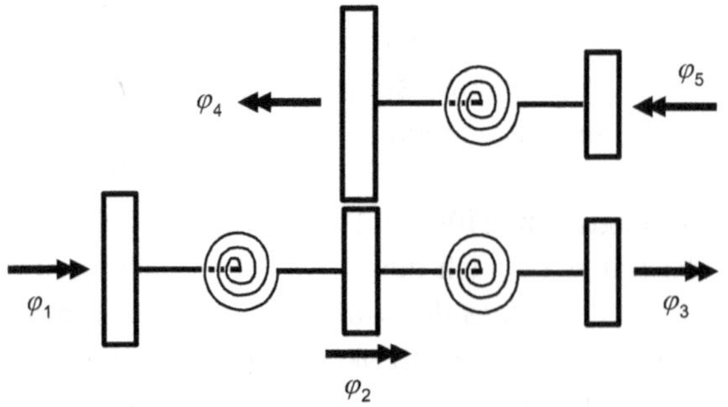

Abb. 5.5: Beispielsystem – Torsionsschwingungsmodell und Koordinaten.

der greifen ineinander und haben die Wälzkreisradien r_2, r_4. Die Elastizität der Wellen wird mithilfe von linearen Torsionsfedern der Steifigkeiten c_1, c_2, c_3 modelliert. Werkstoffdämpfung der Wellen und Lagerdämpfung/-reibung werden zunächst nicht berücksichtigt. Auf die Schwungräder θ_1, θ_3, θ_5 wirken äußere eingeprägte Drehmomente M_1, M_3, M_5.

Zur Beschreibung der Rotationsbewegung/-schwingung der Schwung-/Zahnräder führen wir die Verdrehwinkel $\varphi_1, \ldots, \varphi_5$ ein (Abb. 5.5). Eine kinematische Analyse liefert die Beziehung

$$\dot{\varphi}_2 r_2 = \dot{\varphi}_4 r_4 .$$

bzw.

$$\dot{\varphi}_2 = i_{24}\dot{\varphi}_4 \tag{5.1}$$

mit der Übersetzung des Zahnradpaars

$$i_{24} = \frac{r_4}{r_2} . \tag{5.2}$$

Durch zeitliche Integration bzw. Ableitung erhalten wir auch

$$\varphi_2 = i_{24}\varphi_4 \tag{5.3}$$

$$\ddot{\varphi}_2 = i_{24}\ddot{\varphi}_4 . \tag{5.4}$$

5.1.1 Anwendung von Schnittprinzip, Impuls- und Drallsatz

Generell können wir die Bewegungsgleichungen eines Systems aus starren Körpern immer herleiten, indem wir alle Körper bei Berücksichtigung des Schnittprinzips (Abb. 5.6) freischneiden und danach den Schwerpunktsatz (Impulssatz) und den Drallsatz auf jeden Körper anwenden. Bei dem hier betrachteten Beispiel wird der Schwerpunktsatz nicht benötigt, da nur die Drehschwingungen betrachtet werden.

Die Anwendung des Drallsatzes in Bezug auf die Wellenachsen liefert

$$\theta_1\ddot{\varphi}_1 + c_1(\varphi_1 - \varphi_2) = M_1 \tag{5.5}$$

$$\theta_2\ddot{\varphi}_2 - c_1(\varphi_1 - \varphi_2) + c_2(\varphi_2 - \varphi_3) = Fr_2 \tag{5.6}$$

$$\theta_3\ddot{\varphi}_3 - c_2(\varphi_2 - \varphi_3) = M_3 \tag{5.7}$$

$$\theta_4\ddot{\varphi}_4 + c_3(\varphi_4 - \varphi_5) = -Fr_4 \tag{5.8}$$

$$\theta_5\ddot{\varphi}_5 - c_3(\varphi_4 - \varphi_5) = M_5 \tag{5.9}$$

oder in Matrixschreibweise

$$\begin{bmatrix} \theta_1 & 0 & 0 & 0 & 0 \\ 0 & \theta_2 & 0 & 0 & 0 \\ 0 & 0 & \theta_3 & 0 & 0 \\ 0 & 0 & 0 & \theta_4 & 0 \\ 0 & 0 & 0 & 0 & \theta_5 \end{bmatrix} \begin{bmatrix} \ddot{\varphi}_1 \\ \ddot{\varphi}_2 \\ \ddot{\varphi}_3 \\ \ddot{\varphi}_4 \\ \ddot{\varphi}_5 \end{bmatrix} + \begin{bmatrix} c_1 & -c_1 & 0 & 0 & 0 \\ -c_1 & (c_1 + c_2) & -c_2 & 0 & 0 \\ 0 & -c_2 & c_2 & 0 & 0 \\ 0 & 0 & 0 & c_3 & -c_3 \\ 0 & 0 & 0 & -c_3 & c_3 \end{bmatrix} \begin{bmatrix} \varphi_1 \\ \varphi_2 \\ \varphi_3 \\ \varphi_4 \\ \varphi_5 \end{bmatrix}$$

$$= \begin{bmatrix} M_1 \\ 0 \\ M_3 \\ 0 \\ M_5 \end{bmatrix} + \begin{bmatrix} 0 \\ r_2 \\ 0 \\ -r_4 \\ 0 \end{bmatrix} \cdot F\,.$$

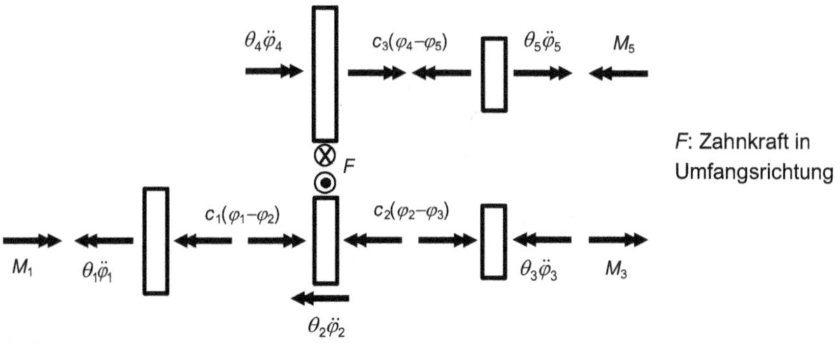

Abb. 5.6: Freikörperbild ohne Lagerkräfte.

Wir führen nun einen Spaltenvektor der sogenannten verallgemeinerten Koordinaten ein

$$\boldsymbol{q} = \begin{bmatrix} \varphi_1 \\ \varphi_2 \\ \varphi_3 \\ \varphi_4 \\ \varphi_5 \end{bmatrix} .$$

Man spricht von „verallgemeinerten“ Koordinaten, da es sich zum Beispiel wie in unserem Fall auch um Verdrehwinkel handeln kann oder beliebige andere Größen, mit denen die Lage/Konfiguration des Systems beschrieben wird.

Die Matrixgleichung lässt sich nun auch in folgender Form angeben

$$\boldsymbol{M}\ddot{\boldsymbol{q}} + \boldsymbol{K}\boldsymbol{q} = \boldsymbol{Q} + \boldsymbol{e} \cdot F ,$$

mit der Massenmatrix

$$\boldsymbol{M} = \begin{bmatrix} \theta_1 & 0 & 0 & 0 & 0 \\ 0 & \theta_2 & 0 & 0 & 0 \\ 0 & 0 & \theta_3 & 0 & 0 \\ 0 & 0 & 0 & \theta_4 & 0 \\ 0 & 0 & 0 & 0 & \theta_5 \end{bmatrix} = \mathrm{diag}[\theta_i] , \tag{5.10a}$$

der Steifigkeitsmatrix

$$\boldsymbol{K} = \begin{bmatrix} c_1 & -c_1 & 0 & 0 & 0 \\ -c_1 & (c_1 + c_2) & -c_2 & 0 & 0 \\ 0 & -c_2 & c_2 & 0 & 0 \\ 0 & 0 & 0 & c_3 & -c_3 \\ 0 & 0 & 0 & -c_3 & c_3 \end{bmatrix} , \tag{5.10b}$$

dem Vektor der verallgemeinerten eingeprägten Kräfte

$$\boldsymbol{Q} = \begin{bmatrix} M_1 \\ 0 \\ M_3 \\ 0 \\ M_5 \end{bmatrix} \tag{5.10c}$$

und mit

$$\boldsymbol{e} = \begin{bmatrix} 0 \\ r_2 \\ 0 \\ -r_4 \\ 0 \end{bmatrix} . \tag{5.10d}$$

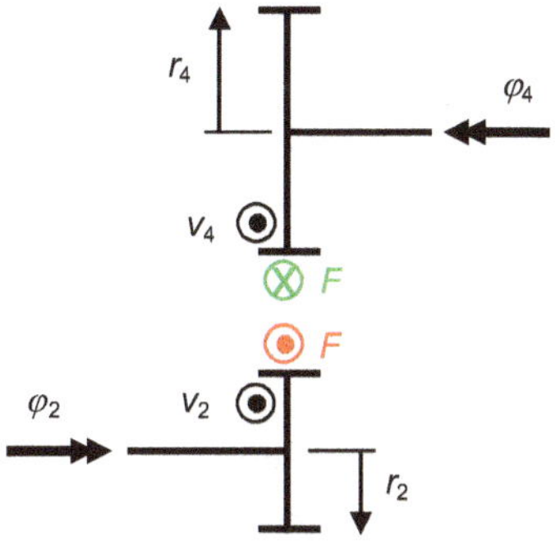

Abb. 5.7: Umfangskomponenten der Zahnkontaktkräfte und Kontaktpunkt-Geschwindigkeiten.

Die kinematische Zwangsbedingung (5.1) kann ebenfalls in Matrixschreibweise formuliert werden

$$\begin{bmatrix} 0 & r_2 & 0 & -r_4 & 0 \end{bmatrix} \begin{bmatrix} \dot{\varphi}_1 \\ \dot{\varphi}_2 \\ \dot{\varphi}_3 \\ \dot{\varphi}_4 \\ \dot{\varphi}_5 \end{bmatrix} = 0\,,$$

also

$$\boldsymbol{e}^T \dot{\boldsymbol{q}} = 0\,. \tag{5.11}$$

Ergänzende Bemerkungen zu kinematischen Bindungen und Zwangskräften

Bei unserem Beispiel-Antriebsstrang mit Zahnradpaar lässt sich die kinematische Bindung, die den Kontakt der miteinander kämmenden Zahnräder repräsentiert, mithilfe der Umfangsgeschwindigkeiten v_2, v_4 der Wälzkreise der beiden Zahnräder 2, 4 formulieren. Aus dem Verzahnungsgesetz folgt nämlich, dass diese Umfangsgeschwindigkeiten gleich groß sind. Daher ist ihre Differenz Δv gleich null

$$\Delta v = 0$$

mit

$$\Delta v = v_2 - v_4\,. \tag{5.12}$$

Dies ist die Formulierung der Bindung auf der Ebene physikalischer Koordinaten/ Geschwindigkeiten.

Da „actio est reactio“ gilt, sind die Zahnkontaktkräfte der beiden Zahnräder jeweils vom Betrag gleich groß, aber entgegengesetzt gerichtet. Das gilt auch für die Umfangskomponente F der Zahnkräfte im Wälzpunkt, die im Freikörperbild in Abb. 5.7 zusammen mit den Umfangsgeschwindigkeiten eingezeichnet ist.

Wenn wir rein formal die Geschwindigkeitsdifferenz Δv mit F multiplizieren, erhalten wir

$$Fv_2 - Fv_4 = 0$$

bzw.

$$F \cdot \Delta v = 0 \,. \tag{5.13}$$

Da Leistung gleich Kraft mal Geschwindigkeit ist, stellt die linke Seite der Gleichung (5.13) die Gesamtleistung der Bindungskraft F dar. In dem Ausdruck für die Leistung der Zahnkraft am Zahnrad 4, und zwar $-Fv_4$, tritt ein negatives Vorzeichen auf, da F und v_4 im Freikörperbild entgegengesetzt gerichtet sind. Offensichtlich ist die Gesamtleistung null.

Dieses Ergebnis lässt sich verallgemeinern. Es gilt immer, dass Zwangskräfte, also Kräfte, die als Reaktionen in kinematischen Bindungen entstehen, keine Arbeit leisten. Am betrachteten Beispiel der kämmenden Zahnräder wurde plausibel, warum dies so ist. Der Grund liegt in der Form der kinematischen Bindungsgleichung $\Delta v = 0$ in Kombination mit dem auf Newton zurückgehenden Axiom „actio est reactio".

Die kinematische Bindungsgleichung lässt sich aber auch auf der Ebene der verallgemeinerten Koordinaten bzw. Geschwindigkeiten wie in Gleichung (5.11) formulieren. Auf dieser Ebene können wir ebenfalls ausdrücken, dass Zwangskräfte keine Arbeit leisten, indem wir in Gleichung (5.13) die Geschwindigkeitsdifferenz Δv mithilfe der folgenden Beziehung substituieren

$$\Delta v = \boldsymbol{e}^T \dot{\boldsymbol{q}} \,. \tag{5.14}$$

Hieraus folgt

$$F\boldsymbol{e}^T \dot{\boldsymbol{q}} = 0 \,,$$
$$(\boldsymbol{e}F)^T \dot{\boldsymbol{q}} = 0 \,.$$

Der Vergleich mit dem Ausdruck für die Leistung des Vektors $\boldsymbol{r}$ einer verallgemeinerten Zwangskraft

$$\boldsymbol{r}^T \dot{\boldsymbol{q}} = 0 \tag{5.15}$$

liefert die verallgemeinerte Zwangskraft $\boldsymbol{r}$ in Abhängigkeit der physikalischen Zwangskraft F zu

$$\boldsymbol{r} = \boldsymbol{e}F \,. \tag{5.16}$$

Diese Ergebnisse sind in Tabelle 5.1 zusammengefasst und gelten in der angegebenen allgemeinen Form nicht nur für kämmende Zahnräder, sondern auch für die meisten anderen kinematischen Bindungen wie zum Beispiel Gelenke, Führungen usw., bei denen es sich um sogenannte skleronome, das heißt zeitunabhängige Bindungen handelt.

Die Bewegungsgleichung für ein System mit einer einzigen kinematischen Bindung wie unser Beispiel-Antriebsstrang lässt sich nun mit dem Vektor der verallgemeinerten Zwangskraft $\boldsymbol{r}$ nach Gleichung (5.16) in folgender Form schreiben

$$\boldsymbol{M}\ddot{\boldsymbol{q}} + \boldsymbol{K}\boldsymbol{q} = \boldsymbol{Q} + \boldsymbol{r}$$

mit der kinematischen Bindungsgleichung (5.11).

Tab. 5.1: Kinematische Bindungen und Zwangskräfte.

	Formulierung auf der Ebene der physikalischen Koordinaten/ Geschwindigkeiten/Kräfte	Formulierung auf der Ebene der verallgemeinerten Koordinaten/ Geschwindigkeiten/Kräfte
kinematische Bindung	$\Delta v = 0$	$\boldsymbol{e}^T\dot{\boldsymbol{q}} = 0$
Zwangskraft	F	$\boldsymbol{r} = \boldsymbol{e}F$
Zwangskräfte leisten keine Arbeit!	$F \cdot \Delta v = 0$	$\boldsymbol{r}^T\dot{\boldsymbol{q}} = 0$

Es stellt sich nun die Frage, wie die Bewegungsgleichung lautet, wenn das betrachtete System mehrere kinematische Bindungen umfasst. Dieser Frage wollen wir im Folgenden nachgehen.

Systeme mit mehreren kinematischen Bindungen

Wir betrachten ein System, das einer Anzahl an kinematischen Zwangsbedingungen unterworfen ist

$$\boldsymbol{e}_1^T\dot{\boldsymbol{q}} = 0, \quad \boldsymbol{e}_2^T\dot{\boldsymbol{q}} = 0, \quad \ldots, \quad \boldsymbol{e}_i^T\dot{\boldsymbol{q}} = 0, \quad \ldots .$$

Alternativ können wir schreiben

$$\begin{bmatrix} \boldsymbol{e}_1^T \\ \boldsymbol{e}_2^T \\ \vdots \\ \boldsymbol{e}_i^T \\ \vdots \end{bmatrix} \dot{\boldsymbol{q}} = \begin{bmatrix} 0 \\ 0 \\ \vdots \\ 0 \\ \vdots \end{bmatrix}$$

oder

$$\boldsymbol{E}^T\dot{\boldsymbol{q}} = \boldsymbol{0} \tag{5.17}$$

mit der Bindungsmatrix

$$\boldsymbol{E} = [\boldsymbol{e}_1 \quad \boldsymbol{e}_2 \quad \cdots \quad \boldsymbol{e}_i \quad \cdots] , \tag{5.18}$$

bei der jede Spalte einer bestimmten Bindung entspricht.

Es ist naheliegend, dass bei der Bewegungsdifferenzialgleichung auf der rechten Seite alle verallgemeinerten Zwangskräfte

$$\boldsymbol{r}_1 = \boldsymbol{e}_1F_1, \quad \boldsymbol{r}_2 = \boldsymbol{e}_2F_2, \quad \ldots, \quad \boldsymbol{r}_i = \boldsymbol{e}_iF_i, \quad \ldots$$

addiert werden müssen, wobei $F_1, F_2, \ldots, F_i, \ldots$ die physikalischen Zwangsreaktionen sind. Wir erhalten

$$\boldsymbol{M}\ddot{\boldsymbol{q}} + \boldsymbol{K}\boldsymbol{q} = \boldsymbol{Q} + \boldsymbol{r}_1 + \boldsymbol{r}_2 + \cdots + \boldsymbol{r}_i + \cdots ,$$

wobei

$$\boldsymbol{r}_1 + \boldsymbol{r}_2 + \cdots + \boldsymbol{r}_i + \cdots = \begin{bmatrix} \boldsymbol{e}_1 & \boldsymbol{e}_2 & \cdots & \boldsymbol{e}_i & \cdots \end{bmatrix} \begin{bmatrix} F_1 \\ F_2 \\ \vdots \\ F_i \\ \vdots \end{bmatrix}$$

oder

$$\boldsymbol{r}_1 + \boldsymbol{r}_2 + \cdots + \boldsymbol{r}_i + \cdots = \boldsymbol{E} \cdot \boldsymbol{\lambda}$$

mit dem Spaltenvektor der physikalischen Zwangsreaktionen (Kräfte/Momente)

$$\boldsymbol{\lambda} = \begin{bmatrix} F_1 \\ F_1 \\ \vdots \\ F_i \\ \vdots \end{bmatrix} . \tag{5.19}$$

Es sei angemerkt, dass die physikalischen Zwangsreaktionen $\boldsymbol{\lambda}$ mathematisch die Rolle von Lagrange'schen Multiplikatoren spielen.

Die vollständige Bewegungsgleichung eines Systems mit mehreren kinematischen Bindungen lässt sich also folgendermaßen schreiben

$$\boldsymbol{M}\ddot{\boldsymbol{q}} + \boldsymbol{K}\boldsymbol{q} = \boldsymbol{Q} + \boldsymbol{E}\boldsymbol{\lambda} \tag{5.20}$$

zusammen mit der Bindungsgleichung (5.17). Die Gleichungen (5.17) und (5.20) bilden ein sogenanntes differenzial-algebraisches System (engl. *differential algebraic equation*, Abk. DAE), für das spezielle Integrationsalgorithmen existieren. Es besteht aber auch die Möglichkeit, vor der Integration das DAE zunächst in ein gewöhnliches Differenzialgleichungssystem (engl. *ordinary differential equation*, Abk. ODE) umzuformen, bei dem dann Standard-Integrationsalgorithmen angewendet werden können. Dazu müssen die Zwangsreaktionen $\boldsymbol{\lambda}$ eliminiert werden, wie wir im Folgenden für den Beispiel-Antriebsstrang erläutern.

Elimination der Zwangsreaktionen

Das differenzial-algebraische System lässt sich bei unserem Beispiel-Antriebsstrang auf eine gewöhnliche Vektordifferenzialgleichung (ODE) zurückführen, indem wir die Zahnkraft F eliminieren. Dazu setzen wir die kinematische Zwangsbedingung (5.3), (5.4) in Gleichung (5.8) ein

$$\frac{\theta_4}{i_{24}}\ddot{\varphi}_2 + c_3\left(\frac{\varphi_2}{i_{24}} - \varphi_5\right) = -Fr_4 \quad \left| \cdot \frac{1}{i_{24}} \right. .$$

$$\Rightarrow \frac{\theta_4}{i_{24}^2}\ddot{\varphi}_2 + \frac{c_3}{i_{24}}\left(\frac{\varphi_2}{i_{24}} - \varphi_5\right) = -Fr_2$$

und nach Teilen durch die Übersetzung addieren wir die entstehende Gleichung zur Gleichung (5.6) mit dem Ergebnis, dass die Zahnkraft herausfällt

$$\left(\theta_2 + \frac{\theta_4}{i_{24}^2}\right)\ddot{\varphi}_2 - c_1(\varphi_1 - \varphi_2) + c_2(\varphi_2 - \varphi_3) + \frac{c_3}{i_{24}}\left(\frac{\varphi_2}{i_{24}} - \varphi_5\right) = 0 \qquad (5.21)$$

Das Einsetzen der Zwangsbedingung (5.3) in Gleichung (5.9) liefert

$$\theta_5\ddot{\varphi}_5 - c_3\left(\frac{\varphi_2}{i_{24}} - \varphi_5\right) = M_5 \,. \qquad (5.22)$$

Die Bewegung des Systems wird nun durch die Differenzialgleichungen (5.5, 5.21, 5.7, 5.22) beschrieben, in denen nur noch die verallgemeinerten Koordinaten φ_1, φ_2, φ_3, φ_5 auftreten. Man fasst diese Koordinaten ebenfalls in einem Vektor $\boldsymbol{q}$ zusammen

$$\boldsymbol{q} = \begin{bmatrix} \varphi_1 \\ \varphi_2 \\ \varphi_3 \\ \varphi_5 \end{bmatrix}.$$

Dieser Koordinatenvektor beinhaltet sogenannte Minimalkoordinaten, da die vier Winkel voneinander unabhängig sind. Im Unterschied dazu umfasste der oben gewählte Koordinatensatz überzählige Koordinaten, da die Winkel φ_2, φ_4 linear abhängig voneinander sind.

Mit dem neuen Koordinatensatz lautet das Differenzialgleichungssystem (5.5, 5.21, 5.7, 5.22) in Matrixform

$$\boldsymbol{M}\ddot{\boldsymbol{q}} + \boldsymbol{K}\boldsymbol{q} = \boldsymbol{Q} \qquad (5.23)$$

mit der Massenmatrix

$$\boldsymbol{M} = \begin{bmatrix} \theta_1 & 0 & 0 & 0 \\ 0 & \left(\theta_2 + \frac{\theta_4}{i_{24}^2}\right) & 0 & 0 \\ 0 & 0 & \theta_3 & 0 \\ 0 & 0 & 0 & \theta_5 \end{bmatrix}, \qquad (5.24a)$$

der Steifigkeitsmatrix

$$\boldsymbol{K} = \begin{bmatrix} c_1 & -c_1 & 0 & 0 \\ -c_1 & \left(c_1 + c_2 + \frac{c_3}{i_{24}^2}\right) & -c_2 & -\frac{c_3}{i_{24}} \\ 0 & -c_2 & c_2 & 0 \\ 0 & -\frac{c_3}{i_{24}} & 0 & c_3 \end{bmatrix} \qquad (5.24b)$$

und dem Vektor der verallgemeinerten eingeprägten Kräfte

$$\boldsymbol{Q} = \begin{bmatrix} M_1 \\ 0 \\ M_3 \\ M_5 \end{bmatrix}. \qquad (5.24c)$$

Offensichtlich führt die Wahl von Minimalkoordinaten zu einem gewöhnlichen Differenzialgleichungssystem und nicht zu einem DAE-System wie bei der Wahl von überzähligen Koordinaten. Außerdem sind die Systemmatrizen bei Minimalkoordinaten kleiner als bei überzähligen Koordinaten, aber dafür auch dichter besetzt. Es gibt kommerzielle Computerprogramme zur Bewegungssimulation, die mit überzähligen Koordinaten arbeiten und das resultierende DAE-System numerisch lösen. In manchen Programmsystemen sind aber auch Algorithmen zur symbolischen Formelmanipulation implementiert, durch die das DAE möglichst in ein ODE überführt oder zumindest die Anzahl der Bindungsgleichungen reduziert wird. Im Folgenden betrachten wir einen Bindungstyp, für den eine Formulierung in Minimalkoordinaten nicht möglich ist.

Ergänzende Bemerkungen zu überzähligen Koordinaten und Minimalkoordinaten

Wir betrachten eine Kufe zum Beispiel eines Schlittschuhs, die sich in der x-y-Ebene bewegt, oder ein starres Rad, das auf der x-y-Ebene abrollt (Abb. 5.8). Als verallgemeinerte Koordinaten wählen wir die x-y-Koordinaten q_1, q_2 und den Neigungswinkel der Kufe q_3

$$\boldsymbol{q} = \begin{bmatrix} q_1 \\ q_2 \\ q_3 \end{bmatrix} .$$

Im Rahmen eines idealen Modells wird man fordern, dass die Kufe nicht quer zur Kufenrichtung über die Ebene gleitet, sondern dass die Geschwindigkeitsrichtung mit der Kufenrichtung übereinstimmt

$$\boldsymbol{n} \circ \boldsymbol{v} = 0$$

mit dem Normalenvektor der Kufe

$$\boldsymbol{n} = \begin{bmatrix} -\sin q_3 \\ \cos q_3 \end{bmatrix}$$

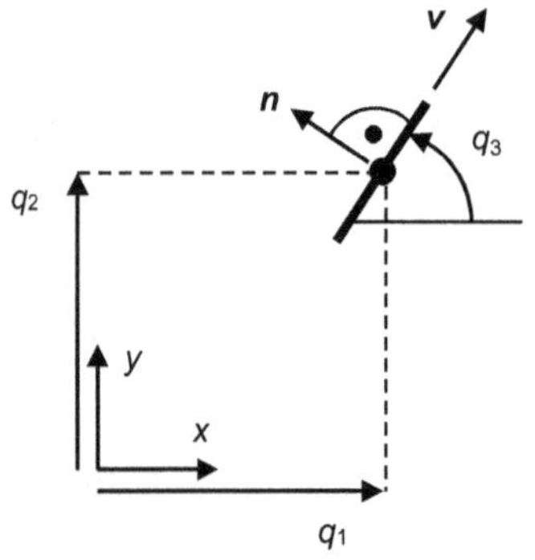

Abb. 5.8: Kufe auf ebenem Untergrund.

und dem Geschwindigkeitsvektor der Kufe

$$\boldsymbol{v} = \begin{bmatrix} \dot{q}_1 \\ \dot{q}_2 \end{bmatrix} .$$

Es ergibt sich also die Bindungsgleichung

$$(-\sin q_3)\dot{q}_1 + (\cos q_3)\dot{q}_2 = 0$$

oder

$$\boldsymbol{e}^T\dot{\boldsymbol{q}} = 0 \quad \text{mit} \quad \boldsymbol{e} = \begin{bmatrix} -\sin q_3 \\ \cos q_3 \\ 0 \end{bmatrix} .$$

Es handelt sich hierbei um eine sogenannte anholonome Bindung (nicht integrabel). Für eine solche Bindung kann keine Gleichung auf Koordinatenebene der Form $f(q_1, q_2, q_3) = 0$ gefunden werden, mit der man eine Koordinate durch die beiden anderen zumindest theoretisch substituieren könnte, und so mit einem Satz von zwei Koordinaten auskäme. Man ist daher gezwungen, mit drei Koordinaten zu arbeiten und die anholonome Bindungsgleichung explizit zu berücksichtigen. Bindungen, für die eine Formulierung $f(\boldsymbol{q}) = 0$ auf Koordinatenebene existiert, heißen holonome Bindungen (integrabel).

Minimalkoordinaten liegen vor, wenn die Beschreibung der Bewegung mit ihnen möglich ist und sie unabhängig voneinander sind, also keine Bindungsgleichungen von ihnen erfüllt werden müssen. Andernfalls spricht man von überzähligen Koordinaten.

Da bei unserem Beispiel der Kufe die anholonome Bindungsgleichung explizit zu berücksichtigen ist, handelt es sich bei den drei Koordinaten q_1, q_2, q_3 nicht um Minimalkoordinaten.

Anschaulich ist klar, dass eine Beschreibung mit zwei Koordinaten nicht möglich ist. Von einem Anfangspunkt 1 kann man nämlich auf unterschiedlichen Bahnen zu einem anderen Punkt 2 gelangen, zum Beispiel auf Bahn A oder B in Abb. 5.9. Diese unterschiedlichen Bewegungsbahnen haben im Allgemeinen unterschiedliche Tangentialrichtungen q_3 im Endpunkt 2. Mit unendlich vielen Bahnen lassen sich alle

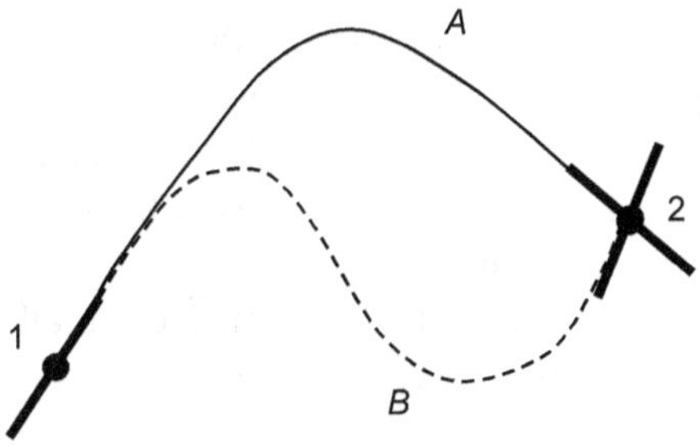

Abb. 5.9: Bewegungsbahnen der Kufe zwischen zwei Punkten.

Winkel $0 \leq q_3 < 360°$ im Punkt 2 erzeugen. Der Winkel q_3 im Endpunkt ist also nicht aus den Werten von q_1, q_2 in diesem Punkt berechenbar.

Nicht nur bei unserem Beispiel der Kufe, sondern generell kann bei Systemen mit anholonomen Bindungen nicht mit Minimalkoordinaten gearbeitet werden. Es sei angemerkt, dass sich mathematisch mithilfe der Schwarz'schen Integrabilitätsbedingungen

$$\frac{\partial e_i}{\partial q_j} = \frac{\partial e_j}{\partial q_i}$$

überprüfen lässt, ob eine Bindung holonom ist. In unserem Beispiel der Kufe sind $e_1 = -\sin q_3$, $e_2 = \cos q_3$ und $e_3 = 0$. Es sind zwei Integrabilitätsbedingungen verletzt

$$\frac{\partial e_1}{\partial q_3} = -\cos q_3 \neq \frac{\partial e_3}{\partial q_1} = 0, \qquad \frac{\partial e_2}{\partial q_3} = -\sin q_3 \neq \frac{\partial e_3}{\partial q_2} = 0\,.$$

Anholonome Bindungen entstehen durch Idealisierungen/Vereinfachungen bei der Modellbildung. Bei einem Fahrzeugrad zum Beispiel ist der Reifen nicht starr. Es treten Reifenverformungen auf, die notwendig sind, damit sich eine Seitenführungskraft aufbauen kann (Schräglaufwinkel des Rades). Wenn dies durch ein verfeinertes Modell beschrieben wird, sind die zu berücksichtigenden Bindungen auch nicht anholonom, wie dies beim idealisierten starren Rad der Fall ist. Das verfeinerte Modell hat aber eine größere Komplexität und führt daher zu längeren Rechenzeiten.

Das kämmende Zahnradpaar unseres Beispiel-Antriebsstrangs wird durch eine holonome Bindung repräsentiert, da sie offensichtlich Gleichung (5.3) gemäß auf Koordinatenebene formuliert werden kann und φ_4 sich dann durch φ_2 substituieren lässt bzw. umgekehrt. Die anfänglich gewählten fünf Winkelkoordinaten φ_1 bis φ_5 sind überzählig.

Um Standard-Integrationsroutinen anwenden zu können, ist in der Regel eine Formulierung der Bewegungsgleichungen als Differenzialgleichungssystem 1. Ordnung notwendig. Wir wollen daher im Folgenden zeigen, wie man aus dem Differenzialgleichungssystem 2. Ordnung (5.23) ein entsprechendes System 1. Ordnung gewinnen kann.

Formulierung der Bewegungsgleichungen als Differenzialgleichungssystem 1. Ordnung

Wir wollen hier zeigen, wie sich das Differenzialgleichungssystem 2. Ordnung für Minimalkoordinaten (5.23) auf ein Differenzialgleichungssystem 1. Ordnung zurückführen lässt. Kommerziell verfügbare Integrationsroutinen, mit denen die Bewegungsgleichungen numerisch integriert werden können, erfordern nämlich in der Regel die Formulierung als Differenzialgleichungssystem 1. Ordnung.

Als Systemfreiheitsgrad FG bezeichnen wir die Anzahl der unabhängigen verallgemeinerten Lagekoordinaten q_i, $i = 1, \ldots, \mathrm{FG}$ zur Beschreibung der Bewegung des

Systems. Der Spaltenvektor der verallgemeinerten Koordinaten

$$\boldsymbol{q} = \begin{bmatrix} q_1 \\ \vdots \\ q_i \\ \vdots \\ q_{\mathrm{FG}} \end{bmatrix}$$

hat also FG Zeilen und eine Spalte, was wir durch folgende Notation kenntlich machen wollen

$$\boldsymbol{q}^{(\mathrm{FG}\times 1)} .$$

Die Dimensionen der anderen in Gleichung (5.23) auftretenden Matrizen und Vektoren ergeben sich aus

$$\ddot{\boldsymbol{q}}^{(\mathrm{FG}\times 1)}, \quad \boldsymbol{Q}^{(\mathrm{FG}\times 1)}, \quad \boldsymbol{M}^{(\mathrm{FG}\times \mathrm{FG})}, \quad \boldsymbol{K}^{(\mathrm{FG}\times \mathrm{FG})} .$$

Bei invertierbarer Massenmatrix kann Gleichung (5.23) nach den verallgemeinerten Beschleunigungen aufgelöst werden

$$\ddot{\boldsymbol{q}} = -\boldsymbol{M}^{-1}\boldsymbol{K}\boldsymbol{q} + \boldsymbol{M}^{-1}\boldsymbol{Q} .$$

Mit der Bestimmungsgleichung der verallgemeinerten Geschwindigkeiten $\boldsymbol{v}$ erhalten wir

$$\boldsymbol{v} = \dot{\boldsymbol{q}} , \tag{5.25}$$

$$\dot{\boldsymbol{v}} = -\boldsymbol{M}^{-1}\boldsymbol{K}\boldsymbol{q} + \boldsymbol{M}^{-1}\boldsymbol{Q} . \tag{5.26}$$

Nach Einführung des sogenannten Zustandsvektors, der die verallgemeinerten Koordinaten und Geschwindigkeiten zusammenfasst

$$\boldsymbol{z}^{(2\mathrm{FG}\times 1)} = \begin{bmatrix} \boldsymbol{q}^{(\mathrm{FG}\times 1)} \\ \boldsymbol{v}^{(\mathrm{FG}\times 1)} \end{bmatrix} \tag{5.27}$$

und mit der Einheitsmatrix mit FG Zeilen und FG Spalten

$$\mathbf{1}^{(\mathrm{FG}\times \mathrm{FG})} = \begin{bmatrix} 1 & 0 & 0 & & 0 \\ 0 & 1 & 0 & \cdots & 0 \\ 0 & 0 & 1 & & 0 \\ & \vdots & & \ddots & \\ 0 & 0 & 0 & & 1 \end{bmatrix}$$

der Nullmatrix mit FG Zeilen und FG Spalten

$$\mathbf{0}^{(\mathrm{FG}\times \mathrm{FG})} = \begin{bmatrix} 0 & 0 & \cdots & 0 \\ 0 & 0 & \cdots & 0 \\ \vdots & \vdots & & \vdots \\ 0 & 0 & \cdots & 0 \end{bmatrix}$$

sowie dem Nullvektor mit FG Zeilen und einer Spalte

$$\mathbf{0}^{(FG\times1)} = \begin{bmatrix} 0 \\ 0 \\ \vdots \\ 0 \end{bmatrix}$$

lassen sich die beiden Gleichungen (5.25) und (5.26) folgendermaßen zusammenfassen

$$\dot{\boldsymbol{z}} = \begin{bmatrix} \mathbf{0}^{(FG\times FG)}\boldsymbol{q} + \mathbf{1}^{(FG\times FG)}\boldsymbol{v} \\ -\boldsymbol{M}^{-1}\boldsymbol{K}\boldsymbol{q} + \mathbf{0}^{(FG\times FG)}\boldsymbol{v} \end{bmatrix} + \begin{bmatrix} \mathbf{0}^{(FG\times1)} \\ \boldsymbol{M}^{-1}\boldsymbol{Q} \end{bmatrix},$$

$$\dot{\boldsymbol{z}} = \begin{bmatrix} \mathbf{0}^{(FG\times FG)} & \mathbf{1}^{(FG\times FG)} \\ -\boldsymbol{M}^{-1}\boldsymbol{K} & \mathbf{0}^{(FG\times FG)} \end{bmatrix} \cdot \begin{bmatrix} \boldsymbol{q} \\ \boldsymbol{v} \end{bmatrix} + \begin{bmatrix} \mathbf{0}^{(FG\times1)} \\ \boldsymbol{M}^{-1}\boldsymbol{Q} \end{bmatrix}.$$

Hierbei handelt es sich um ein gewöhnliches Differenzialgleichungssystem 1. Ordnung

$$\dot{\boldsymbol{z}} = \boldsymbol{A}\boldsymbol{z} + \boldsymbol{b} \tag{5.28}$$

mit der Systemmatrix

$$\boldsymbol{A}^{(2FG\times2FG)} = \begin{bmatrix} \mathbf{0}^{(FG\times FG)} & \mathbf{1}^{(FG\times FG)} \\ -\boldsymbol{M}^{-1}\boldsymbol{K} & \mathbf{0}^{(FG\times FG)} \end{bmatrix} \tag{5.29}$$

und

$$\boldsymbol{b}^{(2FG\times1)} = \begin{bmatrix} \mathbf{0}^{(FG\times1)} \\ \boldsymbol{M}^{-1}\boldsymbol{Q} \end{bmatrix}. \tag{5.30}$$

Dieses lässt sich bei gegebenen Anfangsbedingungen

$$\boldsymbol{z}(t = 0) = \boldsymbol{z}_0 = \begin{bmatrix} \boldsymbol{q}_0 \\ \boldsymbol{v}_0 \end{bmatrix} \tag{5.31}$$

mit kommerziell verfügbaren Integrationsroutinen integrieren.

Offensichtlich hat sich durch die Umformulierung des Differenzialgleichungssystems 2. Ordnung (5.23) in ein Differenzialgleichungssystem 1. Ordnung (5.28) die Dimension verdoppelt. Es sei darauf hingewiesen, dass bei gedämpften Systemen auch die sogenannte Dämpfungsmatrix Eingang in die Systemmatrix $\boldsymbol{A}$ findet und Gleichung (5.29) nicht mehr gültig ist. Die Berücksichtigung von Dämpfung wird im folgenden Abschnitt angesprochen.

5.1.2 Elementmatrizen

In einigen kommerziellen Programmsystemen sind die Massen- und Steifigkeitsmatrizen für vordefinierte Elemente wie Schwungräder, Torsionsfedern usw. abgespeichert.

Der Benutzer kann zum Beispiel über eine grafische Benutzerschnittstelle (GUI) das zu berechnende System definieren, indem er einzelne der vordefinierten Elemente auswählt und zu einem Gesamtsystem zusammensetzt. Durch das Programm werden nun automatisch die entsprechenden Elementmatrizen ausgewählt und aus diesen werden nach bestimmten Regeln die Systemmatrizen des Gesamtsystems aufgebaut. Wie dies prinzipiell funktionieren kann, soll zunächst am Beispiel der Steifigkeitsmatrix erläutert werden.

Aufbau der Gesamtsteifigkeitsmatrix aus den Element-Steifigkeitsmatrizen

Für die in Abb. 5.10 dargestellte Substruktur bestehend aus zwei Schwungmassen und einer Torsionsfeder lautet die Bewegungsdifferenzialgleichung

$$\begin{bmatrix} \theta_a & 0 \\ 0 & \theta_b \end{bmatrix} \begin{bmatrix} \ddot{\varphi}_a \\ \ddot{\varphi}_b \end{bmatrix} + \begin{bmatrix} c_j & -c_j \\ -c_j & c_j \end{bmatrix} \begin{bmatrix} \varphi_a \\ \varphi_b \end{bmatrix} = \begin{bmatrix} M_a \\ M_b \end{bmatrix}$$

mit der Element-Steifigkeitsmatrix des Torsionsfederelements

$$\boldsymbol{K}^{(j)} = \begin{bmatrix} c_j & -c_j \\ -c_j & c_j \end{bmatrix}$$

und dem Vektor $\boldsymbol{q}^{(j)} = [\varphi_a \quad \varphi_b]^T$ der sogenannten lokalen Koordinaten, die bei der Definition des vordefinierten Elements verwendet worden sind, die aber nicht unbedingt zur Beschreibung der Bewegung des Gesamtsystems so gewählt werden müssen.

Für den Beispiel-Antriebsstrang in Abb. 5.4 könnten zur Beschreibung der Bewegung des Gesamtsystems als globale Koordinaten zum Beispiel die überzähligen Koordinaten

$$\boldsymbol{q} = \begin{bmatrix} \varphi_1 & \varphi_2 & \varphi_3 & \varphi_4 & \varphi_5 \end{bmatrix}^T$$

gewählt werden (Abb. 5.5). Die Transformation der globalen Koordinaten $\boldsymbol{q}$ in die lokalen Koordinaten $\boldsymbol{q}^{(j)}$ des j-ten Federelements ist durch eine Transformationsmatrix $\boldsymbol{T}_\mathrm{K}^{(j)}$ gegeben

$$\boldsymbol{q}^{(j)} = \boldsymbol{T}_\mathrm{K}^{(j)} \boldsymbol{q} \,. \tag{5.32}$$

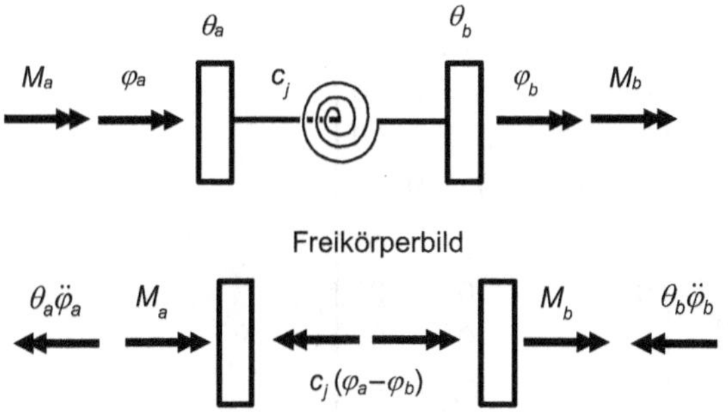

Abb. 5.10: Substruktur bestehend aus zwei Schwungmassen und einer Drehfeder.

Für unser Beispiel ergeben sich die Transformationsmatrizen für die Federelemente $j = 1, 2, 3$ zu

$$T_{\mathrm{K}}^{(1)} = \begin{bmatrix} 1 & 0 & 0 & 0 & 0 \\ 0 & 1 & 0 & 0 & 0 \end{bmatrix}, \quad T_{\mathrm{K}}^{(2)} = \begin{bmatrix} 0 & 1 & 0 & 0 & 0 \\ 0 & 0 & 1 & 0 & 0 \end{bmatrix}, \quad T_{\mathrm{K}}^{(3)} = \begin{bmatrix} 0 & 0 & 0 & 0 & 1 \\ 0 & 0 & 0 & 1 & 0 \end{bmatrix}.$$

Bei Betrachtung der potenziellen Energie $U^{(j)}$ des linear-elastischen Federelements j

$$U^{(j)} = \frac{1}{2} c_j (\varphi_a - \varphi_b)^2$$

fällt auf, dass diese in Matrixform auch mit der Element-Steifigkeitsmatrix und dem Vektor der lokalen Koordinaten geschrieben werden kann

$$U^{(j)} = \frac{1}{2} \boldsymbol{q}^{(j)^T} \boldsymbol{K}^{(j)} \boldsymbol{q}^{(j)} .$$

Die potenzielle Energie des Gesamtsystems ergibt sich als Summe der potenziellen Energien aller Elemente j

$$U = \sum_j U^{(j)} = \frac{1}{2} \sum_j \boldsymbol{q}^{(j)^T} \boldsymbol{K}^{(j)} \boldsymbol{q}^{(j)} .$$

Durch Einsetzen der Transformationsbeziehung zwischen globalen und lokalen Koordinaten erhält man einen Ausdruck der gleichen Form wie für das Einzelelement

$$U = \frac{1}{2} \sum_j \boldsymbol{q}^T \boldsymbol{T}_{\mathrm{K}}^{(j)^T} \boldsymbol{K}^{(j)} \boldsymbol{T}_{\mathrm{K}}^{(j)} \boldsymbol{q} = \frac{1}{2} \boldsymbol{q}^T \left[\sum_j \boldsymbol{T}_{\mathrm{K}}^{(j)^T} \boldsymbol{K}^{(j)} \boldsymbol{T}_{\mathrm{K}}^{(j)} \right] \boldsymbol{q} ,$$

aus dem man die Steifigkeitsmatrix $\boldsymbol{K}$ des Gesamtsystems ablesen kann

$$\boldsymbol{K} = \sum_j \boldsymbol{T}_{\mathrm{K}}^{(j)^T} \boldsymbol{K}^{(j)} \boldsymbol{T}_{\mathrm{K}}^{(j)} . \tag{5.33}$$

Damit ist ein Berechnungsalgorithmus zum Aufbau der Gesamtsteifigkeitsmatrix aus den Elementmatrizen gefunden. Die entsprechenden Rechenoperationen und Zwischenergebnisse für den Beispiel-Antriebsstrang sind für einen der drei Summanden der Summe in Gleichung (5.33) in Tab. 5.2 angegeben.

Analog erhält man

$$\boldsymbol{T}_{\mathrm{K}}^{(2)^T} \boldsymbol{K}^{(2)} \boldsymbol{T}_{\mathrm{K}}^{(2)} = \begin{bmatrix} 0 & 0 & 0 & 0 & 0 \\ 0 & c_2 & -c_2 & 0 & 0 \\ 0 & -c_2 & c_2 & 0 & 0 \\ 0 & 0 & 0 & 0 & 0 \\ 0 & 0 & 0 & 0 & 0 \end{bmatrix},$$

$$\boldsymbol{T}_{\mathrm{K}}^{(3)^T} \boldsymbol{K}^{(3)} \boldsymbol{T}_{\mathrm{K}}^{(3)} = \begin{bmatrix} 0 & 0 & 0 & 0 & 0 \\ 0 & 0 & 0 & 0 & 0 \\ 0 & 0 & 0 & 0 & 0 \\ 0 & 0 & 0 & c_3 & -c_3 \\ 0 & 0 & 0 & -c_3 & c_3 \end{bmatrix}.$$

Tab. 5.2: Transformation der Elementsteifigkeitsmatrix $\boldsymbol{K}^{(1)}$ für überzählige Koordinaten – Falk'sches Schema.

	$\begin{bmatrix} 1 & 0 & 0 & 0 & 0 \\ 0 & 1 & 0 & 0 & 0 \end{bmatrix}$	$= \boldsymbol{T}_\text{K}^{(1)}$
$\boldsymbol{K}^{(1)} = \begin{bmatrix} c_1 & -c_1 \\ -c_1 & c_1 \end{bmatrix}$	$\begin{bmatrix} c_1 & -c_1 & 0 & 0 & 0 \\ -c_1 & c_1 & 0 & 0 & 0 \end{bmatrix}$	$= \boldsymbol{K}^{(1)}\boldsymbol{T}_\text{K}^{(1)}$
$\boldsymbol{T}_\text{K}^{(1)^T} = \begin{bmatrix} 1 & 0 \\ 0 & 1 \\ 0 & 0 \\ 0 & 0 \\ 0 & 0 \end{bmatrix}$	$\begin{bmatrix} c_1 & -c_1 & 0 & 0 & 0 \\ -c_1 & c_1 & 0 & 0 & 0 \\ 0 & 0 & 0 & 0 & 0 \\ 0 & 0 & 0 & 0 & 0 \\ 0 & 0 & 0 & 0 & 0 \end{bmatrix}$	$= \boldsymbol{T}_\text{K}^{(1)^T}\boldsymbol{K}^{(1)}\boldsymbol{T}_\text{K}^{(1)}$

Durch Summation Gleichung (5.33) gemäß erhalten wir dann die Steifigkeitsmatrix (5.10b).

Für Minimalkoordinaten

$$\boldsymbol{q} = [\varphi_1 \quad \varphi_2 \quad \varphi_3 \quad \varphi_5]^T$$

sind die Transformationsmatrizen

$$\boldsymbol{T}_\text{K}^{(1)} = \begin{bmatrix} 1 & 0 & 0 & 0 \\ 0 & 1 & 0 & 0 \end{bmatrix}, \quad \boldsymbol{T}_\text{K}^{(2)} = \begin{bmatrix} 0 & 1 & 0 & 0 \\ 0 & 0 & 1 & 0 \end{bmatrix}, \quad \boldsymbol{T}_\text{K}^{(3)} = \begin{bmatrix} 0 & 0 & 0 & 1 \\ 0 & \frac{1}{i_{24}} & 0 & 0 \end{bmatrix}.$$

Die letzte Zeile von $\boldsymbol{T}_\text{K}^{(3)}$ spiegelt die kinematische Zwangsbedingung (5.3) wider. Die Element-Steifigkeitsmatrizen unterscheiden sich nicht von denen für überzählige Koordinaten. Wir erhalten analog zu dem Fall der überzähligen Koordinaten die folgenden Ergebnisse

$$\boldsymbol{T}_\text{K}^{(1)^T}\boldsymbol{K}^{(1)}\boldsymbol{T}_\text{K}^{(1)} = \begin{bmatrix} c_1 & -c_1 & 0 & 0 \\ -c_1 & c_1 & 0 & 0 \\ 0 & 0 & 0 & 0 \\ 0 & 0 & 0 & 0 \end{bmatrix}, \qquad \boldsymbol{T}_\text{K}^{(2)^T}\boldsymbol{K}^{(2)}\boldsymbol{T}_\text{K}^{(2)} = \begin{bmatrix} 0 & 0 & 0 & 0 \\ 0 & c_2 & -c_2 & 0 \\ 0 & -c_2 & c_2 & 0 \\ 0 & 0 & 0 & 0 \end{bmatrix}.$$

Die notwendigen Berechnungen zur Transformation der dritten Elementsteifigkeitsmatrix sind in Tab. 5.3 dargestellt.

Die Gesamtsteifigkeitsmatrix (5.24b) ergibt sich wieder durch Summation der transformierten Elementsteifigkeitsmatrizen.

Aufbau der Gesamtdämpfungsmatrix aus den Element-Dämpfungsmatrizen

Bei der in Abb. 5.11 dargestellten Substruktur ist parallel zur Torsionsfeder ein linearer, viskoser (d. h. geschwindigkeitsproportionaler) Torsionsdämpfer eingefügt worden. Mit einem solchen Dämpferelement kann man zum Beispiel im Rahmen eines einfachen Berechnungsmodells die Werkstoffdämpfung der Welle berücksichtigen.

Tab. 5.3: Transformation der Elementsteifigkeitsmatrix $\boldsymbol{K}^{(3)}$ für Minimalkoordinaten – Falk'sches Schema.

	$\begin{bmatrix} 0 & 0 & 0 & 1 \\ 0 & \frac{1}{l_{24}} & 0 & 0 \end{bmatrix} = \boldsymbol{T}_\mathrm{K}^{(3)}$
$\boldsymbol{K}^{(3)} = \begin{bmatrix} c_3 & -c_3 \\ -c_3 & c_3 \end{bmatrix}$	$\begin{bmatrix} 0 & -\frac{c_3}{l_{24}} & 0 & c_3 \\ 0 & \frac{c_3}{l_{24}} & 0 & -c_3 \end{bmatrix} = \boldsymbol{K}^{(3)}\boldsymbol{T}_\mathrm{K}^{(3)}$
$\boldsymbol{T}_\mathrm{K}^{(3)^T} = \begin{bmatrix} 0 & 0 \\ 0 & \frac{1}{l_{24}} \\ 0 & 0 \\ 1 & 0 \end{bmatrix}$	$\begin{bmatrix} 0 & 0 & 0 & 0 \\ 0 & \frac{c_3}{l_{24}^2} & 0 & \frac{-c_3}{l_{24}} \\ 0 & 0 & 0 & 0 \\ 0 & \frac{-c_3}{l_{24}} & 0 & c_3 \end{bmatrix} = \boldsymbol{T}_\mathrm{K}^{(3)^T}\boldsymbol{K}^{(3)}\boldsymbol{T}_\mathrm{K}^{(3)}$

Die Bewegungsgleichung für die Substruktur lautet

$$\begin{bmatrix} \theta_a & 0 \\ 0 & \theta_b \end{bmatrix}\begin{bmatrix} \ddot{\varphi}_a \\ \ddot{\varphi}_b \end{bmatrix} + \begin{bmatrix} d_j & -d_j \\ -d_j & d_j \end{bmatrix}\begin{bmatrix} \dot{\varphi}_a \\ \dot{\varphi}_b \end{bmatrix} + \begin{bmatrix} c_j & -c_j \\ -c_j & c_j \end{bmatrix}\begin{bmatrix} \varphi_a \\ \varphi_b \end{bmatrix} = \begin{bmatrix} M_a \\ M_b \end{bmatrix}$$

mit der Element-Dämpfungsmatrix

$$\boldsymbol{D}^{(j)} = \begin{bmatrix} d_j & -d_j \\ -d_j & d_j \end{bmatrix},$$

die genauso aufgebaut ist wie die Element-Steifigkeitsmatrix. An die Stelle der Torsionsfederkonstante tritt die Torsionsdämpferkonstante. Analog zum Aufbau der Gesamtsteifigkeitsmatrix aus den Elementmatrizen erhalten wir für die Gesamtdämpfungsmatrix

$$\boldsymbol{D} = \sum_j \boldsymbol{T}_\mathrm{D}^{(j)^T}\boldsymbol{D}^{(j)}\boldsymbol{T}_\mathrm{D}^{(j)} \tag{5.34}$$

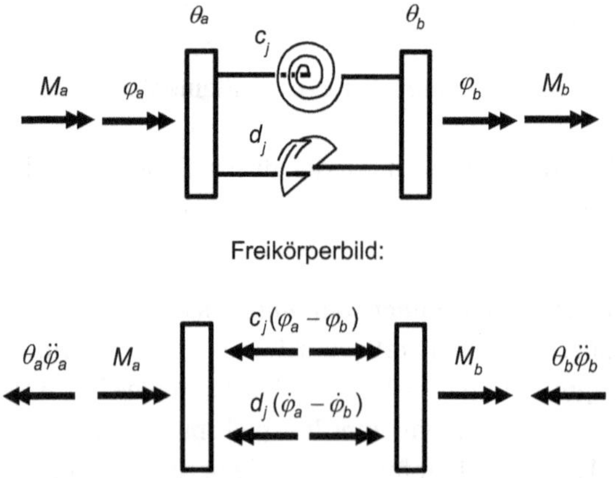

Abb. 5.11: Substruktur mit Dämpfer parallel zur Feder.

mit der Transformationsmatrix $\boldsymbol{T}_{\mathrm{D}}^{(j)}$, die die globalen verallgemeinerten Geschwindigkeiten in die lokalen Geschwindigkeiten transformiert

$$\dot{\boldsymbol{q}}^{(j)} = \boldsymbol{T}_{\mathrm{D}}^{(j)} \dot{\boldsymbol{q}} . \tag{5.35}$$

Schalten wir in unserem Beispiel parallel zu jeder Torsionsfeder jeweils einen Torsionsdämpfer, so stimmen die Transformationsmatrizen $\boldsymbol{T}_{\mathrm{K}}^{(j)}$, $\boldsymbol{T}_{\mathrm{D}}^{(j)}$ überein. Da außerdem die Element-Dämpfungsmatrizen und Element-Steifigkeitsmatrizen die gleiche Struktur haben, hat dann auch die Gesamtdämpfungsmatrix die gleiche Struktur wie die Gesamtsteifigkeitsmatrix. Bei dem Beispiel-Antriebsstrang lautet sie für überzählige Koordinaten $\boldsymbol{q} = [\varphi_1 \quad \varphi_2 \quad \varphi_3 \quad \varphi_4 \quad \varphi_5]^T$

$$\boldsymbol{D} = \begin{bmatrix} d_1 & -d_1 & 0 & 0 & 0 \\ -d_1 & (d_1 + d_2) & -d_2 & 0 & 0 \\ 0 & -d_2 & d_2 & 0 & 0 \\ 0 & 0 & 0 & d_3 & -d_3 \\ 0 & 0 & 0 & -d_3 & d_3 \end{bmatrix} \tag{5.36}$$

und dem DAE-System (5.20), (5.17) ist ein zusätzlicher Dämpfungsterm hinzuzufügen

$$\boldsymbol{M}\ddot{\boldsymbol{q}} + \boldsymbol{D}\dot{\boldsymbol{q}} + \boldsymbol{K}\boldsymbol{q} = \boldsymbol{Q} + \boldsymbol{E}\boldsymbol{\lambda} , \tag{5.37a}$$

$$\boldsymbol{E}^T \dot{\boldsymbol{q}} = \boldsymbol{0} . \tag{5.37b}$$

Für Minimalkoordinaten $\boldsymbol{q} = [\varphi_1 \quad \varphi_2 \quad \varphi_3 \quad \varphi_5]^T$ erhält man die Gesamtdämpfungsmatrix

$$\boldsymbol{D} = \begin{bmatrix} d_1 & -d_1 & 0 & 0 \\ -d_1 & \left(d_1 + d_2 + \frac{d_3}{i_{24}^2}\right) & -d_2 & -\frac{d_3}{i_{24}} \\ 0 & -d_2 & d_2 & 0 \\ 0 & -\frac{d_3}{i_{24}} & 0 & d_3 \end{bmatrix} \tag{5.38}$$

und die Bewegungsdifferenzialgleichung der allgemeinen Form

$$\boldsymbol{M}\ddot{\boldsymbol{q}} + \boldsymbol{D}\dot{\boldsymbol{q}} + \boldsymbol{K}\boldsymbol{q} = \boldsymbol{Q} . \tag{5.39}$$

Genauso wie für das ungedämpfte System (5.23) kann auch für das gedämpfte System (5.39) eine äquivalente Differenzialgleichung 1. Ordnung formuliert werden (Zustandsraumdarstellung). Diese hat wie beim ungedämpften System die allgemeine Form (5.28) mit dem Zustandsvektor $\boldsymbol{z}$ nach Gleichung (5.27) und dem Spaltenvektor $\boldsymbol{b}$ nach Gleichung (5.30). Die Matrix $\boldsymbol{A}$ enthält beim gedämpften System im Vergleich zum ungedämpften System zusätzliche Einträge

$$\boldsymbol{A}^{(2\mathrm{FG}\times 2\mathrm{FG})} = \begin{bmatrix} \boldsymbol{0}^{(\mathrm{FG}\times\mathrm{FG})} & \boldsymbol{1}^{(\mathrm{FG}\times\mathrm{FG})} \\ -\boldsymbol{M}^{-1}\boldsymbol{K} & -\boldsymbol{M}^{-1}\boldsymbol{D} \end{bmatrix} . \tag{5.40}$$

Aufbau der Massenmatrix

Das i-te Massenelement (Schwungrad) hat die (Rotations-) Trägheit θ_i, und dessen Bewegung werde mithilfe einer lokalen (Winkel-) Koordinate $q^{(i)}$ beschrieben. Die kinetische Energie dieses Elements ist

$$E^{(i)} = \frac{1}{2}\theta_i \left(\dot{q}^{(i)}\right)^2 .$$

Die kinetische Energie des Gesamtsystems erhält man durch Summation über alle Massenelemente

$$E = \sum_i E^{(i)} = \sum_i \frac{1}{2}\theta_i \left(\dot{q}^{(i)}\right)^2 .$$

Bei Berücksichtigung der Transformation der globalen in die lokalen Koordinaten

$$\dot{q}^{(i)} = \boldsymbol{T}_M^{(i)}\dot{\boldsymbol{q}} \tag{5.41}$$

können wir auch schreiben

$$E = \frac{1}{2}\sum_i \dot{q}^{(i)^T}\theta_i\dot{q}^{(i)} = \frac{1}{2}\sum_i \dot{\boldsymbol{q}}^T\boldsymbol{T}_M^{(i)^T}\theta_i\boldsymbol{T}_M^{(i)}\dot{\boldsymbol{q}} = \frac{1}{2}\dot{\boldsymbol{q}}^T\left[\sum_i \boldsymbol{T}_M^{(i)^T}\theta_i\boldsymbol{T}_M^{(i)}\right]\dot{\boldsymbol{q}} .$$

Auf die gleiche Weise wie wir die Steifigkeitsmatrix aus dem Ausdruck der potenziellen Energie abgelesen haben, lesen wir nun die Massenmatrix aus dem Ausdruck der kinetischen Energie ab

$$\boldsymbol{M} = \sum_i \boldsymbol{T}_M^{(i)^T}\theta_i\boldsymbol{T}_M^{(i)} . \tag{5.42}$$

Für unseren Beispiel-Antriebsstrang mit Minimalkoordinaten lauten die Transformationsmatrizen und Rechenoperationen zum Aufbau der Gesamtmassenmatrix

$$\boldsymbol{T}_M^{(1)} = \begin{bmatrix}1 & 0 & 0 & 0\end{bmatrix}, \qquad \boldsymbol{T}_M^{(2)} = \begin{bmatrix}0 & 1 & 0 & 0\end{bmatrix}, \qquad \boldsymbol{T}_M^{(3)} = \begin{bmatrix}0 & 0 & 1 & 0\end{bmatrix},$$

$$\boldsymbol{T}_M^{(4)} = \begin{bmatrix}0 & \frac{1}{i_{24}} & 0 & 0\end{bmatrix}, \qquad \boldsymbol{T}_M^{(5)} = \begin{bmatrix}0 & 0 & 0 & 1\end{bmatrix},$$

$$\boldsymbol{T}_M^{(1)^T}\theta_1\boldsymbol{T}_M^{(1)} = \theta_1\begin{bmatrix}1\\0\\0\\0\end{bmatrix}\begin{bmatrix}1 & 0 & 0 & 0\end{bmatrix} = \begin{bmatrix}\theta_1 & 0 & 0 & 0\\0 & 0 & 0 & 0\\0 & 0 & 0 & 0\\0 & 0 & 0 & 0\end{bmatrix},$$

analog

$$\boldsymbol{T}_M^{(2)^T}\theta_2\boldsymbol{T}_M^{(2)} = \begin{bmatrix}0 & 0 & 0 & 0\\0 & \theta_2 & 0 & 0\\0 & 0 & 0 & 0\\0 & 0 & 0 & 0\end{bmatrix}$$

und entsprechend $\boldsymbol{T}_M^{(3)T}\theta_3\boldsymbol{T}_M^{(3)}$, $\boldsymbol{T}_M^{(5)T}\theta_5\boldsymbol{T}_M^{(5)}$,

$$\boldsymbol{T}_M^{(4)^T}\theta_4\boldsymbol{T}_M^{(4)} = \theta_4\begin{bmatrix}0\\\frac{1}{i_{24}}\\0\\0\end{bmatrix}\begin{bmatrix}0 & \frac{1}{i_{24}} & 0 & 0\end{bmatrix} = \begin{bmatrix}0 & 0 & 0 & 0\\0 & \frac{\theta_4}{i_{24}^2} & 0 & 0\\0 & 0 & 0 & 0\\0 & 0 & 0 & 0\end{bmatrix}.$$

Durch Summation ergibt sich die Gesamt-Massenmatrix (5.24a).

Wie wir an dem betrachteten Beispiel gesehen haben, besteht ein großer Teil der Rechenoperationen zur Transformation der Element-Matrizen (Steifigkeits-, Dämpfungs-, Massenmatrix) aus Multiplikationen mit null. Um den damit verbundenen Aufwand zu sparen, wird zum Aufbau der Gesamtmatrizen aus den Elementmatrizen häufig die sogenannte Koinzidenzmatrix verwendet, die die topologische Zusammensetzung der Struktur aus den einzelnen Elementen beschreibt. Dies ist insbesondere bei der Anwendung der Finite-Elemente-Methode der Fall. Wir wollen nicht weiter darauf eingehen, da hier nicht die Implementation von Algorithmen im Vordergrund steht.

Die Lagrange'schen Gleichungen, die aus der analytischen Mechanik bekannt sind, eignen sich sehr gut für die Herleitung der Bewegungsgleichungen von Hand insbesondere bei Systemen mit eher kleinem Freiheitsgrad und relativ vielen kinematischen Zwangsbedingungen, wie dies bei Mechanismen der Fall ist. Bei Verwendung der Lagrange'schen Gleichungen 2. Art treten keine Zwangsreaktionen in Erscheinung, sodass deren fehleranfällige Elimination entfällt. Bevor wir auf die Lagrange'schen Gleichungen eingehen, wollen wir das Prinzip der virtuellen Leistung kurz erläutern. Dies hat zwei Gründe. Zum einen können die Lagrange'schen Gleichungen mithilfe des Prinzips der virtuellen Leistung hergeleitet werden und zum anderen werden die verallgemeinerten Kräfte, die in den Lagrange'schen Gleichungen auftreten, aus der virtuellen Arbeit oder Leistung der eingeprägten Kräfte bestimmt. Hierdurch ist der Zusammenhang zwischen Lagrange'schen Gleichungen und dem Prinzip der virtuellen Leistung gegeben. Der folgende Abschnitt 5.1.3 ist also als Vorbereitung des Abschnitts 5.1.4 über die Lagrange'schen Gleichungen zu verstehen.

5.1.3 Prinzip der virtuellen Leistung

Unter einem virtuellen Geschwindigkeitszustand versteht man einen Geschwindigkeitszustand, der analog zu virtuellen Verrückungen [5]

- gedacht (nicht real), aber
- mit den kinematischen Zwangsbedingungen verträglich und
- ansonsten beliebig ist.

Virtuelle Größen wollen wir dadurch kennzeichnen, dass wir dem Formelsymbol der entsprechenden realen Größe den griechischen Buchstaben δ voranstellen. Für unseren Beispiel-Antriebsstrang (Abb. 5.5) werden die virtuellen Geschwindigkeiten also folgendermaßen bezeichnet

$$\delta\dot{\varphi}_i, \quad i = 1, \ldots, 5 .$$

Das Prinzip lautet nun wie folgt [38].

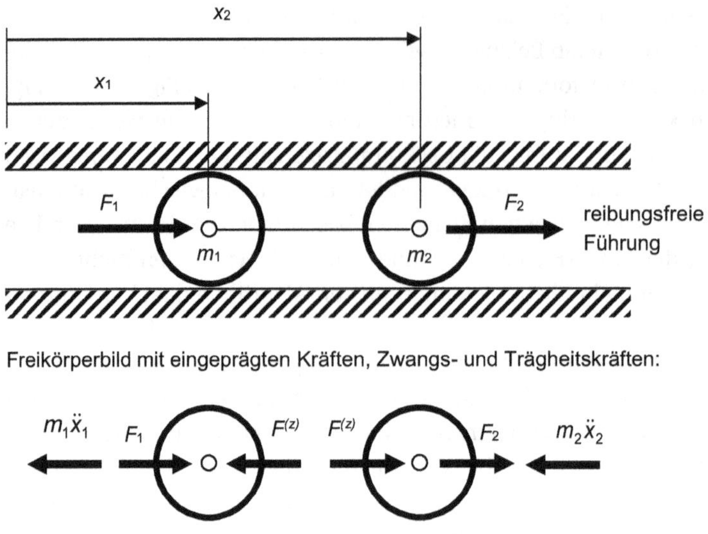

Abb. 5.12: Beispielsystem zur Plausibilisierung des Prinzips der virtuellen Leistung.

Prinzip der virtuellen Leistung:
Die Summe der Leistungen der eingeprägten generalisierten Kräfte $\delta P^{(e)}$ und der generalisierten Trägheitskräfte $\delta P^{(T)}$ ist für einen virtuellen Geschwindigkeitszustand gleich null.

$$\delta P^{(T)} + \delta P^{(e)} = 0 \tag{5.43}$$

Als Beispiel zur Plausibilisierung des Prinzips der virtuellen Leistung betrachten wir das in Abb. 5.12 dargestellte System, das aus zwei Körpern der Massen m_1, m_2 besteht. Beide Körper sind horizontal, reibungsfrei geführt und über eine masselose starre Stange gekoppelt. Auf die Körper wirken eingeprägte Kräfte F_1, F_2. Gravitation wird nicht berücksichtigt. Wir wählen überzählige Koordinaten x_1, x_2.

Das 2. Newton'sche Gesetz (Impulssatz) liefert

$$m_1\ddot{x}_1 = F_1 - F^{(z)} ,$$
$$m_2\ddot{x}_2 = F_2 + F^{(z)}$$

mit der Reaktions- oder Zwangskraft $F^{(z)}$ der starren Verbindungsstange. Bringen wir die Beschleunigungsterme auf die Seite der Kräfte, so erhalten wir

$$-m_1\ddot{x}_1 + F_1 - F^{(z)} = 0 , \tag{5.44}$$
$$-m_2\ddot{x}_2 + F_2 + F^{(z)} = 0 \tag{5.45}$$

mit den Trägheitskräften

$$-m_1\ddot{x}_1, \quad -m_2\ddot{x}_2 ,$$

die wir in das Freikörperbild in Abb. 5.12 mit den anderen Kräften eingezeichnet haben.

Trägheitskräfte sind keine wirklichen Kräfte, sondern Scheinkräfte. Sie treten im Impulssatz als beschleunigungsabhängige Terme auf, die die Dimension einer Kraft haben. Wenn man den Impulssatz wie in den Gleichungen (5.44) und (5.45) so umformuliert, dass die beschleunigungsabhängigen Terme zu den wirklichen Kräften hinzuaddiert werden, lässt sich alternativ zum 2. Newton'schen Gesetz rein formal eine Gleichgewichtsbedingung der Kräfte formulieren, die wie die aus der Statik bekannte Gleichgewichtsbedingung besagt, dass die Summe aller Kräfte gleich null sein muss. Anders als bei der statischen Gleichgewichtsbedingung müssen allerdings bei der Summierung nicht nur die wirklichen Kräfte, sondern auch die Trägheitskräfte berücksichtigt werden. Wir werden daher im Folgenden vom „dynamischen Kräftegleichgewicht“ im Unterschied zum statischen Kräftegleichgewicht sprechen.

Multiplikation der dynamischen Kräftegleichgewichtsbedingungen (5.44) und (5.45) mit der jeweiligen virtuellen Geschwindigkeit und anschließende Addition der beiden Gleichungen führt auf

$$(-m_1\ddot{x}_1 + F_1 - F^{(z)}) \cdot \delta\dot{x}_1 + (-m_2\ddot{x}_2 + F_2 + F^{(z)})\delta\dot{x}_2 = 0$$

oder

$$[-m_1\ddot{x}_1\delta\dot{x}_1 + (-m_2\ddot{x}_2)\delta\dot{x}_2] + [F_1\delta\dot{x}_1 + F_2\delta\dot{x}_2] + [F^{(z)}(\delta\dot{x}_2 - \delta\dot{x}_1)] = 0\,.$$

Da Leistung gleich Kraft mal Geschwindigkeit ist, handelt es sich bei den Termen in den eckigen Klammern wegen der Multiplikation mit den virtuellen Geschwindigkeiten jeweils um virtuelle Leistungen, und zwar um die virtuelle Leistung der Trägheitskräfte

$$\delta P^{(T)} = -m_1\ddot{x}_1\delta\dot{x}_1 + (-m_2\ddot{x}_2)\delta\dot{x}_2\,,$$

die virtuelle Leistung der eingeprägten Kräfte

$$\delta P^{(e)} = F_1\delta\dot{x}_1 + F_2\delta\dot{x}_2$$

und die virtuelle Leistung der Zwangskräfte

$$\delta P^{(z)} = F^{(z)}(\delta\dot{x}_2 - \delta\dot{x}_1)\,.$$

Wir hatten schon in Abschnitt 5.1.1 mit den Gleichungen (5.13) und (5.15) festgehalten, dass Zwangskräfte keine Arbeit leisten. Die Leistung der Zwangskräfte für einen realen Geschwindigkeitszustand ist also null. Das Gleiche gilt aber auch für einen virtuellen Geschwindigkeitszustand. Die virtuelle Leistung der Zwangskräfte ist immer null

$$\delta P^{(z)} = 0\,. \tag{5.46}$$

Dies liegt daran, dass die virtuellen Geschwindigkeiten aufgrund ihrer Definition genauso wie die realen Geschwindigkeiten die kinematischen Zwangsbedingungen erfüllen. Für unser Beispiel bedeutet dies

$$\begin{aligned}&\delta\dot{x}_2 = \delta\dot{x}_1\\ &\Rightarrow \delta\dot{x}_2 - \delta\dot{x}_1 = 0\\ &\Rightarrow F^{(z)}(\delta\dot{x}_2 - \delta\dot{x}_1) = 0\\ &\Rightarrow F^{(z)}\delta\dot{x}_2 - F^{(z)}\delta\dot{x}_1\\ &\Rightarrow \delta P^{(z)} = 0\,.\end{aligned}$$

Da Gleichung (5.46) allgemeingültig ist, müssen bei Anwendung des Prinzips der virtuellen Leistungen von vornherein keinerlei Zwangskräfte berücksichtigt und somit die einzelnen Körper des Systems nicht freigeschnitten werden. Bei großen Systemen, bei denen es zahlreiche Kopplungen zwischen den Körpern gibt, ist dies ein großer Vorteil, da keine der zahlreichen Reaktionskräfte in den Gleichungen auftreten, die ansonsten mühsam aus den Gleichungen eliminiert werden müssten.

Bei unserem Beispiel ergibt sich

$$\delta P^{(T)} + \delta P^{(e)} = [-(m_1 + m_2)\ddot{x} + (F_1 + F_2)]\delta\dot{x}$$

wegen

$$\delta\dot{x}_2 = \delta\dot{x}_1 = \delta\dot{x}$$

und

$$\begin{aligned}&\dot{x}_2 = \dot{x}_1\\ &\Rightarrow \ddot{x}_2 = \ddot{x}_1 = \ddot{x}\,,\end{aligned}$$

sodass das Prinzip der virtuellen Leistung (5.43) liefert

$$[-(m_1 + m_2)\ddot{x} + (F_1 + F_2)]\delta\dot{x} = 0\,.$$

Da für alle Zahlenwerte von $\delta\dot{x}$ die kinematische Zwangsbedingung erfüllt ist und daher $\delta\dot{x}$ der Definition virtueller Geschwindigkeiten gemäß beliebig ist, kann diese Gleichung nur erfüllt sein, wenn

$$-(m_1 + m_2)\ddot{x} + F_1 + F_2 = 0\,,$$

was auf das plausible Ergebnis führt, dass Gesamtmasse mal Beschleunigung gleich der Summe der eingeprägten Kräfte ist

$$(m_1 + m_2)\ddot{x} = F_1 + F_2\,.$$

Das gleiche Ergebnis erzielt man durch Elimination der Zwangskraft aus den Gleichungen (5.44), (5.45), was durch Anwendung des Prinzips der virtuellen Leistung umgangen werden konnte.

Betrachten wir jetzt unseren Beispiel-Antriebsstrang aus Abb. 5.4. Für die virtuelle Leistung der eingeprägten verallgemeinerten Kräfte erhalten wir

$$\begin{aligned}\delta P^{(e)} =& M_1\delta\dot{\varphi}_1 + M_3\delta\dot{\varphi}_3 + M_5\delta\dot{\varphi}_5 - c_1(\varphi_1-\varphi_2)\delta\dot{\varphi}_1 + c_1(\varphi_1-\varphi_2)\delta\dot{\varphi}_2\\ &- c_2(\varphi_2-\varphi_3)\delta\dot{\varphi}_2 + c_2(\varphi_2-\varphi_3)\delta\dot{\varphi}_3 - c_3(\varphi_4-\varphi_5)\delta\dot{\varphi}_4 + c_3(\varphi_4-\varphi_5)\delta\dot{\varphi}_5\,.\end{aligned}$$

Das Einsetzen der kinematischen Zwangsbedingung (5.3) bzw. in den virtuellen Geschwindigkeiten ausgedrückt

$$\delta\dot{\varphi}_4 = \frac{\delta\dot{\varphi}_2}{i_{24}} \tag{5.47}$$

liefert

$$\begin{aligned}\delta P^{(e)} =& \delta\dot{\varphi}_1\left[M_1 - c_1(\varphi_1-\varphi_2)\right]\\ &+ \delta\dot{\varphi}_2\left[c_1(\varphi_1-\varphi_2) - c_3\left(\frac{\varphi_2}{i_{24}}-\varphi_5\right)\frac{1}{i_{24}} - c_2(\varphi_2-\varphi_3)\right]\\ &+ \delta\dot{\varphi}_3\left[M_3 + c_2(\varphi_2-\varphi_3)\right] + \delta\dot{\varphi}_5\left[M_5 + c_3\left(\frac{\varphi_2}{i_{24}}-\varphi_5\right)\right].\end{aligned} \tag{5.48}$$

Die virtuelle Leistung der verallgemeinerten Trägheitskräfte ist

$$\delta P^{(T)} = -\theta_1\ddot{\varphi}_1\delta\dot{\varphi}_1 - \theta_2\ddot{\varphi}_2\delta\dot{\varphi}_2 - \theta_3\ddot{\varphi}_3\delta\dot{\varphi}_3 - \theta_4\ddot{\varphi}_4\delta\dot{\varphi}_4 - \theta_5\ddot{\varphi}_5\delta\dot{\varphi}_5$$

und mit der kinematischen Zwangsbedingung (5.4), (5.47)

$$\delta P^{(T)} = \delta\dot{\varphi}_1[-\theta_1\ddot{\varphi}_1] + \delta\dot{\varphi}_2\left[-\theta_2\ddot{\varphi}_2 - \theta_4\frac{\ddot{\varphi}_2}{i_{24}}\frac{1}{i_{24}}\right] + \delta\dot{\varphi}_3[-\theta_3\ddot{\varphi}_3] + \delta\dot{\varphi}_5[-\theta_5\ddot{\varphi}_5]\,.$$

Die Anwendung des Prinzips der virtuellen Leistung (5.43) liefert also

$$\begin{aligned}&\delta\dot{\varphi}_1\left[-\theta_1\ddot{\varphi}_1 - c_1(\varphi_1-\varphi_2) + M_1\right]\\ &+ \delta\dot{\varphi}_2\left[-\left(\theta_2 + \frac{\theta_4}{i_{24}^2}\right)\ddot{\varphi}_2 + c_1(\varphi_1-\varphi_2) - c_2(\varphi_2-\varphi_3) - \frac{c_3}{i_{24}}\left(\frac{\varphi_2}{i_{24}}-\varphi_5\right)\right]\\ &+ \delta\dot{\varphi}_3\left[-\theta_3\ddot{\varphi}_3 + c_2(\varphi_2-\varphi_3) + M_3\right] + \delta\dot{\varphi}_5\left[-\theta_5\ddot{\varphi}_5 + c_3\left(\frac{\varphi_2}{i_{24}}-\varphi_5\right) + M_5\right] \overset{!}{=} 0\,.\end{aligned}$$

Da die virtuellen Winkelgeschwindigkeiten $\delta\dot{\varphi}_1$, $\delta\dot{\varphi}_2$, $\delta\dot{\varphi}_3$, $\delta\dot{\varphi}_5$ unabhängig voneinander sind und beliebig, müssen alle Terme in den eckigen Klammern gleich null sein, woraus die Bewegungsgleichungen (5.5), (5.21), (5.7) und (5.22) folgen.

5.1.4 Lagrange'sche Gleichungen zweiter Art

Wir beschränken uns hier auf sogenannte holonome und skleronome Systeme. Ein System heißt holonom, wenn sich alle Bindungen in nicht differenzieller Form angeben lassen [15]. Nur dann sind wir in der Lage, Minimalkoordinaten zu wählen. Ein

System heißt skleronom, wenn alle Bindungsgleichungen nicht explizit von der Zeit abhängen. Zu den unterschiedlichen Typen kinematischer Bindungen sei zum Beispiel auch auf [37, 48] verwiesen.

Für holonome und skleronome Systeme lauten die Lagrange'schen Gleichungen 2. Art (siehe z. B. [11, 12, 25, 32, 33, 35, 39])

$$\left(\frac{\partial E}{\partial \dot{q}_i}\right)^{\bullet} - \frac{\partial E}{\partial q_i} = Q_i, \quad i = 1, \ldots, \mathrm{FG} \tag{5.49}$$

mit der kinetischen Energie E des Gesamtsystems, einem Satz an verallgemeinerten (generalisierten) Minimalkoordinaten q_i, $i = 1, \ldots,$ FG und den generalisierten eingeprägten Kräften Q_i, $i = 1, \ldots,$ FG. Hier bezeichnet FG den Freiheitsgrad des Systems. Die generalisierten eingeprägten Kräfte sind über die virtuelle Leistung der eingeprägten Kräfte zu bestimmen. Dies und die Anwendung der Lagrange'schen Gleichungen (5.49) generell wollen wir anhand des Beispiel-Antriebsstrangs aus Abb. 5.4 bzw. 5.5 demonstrieren.

Wir wählen die folgenden generalisierten Koordinaten (Minimalkoordinaten)

$$q_1 = \varphi_1, \qquad q_2 = \varphi_2, \qquad q_3 = \varphi_3, \qquad q_4 = \varphi_5$$

und können mit Gleichung (5.48) die virtuelle Leistung der eingeprägten Kräfte angeben

$$\begin{aligned}
\delta P^{(e)} = & \delta\dot{q}_1 \left[M_1 - c_1(q_1 - q_2)\right] \\
& + \delta\dot{q}_2 \left[c_1(q_1 - q_2) - c_3\left(\frac{q_2}{i_{24}} - q_4\right)\frac{1}{i_{24}} - c_2(q_2 - q_3)\right] \\
& + \delta\dot{q}_3 \left[M_3 + c_2(q_2 - q_3)\right] + \delta\dot{q}_4 \left[M_5 + c_3\left(\frac{q_2}{i_{24}} - q_4\right)\right].
\end{aligned}$$

Die Terme in den eckigen Klammern werden nun als generalisierte eingeprägte Kräfte identifiziert

$$\begin{aligned}
Q_1 &= M_1 - c_1(q_1 - q_2), \\
Q_2 &= c_1(q_1 - q_2) - c_3\left(\frac{q_2}{i_{24}} - q_4\right)\frac{1}{i_{24}} - c_2(q_2 - q_3), \\
Q_3 &= M_3 + c_2(q_2 - q_3), \\
Q_4 &= M_5 + c_3\left(\frac{q_2}{i_{24}} - q_4\right).
\end{aligned}$$

Die kinetische Energie ist unter Verwendung der kinematischen Zwangsbedingung (5.1)

$$\begin{aligned}
E &= \frac{1}{2}\theta_1\dot{q}_1^2 + \frac{1}{2}\theta_2\dot{q}_2^2 + \frac{1}{2}\theta_3\dot{q}_3^2 + \frac{1}{2}\theta_4\left(\frac{\dot{q}_2}{i_{24}}\right)^2 + \frac{1}{2}\theta_5\dot{q}_4^2, \\
E &= \frac{1}{2}\theta_1\dot{q}_1^2 + \frac{1}{2}\left(\theta_2 + \frac{\theta_4}{i_{24}^2}\right)\dot{q}_2^2 + \frac{1}{2}\theta_3\dot{q}_3^2 + \frac{1}{2}\theta_5\dot{q}_4^2.
\end{aligned}$$

Mit

$$\frac{\partial E}{\partial q_i} = 0, \qquad i = 1, \ldots, 4$$

und

$$\left(\frac{\partial E}{\partial \dot{q}_1}\right)^{\bullet} = \theta_1 \ddot{q}_1, \qquad \left(\frac{\partial E}{\partial \dot{q}_2}\right)^{\bullet} = \left(\theta_2 + \frac{\theta_4}{i_{24}^2}\right)\ddot{q}_2,$$

$$\left(\frac{\partial E}{\partial \dot{q}_3}\right)^{\bullet} = \theta_3 \ddot{q}_3, \qquad \left(\frac{\partial E}{\partial \dot{q}_4}\right)^{\bullet} = \theta_5 \ddot{q}_4$$

sowie mit den generalisierten Kräften erhält man nach Einsetzen in die Gleichungen (5.49) und Substitution der q_i durch die φ_i die bereits auf unterschiedlichen Wegen hergeleiteten Differenzialgleichungen (5.5), (5.21), (5.7) und (5.22).

Für konservative Systeme lassen sich die Gleichungen (5.49) durch Einführen der Lagrange-Funktion

$$L = E - U \tag{5.50}$$

mit der potenziellen Energie U des Systems alternativ folgendermaßen formulieren

$$\left(\frac{\partial L}{\partial \dot{q}_i}\right)^{\bullet} - \frac{\partial L}{\partial q_i} = 0, \qquad i = 1, \ldots, \mathrm{FG}\,. \tag{5.51}$$

Für unseren Beispiel-Antriebsstrang ist die potenzielle Energie unter Berücksichtigung von (5.3)

$$U = \frac{1}{2}c_1(q_1 - q_2)^2 + \frac{1}{2}c_2(q_2 - q_3)^2 + \frac{1}{2}c_3\left(\frac{q_2}{i_{24}} - q_4\right)^2 - M_1 q_1 - M_3 q_3 - M_5 q_4\,,$$

sodass sich die folgenden Ableitungen von L ergeben

$$i = 1: \quad \left(\frac{\partial L}{\partial \dot{q}_1}\right)^{\bullet} = \theta_1 \ddot{\varphi}_1, \qquad \frac{\partial L}{\partial q_1} = -c_1(\varphi_1 - \varphi_2) + M_1\,,$$

$$i = 2: \quad \left(\frac{\partial L}{\partial \dot{q}_2}\right)^{\bullet} = \left(\theta_2 + \frac{\theta_4}{i_{24}^2}\right)\ddot{\varphi}_2,$$

$$\frac{\partial L}{\partial q_2} = c_1(\varphi_1 - \varphi_2) - c_2(\varphi_2 - \varphi_3) - c_3\left(\frac{\varphi_2}{i_{24}} - \varphi_5\right),$$

$$i = 3: \quad \left(\frac{\partial L}{\partial \dot{q}_3}\right)^{\bullet} = \theta_3 \ddot{\varphi}_3, \qquad \frac{\partial L}{\partial q_3} = c_2(\varphi_2 - \varphi_3) + M_3\,,$$

$$i = 4: \quad \left(\frac{\partial L}{\partial \dot{q}_4}\right)^{\bullet} = \theta_5 \ddot{\varphi}_5, \qquad \frac{\partial L}{\partial q_4} = c_3\left(\frac{\varphi_2}{i_{24}} - \varphi_5\right) + M_5$$

und somit aus (5.51) wieder die Differenzialgleichungen (5.5), (5.21), (5.7) und (5.22).

Es soll nicht unerwähnt bleiben, dass die hier nicht betrachteten Lagrange'schen Gleichungen 1. Art anwendbar auf anholonome Systeme sind, ohne weiter darauf einzugehen.

5.1.5 Eigenschaften der Systemmatrizen

Lineare Schwinger mit endlichem Freiheitsgrad führen bei Beschreibung mit Minimalkoordinaten immer auf eine Bewegungsgleichung der allgemeinen Form (5.39). Die Massenmatrix $\boldsymbol{M}$ ist symmetrisch

$$\boldsymbol{M} = \boldsymbol{M}^T \tag{5.52}$$

und positiv definit

$$\boldsymbol{v}^T\boldsymbol{M}\boldsymbol{v} > 0 \quad \forall \boldsymbol{v} \neq \boldsymbol{0} , \tag{5.53}$$

wenn wir voraussetzen, dass zu jedem Freiheitsgrad auch eine Masse gehört. Die positive Definitheit lässt sich leicht über das positive Vorzeichen der kinetischen Energie erklären.

Bei konservativen Systemen ist die Steifigkeitsmatrix ebenfalls symmetrisch

$$\boldsymbol{K} = \boldsymbol{K}^T . \tag{5.54}$$

Um das zu verstehen, betrachten wir ein konservatives System, das durch zwei Kräfte F_1 und F_2 an zwei unterschiedlichen Stellen 1 und 2 belastet wird. Die Kräfte werden nacheinander aufgebracht, und zwar zuerst F_1 und danach F_2. Die Verschiebung des Kraftangriffspunkts 1 durch die Kraft F_1 in Richtung von F_1 sei v_{11}. Bei Aufbringen der Kraft F_2 wird der Angriffspunkt 1 in Richtung von F_1 zusätzlich um v_{12} verschoben, sodass sich die Energie aufgrund der Kraft F_1 bei einem linearen System ergibt zu

$$\frac{1}{2}F_1 v_{11} + F_1 v_{12} .$$

Der Faktor 1/2 ist auf die Linearität des Materialverhaltens zurückzuführen, wodurch F_1 linear mit v_{11} bei der ersten Belastung anwächst. Da sich F_1 aber während der Belastung durch F_2 nicht mehr ändert, da der Endwert vor der zweiten Belastung bereits erreicht wurde, fehlt der Faktor 1/2 beim zweiten Summanden. Der erste Summand wird Eigenarbeit und der zweite Summand Verschiebearbeit genannt. Für die gesamte Deformationsenergie ist noch die Eigenarbeit von F_2 hinzuzuaddieren

$$\frac{1}{2}F_1 v_{11} + F_1 v_{12} + \frac{1}{2}F_2 v_{22} .$$

Die Kraft F_2 leistet keine Verschiebearbeit, da nach Erreichen ihres Endwerts keine weitere Kraft mehr aufgebracht wird. Wir entlasten nun, indem wir mit der Kraft F_1 beginnen. Erst wenn diese vollständig auf den Wert null abgesunken ist, wird in der zweiten Phase die Kraft F_2 zurückgenommen. Während der ersten Entlastungsphase ist die Verschiebung von Kraftangriffspunkt 2 gleich $-v_{21}$ und während der zweiten Phase $-v_{22}$, sodass die Kraft F_2 in der ersten Phase die Verschiebearbeit $-F_2 v_{21}$ und in der zweiten Phase die Eigenarbeit $-1/2(F_{22} v_{22})$ leistet. Die Verschiebung des Kraftangriffspunkts 1 in der ersten Phase beträgt $-v_{11}$, die zu der Eigenarbeit $-1/2(F_1 v_{11})$ führt. Die Kraft F_1 leistet keine Verschiebearbeit, da sie bereits auf null abgesunken ist, bevor die Kraft F_2 abgesenkt wird. Die Differenz der von dem Material durch die Belastung gespeicherten Deformationsenergie und der freiwerdenden Energie durch die Entlastung lautet also

$$\frac{1}{2}F_1v_{11} + F_1v_{12} + \frac{1}{2}F_2v_{22} - \left(\frac{1}{2}F_1v_{11} + F_2v_{21} + \frac{1}{2}F_2v_{22}\right) = 0$$

und muss bei einem konservativen System null sein. Daraus folgt für die Verschiebearbeiten

$$F_1v_{12} - F_2v_{21} = 0\,.$$

Der Einfluss der Kraft F_k auf die Verschiebung an der Stelle i wird in der linearen Elastizitätstheorie durch die Einflusszahl δ_{ik} beschrieben, sodass wir die Verschiebungen durch folgende Beziehungen substituieren können

$$v_{12} = \delta_{12}F_2\,,$$
$$v_{21} = \delta_{21}F_1\,.$$

Daher gilt

$$F_1F_2\delta_{12} - F_2F_1\delta_{21} = 0\,,$$
$$\delta_{12} = \delta_{21}\,.$$

Die Indizes der Einflusszahlen dürfen also vertauscht werden. Da die Einflusszahlen Elemente der Nachgiebigkeitsmatrix $\boldsymbol{\delta}$ sind

$$\boldsymbol{\delta} = \begin{bmatrix} \delta_{11} & \delta_{12} \\ \delta_{21} & \delta_{22} \end{bmatrix}\,,$$

haben wir damit gezeigt, dass die Nachgiebigkeitsmatrix symmetrisch ist

$$\boldsymbol{\delta}^T = \boldsymbol{\delta}\,,$$

was übrigens in Gleichung (4.14a) vorweggenommen wurde allerdings ohne Beweis. Wegen

$$(\boldsymbol{\delta}^T)^{-1} = (\boldsymbol{\delta}^{-1})^T$$

und außerdem (aufgrund der Symmetrie von $\boldsymbol{\delta}$)

$$\boldsymbol{\delta}^{-1} = (\boldsymbol{\delta}^T)^{-1}$$

gilt

$$(\boldsymbol{\delta}^T)^{-1} = ((\boldsymbol{\delta}^T)^{-1})^T$$

und daher (aufgrund der Symmetrie von $\boldsymbol{\delta}$)

$$\boldsymbol{\delta}^{-1} = (\boldsymbol{\delta}^{-1})^T\,.$$

Die Symmetrie einer Matrix überträgt sich also auf ihre Inverse. Nach Gleichung (4.13) ergibt sich die Steifigkeitsmatrix als Inverse der Nachgiebigkeitsmatrix. Damit ist bewiesen, dass die Steifigkeitsmatrix $\boldsymbol{K}$ eines konservativen Systems symmetrisch ist. Wie wir gesehen haben, gilt dies generell, wenn die Steifigkeitsmatrix aus elastischen Struktureigenschaften herrührt (Satz von Maxwell und Betti [45]).

Über die Definitheit der Steifigkeitsmatrix lässt sich keine einfache Aussage treffen. Steifigkeitsmatrizen, die sich aus elastischen Struktureigenschaften ergeben, sind positiv definit. Können Starrkörperbewegungen auftreten, die zu keinen Verformungen führen, ist die Matrix positiv semidefinit, das heißt

$$\boldsymbol{q}^T\boldsymbol{K}\boldsymbol{q} \geq 0 \quad \forall \boldsymbol{q} \neq 0 \,.$$

Es gibt aber auch Fälle, in denen die Matrix weder positiv definit noch positiv semidefinit ist. Ein Beispiel dafür stellen die linearisierten Gleichungen des auf dem Kopf stehenden Doppelpendels mit Torsionsfedern dar. Die Schwerkraft-Anteile der potenziellen Energie haben beim auf dem Kopf stehenden Pendel negative Vorzeichen und können bei entsprechender Parameterwahl die positiven Federenergie-Anteile dominieren.

Bei einem System aus Massenpunkten ist die Massenmatrix diagonal. Die Steifigkeitsmatrix hat bei einigen technisch interessanten Anwendungen eine sogenannte Bandstruktur, zum Beispiel bei einer an diskreten Stellen mit Masse besetzten Welle, deren Biege- oder Torsionsschwingungen betrachtet werden.

5.2 Freie ungedämpfte Schwingungen

Die freien ungedämpften Schwingungen eines linearen Schwingers mit endlichem Freiheitsgrad werden bei Wahl von Minimalkoordinaten $\boldsymbol{q}$ durch das Differenzialgleichungssystem (5.23) mit $\boldsymbol{Q} = \boldsymbol{0}$ beschrieben:

$$\boldsymbol{M}\ddot{\boldsymbol{q}} + \boldsymbol{K}\boldsymbol{q} = \boldsymbol{0} \,. \tag{5.55}$$

Für die in Abb. 5.13 dargestellte Längsschwingerkette mit zwei Massenpunkten lassen sich mögliche Eigenschwingungen erraten, ohne das Differenzialgleichungssystem mathematisch lösen zu müssen. Man kann nämlich folgende Überlegungen anstellen, die physikalischer Natur sind.

Wenn beide Massenpunkte gleichphasig synchron mit gleicher Amplitude hin- und herschwingen, bleibt die mittlere Feder zu allen Zeitpunkten unverformt

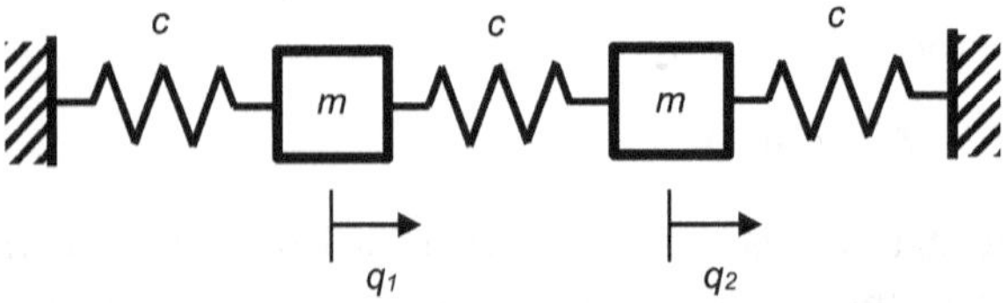

Abb. 5.13: Längsschwingerkette mit zwei Massenpunkten.

(Abb. 5.14). In diesem Fall kann man sie sich auch wegdenken. Es bleiben zwei Einmassenschwinger übrig, die unabhängig voneinander mit der gleichen Eigenfrequenz schwingen können

$$\omega_1^2 = \frac{c}{m} .$$

Die Tatsache, dass beide Einmassenschwinger die gleiche Eigenfrequenz besitzen, ist Voraussetzung dafür, dass beide Massenpunkte überhaupt synchron schwingen können. Da unsere Überlegungen zu keinem Widerspruch geführt haben und plausibel sind, stellt das synchrone, gleichphasige Hin- und Herschwingen der beiden Massenpunkte mit gleicher Amplitude und Kreisfrequenz ω_1 offensichtlich eine Eigenschwingung dar. Es handelt sich um die erste Eigenschwingungsform (Eigenmode).

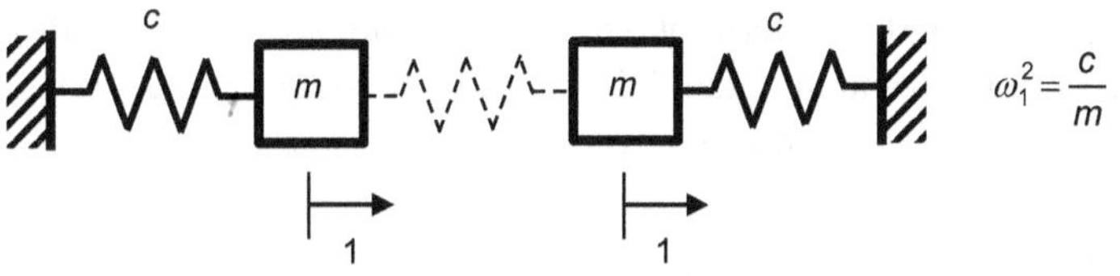

Abb. 5.14: Erster Eigenmode der Längsschwingerkette mit zwei Massenpunkten.

Auf eine zweite mögliche Eigenschwingungsform stößt man, wenn man die Symmetrie des Systems bezüglich seines Mittelpunktes zur Kenntnis nimmt. Dann liegt es nahe, sich eine symmetrische Bewegung vorzustellen, bei der der Mittelpunkt stillsteht (Schwingungsknoten) und beide Massenpunkte gegenphasig mit gleicher Amplitude hin- und herschwingen. Die Frequenz der Schwingung ist nun leicht zu ermitteln, indem man die mittlere Feder in der Mitte halbiert, wodurch sie in zwei kurze Federn mit doppelter Steifigkeit $2c$ zerfällt. Um den Schwingungsknoten in der Mitte zu erzwingen, stellt man sich die bei dem Schnitt durch die Feder entstandenen Enden fest eingespannt vor. Damit ist das System wieder in zwei Einmassenschwinger zerfallen (Abb. 5.15). Bei beiden Einmassenschwingern sind jetzt jeweils eine Feder der Steifigkeit c und eine Feder der Steifigkeit $2c$ parallelgeschaltet. Die Gesamtfedersteifigkeit beträgt also $3c$, und damit ergibt sich die Eigenfrequenz der beiden Einmassenschwinger

$$\omega_2^2 = 3\frac{c}{m} .$$

Da aufgrund der angenommenen gegenphasigen Schwingungen der Massenpunkte mit gleicher Amplitude die Kräfte der kurzen Federn auf ihre Einspannungen entgegengesetzt gerichtet gleich groß sind, ist die resultierende Wirkung auf die gedachten Einspannungen null. Eine derartige Schwingung ist also auch bei dem Originalsystem ohne die gedachten zusätzlichen Einspannungen möglich und stellt daher die zweite Eigenschwingungsform dar.

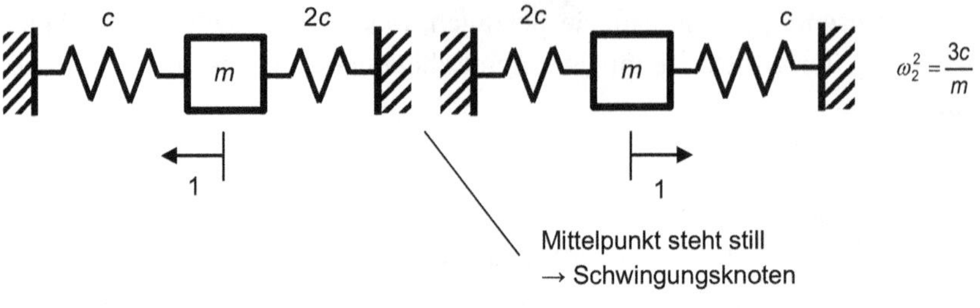

Abb. 5.15: Zweiter Eigenmode der Längsschwingerkette mit zwei Massenpunkten.

Bei komplexeren Systemen als dem hier gewählten Beispiel lassen sich die Eigenfrequenzen und Eigenmoden in der Regel nicht mehr auf eine derart intuitive Weise finden. Dann muss ein sogenanntes Eigenwertproblem auf mathematischem Wege gelöst werden. Dies wollen wir im Folgenden anhand der in Abb. 5.16 dargestellten Längsschwingerkette mit drei Massenpunkten erläutern.

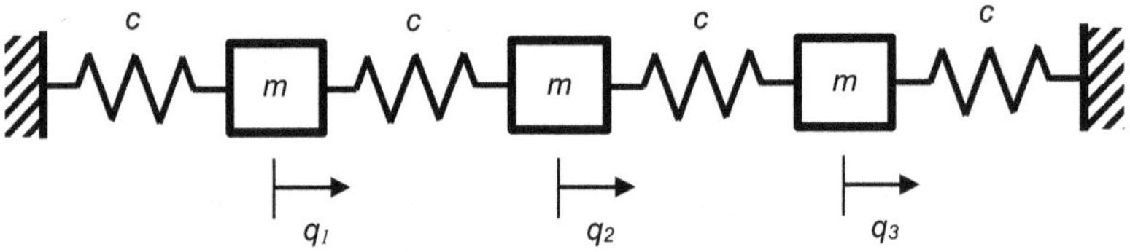

Abb. 5.16: Längsschwingerkette mit drei Massenpunkten.

Für dieses Beispiel sind die Minimalkoordinaten

$$\boldsymbol{q} = \begin{bmatrix} q_1 & q_2 & q_3 \end{bmatrix}^T$$

und die Massen- und Steifigkeitsmatrix

$$\boldsymbol{M} = \begin{bmatrix} m & 0 & 0 \\ 0 & m & 0 \\ 0 & 0 & m \end{bmatrix}, \quad \boldsymbol{K} = \begin{bmatrix} 2c & -c & 0 \\ -c & 2c & -c \\ 0 & -c & 2c \end{bmatrix}.$$

5.2.1 Eigenwertproblem

Einsetzen des Lösungsansatzes

$$\boldsymbol{q} = \hat{\boldsymbol{q}} e^{i\omega t} \qquad \text{oder} \qquad \boldsymbol{q} = \hat{\boldsymbol{q}} \cos(\omega t) \qquad \text{oder} \qquad \boldsymbol{q} = \hat{\boldsymbol{q}} \sin(\omega t)$$

in das homogene Differenzialgleichungssystem liefert das Eigenwertproblem

$$(\boldsymbol{K} - \omega^2 \boldsymbol{M})\hat{\boldsymbol{q}} = \boldsymbol{0}\,. \tag{5.56}$$

Lösung sind die Eigenkreisfrequenzen ω_j (Eigenwerte), mit denen das System schwingen kann, und ihre zugehörigen rein reellen Eigenvektoren

$$\hat{\boldsymbol{q}}_j, \quad j = 1, 2, \ldots, n\,.$$

Der j-te Eigenvektor beschreibt die Form der j-ten Eigenschwingung. Man spricht daher auch von Eigenform oder Eigenmode. Bei einer bestimmten Eigenschwingung j schwingen alle Punkte des Systems mit der gleichen Eigenkreisfrequenz ω_j. Die Elemente des zugehörigen j-ten Eigenvektors geben an, in welchem Verhältnis die Auslenkungen der unterschiedlichen Massenpunkte zueinanderstehen. Ist das Verhältnis der Elemente für zwei Punkte positiv, so bedeutet dies, dass die Punkte gleichphasig schwingen (Phasendifferenz 0°). Bei negativem Verhältnis schwingen die betreffenden Punkte gegenphasig (Phasendifferenz 180°). Andere Phasendifferenzen als 0° und 180° sind beim ungedämpften System nicht möglich. Der Betrag des Verhältnisses ist gleich dem Amplitudenverhältnis.

Wenn das System keine Bewegung ausführen kann, ohne dass Deformationen entstehen, also keine sogenannte Starrkörperbewegung möglich ist ($\boldsymbol{K}$ ist positiv definit), dann gibt es keinen Eigenwert 0 und die Anzahl n der unterschiedlichen Eigenschwingungen ist gleich dem Systemfreiheitsgrad. Die Eigenvektoren sind linear unabhängig angebbar.

5.2.2 Bestimmung der Eigenkreisfrequenzen

Das Gleichungssystem (5.56) hat nur nicht-triviale Lösungen, wenn die Koeffizientendeterminante verschwindet:

$$\det(\boldsymbol{K} - \omega^2 \boldsymbol{M}) = 0\,. \tag{5.57}$$

Bedingung (5.57) stellt die charakteristische Gleichung zur Bestimmung der Eigenkreisfrequenzen ω_j dar. Die Eigenkreisfrequenzen werden üblicherweise der Größe nach geordnet, wobei ω_1 den kleinsten Wert hat.

Für unser Beispiel der Längsschwingerkette ergibt sich

$$\begin{aligned}
\det(\boldsymbol{K} - \omega^2 \boldsymbol{M}) &= \begin{vmatrix} (2c - \omega^2 m) & -c & 0 \\ -c & (2c - \omega^2 m) & -c \\ 0 & -c & (2c - \omega^2 m) \end{vmatrix} \\
&= (2c - \omega^2 m)[(2c - \omega^2 m)^2 - c^2] + c[-c(2c - \omega^2 m)] \\
\Rightarrow \qquad & (2c - m\omega^2)^3 - 2c^2(2c - m\omega^2) = 0 \\
& 2c - m\omega^2 = 0 \quad \vee \quad (2c - m\omega^2)^2 = 2c^2 \\
& 2c - m\omega^2 = 0 \quad \vee \quad 2c - m\omega^2 = \pm\sqrt{2}c \\
& \omega_1^2 = (2 - \sqrt{2})\frac{c}{m}, \quad \omega_2^2 = 2\frac{c}{m}, \quad \omega_3^2 = (2 + \sqrt{2})\frac{c}{m}\,.
\end{aligned}$$

5.2.3 Bestimmung der Eigenformen

Das Einsetzen der Eigenkreisfrequenz ω_j in (5.56) liefert ein lineares Gleichungssystem zur Bestimmung des j-ten Eigenvektors. Da die Gleichungen nicht linear unabhängig sind, kann der Eigenvektor nur bis auf einen konstanten Faktor bestimmt werden. Die Eigenvektoren werden üblicherweise normiert.

Für unser Beispiel der Längsschwingerkette ergeben sich die folgenden Eigenformen.

1. Eigenform: Eigenkreisfrequenz $\omega_1^2 = (2 - \sqrt{2})\frac{c}{m}$,

Periodendauer $T_1 = \frac{2\pi}{\omega_1}$,

$$\text{Gleichungssystem} \begin{bmatrix} \sqrt{2}c & -c & 0 \\ -c & \sqrt{2}c & -c \\ 0 & -c & \sqrt{2}c \end{bmatrix} \hat{\boldsymbol{q}}_1 = \boldsymbol{0},$$

$$\text{Eigenvektor } \hat{\boldsymbol{q}}_1 = \frac{1}{\sqrt{2}} \begin{bmatrix} \frac{1}{\sqrt{2}} \\ 1 \\ \frac{1}{\sqrt{2}} \end{bmatrix},$$

2. Eigenform: Eigenkreisfrequenz $\omega_2^2 = \frac{2c}{m}$,

Periodendauer $T_2 = \frac{2\pi}{\omega_2}$,

$$\text{Gleichungssystem} \begin{bmatrix} 0 & -c & 0 \\ -c & 0 & -c \\ 0 & -c & 0 \end{bmatrix} \hat{\boldsymbol{q}}_2 = \boldsymbol{0},$$

$$\text{Eigenvektor } \hat{\boldsymbol{q}}_2 = \frac{1}{\sqrt{2}} \begin{bmatrix} 1 \\ 0 \\ -1 \end{bmatrix},$$

3. Eigenform: Eigenkreisfrequenz $\omega_3^2 = (2 + \sqrt{2})\frac{c}{m}$,

Periodendauer $T_3 = \frac{2\pi}{\omega_3}$,

$$\text{Gleichungssystem} \begin{bmatrix} -\sqrt{2}c & -c & 0 \\ -c & -\sqrt{2}c & -c \\ 0 & -c & -\sqrt{2}c \end{bmatrix} \hat{\boldsymbol{q}}_3 = \boldsymbol{0},$$

$$\text{Eigenvektor } \hat{\boldsymbol{q}}_3 = \frac{1}{\sqrt{2}} \begin{bmatrix} \frac{1}{\sqrt{2}} \\ -1 \\ \frac{1}{\sqrt{2}} \end{bmatrix}.$$

Aus den grafischen Darstellungen der Eigenformen in den Abb. 5.17, 5.18 und 5.19 gehen die Punkte hervor, die keine Auslenkung erfahren, die sogenannten Schwin-

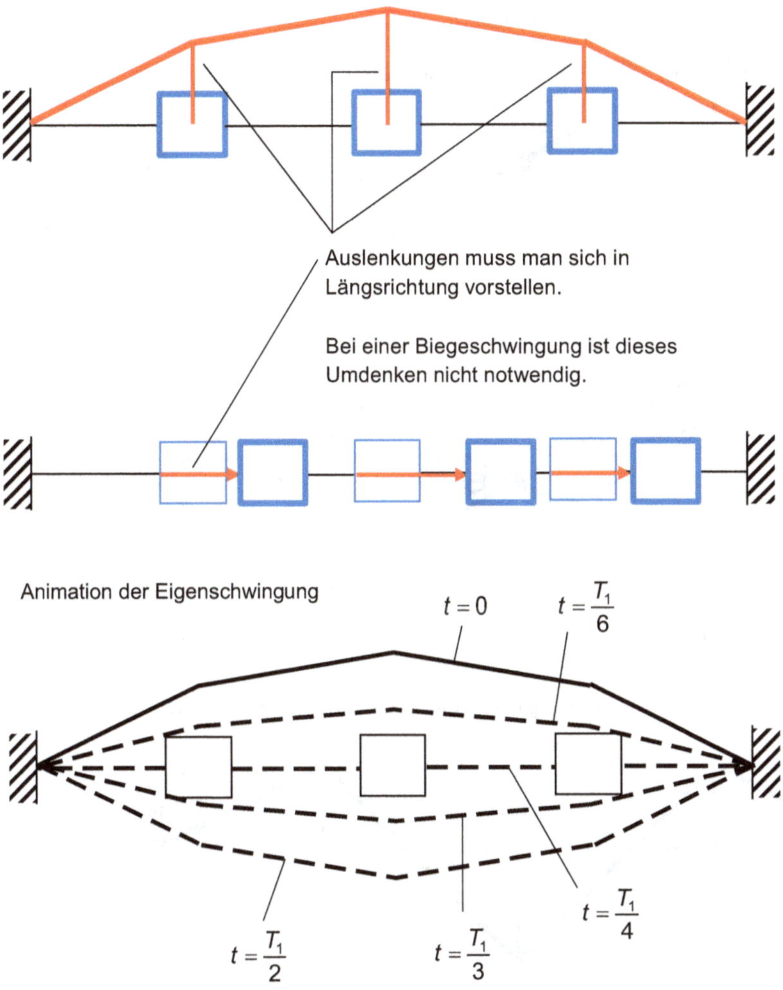
Auslenkungen muss man sich in Längsrichtung vorstellen.
Bei einer Biegeschwingung ist dieses Umdenken nicht notwendig.
Animation der Eigenschwingung
t = 0
t = T1/6
t = T1/2
t = T1/3
t = T1/4

Abb. 5.17: Grafische Darstellung der 1. Eigenform der Längsschwingerkette mit drei Massenpunkten.

gungsknoten. Zwischen zwei Schwingungsknoten liegt jeweils ein Schwingungsbauch mit maximaler Auslenkung. Je höher die Eigenform, desto mehr Schwingungsknoten gibt es.

Dies erkennt man auch gut an dem folgenden Beispiel einer Torsionsschwingerkette mit fünf Schwungrädern (Massenträgheitsmoment jeweils θ) und fünf Torsionsfedern (Federsteifigkeit jeweils c). Von einer Eigenform zur nächsthöheren kommt genau ein Schwingungsknoten/-bauch hinzu (Abb. 5.20).

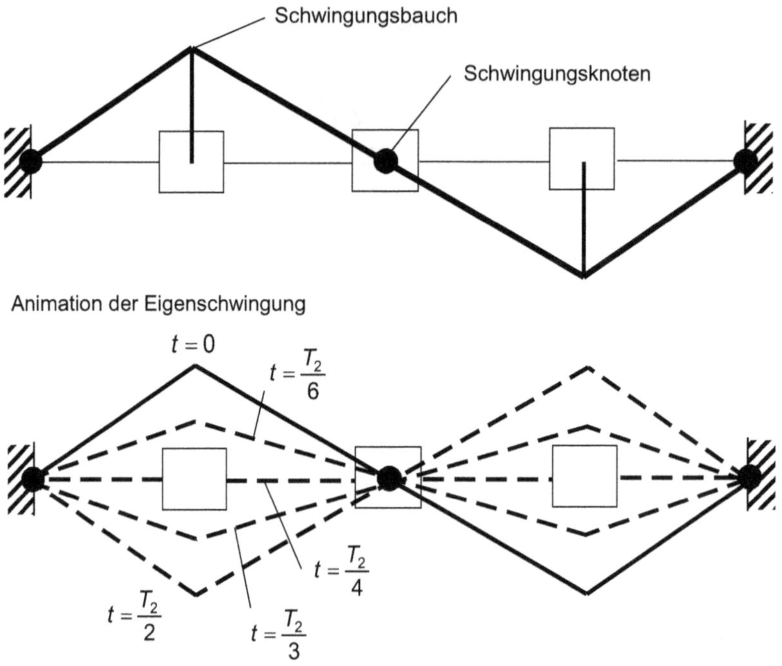

Abb. 5.18: Grafische Darstellung der 2. Eigenform der Längsschwingerkette mit drei Massenpunkten.

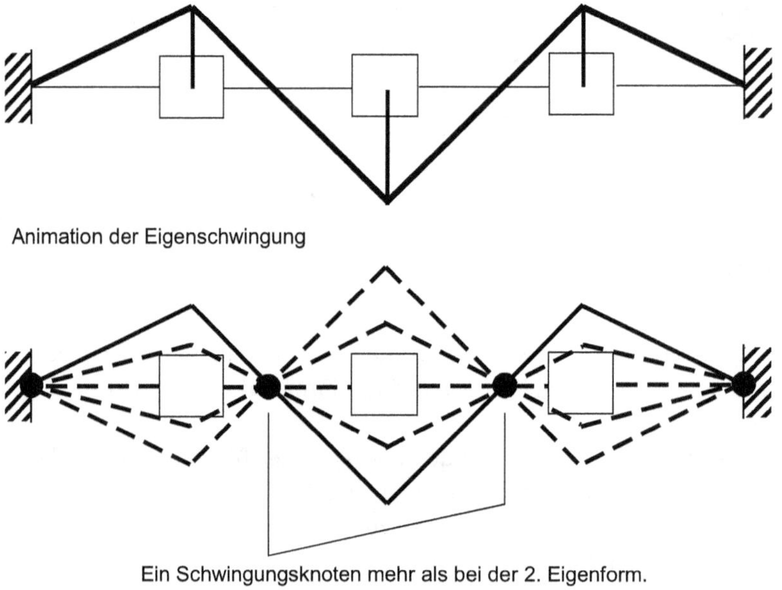

Abb. 5.19: Grafische Darstellung der 3. Eigenform der Längsschwingerkette mit drei Massenpunkten.

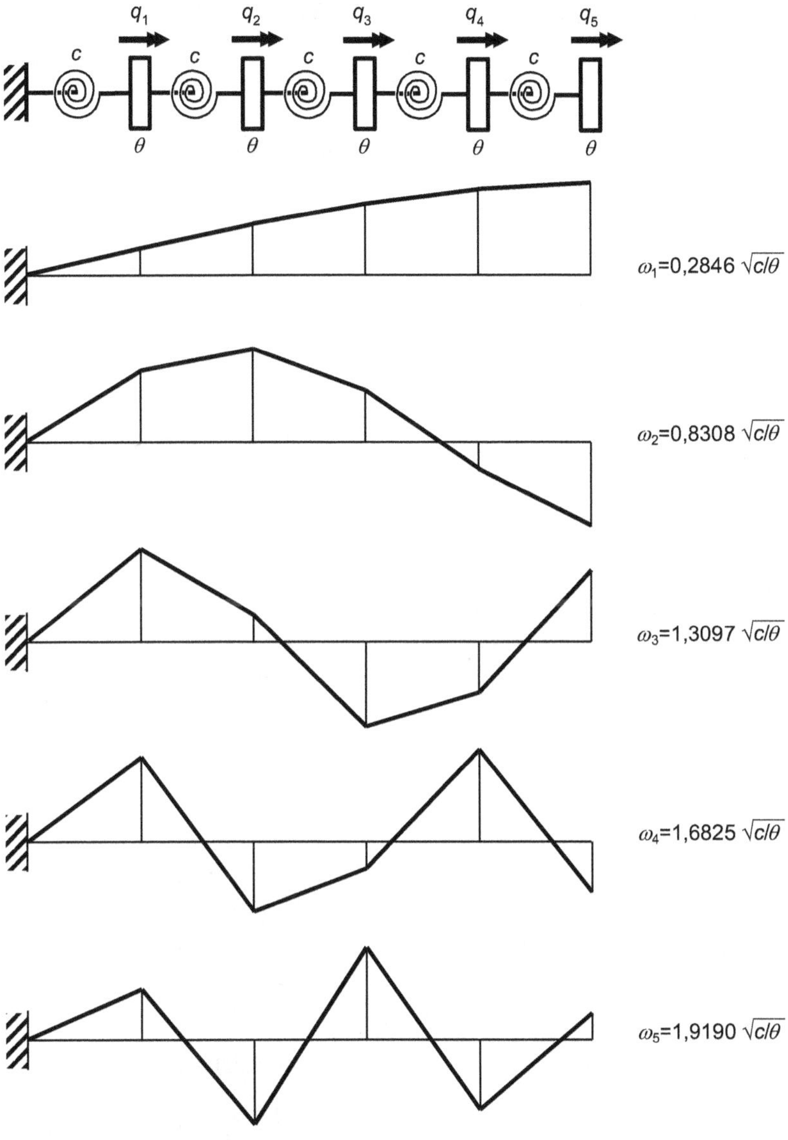

Abb. 5.20: Eigenformen einer Torsionsschwingerkette mit fünf Schwungrädern.

5.2.4 Eigenwertproblem für das Differenzialgleichungssystem 1. Ordnung

Es gibt einige Programme zur numerischen Lösung des Eigenwertproblems. Das kommerzielle Programmsystem MatLab bietet zum Beispiel auch einen entsprechenden Algorithmus an, der allerdings die Formulierung der Bewegungsgleichung als Differenzialgleichungssystem 1. Ordnung verlangt. Die homogene Differenzialgleichung ergibt sich aus Gleichung (5.28) für $\boldsymbol{b} = \boldsymbol{0}$

$$\dot{\boldsymbol{z}} = \boldsymbol{A}\boldsymbol{z}$$

bzw.

$$\dot{\boldsymbol{z}} - \boldsymbol{A}\boldsymbol{z} = \boldsymbol{0}$$

mit der Systemmatrix $\boldsymbol{A}$ nach (5.29) und dem Zustandsvektor $\boldsymbol{z}$ nach (5.27), (5.25). Der Lösungsansatz

$$\boldsymbol{z} = \hat{\boldsymbol{z}} e^{\lambda t}$$

führt auf das zugehörige Eigenwertproblem

$$(\boldsymbol{A} - \lambda \boldsymbol{1})\hat{\boldsymbol{z}} = \boldsymbol{0} \,. \tag{5.58}$$

Die Eigenwerte sind beim ungedämpften System rein imaginär

$$\lambda_{2j-1} = i\omega_j, \qquad \lambda_{2j} = -i\omega_j, \qquad j = 1, \ldots, \mathrm{FG} \tag{5.59}$$

mit dem Freiheitsgrad FG des Systems.

Da für den gewählten Lösungsansatz die Beziehung

$$\dot{\boldsymbol{z}} = \lambda \boldsymbol{z}$$

gilt und wegen Gleichung (5.27) somit auch

$$\dot{\boldsymbol{q}} = \lambda \boldsymbol{q}$$

ergeben sich die Eigenvektoren den Gleichungen (5.25) und (5.27) gemäß zu

$$\hat{\boldsymbol{z}}_{2j-1} = \begin{bmatrix} \hat{\boldsymbol{q}}_j \\ i\omega_j \hat{\boldsymbol{q}}_j \end{bmatrix}, \qquad \hat{\boldsymbol{z}}_{2j} = \begin{bmatrix} \hat{\boldsymbol{q}}_j \\ -i\omega_j \hat{\boldsymbol{q}}_j \end{bmatrix} = \hat{\boldsymbol{z}}^{\star}_{2j-1}, \qquad j = 1, \ldots, \mathrm{FG} \tag{5.60}$$

mit den Eigenformen

$$\hat{\boldsymbol{q}}_j, \quad j = 1, \ldots, \mathrm{FG}$$

und den zugehörigen Eigenkreisfrequenzen ω_j. Der Stern $\star$ markiert die konjugierte Komplexe. Die obere Hälfte des Eigenvektors $\hat{\boldsymbol{z}}$ bildet also eine Eigenform $\hat{\boldsymbol{q}}$. Auf diese Weise können die Eigenformen aus den Vektoren des Differenzialgleichungssystems 1. Ordnung ermittelt werden.

5.2.5 Starrkörper-Moden bei Auftreten des Eigenwerts 0

Für das in Abb. 5.21 dargestellte Torsionsschwinger-Beispiel mit den Verdrehwinkeln $\boldsymbol{q}^T = [q_1, q_2]$ der Schwungräder als Minimalkoordinaten lauten Massen- und Steifigkeitsmatrix

$$\boldsymbol{M} = \begin{bmatrix} \theta & 0 \\ 0 & \theta \end{bmatrix}, \qquad \boldsymbol{K} = \begin{bmatrix} c & -c \\ -c & c \end{bmatrix}.$$

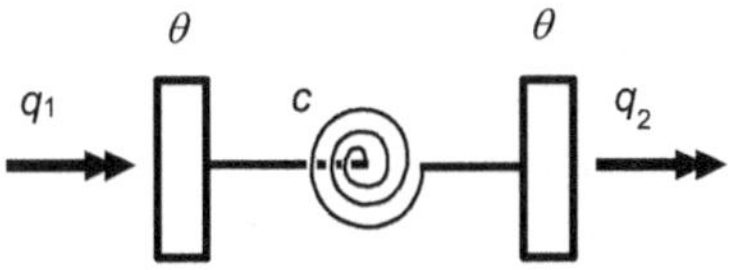

Abb. 5.21: Torsionsschwinger mit Starrkörper-Mode.

Die charakteristische Gleichung ergibt sich zu

$$\begin{vmatrix} (c - \omega^2\theta) & -c \\ -c & (c - \omega^2\theta) \end{vmatrix} = (c - \omega^2\theta)^2 - c^2 = 0$$

$$\Rightarrow c - \omega^2\theta = \pm c$$

mit den Lösungen

$$\omega_1^2 = 0, \quad \omega_2^2 = \frac{2c}{\theta}.$$

Der Eigenkreisfrequenz $\omega_1 = 0$ entspricht ein doppelter Eigenwert $\lambda_{1,2} = 0$. Für die zugehörige Eigenform erhält man

$$\begin{bmatrix} c & -c \\ -c & c \end{bmatrix} \hat{\boldsymbol{q}}_1 = \boldsymbol{0} \quad \Rightarrow \quad \hat{\boldsymbol{q}}_1 = \frac{1}{\sqrt{2}} \begin{bmatrix} 1 \\ 1 \end{bmatrix}.$$

Da sich bei dieser Eigenform beide Schwungräder um den gleichen Winkel verdrehen, erfährt die Feder keine Deformation. Die Eigenbewegung ist eine Rotation des Systems mit konstanter Drehzahl ohne Verformung der Feder. Man spricht daher von einer Starrkörperbewegung oder einem Starrkörper-Mode.

Starrkörper-Moden können immer dann auftreten, wenn die Steifigkeitsmatrix nicht positiv definit, sondern zum Beispiel nur positiv semidefinit ist. In unserem einfachen Beispiel gibt es genau einen Starrkörper-Mode. Im Allgemeinen kann es auch mehrere, unterschiedliche Starrkörper-Moden geben. Bei m Starrkörper-Moden ist der Eigenwert $\lambda = 0$ ein $(2 \cdot m)$-facher Eigenwert.

5.3 Differenzialgeometrische Deutung ungedämpfter Eigenschwingungen

Dieser Abschnitt hat zum Ziel, dem Leser ein vertieftes Verständnis der Existenz von Eigenschwingungen zu vermitteln. Dazu stellen wir differenzialgeometrische Betrachtungen an. Die mathematischen Grundlagen zu quadratischen Formen, auf die wir hier aufbauen, sind im Anhang zusammengestellt.

Die Bewegung eines ungedämpften linearen diskreten Schwingungssystems mit Freiheitsgrad zwei und mit positiv definiter, symmetrischer Massenmatrix $\boldsymbol{M}$ sowie positiv definiter, symmetrischer Steifigkeitsmatrix $\boldsymbol{K}$ werde mithilfe der verallgemeinerten Koordinaten

$$\boldsymbol{q} = \begin{bmatrix} q_1 \\ q_2 \end{bmatrix}$$

beschrieben. Harmonische Schwingungen liegen vor, wenn

$$\boldsymbol{q} = \hat{\boldsymbol{q}} e^{i\omega t} \qquad \text{bzw.} \qquad \boldsymbol{q} = \hat{\boldsymbol{q}} \cos(\omega t + \varphi)$$

mit dem „Amplituden“-Vektor

$$\hat{\boldsymbol{q}} = \begin{bmatrix} \hat{q}_1 \\ \hat{q}_2 \end{bmatrix}$$

und der Schwingungskreisfrequenz ω (Eigenkreisfrequenz). Für reelle $\hat{q}_1$, $\hat{q}_2$ schwingen zwei Elemente des Systems entweder gleichphasig, wenn $\hat{q}_1$, $\hat{q}_2$ gleiches Vorzeichen haben, oder gegenphasig bei unterschiedlichem Vorzeichen. Die Schwingung kann als stehende Welle aufgefasst werden, deren Form durch den „Amplituden“-Vektor beschrieben wird. Man spricht daher von Eigenform oder Eigenvektor.

Die Bewegungsdifferenzialgleichung (5.23) drückt das dynamische Gleichgewicht der Feder-, Trägheits- und äußeren eingeprägten Kräfte aus. Bewegungsdifferenzialgleichung (5.55) stellt das entsprechende dynamische Kräftegleichgewicht für freie Schwingungen dar. Das Einsetzen des Ansatzes für $\boldsymbol{q}$ in Gleichung (5.55) liefert das Eigenwertproblem (5.56), das offensichtlich die spezielle Form des dynamischen Kräftegleichgewichts für Eigenschwingungen ist. Diese Form ist mathematisch gleichbedeutend damit, dass der Gradient der folgenden quadratischen Funktion verschwindet

$$f_\omega(\hat{\boldsymbol{q}}) = U_{\max}(\hat{\boldsymbol{q}}) - E_{\max}(\omega^2, \hat{\boldsymbol{q}})\Big|_{\omega=\text{konst.}}$$

mit

$$U_{\max}(\hat{\boldsymbol{q}}) = \frac{1}{2}\hat{\boldsymbol{q}}^T \boldsymbol{K} \hat{\boldsymbol{q}} \tag{5.61}$$

und

$$E_{\max}(\omega^2, \hat{\boldsymbol{q}}) = \omega^2 \frac{1}{2}\hat{\boldsymbol{q}}^T \boldsymbol{M} \hat{\boldsymbol{q}}\,, \tag{5.62}$$

also

$$\nabla f_\omega = \boldsymbol{0}\,,$$

wobei

$$\nabla f_\omega \mathrel{\hat{=}} \frac{\partial f_\omega}{\partial \hat{\boldsymbol{q}}} = \begin{bmatrix} \frac{\partial f_\omega}{\partial \hat{q}_1} & \frac{\partial f_\omega}{\partial \hat{q}_2} \end{bmatrix}.$$

Die potenzielle Energie U

$$U = \frac{1}{2}\boldsymbol{q}^T \boldsymbol{K} \boldsymbol{q}$$

ergibt sich für die Schwingung

$$\boldsymbol{q} = \hat{\boldsymbol{q}} \cos \omega t$$

zu

$$U = \frac{1}{2} \hat{\boldsymbol{q}}^T \boldsymbol{K} \hat{\boldsymbol{q}} \cos^2(\omega t) = \frac{1}{4} \hat{\boldsymbol{q}}^T \boldsymbol{K} \hat{\boldsymbol{q}} (1 + \cos(2\omega t)) ,$$

also

$$U = \hat{U}(1 + \cos(2\omega t))$$

mit der Amplitude $\hat{U}$ der potenziellen Energie

$$\hat{U} = \frac{1}{4} \hat{\boldsymbol{q}}^T \boldsymbol{K} \hat{\boldsymbol{q}} .$$

Offensichtlich ist $U_{\max}$ der Maximalwert der potenziellen Energie und ist gleich dem Doppelten der Amplitude $\hat{U}$

$$U_{\max} = 2\hat{U} .$$

Analog ergibt sich für die kinetische Energie E bei der Schwingung

$$E = \frac{1}{2} \dot{\boldsymbol{q}}^T \boldsymbol{M} \dot{\boldsymbol{q}} \quad \text{mit} \quad \dot{\boldsymbol{q}} = -\omega \hat{\boldsymbol{q}} \sin \omega t$$

$$\Rightarrow E = \omega^2 \frac{1}{2} \hat{\boldsymbol{q}}^T \boldsymbol{M} \hat{\boldsymbol{q}} \sin^2(\omega t) = \omega^2 \frac{1}{4} \hat{\boldsymbol{q}}^T \boldsymbol{M} \hat{\boldsymbol{q}} (1 - \cos(2\omega t))$$

$$\Rightarrow E = \hat{E}(1 - \cos(2\omega t))$$

mit der Amplitude $\hat{E}$ der kinetischen Energie

$$\hat{E} = \omega^2 \frac{1}{4} \hat{\boldsymbol{q}}^T \boldsymbol{M} \hat{\boldsymbol{q}} .$$

Wir erhalten also $E_{\max}$ als Maximalwert der kinetischen Energie

$$E_{\max} = 2\hat{E} .$$

Daher ist die Funktion f_ω, deren Gradient bei einer Eigenkreisfrequenz ω an der Stelle des zugehörigen Eigenvektors verschwinden muss, offensichtlich die Differenz der Maximalwerte der potenziellen und kinetischen Energie der Eigenschwingung.

Wir wollen nun die grafischen Darstellungen der Funktion

$$z = f_\omega(\hat{\boldsymbol{q}})$$

für unterschiedliche Werte von ω im Anschauungsraum $\hat{q}_1, \hat{q}_2, z$ betrachten (Abb. 5.22). Entsprechendes Wissen zu quadratischen Formen wird hier vorausgesetzt. Daher empfehlen wir gegebenenfalls das Studium des Anhangs zu diesem Thema. Die dort verwendeten allgemeinen Bezeichnungen $\boldsymbol{x}$, λ, f_1, f_2, $\boldsymbol{A}$, $\boldsymbol{B}$, f_λ sind hier durch die sich auf das Schwingungssystem beziehenden Größen $\hat{\boldsymbol{q}}$, ω^2, U_{max}, E_{max}/ω^2, $\boldsymbol{K}$, $\boldsymbol{M}$, f_ω zu ersetzen.

Da die Matrix $\boldsymbol{K}$ positiv definit ist, handelt sich bei der Fläche $z = U_{\text{max}}(\hat{\boldsymbol{q}})$ im Anschauungsraum $\hat{q}_1$, $\hat{q}_2$, z um ein in $+z$-Richtung gekrümmtes elliptisches Paraboloid, dessen beide Hauptkrümmungen κ_1, κ_2 größer null sind. Die Fläche $z = E_{\text{max}}(\omega^2, \hat{\boldsymbol{q}})$ ist aufgrund der positiven Definitheit von $\boldsymbol{M}$ ebenfalls ein in $+z$-Richtung gekrümmtes elliptisches Paraboloid, allerdings nur für $\omega \neq 0$. Bei $\omega = 0$ degeneriert das Paraboloid zu der Ebene $z = 0$.

Aus der Differenz dieser beiden Flächen ergibt sich die Fläche $z = f_\omega(\hat{\boldsymbol{q}})$. Für $\omega = 0$ stimmt die Differenzfläche mit $z = U_{\text{max}}(\hat{\boldsymbol{q}})$ überein und ist daher ein in $+z$-Richtung gekrümmtes elliptisches Paraboloid. Diese Form der Differenzfläche bleibt bei kontinuierlich wachsendem ω zunächst qualitativ erhalten. Bei dem Schwellwert $\omega = \omega_1$ ist jedoch nur noch eine Hauptkrümmung (κ_1) der Differenzfläche größer null, während die andere Hauptkrümmung (κ_2) exakt gleich null ist. Es handelt sich dann um einen parabolischen Zylinder. Bei weiter anwachsendem ω wird aus der Hauptkrümmung 0 eine negative Hauptkrümmung, sodass eine Hauptkrümmung ein positives Vorzeichen hat (κ_1) und die andere Hauptkrümmung negatives Vorzeichen (κ_2). Die Differenzfläche ist also ein hyperbolisches Paraboloid (Sattelfläche). Steigt ω weiter bis zu dem Schwellwert $\omega = \omega_2$, so verringert sich der Zahlenwert der positiven Hauptkrümmung, bis er schließlich null ist. Dann liegt wieder ein parabolischer Zylinder vor, allerdings einer, bei dem die Hauptkrümmung ungleich null (κ_2) negatives Vorzeichen besitzt. Wächst ω über ω_2 hinaus, so sind beide Hauptkrümmungen negativ. Die Differenzfläche ist nun also ein in $-z$-Richtung gekrümmtes elliptisches Paraboloid.

Man erkennt, dass es nur bei den parabolischen Zylindern Punkte $\hat{\boldsymbol{q}} \neq \boldsymbol{0}$ gibt, in denen der Gradient null ist. All diese Punkte bilden die jeweiligen Zylinderachsen der parabolischen Zylinder. Offensichtlich gibt es also zwei Eigenkreisfrequenzen ω_1, ω_2 mit zugehörigen Eigenvektoren $\hat{\boldsymbol{q}}_1$, $\hat{\boldsymbol{q}}_2$, die in Richtung der jeweiligen Zylinderachse zeigen. Die Höhenlinien der parabolischen Zylinder sind Geraden in Richtung des jeweiligen Eigenvektors (Abb. 5.24).

Es sei darauf hingewiesen, dass auf den Zylinderachsen nicht nur der Gradient null ist

$$\nabla f_{\omega_i}(\hat{\boldsymbol{q}})\big|_{\hat{\boldsymbol{q}}=\hat{\boldsymbol{q}}_i} = \left(\nabla\left[U_{\text{max}}(\hat{\boldsymbol{q}}) - E_{\text{max}}(\omega^2, \hat{\boldsymbol{q}})\right]\right)\Big|_{\omega^2=\omega_i^2,\hat{\boldsymbol{q}}=\hat{\boldsymbol{q}}_i} = \boldsymbol{0}, \quad i = 1, 2\,, \tag{5.63}$$

sondern offenbar auch die Funktion selbst

$$f_{\omega_i}(\hat{\boldsymbol{q}})\big|_{\hat{\boldsymbol{q}}=\hat{\boldsymbol{q}}_i} = \left[U_{\text{max}}(\hat{\boldsymbol{q}}) - E_{\text{max}}(\omega^2, \hat{\boldsymbol{q}})\right]\Big|_{\omega^2=\omega_i^2,\hat{\boldsymbol{q}}=\hat{\boldsymbol{q}}_i} = 0, \quad i = 1, 2\,.$$

Das bedeutet, dass bei den Eigenschwingungen die Maximalwerte der potenziellen und kinetischen Energien gleich groß sind

$$U_{\text{max}}(\hat{\boldsymbol{q}})\big|_{\hat{\boldsymbol{q}}=\hat{\boldsymbol{q}}_i} = E_{\text{max}}(\omega^2, \hat{\boldsymbol{q}})\Big|_{\omega^2=\omega_i^2,\hat{\boldsymbol{q}}=\hat{\boldsymbol{q}}_i}, \quad i = 1, 2\,. \tag{5.64}$$

Dies ist eine notwendige Voraussetzung für die sich während der Eigenschwingung periodisch wiederholende, vollständige Umwandlung der kinetischen Energie in potenzielle Energie und umgekehrt bei konstanter Gesamtenergie.

Gleichung (5.64) folgt zwar aus allen Gleichungen (A.6, A.8–A.11) des Anhangs, ist aber nicht äquivalent zu ihnen. Die Gleichungen (A.6, A.8–A.11) fordern mehr als (5.64). Sie fordern, dass ein dynamisches Kräftegleichgewicht besteht und damit der Gradient

$$\frac{\partial f_\omega}{\partial \hat{\boldsymbol{q}}} = \frac{\partial (U_{\max} - E_{\max})}{\partial \hat{\boldsymbol{q}}} = 2\frac{\partial (\hat{U} - \hat{E})}{\partial \hat{\boldsymbol{q}}}$$

Gleichung (5.63) gemäß null ist. Gleichung (5.64) alleine wäre auch erfüllt, wenn $z = f_\omega(\hat{\boldsymbol{q}})$ ein hyperbolisches Paraboloid im Anschauungsraum $(\hat{q}_1, \hat{q}_2, z)$ wäre und $\hat{\boldsymbol{q}}$ in Richtung einer der beiden Asymptoten zeigen würde, für die $z = 0$ (siehe Anhang: Quadratische Form – Indefinitheit und hyperbolisches Paraboloid). Der Gradient des hyperbolischen Paraboloids auf den Geraden $z = 0$ würde dann jedoch nicht verschwinden.

Bei diskreten Schwingungssystemen, deren Freiheitsgrad größer als zwei ist, lässt sich die Funktion $z = f_\omega(\hat{\boldsymbol{q}})$ nicht mehr als Fläche im dreidimensionalen Anschauungsraum darstellen. Die in Abb. 5.22 dargestellte Evolution der Fläche kann aber auch alternativ mithilfe der Höhenlinien der Funktionen $z = U_{\max}(\hat{\boldsymbol{q}})$ und $z = E_{\max}(\omega^2 = \text{konst.}, \hat{\boldsymbol{q}})$ nachvollzogen werden (Abb. 5.23). Aufgrund der positiven Definitheit beider Funktionen handelt es sich bei den Höhenlinien um Ellipsen in der $\hat{q}_1$-$\hat{q}_2$-Ebene. Für kleine Werte von ω ($\omega < \omega_1$) liegt die Höhenlinie der potenziellen Energie $U_{\max}(\hat{\boldsymbol{q}}) = z_0 = \text{konst.}$ vollständig innerhalb der Höhenlinie der kinetischen Energie $E_{\max}(\omega^2 = \text{konst.}, \hat{\boldsymbol{q}}) = z_0 = \text{konst.}$ Ist ω gleich der ersten Eigenkreisfrequenz ω_1, umschließt die Höhenlinie der kinetischen Energie zwar immer noch die Höhenlinie der potenziellen Energie, beide berühren sich aber in exakt zwei diametral gegenüberliegenden Punkten, wenn wir entartete Eigenwerte ausschließen. Die Richtung des Eigenvektors wird durch die Ortsvektoren der Berührungspunkte vorgegeben. Für mittelgroße Werte von ω ($\omega_1 < \omega < \omega_2$) schneiden sich die Höhenlinien in vier Punkten. Die Verbindungsgeraden der beiden jeweils diametral gegenüberliegenden Punkte stimmen mit den Asymptoten des erwähnten hyperbolischen Paraboloids überein. Bei der zweiten Eigenkreisfrequenz ω_2 berühren sich die Höhenlinien wie bei der ersten Eigenfrequenz in zwei diametral gegenüberliegenden Punkten, die nun die Richtung des zweiten Eigenvektors vorgeben. Diesmal umschließt aber die Höhenlinie der potenziellen Energie die der kinetischen Energie und nicht umgekehrt. Für $\omega > \omega_2$ liegt die Höhenlinie der kinetischen Energie vollständig innerhalb derjenigen der potenziellen Energie, ohne dass sich die Höhenlinien berühren.

Bei Schwingungssystemen mit Freiheitsgrad drei werden aus den Höhenlinien Flächen konstanten Niveaus im dreidimensionalen Raum $(\hat{q}_1, \hat{q}_2, \hat{q}_3)$. Diese Niveauflächen sind aufgrund der positiven Definitheit Ellipsoide. Das heißt, dass mit dem Wechsel des Freiheitsgrads von zwei auf drei aus den Ellipsen Ellipsoide werden.

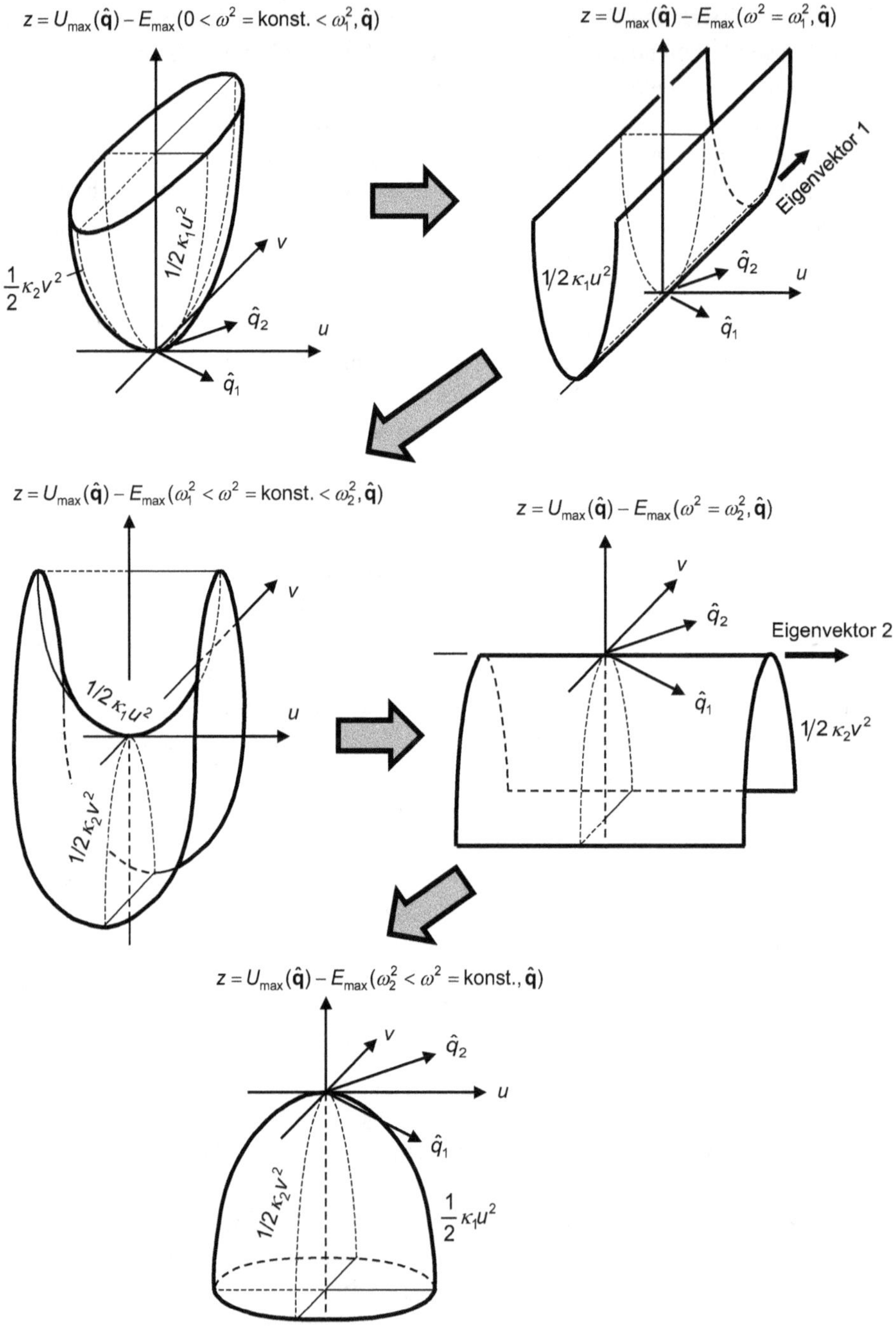

Abb. 5.22: Evolution der Fläche $z = U_{max} - E_{max}$ bei kontinuierlich wachsendem ω^2 – Systemfreiheitsgrad 2.

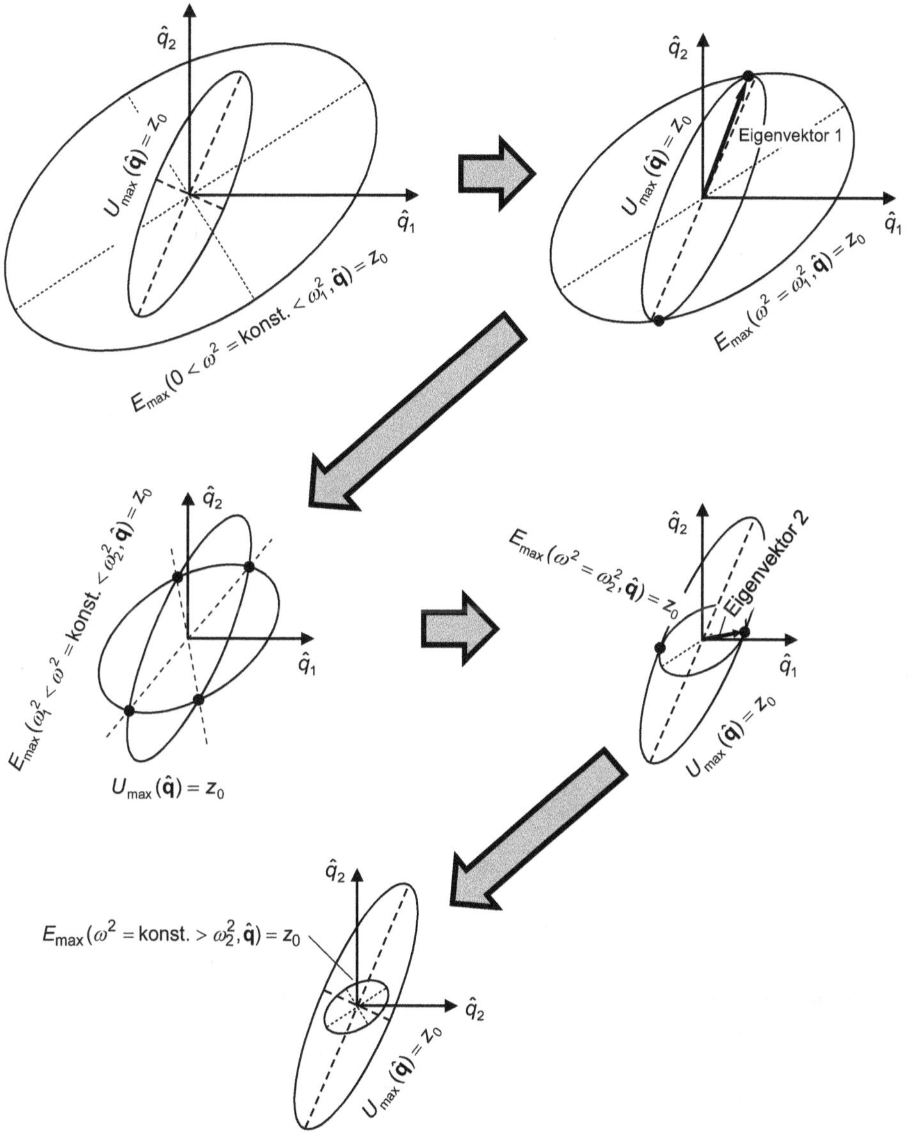

Abb. 5.23: Evolution der Höhenlinien U_{max} bzw. $E_{max} = z_0 =$ konst. bei kontinuierlich wachsendem ω^2 – Systemfreiheitsgrad 2.

In Abb. 5.25 sind beispielhaft zwei Ellipsoide dargestellt, deren Halbmesserverhältnisse gleich sind und die um eine ihrer Hauptachsen verdreht sind. Bei kleinem ω ($\omega < \omega_1$) liegt die Niveaufläche von U_{max} vollständig innerhalb der von E_{max}, ohne dass sich die Niveauflächen berühren. Bei $\omega = \omega_1$ liegt die Niveaufläche von U_{max} immer noch in derjenigen von E_{max}. Beide Niveauflächen berühren sich aber in zwei

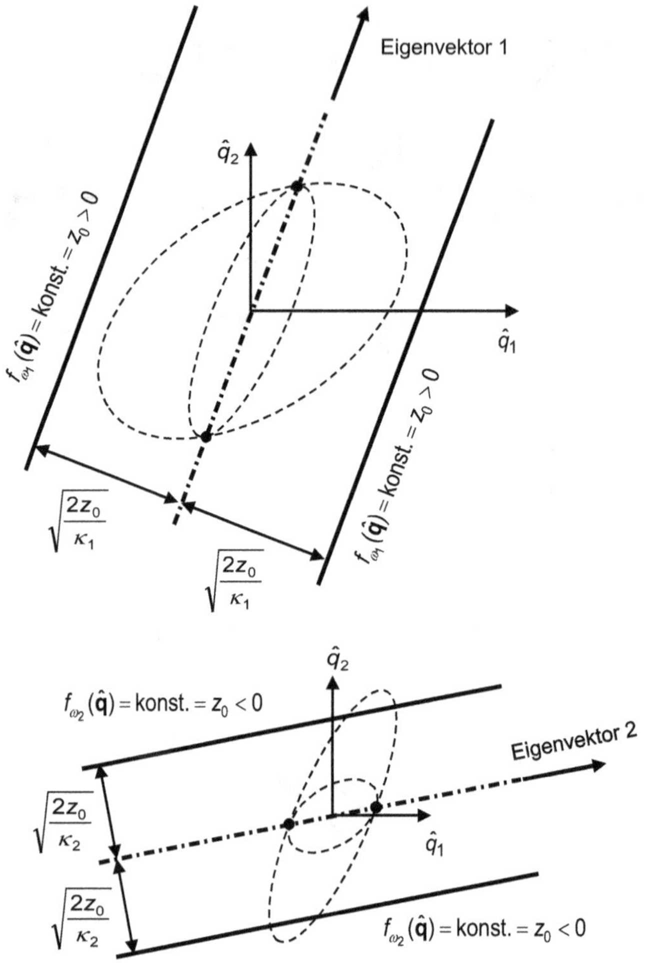

Abb. 5.24: Höhenlinien $f_{\omega_i}(\hat{q}) = U_{\max}(\hat{q}) - E_{\max}(\omega_i^2, \hat{q}) = z_0 = \text{konst.}, i = 1, 2$ – Systemfreiheitsgrad 2.

gegenüberliegenden Punkten, deren Verbindungsgerade die Richtung des ersten Eigenvektors vorgibt. Bei weiter wachsendem ω durchdringen sich die beiden Ellipsoide. Die beiden Durchdringungskurven kreuzen sich zunächst nicht. Sie nähern sich bei weiter steigendem ω in horizontaler Richtung an, bis sie sich bei Erreichen von ω_2 schließlich in zwei gegenüberliegenden Punkten kreuzen. Die Verbindungsgerade der beiden Kreuzungspunkte gibt die Richtung des zweiten Eigenvektors vor. Für weiter wachsendes ω entfernen sich die Durchdringungslinien wieder voneinander, und zwar in vertikale Richtung und schrumpfen dabei zusammen. Bei $\omega = \omega_3$ sind die Durchdringungslinien auf zwei gegenüberliegende Berührungspunkte zusammengeschrumpft. Die Niveaufläche von $E_{\max}$ liegt innerhalb der Niveaufläche von $U_{\max}$ und die Richtung des dritten Eigenvektors ist durch die Verbindungsgerade der beiden Berührungspunkte gegeben. Wächst ω über ω_3 hinaus, so liegt die Niveaufläche $E_{\max}$ innerhalb der Niveaufläche $U_{\max}$, ohne dass sie gemeinsame Punkte besitzen.

Dass in den Berührungspunkten der Ellipsoide der Gradient von $f_\omega(\hat{\boldsymbol{q}})$ null ist und daher die Punkte Eigenvektoren darstellen, ist analog zum zweidimensionalen Fall zu verstehen. Zu den Kreuzungspunkten der Durchdringungslinien gibt es kein Analogon im Zweidimensionalen, da es hier keine Durchdringungslinien gibt, sondern nur Schnittpunkte. Da in allen Punkten der Durchdringungslinien $f_\omega(\hat{\boldsymbol{q}}) = U_{\max}(\hat{\boldsymbol{q}}) - E_{\max}(\omega^2, \hat{\boldsymbol{q}})$ verschwindet, ist die Richtungsableitung von $f_\omega(\hat{\boldsymbol{q}})$ tangential zu den Durchdringungslinien null. In Richtung der Verbindungsgeraden der Kreuzungspunkte ändert sich $f_\omega(\hat{\boldsymbol{q}})$ ebenfalls nicht, da in beiden Kreuzungspunkten f_ω den gleichen Wert null hat. Im Kreuzungspunkt sind also die Richtungsableitungen in Richtung der beiden Durchdringungslinien und in Richtung der Verbindungsgeraden null. Da diese drei Richtungen linear unabhängig sind, ist auch der Gradient null. Wir sehen also, dass es bei einem Schwingungssystem mit Freiheitsgrad drei genau drei Eigenfrequenzen und drei linear unabhängige Eigenvektoren gibt, wenn wir entartete Eigenwerte ausschließen.

Aus den geradenförmigen Höhenlinien $f_{\omega i}(\hat{\boldsymbol{q}}) = z_0 = \text{konst.}, i = 1, 2$ der parabolischen Zylinder des zweidimensionalen Falls (Abb. 5.22, 5.24) werden im Dreidimensionalen Flächen konstanten Niveaus $f_{\omega i}(\hat{\boldsymbol{q}}) = z_0 = \text{konst.}, i = 1,2,3$. Diese sind in Abb. 5.26, 5.27 dargestellt. Es handelt sich jeweils um die Mantelflächen von Zylindern. Im Fall der ersten und der dritten Eigenkreisfrequenz haben die Zylinder elliptischen und im Fall der mittleren Eigenkreisfrequenz hyperbolischen Querschnitt. Die Richtungen der Zylinderachsen stimmen mit den Richtungen der entsprechenden Eigenvektoren überein. Dies ist analog zum zweidimensionalen Fall, in dem die Richtungen der geradenförmigen Höhenlinien auch durch die Eigenvektoren gegeben sind.

Für Systeme mit Freiheitsgrad größer als drei lassen sich die Niveau-Hyperflächen nicht mehr im dreidimensionalen Raum darstellen, und die geometrische Anschaulichkeit der differenzialgeometrischen Interpretation geht verloren. Mithilfe der folgenden Überlegungen lässt sich aber leicht nachvollziehen, dass auch bei Schwingungssystemen mit höheren Freiheitsgraden als drei die Anzahl unterschiedlicher Eigenfrequenzen mit dem Freiheitsgrad übereinstimmt und dass es eine gleiche Anzahl linear unabhängiger Eigenvektoren gibt, wenn wir das Vorhandensein entarteter Eigenwerte ausschließen.

Algebraisch stellt f_ω eine quadratische Form dar

$$f_\omega(\hat{\boldsymbol{q}}) = \frac{1}{2}\hat{\boldsymbol{q}}^T \boldsymbol{C}_\omega \hat{\boldsymbol{q}}$$

mit

$$\boldsymbol{C}_\omega = (\boldsymbol{K} - \omega^2 \boldsymbol{M}) .$$

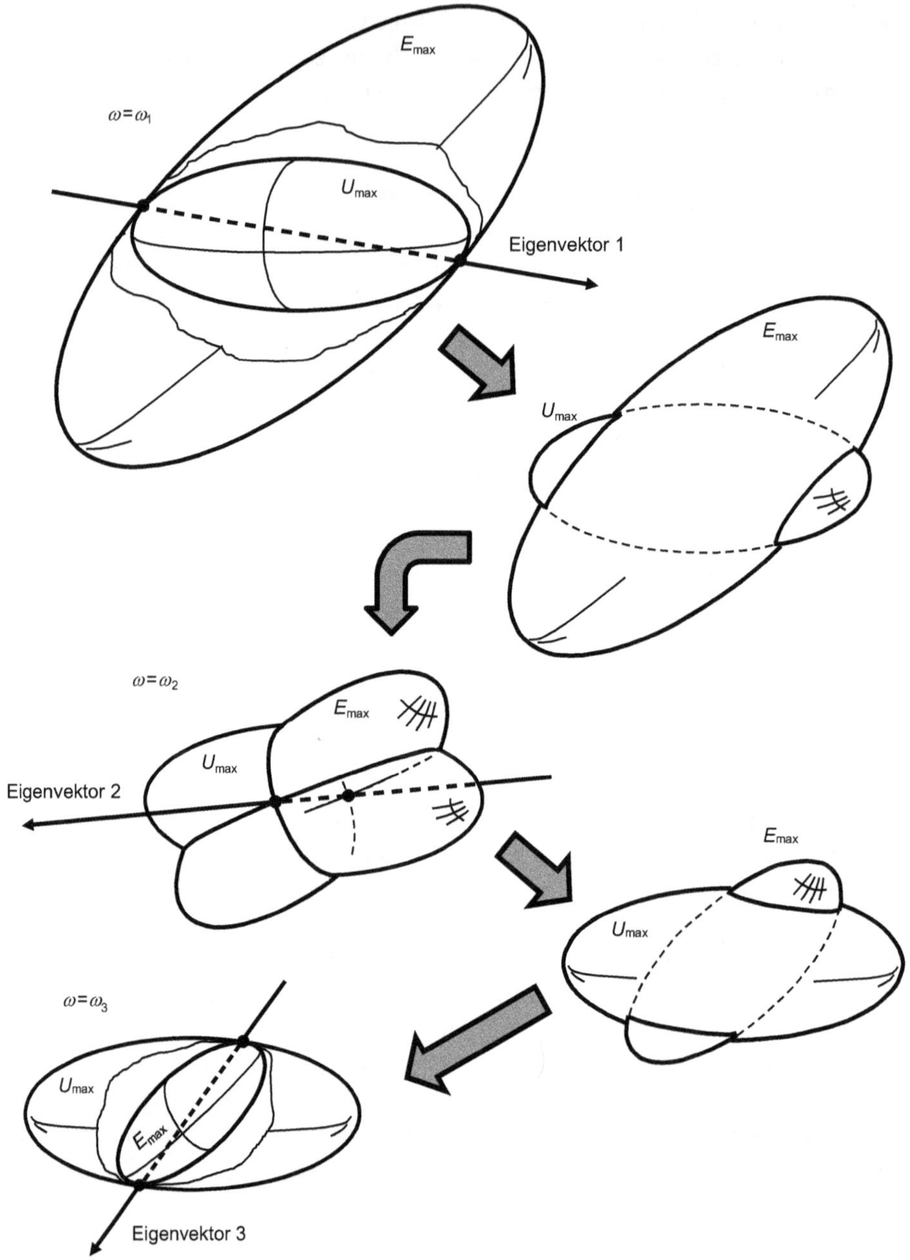

Abb. 5.25: Evolution der Niveauflächen U_{max} bzw. $E_{max} = z_0 =$ konst. bei kontinuierlich wachsendem ω^2 – System-Freiheitsgrad 3.

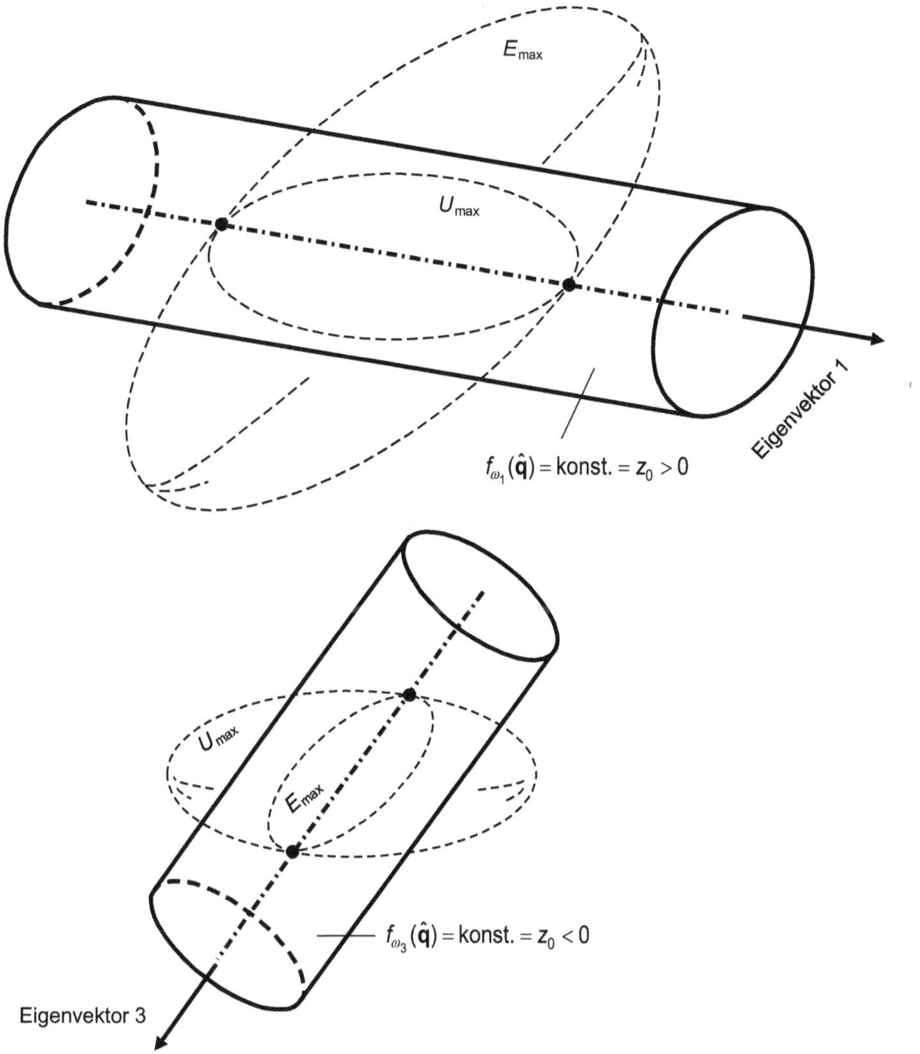

Abb. 5.26: Niveauflächen $f_{\omega_i}(\hat{q}) = U_{\max}(\hat{q}) - E_{\max}(\omega_i^2, \hat{q}) = z_0 = \text{konst.}$, $i = 1, 3$ – Systemfreiheitsgrad 3.

Führt man eine Hauptachsensystemtransformation durch, so hat diese Matrix Diagonalform

$$\begin{bmatrix} \kappa_1 & 0 & 0 & 0 \\ 0 & \kappa_2 & 0 & 0 \\ 0 & 0 & \kappa_3 & 0 \\ 0 & 0 & 0 & \ddots \end{bmatrix}$$

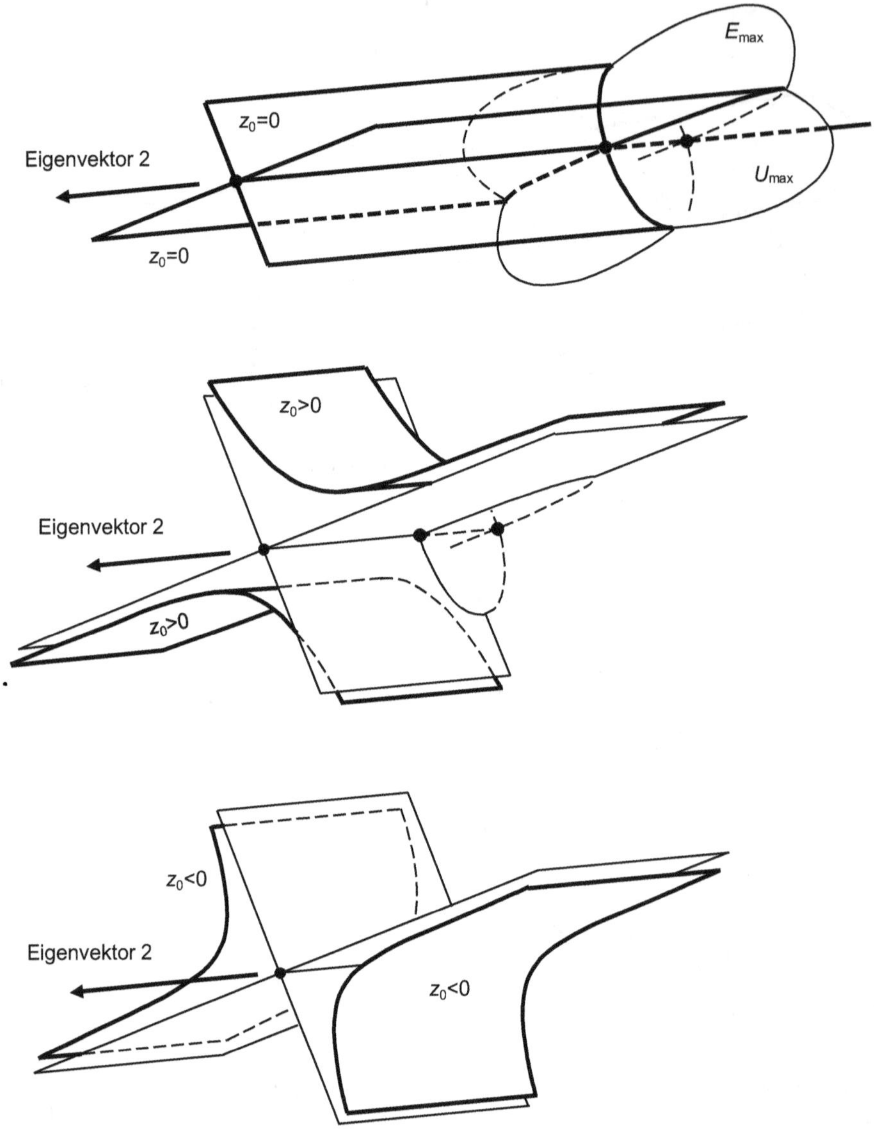

Abb. 5.27: Niveaufläche $f_{\omega_2}(\hat{\boldsymbol{q}}) = U_{\max}(\hat{\boldsymbol{q}}) - E_{\max}(\omega_2^2, \hat{\boldsymbol{q}}) = z_0 = \text{konst.}$ – Systemfreiheitsgrad 3.

und die Diagonalelemente sind die Hauptkrümmungen der Fläche $z = f_\omega(\hat{\boldsymbol{q}})$. Für $\omega = 0$ ist $\boldsymbol{C}_\omega = \boldsymbol{K}$ und damit ist $\boldsymbol{C}_\omega$ in diesem Fall positiv definit. Alle Hauptkrümmungen sind also größer null. Da $\boldsymbol{M}$ ebenfalls positiv definit ist, werden mit wachsendem ω die Hauptkrümmungen von $\boldsymbol{C}_\omega$ zunehmend kleiner. Beginnend mit der kleinsten Hauptkrümmung wird der Reihe nach für unterschiedliche Eigenkreisfrequenzen ω_i jeweils eine Hauptkrümmung exakt gleich null. In diesen Fällen und nur in diesen

Fällen ist die Matrix singulär. Daher gibt es jeweils korrespondierende Eigenvektoren $\hat{\boldsymbol{q}}_i \neq \boldsymbol{0}$ in Richtung der Hauptachse mit Hauptkrümmung gleich null, für die der Gradient von $f_{\omega i}(\hat{\boldsymbol{q}})$ gleich null ist, und daher gilt

$$(\boldsymbol{K} - \omega_i^2 \boldsymbol{M})\hat{\boldsymbol{q}}_i = \boldsymbol{0} .$$

Wird schließlich bei weiter wachsendem ω die größte Hauptkrümmung null und wächst ω noch darüber hinaus, sind alle Hauptkrümmungen negativ, und damit ist dann die Matrix $\boldsymbol{C}_\omega$ negativ definit.. Offensichtlich gibt es eine der Dimension von $\hat{\boldsymbol{q}}$, also dem Systemfreiheitsgrad entsprechende Anzahl an Eigenfrequenzen und Eigenvektoren.

Bei den Eigenkreisfrequenzen ω_i ist die Hauptkrümmung von $z = f_{\omega i}(\hat{\boldsymbol{q}})$ für diejenige Hauptachse gleich null, die in Richtung des Eigenvektors $\hat{\boldsymbol{q}}_i$ zeigt. Alle anderen Hauptkrümmungen für die Hauptachsen senkrecht zu $\hat{\boldsymbol{q}}_i$ sind ungleich null.

Für einen Systemfreiheitsgrad von zwei handelt es sich bei den von null verschiedenen Hauptkrümmungen um jeweils eine einzige Krümmung, die entweder größer oder kleiner null sein kann, entsprechend den in $+z$- oder in $-z$-Richtung gekrümmten parabelförmigen Querschnitten der in Abb. 5.22 dargestellten parabolischen Zylinder. Bei einem Freiheitsgrad drei sind dies jeweils zwei Krümmungen, sodass sich die folgenden drei möglichen Kombinationen ergeben. Beide Krümmungen sind größer null, die Krümmungen haben ein unterschiedliches Vorzeichen oder beide Krümmungen sind kleiner null. Beschränken wir den Definitionsbereich der Funktion $z = f_{\omega i}(\hat{\boldsymbol{q}})$ auf eine Ebene senkrecht zu $\hat{\boldsymbol{q}}_i$, so wird die Funktion im erst- und im letztgenannten Fall jeweils von einem elliptischen Paraboloid über dieser Ebene grafisch repräsentiert mit elliptischen Höhenlinien. Dies erklärt, warum die Niveaufläche $f_{\omega i}(\hat{\boldsymbol{q}}) = z_0 =$ konst. die Mantelfläche eines Zylinders mit Achse in Richtung von $\hat{\boldsymbol{q}}_i$ und ellipsenförmigem Querschnitt ist (Abb. 5.26). Die Halbmesser des elliptischen Querschnitts hängen nach den im Anhang (quadratische Form – positive/negative Definitheit und elliptisches Paraboloid) in den Abb. A.4 bzw. A.5 gegebenen Beziehungen mit dem Niveau z_0 zusammen und mit den beiden Hauptkrümmungen, die ungleich null sind und gleiches Vorzeichen besitzen. Im Anhang ist davon ausgegangen worden, dass der Systemfreiheitsgrad gleich zwei ist. Die dort angegebenen Formeln behalten aber in der hier betrachteten Situation ihre Gültigkeit, da die Beschränkung auf die Ebene senkrecht zu $\hat{\boldsymbol{q}}_i$ einer Reduktion der Dimension von drei auf zwei entspricht. Im zweiten Fall mit Hauptkrümmungen, die unterschiedliches Vorzeichen besitzen, führt die grafische Darstellung der Funktion $z = f_{\omega i}(\hat{\boldsymbol{q}})$ über einer Ebene senkrecht zu $\hat{\boldsymbol{q}}_i$ auf ein hyperbolisches Paraboloid mit Hyperbeln als Höhenlinien. Daher ist die Niveaufläche $f_{\omega i}(\hat{\boldsymbol{q}}) = z_0 =$ konst. in diesem Fall die Mantelfläche eines Zylinders mit Achse in Richtung von $\hat{\boldsymbol{q}}_i$ und hyperbelförmigem Querschnitt (Abb. 5.27). Der Zusammenhang zwischen Scheitel und Asymptoten des hyperbolischen Querschnitts und dem Niveau z_0 sowie den Hauptkrümmungen ungleich null, die ein unterschiedliches Vorzeichen besitzen, der im Anhang (quadratische Form – Indefinitheit und hyperbolisches Paraboloid) für den Systemfreiheitsgrad zwei hergeleitet worden ist, ist auch hier gültig mit der gleichen Begründung wie oben. Die Zylindermantelflächen für eine feste, aber beliebige der drei Eigenkreisfrequenzen sind für unterschiedliche Niveaus z_0 konzentrisch mit wachsendem Querschnitt bei ansteigendem Betrag von z_0.

Ist allgemein der Systemfreiheitsgrad gleich n, so sind jeweils $n - 1$ Hauptkrümmungen in Richtung der Hauptachsen senkrecht zu $\hat{\boldsymbol{q}}_i$ von null verschieden. Dabei können $0, 1, 2, \ldots$ oder $n - 1$ Hauptkrümmungen negativ sein. Es gibt also n Möglichkeiten entsprechend den n Eigenkreisfrequenzen und Eigenvektoren.

5.4 Erzwungene ungedämpfte Schwingungen

Wir betrachten eine harmonische Schwingungsanregung und ersetzen daher in dem Differenzialgleichungssystem (5.23) den Vektor der verallgemeinerten Erregerkräfte $\boldsymbol{Q}$ durch einen harmonischen Ansatz

$$\boldsymbol{M}\ddot{\boldsymbol{q}} + \boldsymbol{K}\boldsymbol{q} = \hat{\boldsymbol{Q}}e^{i\Omega t} \tag{5.65}$$

mit dem Vektor $\hat{\boldsymbol{Q}}$ der generalisierten Erregerkraftamplituden und der Erregerkreisfrequenz Ω analog zum Ein-Freiheitsgrad-Schwinger.

Phasenverschiebungen zwischen den generalisierten Erregerkräften können berücksichtigt werden, indem $\hat{\boldsymbol{Q}}$ als komplexer Vektor gewählt wird. Die generalisierten Kraftamplituden ergeben sich dann als Beträge der komplexen Elemente von $\hat{\boldsymbol{Q}}$ und die Nullphasenwinkel als die Argumente der komplexen Zahlen, die gleich den Winkeln sind, bei Polarkoordinatendarstellung in der komplexen Ebene.

Im Folgenden werden unterschiedliche Methoden betrachtet, die der Bestimmung der Schwingungsantwort dienen. Dazu gehören die modale Transformation in Abschnitt 5.4.1, Zeigerdiagramme bei Verwendung schiefwinkliger Koordinaten in Abschnitt 5.4.2 und die Berechnung der Frequenzgangmatrix in Abschnitt 5.4.4. Die Lösung mithilfe der Frequenzgangmatrix stellt den direkten und daher schnellsten Weg dar, die erzwungenen Schwingungen zu berechnen. Er ist aber algebraisch formal und liefert keinen unmittelbaren Einblick in die physikalischen Zusammenhänge zwischen der Erregung und der sich in ganz systemspezifischer Art und Weise einstellenden Schwingungsantwort. Daher eignet er sich wenig, um ein tiefgehendes intuitives Verständnis zu erlangen und ein Bild vor Augen zu haben, dass in verdichteter Form erklärt, wie die Schwingungsantwort zustande kommt. Aus diesem Grund haben wir die vom Einmassenschwinger bekannten Zeigerdiagramme in Abschnitt 5.4.2 für Mehrfreiheitsgradsysteme erweitert durch Anwendung schiefwinkliger Koordinaten mit direktem und reziprokem Gitternetz. Dadurch treten die erwähnten Zusammenhänge offen zutage und liegen bildhaft vor uns. In diesem Sinne der Erzeugung eines vertieften Verständnisses ist Abschnitt 5.4.2 einzuordnen. Für die reine Ergebnisgenerierung wird die Anwendung der Frequenzgangmatrix empfohlen.

5.4.1 Modale Transformation

Wir bauen aus den Eigenvektoren $\hat{\boldsymbol{q}}_j$ eine Matrix $\boldsymbol{\Phi}$ auf, indem wir die Eigenvektoren als Spalten hintereinander schreiben. Für unser Beispiel der Längsschwingerkette (Abb. 5.16) ergibt sich

$$\boldsymbol{\Phi} = \begin{bmatrix} \hat{\boldsymbol{q}}_1 & \hat{\boldsymbol{q}}_2 & \hat{\boldsymbol{q}}_3 \end{bmatrix} = \begin{bmatrix} \frac{1}{2} & \frac{1}{\sqrt{2}} & \frac{1}{2} \\ \frac{1}{\sqrt{2}} & 0 & -\frac{1}{\sqrt{2}} \\ \frac{1}{2} & -\frac{1}{\sqrt{2}} & \frac{1}{2} \end{bmatrix} .$$

Da $\boldsymbol{\Phi}$ die Eigenmoden beinhaltet, nennt man diese Matrix Modalmatrix. Die Modalmatrix definiert eine Transformation sogenannter modaler Koordinaten $\boldsymbol{u}$ in die generalisierten (physikalischen) Koordinaten $\boldsymbol{q}$

$$\boldsymbol{q} = \boldsymbol{\Phi}\boldsymbol{u} . \tag{5.66}$$

Die durch Gleichung (5.66) gegebene Transformation heißt daher Modaltransformation. Einsetzen in das Differenzialgleichungssystem der Bewegung (5.65) und Multiplikation von links mit der transponierten Modalmatrix liefert ein Differenzialgleichungssystem für die modalen Koordinaten

$$(\boldsymbol{\Phi}^T\boldsymbol{M}\boldsymbol{\Phi})\ddot{\boldsymbol{u}} + (\boldsymbol{\Phi}^T\boldsymbol{K}\boldsymbol{\Phi})\boldsymbol{u} = \boldsymbol{\Phi}^T\hat{\boldsymbol{Q}}e^{i\Omega t} . \tag{5.67}$$

Für unser Beispiel ergibt sich die Matrix vor dem Vektor $\ddot{\boldsymbol{u}}$ zu

$$\boldsymbol{\Phi}^T\boldsymbol{M}\boldsymbol{\Phi} = \boldsymbol{\Phi}^T m\mathbf{1}\boldsymbol{\Phi} = m\boldsymbol{\Phi}^T\boldsymbol{\Phi} = m \begin{bmatrix} \hat{\boldsymbol{q}}_1^T \\ \hat{\boldsymbol{q}}_2^T \\ \hat{\boldsymbol{q}}_3^T \end{bmatrix} \begin{bmatrix} \hat{\boldsymbol{q}}_1 & \hat{\boldsymbol{q}}_2 & \hat{\boldsymbol{q}}_3 \end{bmatrix}$$

$$= m \begin{bmatrix} \hat{\boldsymbol{q}}_1^T\hat{\boldsymbol{q}}_1 & \hat{\boldsymbol{q}}_1^T\hat{\boldsymbol{q}}_2 & \hat{\boldsymbol{q}}_1^T\hat{\boldsymbol{q}}_3 \\ \hat{\boldsymbol{q}}_2^T\hat{\boldsymbol{q}}_1 & \hat{\boldsymbol{q}}_2^T\hat{\boldsymbol{q}}_2 & \hat{\boldsymbol{q}}_2^T\hat{\boldsymbol{q}}_3 \\ \hat{\boldsymbol{q}}_3^T\hat{\boldsymbol{q}}_1 & \hat{\boldsymbol{q}}_3^T\hat{\boldsymbol{q}}_2 & \hat{\boldsymbol{q}}_3^T\hat{\boldsymbol{q}}_3 \end{bmatrix} = \begin{bmatrix} m & 0 & 0 \\ 0 & m & 0 \\ 0 & 0 & m \end{bmatrix} .$$

Es handelt sich offensichtlich um eine Diagonalmatrix. Dies gilt nicht nur in unserem Beispiel, sondern allgemein. Die Matrix

$$\boldsymbol{\Phi}^T\boldsymbol{M}\boldsymbol{\Phi}$$

ist eine Diagonalmatrix, da die Eigenvektoren folgende Eigenschaft besitzen

$$\hat{\boldsymbol{q}}_j^T\boldsymbol{M}\hat{\boldsymbol{q}}_j \neq 0, \qquad \hat{\boldsymbol{q}}_j^T\boldsymbol{M}\hat{\boldsymbol{q}}_k = 0 \quad (j \neq k) . \tag{5.68}$$

Man spricht von verallgemeinerter Orthogonalität der Eigenvektoren. Wegen Gleichung (5.56) lässt sich $\boldsymbol{M}\hat{\boldsymbol{q}}_l$ durch $\omega_l^{-2}\boldsymbol{K}\hat{\boldsymbol{q}}_l$ substituieren. Daher gilt die verallgemeinerte Orthogonalität auch bei Verwendung der Steifigkeits- anstatt der Massenmatrix

$$\hat{\boldsymbol{q}}_j^T\boldsymbol{K}\hat{\boldsymbol{q}}_j \neq 0, \qquad \hat{\boldsymbol{q}}_j^T\boldsymbol{K}\hat{\boldsymbol{q}}_k = 0 \quad (j \neq k) . \tag{5.69}$$

Also ist auch die Matrix

$$\boldsymbol{\Phi}^T \boldsymbol{K} \boldsymbol{\Phi}$$

eine Diagonalmatrix.

Der Beweis der verallgemeinerten Orthogonalität der Eigenvektoren ist ausgehend von dem Eigenwertproblem (5.56) schnell erbracht. Da die Eigenvektoren $\hat{\boldsymbol{q}}_j$, $\hat{\boldsymbol{q}}_k$ das Eigenwertproblem (5.56) lösen, gilt

$$\begin{aligned}
(\boldsymbol{K} - \omega_j^2 \boldsymbol{M})\hat{\boldsymbol{q}}_j &= \boldsymbol{0}\,, \\
(\boldsymbol{K} - \omega_k^2 \boldsymbol{M})\hat{\boldsymbol{q}}_k &= \boldsymbol{0}
\end{aligned}$$

mit den Eigenkreisfrequenzen ω_j, ω_k. Multiplikation der beiden Gleichungen von links mit dem jeweils nicht korrespondierenden transponierten Eigenvektor liefert

$$\begin{aligned}
\hat{\boldsymbol{q}}_k^T(\boldsymbol{K} - \omega_j^2 \boldsymbol{M})\hat{\boldsymbol{q}}_j &= 0\,, \\
\hat{\boldsymbol{q}}_j^T(\boldsymbol{K} - \omega_k^2 \boldsymbol{M})\hat{\boldsymbol{q}}_k &= 0
\end{aligned}$$

und daher

$$\hat{\boldsymbol{q}}_k^T(\boldsymbol{K} - \omega_j^2 \boldsymbol{M})\hat{\boldsymbol{q}}_j = \hat{\boldsymbol{q}}_j^T(\boldsymbol{K} - \omega_k^2 \boldsymbol{M})\hat{\boldsymbol{q}}_k\,.$$

Dann gilt wegen der Symmetrie von Massen- und Steifigkeitsmatrix (5.52), (5.54) auch

$$\hat{\boldsymbol{q}}_j^T(\boldsymbol{K} - \omega_j^2 \boldsymbol{M})\hat{\boldsymbol{q}}_k = \hat{\boldsymbol{q}}_j^T(\boldsymbol{K} - \omega_k^2 \boldsymbol{M})\hat{\boldsymbol{q}}_k$$

und schließlich

$$(\omega_k^2 - \omega_j^2)\hat{\boldsymbol{q}}_j^T \boldsymbol{M} \hat{\boldsymbol{q}}_k = 0\,.$$

Hieraus folgt mit $\omega_k \neq \omega_j$ für $k \neq j$ offenbar die verallgemeinerte Orthogonalität (5.68). Es sei angemerkt, dass wegen der positiven Definitheit der Massenmatrix (5.53)

$$\hat{\boldsymbol{q}}_j^T \boldsymbol{M} \hat{\boldsymbol{q}}_j \neq 0\,.$$

Dass $\boldsymbol{\Phi}^T \boldsymbol{K} \boldsymbol{\Phi}$ eine Diagonalmatrix ist, lässt sich auch leicht für unser Beispiel anhand der Tabelle 5.4 nachvollziehen.

Da es sich bei $\boldsymbol{\Phi}^T \boldsymbol{M} \boldsymbol{\Phi}$ und $\boldsymbol{\Phi}^T \boldsymbol{K} \boldsymbol{\Phi}$ um Diagonalmatrizen handelt, sind die Differenzialgleichungen (5.44) entkoppelt. Für unser Beispiel erhalten wir:

$$\begin{aligned}
m\ddot{u}^1 + (2 - \sqrt{2})cu^1 &= \hat{\boldsymbol{q}}_1^T \hat{\boldsymbol{Q}} e^{i\Omega t} \\
m\ddot{u}^2 + 2cu^2 &= \hat{\boldsymbol{q}}_2^T \hat{\boldsymbol{Q}} e^{i\Omega t}\,, \\
m\ddot{u}^3 + (2 + \sqrt{2})cu^3 &= \hat{\boldsymbol{q}}_3^T \hat{\boldsymbol{Q}} e^{i\Omega t}\,,
\end{aligned}$$

oder

$$\begin{aligned}
\ddot{u}^1 + \omega_1^2 u^1 &= \frac{1}{m}\hat{\boldsymbol{q}}_1^T \hat{\boldsymbol{Q}} e^{i\Omega t}\,, \\
\ddot{u}^2 + \omega_2^2 u^2 &= \frac{1}{m}\hat{\boldsymbol{q}}_2^T \hat{\boldsymbol{Q}} e^{i\Omega t}\,, \\
\ddot{u}^3 + \omega_3^2 u^3 &= \frac{1}{m}\hat{\boldsymbol{q}}_3^T \hat{\boldsymbol{Q}} e^{i\Omega t}\,.
\end{aligned}$$

Tab. 5.4: Modale Transformation der Steifigkeitsmatrix – Falk'sches Schema für die Längsschwingerkette mit drei Massenpunkten.

	$\begin{bmatrix} \frac{1}{2} & \frac{1}{\sqrt{2}} & \frac{1}{2} \\ \frac{1}{\sqrt{2}} & 0 & -\frac{1}{\sqrt{2}} \\ \frac{1}{2} & -\frac{1}{\sqrt{2}} & \frac{1}{2} \end{bmatrix} = \boldsymbol{\Phi}$
$\boldsymbol{K} = c\begin{bmatrix} 2 & -1 & 0 \\ -1 & 2 & -1 \\ 0 & -1 & 2 \end{bmatrix}$	$c\begin{bmatrix} \left(1-\frac{1}{\sqrt{2}}\right) & \sqrt{2} & \left(1+\frac{1}{\sqrt{2}}\right) \\ \left(-1+\sqrt{2}\right) & 0 & \left(-1-\sqrt{2}\right) \\ \left(1-\frac{1}{\sqrt{2}}\right) & -\sqrt{2} & \left(1+\frac{1}{\sqrt{2}}\right) \end{bmatrix} = \boldsymbol{K\Phi}$
$\boldsymbol{\Phi}^T = \begin{bmatrix} \frac{1}{2} & \frac{1}{\sqrt{2}} & \frac{1}{2} \\ \frac{1}{\sqrt{2}} & 0 & -\frac{1}{\sqrt{2}} \\ \frac{1}{2} & -\frac{1}{\sqrt{2}} & \frac{1}{2} \end{bmatrix}$	$c\begin{bmatrix} \left(2-\sqrt{2}\right) & 0 & 0 \\ 0 & 2 & 0 \\ 0 & 0 & \left(2+\sqrt{2}\right) \end{bmatrix} = \boldsymbol{\Phi}^T\boldsymbol{K\Phi}$

Bei den modalen Koordinaten verwenden wir hochgestellte Indizes, die nicht mit Potenzen zu verwechseln sind. Der Grund liegt in der möglichen Interpretation der modalen Koordinaten als kontravariante Koordinaten des Vektors $\boldsymbol{q}$ bezüglich einer schiefwinkligen kovarianten Basis, die sich aus den Eigenvektoren zusammensetzt. Dieser Hintergrund wird im nächsten Abschnitt detailliert erläutert.

Es hat sich im Zusammenhang mit der Modaltransformation durchgesetzt, die Eigenvektoren nicht so zu normieren, dass ihr Betrag gleich 1 ist, sondern so, dass $\boldsymbol{\Phi}^T\boldsymbol{M\Phi}$ gleich der Einheitsmatrix **1** ist. Dann stehen auf der Hauptdiagonalen der Diagonalmatrix $\boldsymbol{\Phi}^T\boldsymbol{K\Phi}$ die Quadrate der Eigenkreisfrequenzen ω_j^2

$$\boldsymbol{\Phi}^T\boldsymbol{M\Phi} = \mathbf{1} \quad \Rightarrow \quad \boldsymbol{\Phi}^T\boldsymbol{K\Phi} = \operatorname{diag}[\omega_j^2] \tag{5.70}$$

und man erhält für jede Modalkoordinate jeweils eine Differenzialgleichung, die von den anderen Differenzialgleichungen entkoppelt ist und die gleiche Form hat wie die Differenzialgleichung eines Einfreiheitsgradschwingers

$$\ddot{u}^j + \omega_j^2 u^j = \hat{\boldsymbol{q}}_j^T \hat{\boldsymbol{Q}} e^{i\Omega t}, \quad j = 1, \ldots, \mathrm{FG}\,. \tag{5.71}$$

Der j-te Einfreiheitsgradschwinger repräsentiert den j-ten-Mode. Die entsprechende homogene Differenzialgleichung beschreibt die j-te Eigenschwingung mit Eigenkreisfrequenz ω_j. Der Anteil der generalisierten Kräfte, der zu einer Erregung des j-ten Einfreiheitsgradschwingers führt, berechnet sich offensichtlich als Skalarprodukt des j-ten Eigenvektors mit dem Vektor der generalisierten Erregerkraftamplituden

$$\hat{\boldsymbol{q}}_j^T \hat{\boldsymbol{Q}}\,.$$

Eine Partikulärlösung u^j hat die Form

$$u^j = \hat{u}^j e^{i\Omega t}$$

mit der komplexen Amplitude $\hat{u}^j$, wenn wir Resonanz ausschließen. Daher ist der Vektor der Modalkoordinaten

$$\boldsymbol{u} = \hat{\boldsymbol{u}} e^{i\Omega t}$$

mit

$$\hat{\boldsymbol{u}} = [\hat{u}^1 \quad \hat{u}^2 \quad \cdots]^T$$

und der Vektor der generalisierten Koordinaten

$$\boldsymbol{q} = \boldsymbol{\Phi} \hat{\boldsymbol{u}} e^{i\Omega t}$$

bzw.

$$\boldsymbol{q} = \hat{\boldsymbol{q}} e^{i\Omega t}$$

mit den komplexen Antwortamplituden

$$\hat{\boldsymbol{q}} = \boldsymbol{\Phi} \hat{\boldsymbol{u}} = \hat{\boldsymbol{q}}_1 \hat{u}^1 + \hat{\boldsymbol{q}}_2 \hat{u}^2 + \ldots + \hat{\boldsymbol{q}}_j \hat{u}^j + \ldots + \hat{\boldsymbol{q}}_{\mathrm{FG}} \hat{u}^{\mathrm{FG}} \,. \tag{5.72}$$

Damit ist es gelungen, die Berechnung der Schwingungsantwort des Koppelschwingers mit Freiheitsgrad FG auf die Bestimmung der Partikulärlösungen von FG Einfreiheitsgradschwinger (5.71) zurückzuführen. Dies war möglich mithilfe der Modaltransformation, die zu einer Entkopplung der Differenzialgleichungen des Koppelschwingers führt. Voraussetzung für diesen Berechnungsweg mithilfe der Modaltransformation ist die Kenntnis der Eigenfrequenzen, die in Gleichung (5.71) vorkommen, und der Eigenvektoren, die in den Gleichungen (5.71) und (5.72) auftreten.

Nach Gleichung (5.72) ist der Vektor der Antwortamplituden angebbar als Linearkombination der Eigenvektoren, wobei die Gewichtsfaktoren gleich den (komplexen) Amplituden der Modalkoordinaten, also den Antwortamplituden der Einfreiheitsgradschwinger sind.

Wenn der Vektor der generalisierten Erregerkraftamplituden orthogonal zum j-ten Eigenvektor ist, ist die rechte Seite der Differenzialgleichung des j-ten Einfreiheitsgradschwingers (5.71) gleich null. Daher ist auch der entsprechende Gewichtsfaktor $\hat{u}_j$ in der Linearkombination (5.72) gleich null, und der j-te Eigenvektor ist gewissermaßen nicht in dem Vektor der Antwortamplituden des Koppelschwingers enthalten. Man kann diesen Sachverhalt verkürzt, aber prägnant folgendermaßen ausdrücken.

Steht der Erregerkraftvektor senkrecht auf der j-ten Eigenform, d. h. ist

$$\hat{\boldsymbol{q}}_j^T \hat{\boldsymbol{Q}} = 0 \tag{5.73}$$

so wird die j-te Eigenform durch $\hat{\boldsymbol{Q}}$ nicht angeregt.

Wirkt in unserem Beispiel der Längsschwingerkette nur auf den mittleren Massenpunkt eine harmonische Erregerkraft (Abb. 5.28), so ist $\hat{\boldsymbol{Q}} = [0 \quad \hat{Q} \quad 0]^T$ und daher

$$\hat{\boldsymbol{q}}_2^T \hat{\boldsymbol{Q}} = \frac{1}{\sqrt{2}} \cdot 0 + 0 \cdot \hat{Q} - \frac{1}{\sqrt{2}} \cdot 0 = 0 \,.$$

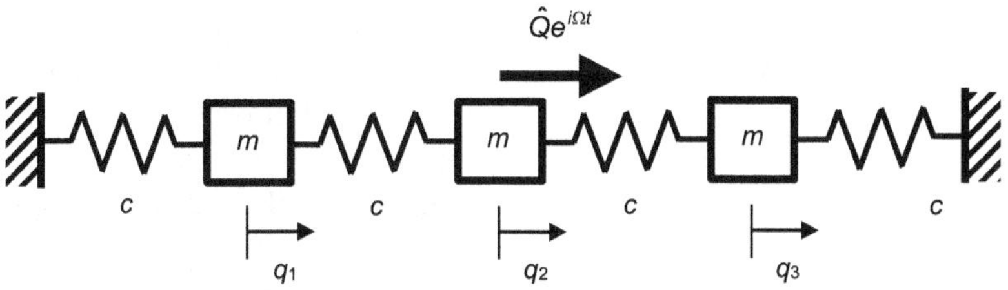

Abb. 5.28: Krafterregung der Längsschwingerkette in einem Schwingungsknoten der zweiten Eigenform.

Die zweite Eigenform wird also nicht angeregt. Dies ist intuitiv verständlich, da die Erregerkraft in einem Schwingungsknoten der zweiten Eigenform angreift und damit Erregerkraft und zweite Eigenform gewissermaßen inkompatibel sind.

5.4.2 Zeigerdiagramme und schiefwinklige Koordinaten

Vorbemerkung zur Verwendung des Vektorbegriffs
Die im Folgenden verwendeten Größen $\boldsymbol{q}$, $\hat{\boldsymbol{q}}$, $\hat{\boldsymbol{q}}_j$, $\boldsymbol{Q}$, $\hat{\boldsymbol{Q}}$, $\hat{\boldsymbol{Q}}_F$, $\hat{\boldsymbol{Q}}_T$ sind zunächst Zahlentupel. Da wir für die Zahlentupel die beiden Verknüpfungen Addition und Multiplikation mit einem reellwertigen Skalar definieren und fordern, dass diese die durch die Vektorraumaxiome bestimmten Eigenschaften erfüllen, werden aus den Zahlentupeln Vektoren des Vektorraums $\mathbb{R}^n$ mit n = FG auf dem Körper der reellen Zahlen $\mathbb{R}$. Sie sind also Vektoren in dem in der linearen Algebra verwendeten Sinne. Wir wollen sie als mathematische Vektoren oder Spaltenvektoren bezeichnen.

Darüber hinaus begreifen wir die Zahlentupel in dem vorliegenden Abschnitt als Koordinatenvektoren von physikalischen Vektoren. Wir legen dabei willkürlich fest, dass sich die Koordinatenvektoren $\boldsymbol{q}$, $\hat{\boldsymbol{q}}$, $\hat{\boldsymbol{q}}_j$, $\boldsymbol{Q}$, $\hat{\boldsymbol{Q}}$, $\hat{\boldsymbol{Q}}_F$, $\hat{\boldsymbol{Q}}_T$ zunächst auf eine kartesische Basis $\boldsymbol{e}_1, \boldsymbol{e}_2, \ldots$ beziehen. Die Koordinatenvektoren unterliegen nicht nur den Vektorraumaxiomen, sondern gehorchen zusätzlich dem Transformationsgesetz eines Tensors 1. Stufe, wie zum Beispiel der Kraft- oder Verschiebungsvektor im Anschauungsraum. Dieses Transformationsgesetz stellt sicher, dass der dem Koordinatenvektor entsprechende physikalische Vektor seine Richtung im Anschauungsraum bei einer Koordinatentransformation nicht ändert. Das heißt, dass die auf die Koordinaten anzuwendende Transformationsmatrix invers zu der Transformationsmatrix für die Basisvektoren ist. Bei einer Drehung einer ebenen kartesischen Basis um den Winkel $+\varphi$ zum Beispiel dreht sich der Koordinatenvektor um den Winkel $-\varphi$. Nur dann behält der physikalische Vektor seine Richtung im Anschauungsraum bei. Die zu der Transformation der Basisvektoren inverse Transformation der Koordinaten erklärt, nebenbei bemerkt, auch die Bezeichnung „kontravariante Koordinaten“.

Wir werden die Koordinatenvektoren von der kartesischen Basis, von der wir im vorliegenden Abschnitt zunächst ausgehen, auf eine ganz bestimmte schiefwinklige kovariante Basis bzw. die zugehörige kontravariante Basis umrechnen. Auf diese Weise werden wir in der Lage sein, die resultierenden entkoppelten Gleichungen physikalisch zu interpretieren in dem Sinn, dass es sich bei den einzelnen Termen um die kovarianten Kraftkomponenten physikalischer Vektoren handelt. Bei Verzicht auf diese Möglichkeit der Veranschaulichung ist die Anwendung des physikalischen Vektorbegriffs nicht notwendig. Man kann sich dann auf den Vektorbegriff im Sinn der linearen Algebra zurückziehen, wie dies zum Beispiel in Abschnitt 5.4.1 zur Modaltransformation geschehen ist.

Bei der Notation haben wir der Einfachheit halber nicht zwischen einem Vektor im Sinn der linearen Algebra, einem Koordinatenvektor und einem physikalischen Vektor unterschieden. Für alle drei verwenden wir fettgedruckte Buchstaben. Die jeweilige Bedeutung muss aus dem Zusammenhang erkannt werden. Oft sind die angegebenen Gleichungen auch mehrdeutig in dem Sinn, dass sie sowohl für mathematische als auch für die entsprechenden physikalischen Vektoren gültig sind. Beim Skalarprodukt zweier Vektoren $\boldsymbol{a}$, $\boldsymbol{b}$ verwenden wir jedoch je nach Anwendung des Vektorbegriffs unterschiedliche Schreibweisen. Handelt es sich um Vektoren im Sinn der linearen Algebra oder um Koordinatenvektoren, wird die Matrixschreibweise verwendet (vgl. Abschnitt 5.4.1)

$$\boldsymbol{a}^T\boldsymbol{b}\,,$$

wobei $\boldsymbol{b}$ in Form einer Spaltenmatrix geschrieben wird

$$\boldsymbol{b} = \begin{bmatrix} b^1 \\ b^2 \\ \vdots \end{bmatrix}$$

und $\boldsymbol{a}^T$ wegen des Symbols T für Transponieren in Form einer Zeilenmatrix

$$\boldsymbol{a}^T = [a^1 \quad a^2 \quad \cdots]\,.$$

Bei physikalischen Vektoren verwenden wir für das Skalarprodukt das Symbol $\circ$

$$\boldsymbol{a} \circ \boldsymbol{b}\,.$$

Physikalische Vektoren werden nicht durch Spaltenmatrizen angegeben, sondern in Komponentendarstellung in folgender Form

$$\boldsymbol{a} = a^i \boldsymbol{g}_i$$

bei Anwendung der Einstein'schen Summationskonvention mit den Koordinaten a^i und den Basisvektoren $\boldsymbol{g}_i$. Die hochgestellten Indizes sind nicht mit Potenzen zu verwechseln. Über hoch- und tiefgestellte Indizes sowie über die Einstein'sche Summationskonvention erfahren wir später mehr.

Bei Anwendung des physikalischen Vektorbegriffs erweitern wir gedanklich auch die Bedeutung der Massenmatrix $\boldsymbol{M}$ und der Steifigkeitsmatrix $\boldsymbol{K}$ in Gleichung (5.82).

Wir interpretieren sie dann als Komponentenmatrizen zweistufiger Tensoren, die dem entsprechenden Transformationsgesetz für Tensoren der Stufe 2 gehorchen. Für die Tensoren selbst verwenden wir ebenfalls die Symbole $\boldsymbol{M}$ und $\boldsymbol{K}$, sodass der Leser wieder selbst erkennen muss, ob eine Matrix im Sinn der linearen Algebra, die Komponentenmatrix eines zweistufigen Tensors oder der Tensor selbst gemeint ist. Für das Skalarprodukt eines Tensors der Stufe 2 mit einem Tensor der Stufe 1, z. B. $\boldsymbol{M} \circ \hat{\boldsymbol{q}}$ in Gleichung (5.83), verwenden wir wie beim Skalarprodukt von zwei physikalischen Vektoren das Symbol $\circ$. Das Resultat von $\boldsymbol{M} \circ \hat{\boldsymbol{q}}$ ist ein Tensor der Stufe 1, also ein physikalischer Vektor, dessen Koordinaten sich aus der Komponentenmatrix $\boldsymbol{M}$ und dem Spaltenvektor $\hat{\boldsymbol{q}}$ ergeben, indem die Matrix mit dem Spaltenvektor nach den Regeln der Matrixmultiplikation multipliziert wird. Für die Matrixmultiplikation verwenden wir nicht das Symbol $\circ$, sondern schreiben die Matrizen einfach hintereinander $\boldsymbol{M}\hat{\boldsymbol{q}}$, siehe Gleichung (5.82).

Bei Zuordnung eines Koordinatenvektors zu dem entsprechenden physikalischen Vektor verwenden wir nicht das Gleichheitszeichen, sondern das Symbol $\hat{=}$ („entspricht").

Zusammenfassung zu schiefwinkligen Koordinaten

Wir setzen hier voraus, dass der Leser sich mit schiefwinkligen Koordinatensystemen, kovarianten und kontravarianten Basen bzw. Komponenten von Vektoren und mit Metriken auskennt. Andernfalls wird das Studium des Anhangs zu schiefwinkligen Koordinaten empfohlen, der ein bildhaftes Verständnis der mathematischen Begriffe vermittelt. Eher mathematisch formal wird das Thema in [22] behandelt.

Kurz zusammengefasst verwenden wir bei schiefwinkligen Koordinatensystemen zwei Basen, die sogenannte kovariante Basis $\boldsymbol{g}_i$, $i = 1, \ldots,$ FG und die kontravariante Basis $\boldsymbol{g}^j$, $j = 1, \ldots,$ FG. Sie stehen in folgender Beziehung zueinander

$$\boldsymbol{g}^j \circ \boldsymbol{g}_i = \delta_i^j \tag{5.74}$$

mit dem Kronecker-Delta

$$\delta_i^j = \begin{cases} 1 & \text{für } i = j \\ 0 & \text{für } i \neq j \end{cases}$$

Alle Größen mit tiefgestelltem Index bekommen das Attribut „kovariant" und alle Größen mit hochgestelltem Index (nicht zu verwechseln mit Potenzen) sind kontravariant. Ein kovarianter und ein kontravarianter Basisvektor stehen also senkrecht aufeinander, wenn sich die Werte ihrer Laufindizes i, j unterscheiden. Bei gleichen Werten der Laufindizes ergibt das Skalarprodukt von kovariantem und kontravariantem Basisvektor den Wert 1.

Das rechtwinklige Koordinatengitter des kartesischen Koordinatensystems geht bei Verwendung einer schiefwinkligen Basis in ein schiefwinkliges Koordinatengitter über. Das Koordinatengitter für die kovariante Basis nennen wir direktes Gitter, und

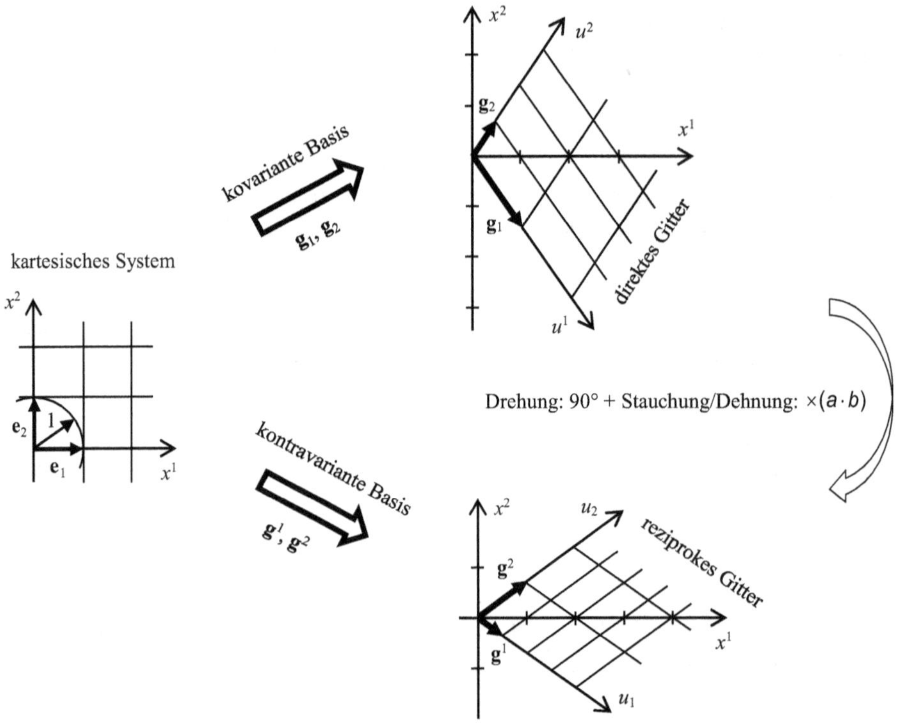

Abb. 5.29: Direktes und reziprokes Gitter im 2D.

das Gitter bezüglich der kontravarianten Basis ist das sogenannte reziproke Gitter. Im 2D sind reziprokes und direktes Gitter um 90° gegeneinander verdreht, und das reziproke Gitter ist gegenüber dem direkten Gitter homogen gestaucht oder gedehnt um einen Faktor ab (Abb. 5.29).

Die kontravariante Basis kann aus der kovarianten Basis mithilfe der kontravarianten Metrikkoeffizienten g^{ij} berechnet werden

$$\mathbf{g}^i = \sum_{j=1}^{FG} g^{ij}\mathbf{g}_j$$

mit

$$g^{ij} = \mathbf{g}^i \circ \mathbf{g}^j \,. \tag{5.75}$$

Wir können bei Anwendung der Einstein'schen Summationskonvention das Summenzeichen auch wegfallen lassen

$$\mathbf{g}^i = g^{ij}\mathbf{g}_j \,. \tag{5.76}$$

Die Einstein'sche Summationskonvention besagt, dass über Indizes, die in einem mathematischen Ausdruck doppelt auftreten (hier: j), wobei der Index einmal hoch- und einmal tiefgestellt ist, zu summieren ist. Davon ausgenommen sind Summenausdrücke, bei denen der gleiche Index in unterschiedlichen Summanden auftritt. Wir wollen im Folgenden die Einstein'sche Summationskonvention stillschweigend voraussetzen. In dem Fall, dass sie in einer Formel außer Kraft gesetzt werden soll, weisen wir mit dem Symbol $\not\Sigma$ ausdrücklich darauf hin.

Die Matrix der kontravarianten Metrikkoeffizienten (g^{ij}) kann als Inverse der Matrix der kovarianten Metrikkoeffizienten (g_{ij}) berechnet werden

$$(g^{ij}) = (g_{ij})^{-1} \tag{5.77}$$

mit den kovarianten Metrikkoeffizienten

$$g_{ij} = \boldsymbol{g}_i \circ \boldsymbol{g}_j \, . \tag{5.78}$$

Soll bei gegebener kovarianter Basis die kontravariante Basis ermittelt werden, kann in folgenden Schritten verfahren werden. Zunächst werden die kovarianten Metrikkoeffizienten nach Gleichung (5.78) berechnet und danach die kontravarianten Metrikkoeffizienten durch Invertierung der Matrix der kovarianten Metrikkoeffizienten, vgl. Gleichung (5.77). Zum Schluss können mit der Summenformel (5.76) die kontravarianten Basisvektoren als Linearkombination der kovarianten Basisvektoren mit den kontravarianten Metrikkoeffizienten als Gewichtungsfaktoren angegeben werden. Man spricht in diesem Zusammenhang auch vom Heraufziehen eines Index (hier: Index j von $\boldsymbol{g}_j$) durch Multiplikation mit g^{ij}. Entsprechend kann auch ein Index durch Multiplikation mit g_{ij} heruntergezogen werden.

Ein beliebiger Vektor $\boldsymbol{u}$, der bezüglich einer kartesischen Basis $\boldsymbol{e}_i$ die Komponentendarstellung hat

$$\boldsymbol{u} = x^i \boldsymbol{e}_i \, ,$$

kann auch bezüglich der kovarianten Basis angegeben werden

$$\boldsymbol{u} = u^i \boldsymbol{g}_i$$

mit den kontravarianten Komponenten u^i oder bezüglich der kontravarianten Basis

$$\boldsymbol{u} = u_i \boldsymbol{g}^i$$

mit den kovarianten Komponenten u_i.

Die geometrische Bedeutung der Metrikkoeffizienten im 2D hängt mit der Abbildung des Einheitskreises des kartesischen x^1-x^2-Koordinatensystems auf eine Ellipse („Einheitsellipse") in einem rechtwinkligen Koordinatensystem (Bildebene) zusammen, auf dessen Koordinatenachsen die kontravarianten Koordinaten (u^1, u^2) oder die kovarianten Koordinaten (u_1, u_2) aufgetragen werden (Abb. 5.30). Vektoren der Länge 1 führen im x^1-x^2-Koordinatensystem vom Ursprung zum Einheitskreis und in der Bildebene vom Ursprung zur „Einheitsellipse". Anstatt von Einheitskreis und „Einheitsellipse" spricht man in beiden Fällen von der sogenannten Einheitskugel

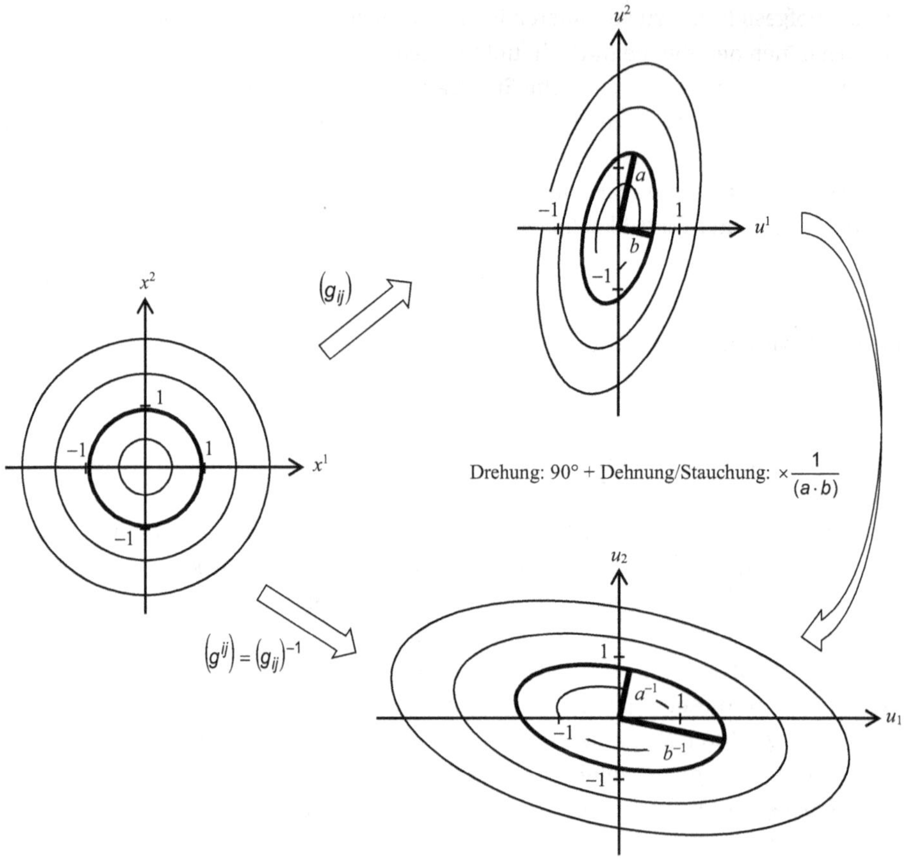

Abb. 5.30: Bedeutung der Metrikkoeffizienten im 2D.

oder Einheitssphäre. Vektoren gleicher Länge führen im x^1-x^2-Koordinatensystem zu ein und demselben Kreis um den Ursprung, und Vektoren unterschiedlicher Länge führen zu konzentrischen Kreisen. In den Bildebenen führen Vektoren gleicher Länge zu ein und derselben Ellipse und Vektoren unterschiedlicher Länge zu konzentrischen Ellipsen. Die konzentrischen Kreise und Ellipsen werden allgemein als Normkugeln oder Normsphären bezeichnet. Die Metrikkoeffizienten bestimmen den großen und kleinen Halbmesser der „Einheitsellipse" und deren Orientierungen in der Bildebene (u^1, u^2) bzw. (u_1, u_2). Genauso wie ein reziprokes und direktes Gitter um 90° gegeneinander verdreht sind, sind auch die beiden „Einheitsellipsen" in (u^1, u^2) bzw. (u_1, u_2) jeweils um 90° gegeneinander verdreht. Außerdem ist die „Einheitsellipse" in der u_1-u_2-Ebene gegenüber der „Einheitsellipse" in der u^1-u^2-Ebene um den Faktor $(ab)^{-1}$ homogen gedehnt/gestaucht. Dies ist der Kehrwert des Faktors, mit dem ein reziprokes gegenüber einem direkten Gitter gestaucht/gedehnt ist. Die Größen a, b sind großer bzw. kleiner Halbmesser der „Einheitsellipse" in der u^1-u^2-Ebene.

Anwendung schiefwinkliger Koordinaten auf erzwungene Schwingungen

Im Folgenden wenden wir schiefwinklige Koordinaten auf erzwungene Schwingungen an. Dazu wählen wir als kovariante Basis die den Eigenmoden entsprechenden Eigenvektoren. Die Schwingungsantwort geben wir durch die kontravarianten Komponenten bezüglich der kovarianten Basis an. Diese kontravarianten Komponenten stimmen mit den modalen Koordinaten überein. Die modalen Koordinaten können also als schiefwinklige Koordinaten bezüglich einer Basis gedeutet werden, die sich aus den Eigenvektoren zusammensetzt. Alle Kraftvektoren drücken wir hingegen durch die kovarianten Komponenten bezüglich der kontravarianten Basis aus. Dies führt uns pro kontravariantem Basisvektor auf jeweils eine Bilanzsumme der entsprechenden kovarianten Kraftkomponenten, die grafisch als Zeigerdiagramm dargestellt werden kann. Die gewählten Basisvektoren haben den Vorteil, dass alle Zeigerdiagramme entkoppelt sind. Für jedes Zeigerdiagramm ergibt sich auf diese Weise jeweils eine modale Koordinate der Schwingungsantwort als Skalierungsfaktor, der bewerkstelligt, dass das Zeigerdiagramm oder Krafteck geschlossen ist.

Um die Dinge der Reihe nach ausführlich zu erläutern, beginnen wir bei der Schwingungsdifferenzialgleichung. Wir schließen Resonanz zunächst aus. Unter dieser Voraussetzung können wir als Lösung der Differenzialgleichung (5.65) den folgenden Ansatz wählen

$$\boldsymbol{q} = \hat{\boldsymbol{q}} e^{i\Omega t} ,$$

da ein lineares System auf eine harmonische Erregung mit Erregerkreisfrequenz Ω mit harmonischen Schwingungen mit derselben Frequenz Ω antwortet. In dem mathematischen Vektor $\hat{\boldsymbol{q}}$ sind alle „Amplituden“ $\hat{q}_1, \hat{q}_2, \ldots, \hat{q}_{\mathrm{FG}}$ der Auslenkungen $\boldsymbol{q} = [q_1, q_2, \ldots, q_{\mathrm{FG}}]^T$ des Systems mit Freiheitsgrad FG zusammengefasst

$$\hat{\boldsymbol{q}} = \begin{bmatrix} \hat{q}_1 \\ \hat{q}_2 \\ \vdots \\ \hat{q}_{\mathrm{FG}} \end{bmatrix} .$$

Man beachte den Unterschied zwischen dem Vektor der „Antwortamplituden“ $\hat{\boldsymbol{q}}$ bzw. der i-ten „Antwortamplitude“ $\hat{q}_i$ und dem i-ten Eigenvektor $\hat{\boldsymbol{q}}_i$, für die ähnliche Symbole verwendet werden, daher besteht Verwechslungsgefahr. Die Bezeichnung Amplitude ist in diesem Zusammenhang nicht ganz korrekt, da bei reellem $\hat{\boldsymbol{Q}}$ die Größen $\hat{q}_i$ prinzipiell sowohl positive als auch negative Zahlenwerte annehmen können. Wählt man $\hat{\boldsymbol{Q}}$ als komplexwertigen Vektor, um Phasenverschiebungen zwischen den einzelnen Erregerkräften zu berücksichtigen, so ist $\hat{\boldsymbol{q}}$ i.a. ebenfalls ein komplexwertiger Vektor. Bei gedämpften Systemen ist dies sogar schon bei reellwertigem Vektor $\hat{\boldsymbol{Q}}$ der Fall. Eine treffendere Bezeichnung für die $\hat{q}_i$ ist daher Zeiger oder komplexe Amplitude. Der Winkel zwischen zwei Zeigern $\hat{q}_i$ und $\hat{q}_k$, also die Differenz der Argumente der komplexen Zahlen $\hat{q}_i$ und $\hat{q}_k$, gibt den Phasenverschiebungswinkel zwischen den Auslenkungen q_i und q_k an.

Da die FG Eigenvektoren $\hat{\boldsymbol{q}}_1, \hat{\boldsymbol{q}}_2, \dots, \hat{\boldsymbol{q}}_{\mathrm{FG}}$ des Schwingungssystems aufgrund ihrer Eigenschaft der verallgemeinerten Orthogonalität (5.68), (5.69) linear unabhängig voneinander sind, kann der Vektor $\hat{\boldsymbol{q}}$ der komplexen Antwortamplituden immer als Linearkombination der Eigenvektoren ausgedrückt werden

$$\hat{\boldsymbol{q}} = \hat{u}^j \hat{\boldsymbol{q}}_j$$

mit komplexen Gewichtungsfaktoren $\hat{u}^j$, $j = 1, \dots, \mathrm{FG}$. Dies ist die Beziehung (5.72), die offenbar auch ohne Kenntnis der Modaltransformation gefunden werden kann. Wir haben hier bei den Gewichtungsfaktoren hochgestellte Indizes, nicht zu verwechseln mit Potenzen, verwendet. Das hat folgenden Hintergrund. Die FG Eigenvektoren $\hat{\boldsymbol{q}}_1, \hat{\boldsymbol{q}}_2, \dots, \hat{\boldsymbol{q}}_{\mathrm{FG}}$ können wir aufgrund ihrer linearen Unabhängigkeit als kovariante Basis $\boldsymbol{g}_1, \boldsymbol{g}_2, \dots, \boldsymbol{g}_{\mathrm{FG}}$ des $\mathbb{R}^{\mathrm{FG}}$ auffassen mit

$$\boldsymbol{g}_i \mathrel{\hat{=}} \hat{\boldsymbol{q}}_i, \quad i = 1, \dots, \mathrm{FG}. \tag{5.79}$$

Hier ist darauf zu achten, dass eine rechtshändige Basis gewählt wird, was aber immer möglich ist. Die Gewichtungsfaktoren $\hat{u}^1, \hat{u}^2, \dots, \hat{u}^{\mathrm{FG}}$ (modale Koordinaten) sind nun die kontravarianten Komponenten des Vektors $\hat{\boldsymbol{q}}$, den wir fortan zu Interpretationszwecken auch als physikalischen Vektor ansehen können, wie in den Vorbemerkungen zu diesem Abschnitt beschrieben wurde. Dessen Komponentendarstellung lautet bezüglich der kovarianten Basis

$$\hat{\boldsymbol{q}} = \hat{u}^j \boldsymbol{g}_j\,. \tag{5.80}$$

Das Einsetzen des Lösungsansatzes $\boldsymbol{q} = \hat{\boldsymbol{q}} e^{i\Omega t}$ in die Schwingungsdifferenzialgleichung (5.65) liefert

$$\hat{\boldsymbol{Q}} + \hat{\boldsymbol{Q}}_{\mathrm{T}}(\hat{\boldsymbol{q}}, \Omega^2) + \hat{\boldsymbol{Q}}_F(\hat{\boldsymbol{q}}) = \boldsymbol{0} \tag{5.81}$$

mit den Spaltenvektoren

$$\hat{\boldsymbol{Q}}_{\mathrm{T}}(\hat{\boldsymbol{q}}, \Omega^2) = \Omega^2 \boldsymbol{M}\hat{\boldsymbol{q}}, \qquad \hat{\boldsymbol{Q}}_F(\hat{\boldsymbol{q}}) = -\boldsymbol{K}\hat{\boldsymbol{q}} \tag{5.82}$$

dessen Einträge die Zeiger der verallgemeinerten Trägheitskräfte bzw. die Zeiger der verallgemeinerten Federkräfte sind. Erweitern wir die Bedeutung von $\hat{\boldsymbol{q}}$, $\hat{\boldsymbol{Q}}$, $\hat{\boldsymbol{Q}}_{\mathrm{T}}$, $\hat{\boldsymbol{Q}}_F$, indem wir sie als physikalische Vektoren (Tensoren der Stufe 1) begreifen (siehe Vorbemerkungen), so bekommen die Massenmatrix $\boldsymbol{M}$ und die Steifigkeitsmatrix $\boldsymbol{K}$ die Bedeutung von Tensoren der Stufe 2. Durch diese Bedeutungserweiterung wird aus dem Matrixprodukt von Massen- bzw. Steifigkeitsmatrix und Spaltenvektor $\hat{\boldsymbol{q}}$ in (5.82) das Skalarprodukt des zweistufigen Tensors $\boldsymbol{M}$ bzw. $\boldsymbol{K}$ mit dem physikalischen Vektor $\hat{\boldsymbol{q}}$, für das wir das Symbol $\circ$ verwenden

$$\hat{\boldsymbol{Q}}_{\mathrm{T}}(\hat{\boldsymbol{q}}, \Omega^2) = \Omega^2 \boldsymbol{M} \circ \hat{\boldsymbol{q}}, \qquad \hat{\boldsymbol{Q}}_F(\hat{\boldsymbol{q}}) = -\boldsymbol{K} \circ \hat{\boldsymbol{q}}\,. \tag{5.83}$$

Die Beziehung (5.81), die das Gleichgewicht der äußeren Kräfte, der Trägheits- und der Federkräfte ausdrückt, ist vollkommen analog zu Gleichung (2.25) des Einfreiheitsgradschwingers in Abschnitt 2.2.1. Grafisch haben wir sie in Abb. 2.16 als geschlossenes Polygon der Zeiger der Kräfte visualisiert. Im Fall des Mehrfreiheitsgradschwingers ist die Visualisierung allerdings nicht so einfach möglich, da die äußeren Kräfte,

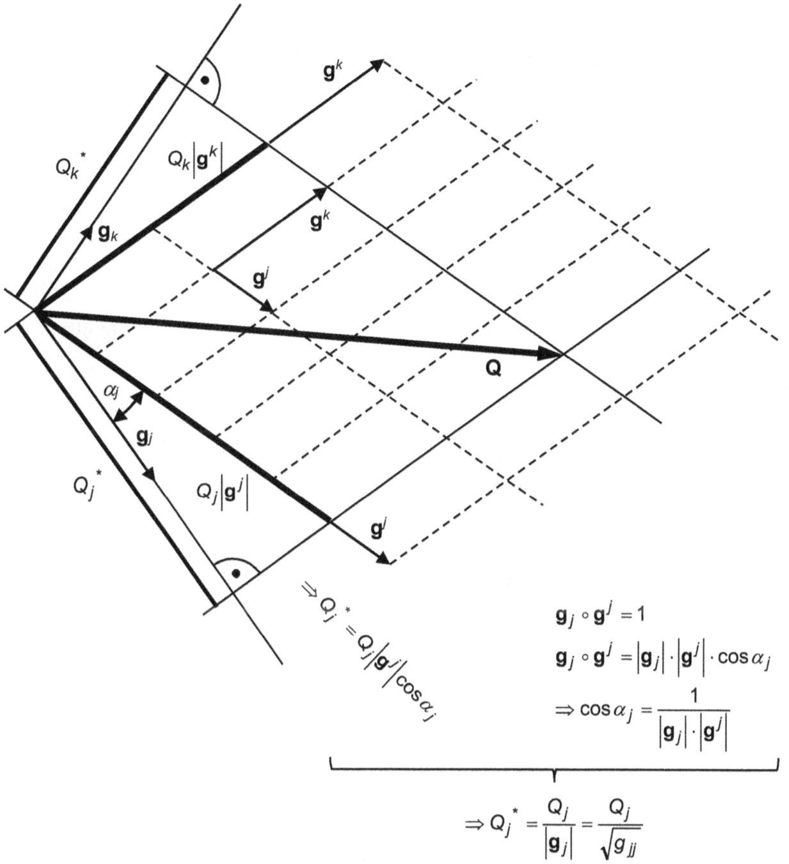

Abb. 5.31: Zusammenhang Projektion Q_j* auf kovarianten Basisvektor $\boldsymbol{g}_j$ und kovariante Komponente Q_j.

die Trägheits- und die Federkräfte nicht wie im Fall des Einfreiheitsgradschwingers durch jeweils einen Zeiger repräsentiert werden, sondern durch Vektoren von Zeigern.

Wir wollen nun diese Vektoren bezüglich der kontravarianten Basis $\boldsymbol{g}^1$, $\boldsymbol{g}^2$, ..., $\boldsymbol{g}^{\mathrm{FG}}$ darstellen

$$\hat{\boldsymbol{Q}} = \hat{Q}_j \boldsymbol{g}^j, \qquad \hat{\boldsymbol{Q}}_{\mathrm{F}}(\hat{\boldsymbol{q}}) = \hat{Q}_{F_j}(\hat{\boldsymbol{q}})\boldsymbol{g}^j, \qquad \hat{\boldsymbol{Q}}_{\mathrm{T}}(\hat{\boldsymbol{q}}, \Omega^2) = \hat{Q}_{T_j}(\hat{\boldsymbol{q}}, \Omega^2)\boldsymbol{g}^j \tag{5.84}$$

Die Größen $\hat{Q}_j$, $\hat{Q}_{Fj}$, $\hat{Q}_{Tj}$ sind die kovarianten Komponenten, die sich aus den Vektoren $\hat{\boldsymbol{Q}}$, $\hat{\boldsymbol{Q}}_F$, $\hat{\boldsymbol{Q}}_{\mathrm{T}}$ durch Skalarmultiplikation mit dem j-ten kovarianten Basisvektor ergeben (siehe Anhang – schiefwinklige Koordinaten)

$$\hat{Q}_j = \hat{\boldsymbol{Q}} \circ \boldsymbol{g}_j, \qquad \hat{Q}_{F_j} = \hat{\boldsymbol{Q}}_F \circ \boldsymbol{g}_j, \qquad \hat{Q}_{T_j} = \hat{\boldsymbol{Q}}_{\mathrm{T}} \circ \boldsymbol{g}_j\,. \tag{5.85}$$

Da sich die orthogonalen Projektionen $\hat{Q}_j^*$, $\hat{Q}_{Fj}^*$, $\hat{Q}_{Tj}^*$ der Vektoren $\hat{\boldsymbol{Q}}$, $\hat{\boldsymbol{Q}}_F$, $\hat{\boldsymbol{Q}}_T$ auf die Richtung des j-ten kovarianten Basisvektors $\boldsymbol{g}_j$ berechnen zu

$$\hat{Q}_j^* = \hat{\boldsymbol{Q}} \circ \frac{\boldsymbol{g}_j}{|\boldsymbol{g}_j|}, \qquad \hat{Q}_{F_j}^* = \hat{\boldsymbol{Q}}_F \circ \frac{\boldsymbol{g}_j}{|\boldsymbol{g}_j|}, \qquad \hat{Q}_{T_j}^* = \hat{\boldsymbol{Q}}_T \circ \frac{\boldsymbol{g}_j}{|\boldsymbol{g}_j|}, \quad \not\Sigma$$

mit

$$|\boldsymbol{g}_j| = \sqrt{g_{jj}}, \quad \not\Sigma,$$

wobei g_{jj} ein kovarianter Metrikkoeffizient nach Gleichung (5.78) mit $i = j$ ist, stimmen die kovarianten Komponenten mit den Projektionen bis auf den jeweils gleichen Faktor $\sqrt{g_{jj}}$ überein

$$\hat{Q}_j^* = \frac{\hat{Q}_j}{\sqrt{g_{jj}}}, \qquad \hat{Q}_{F_j}^* = \frac{\hat{Q}_{F_j}}{\sqrt{g_{jj}}}, \qquad \hat{Q}_{T_j}^* = \frac{\hat{Q}_{T_j}}{\sqrt{g_{jj}}}, \quad j = 1, \dots, \mathrm{FG}. \tag{5.86}$$

Dieser Zusammenhang wird in Abb. 5.31 geometrisch veranschaulicht.

Da die Vektorsumme der drei Vektoren $\hat{\boldsymbol{Q}}$, $\hat{\boldsymbol{Q}}_F$, $\hat{\boldsymbol{Q}}_T$ null ist (5.81), muss auch die Summe der j-ten Komponenten null sein

$$\hat{Q}_j + \hat{Q}_{T_j}(\hat{\boldsymbol{q}}, \Omega^2) + \hat{Q}_{F_j}(\hat{\boldsymbol{q}}) = 0, \quad j = 1, \dots, \mathrm{FG}. \tag{5.87}$$

Das Gleiche gilt für die Projektionen.

Substituieren wir in den Ausdrücken für $\hat{\boldsymbol{Q}}_T$ und $\hat{\boldsymbol{Q}}_F$ den Vektor $\hat{\boldsymbol{q}}$ durch die Linearkombination der Eigenvektoren $\boldsymbol{g}_k$, so ergeben sich die kovarianten Komponenten der Trägheits- und Federkraftvektoren in Vektorschreibweise

$$\hat{Q}_{T_j}(\hat{\boldsymbol{q}}, \Omega^2) = \Omega^2 \boldsymbol{g}_j \circ \boldsymbol{M} \circ \hat{\boldsymbol{q}},$$
$$\hat{Q}_{F_j}(\hat{\boldsymbol{q}}) = -\boldsymbol{g}_j \circ \boldsymbol{K} \circ \hat{\boldsymbol{q}}$$

zu

$$\hat{Q}_{T_j}(\hat{\boldsymbol{q}}, \Omega^2) = \Omega^2 \boldsymbol{g}_j \circ \boldsymbol{M} \circ \boldsymbol{g}_k \hat{u}^k,$$
$$\hat{Q}_{F_j}(\hat{\boldsymbol{q}}) = -\boldsymbol{g}_j \circ \boldsymbol{K} \circ \boldsymbol{g}_k \hat{u}^k$$

bzw. in Matrixschreibweise

$$\hat{Q}_{T_j}(\hat{\boldsymbol{q}}, \Omega^2) = \Omega^2 \boldsymbol{g}_j^T \boldsymbol{M} \boldsymbol{g}_k \hat{u}^k,$$
$$\hat{Q}_{F_j}(\hat{\boldsymbol{q}}) = -\boldsymbol{g}_j^T \boldsymbol{K} \boldsymbol{g}_k \hat{u}^k.$$

Im Folgenden wollen wir auf eine doppelte Formulierung der Gleichungen in Matrix- und Vektorschreibweise verzichten. Wir entscheiden uns für die Vektorschreibweise. Aufgrund der verallgemeinerten Orthogonalität der Eigenvektoren (5.68), (5.69) gilt

$$\sum_k \boldsymbol{g}_j \circ \boldsymbol{M} \circ \boldsymbol{g}_k \hat{u}^k = \hat{u}^j \boldsymbol{g}_j \circ \boldsymbol{M} \circ \boldsymbol{g}_j, \qquad \sum_k \boldsymbol{g}_j \circ \boldsymbol{K} \circ \boldsymbol{g}_k \hat{u}^k = \hat{u}^j \boldsymbol{g}_j \circ \boldsymbol{K} \circ \boldsymbol{g}_j, \quad \not\Sigma_j$$

und daher

$$\hat{Q}_{T_j}(\hat{\boldsymbol{q}}, \Omega^2) = \hat{u}^j \Omega^2 \boldsymbol{g}_j \circ \boldsymbol{M} \circ \boldsymbol{g}_j, \quad \not\Sigma$$
$$\hat{Q}_{F_j}(\hat{\boldsymbol{q}}) = \hat{u}^j(-\boldsymbol{g}_j \circ \boldsymbol{K} \circ \boldsymbol{g}_j), \quad \not\Sigma$$

oder anders ausgedrückt

$$\hat{Q}_{T_j}(\hat{\boldsymbol{q}}, \Omega^2) = \hat{u}^j \hat{Q}_{T_j}(\boldsymbol{g}_j, \Omega^2), \quad \not\Sigma, \tag{5.88}$$
$$\hat{Q}_{F_j}(\hat{\boldsymbol{q}}) = \hat{u}^j \hat{Q}_{F_j}(\boldsymbol{g}_j), \quad \not\Sigma \tag{5.89}$$

mit

$$\hat{Q}_{T_j}(\boldsymbol{g}_j, \Omega^2) = \Omega^2 \boldsymbol{g}_j \circ \boldsymbol{M} \circ \boldsymbol{g}_j\,, \tag{5.90}$$

$$\hat{Q}_{F_j}(\boldsymbol{g}_j) = -\boldsymbol{g}_j \circ \boldsymbol{K} \circ \boldsymbol{g}_j\,. \tag{5.91}$$

Die Größen

$$\hat{Q}_{T_j}(\boldsymbol{g}_j, \Omega^2), \quad \hat{Q}_{F_j}(\boldsymbol{g}_j)$$

sind die kovarianten Komponenten der Kraftvektoren

$$\hat{\boldsymbol{Q}}_{\mathrm{T}}(\boldsymbol{g}_j, \Omega^2) = \Omega^2 \boldsymbol{M} \circ \boldsymbol{g}_j\,, \tag{5.92}$$

$$\hat{\boldsymbol{Q}}_{F}(\boldsymbol{g}_j) = -\boldsymbol{K} \circ \boldsymbol{g}_j\,. \tag{5.93}$$

Diese Vektoren stellen die Trägheits- bzw. Federkräfte dar, die durch eine Schwingung mit der Erregerkreisfrequenz Ω und durch Schwingungsamplituden verursacht werden, die mit der j-ten Eigenform $\boldsymbol{g}_j$ übereinstimmen.

Mit Worten können wir das Zwischenergebnis (5.88–5.91) folgendermaßen formulieren. Eine Schwingung in Richtung eines kovarianten Basisvektors $\boldsymbol{g}_j$ (Eigenvektor) erzeugt nur Trägheits- und Federkräfte in Richtung des entsprechenden kontravarianten Basisvektors $\boldsymbol{g}^j$.

Daher enthält die Bilanzsumme der j-ten kovarianten Kraftkomponenten, die sich nach Einsetzen der Gleichungen (5.88), (5.89) in Gleichung (5.87) ergibt, zu

$$\hat{Q}_j + \hat{u}^j \hat{Q}_{T_j}(\boldsymbol{g}_j, \Omega^2) + \hat{u}^j \hat{Q}_{F_j}(\boldsymbol{g}_j) = 0, \quad \not\Sigma, j = 1, \ldots, \mathrm{FG}\,, \tag{5.94}$$

Trägheits- und Federkraftkomponenten, die nur auf die j-te kontravariante Komponente $\hat{u}^j$ der Schwingungsantwort zurückzuführen sind. Diese Bilanzsumme lässt sich unmittelbar nach $\hat{u}^j$ auflösen, da keine weiteren Komponenten der Schwingungsantwort enthalten sind

$$\hat{u}^j = -\frac{\hat{Q}_j}{\hat{Q}_{T_j}(\boldsymbol{g}_j, \Omega^2) + \hat{Q}_{F_j}(\boldsymbol{g}_j)}\,.$$

Die Größe $\hat{u}^j$ kann als Faktor aufgefasst werden, mit dem die kovarianten Komponenten

$$\hat{Q}_{T_j}(\boldsymbol{g}_j, \Omega^2), \quad \hat{Q}_{F_j}(\boldsymbol{g}_j)$$

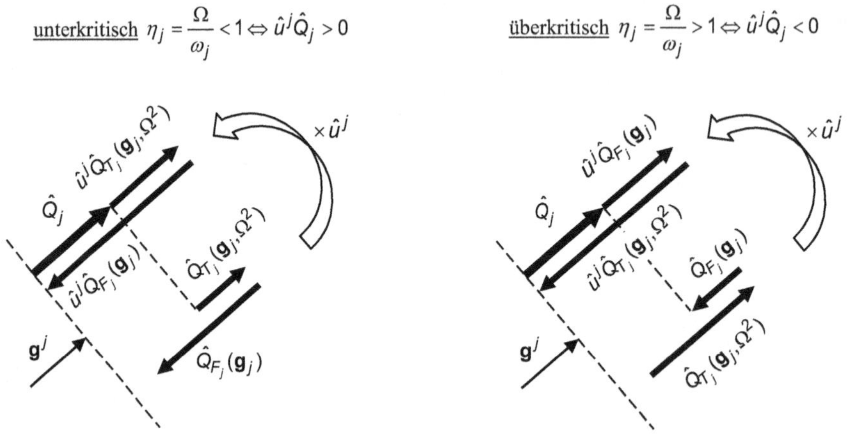

Anmerkung: Bilder gelten für $\hat{Q}_j > 0$.
Im Fall $\hat{Q}_j < 0$ zeigen $\mathbf{g}^j, \hat{Q}_{Fj}(\mathbf{g}_j), \hat{Q}_{Tj}(\mathbf{g}_j, \Omega^2)$ in entgegengesetzte Richtung.

Abb. 5.32: Interpretation der modalen Koordinaten $\hat{u}^j$ mithilfe der Zeigerdiagramme der kovarianten Kräftekomponenten.

skaliert werden müssen, sodass sie zusammen mit der kovarianten Komponente $\hat{Q}_j$ des Erregerkraftvektors ein geschlossenes Krafteck bzw. Zeigerdiagramm ergeben (Abb. 5.32). Dies ist vollkommen analog zur Rolle der Schwingungsantwort $\hat{X}$ als Skalierungsfaktor beim Einfreiheitsgradschwinger (vgl. Abschnitt 2.2.1). Da Trägheitskraft-, Federkraft- und Erregerkraftvektor jeweils FG kovariante Komponenten in Richtung der FG kontravarianten Basisvektoren $\boldsymbol{g}^j$ besitzen, gibt es beim Mehrfreiheitsgradschwinger FG derartige Zeigerdiagramme. Mit jedem dieser FG Zeigerdiagramme kann jeweils eine der FG kontravarianten Komponenten $\hat{u}^j$ der Schwingungsantwort als Skalierungsfaktor ermittelt werden.

Es sei darauf hingewiesen, dass aufgrund der positiven Definitheit von $\boldsymbol{K}$ und $\boldsymbol{M}$

$$\hat{Q}_{F_j}(\boldsymbol{g}_j) < 0$$

und

$$\hat{Q}_{T_j}(\boldsymbol{g}_j, \Omega^2) > 0 .$$

Da eine Eigenschwingung ohne Krafterregung auftritt, erhalten wir zum Beispiel für die j-te Eigenschwingung mit Eigenkreisfrequenz ω_j aus der Bilanzgleichung der kovarianten Kraftkomponenten durch Einsetzen von $\hat{Q}_j = 0$ und Substitution von Ω durch ω_j

$$\hat{Q}_{T_j}(\boldsymbol{g}_j, \omega_j^2) + \hat{Q}_{F_j}(\boldsymbol{g}_j) = 0$$

also

$$\omega_j^2 \boldsymbol{g}_j \circ \boldsymbol{M} \circ \boldsymbol{g}_j - \boldsymbol{g}_j \circ \boldsymbol{K} \circ \boldsymbol{g}_j = 0 .$$

Offensichtlich gilt

$$\Omega^2 \boldsymbol{g}_j \circ \boldsymbol{M} \circ \boldsymbol{g}_j - \boldsymbol{g}_j \circ \boldsymbol{K} \circ \boldsymbol{g}_j \begin{cases} > 0 & \text{für } \Omega^2 > \omega_j^2 \\ < 0 & \text{für } \Omega^2 < \omega_j^2 \end{cases} .$$

und somit

$$\hat{Q}_{T_j}(\boldsymbol{g}_j, \Omega^2) > \left|\hat{Q}_{F_j}(\boldsymbol{g}_j)\right| \quad \text{für } \eta_j > 1 , \tag{5.95}$$

$$\hat{Q}_{T_j}(\boldsymbol{g}_j, \Omega^2) < \left|\hat{Q}_{F_j}(\boldsymbol{g}_j)\right| \quad \text{für } \eta_j < 1 \tag{5.96}$$

mit dem Frequenzverhältnis

$$\eta_j = \frac{\Omega}{\omega_j} . \tag{5.97}$$

Bei unterkritischer Erregung η_j <1 ist also die j-te kovariante Federkraftkomponente dominant gegenüber der j-ten kovarianten Trägheitskraftkomponente, bei überkritischer Erregung $\eta_j > 1$ sind die Kräfteverhältnisse genau andersherum. Ein analoges Ergebnis kennen wir schon vom Einfreiheitsgradschwinger. Die Kräfteverhältnisse sind in diesem Sinn in Abb. 5.32 qualitativ korrekt dargestellt.

Durch Umstellen der Bilanzgleichung der j-ten kovarianten Kraftkomponenten erhält man

$$\hat{Q}_{T_j}(\boldsymbol{g}_j, \Omega^2) + \hat{Q}_{F_j}(\boldsymbol{g}_j) = -\frac{\hat{Q}_j}{\hat{u}^j} .$$

Da wir bereits wissen, dass

$$\hat{Q}_{T_j}(\boldsymbol{g}_j, \Omega^2) + \hat{Q}_{F_j}(\boldsymbol{g}_j) \begin{cases} > 0 & \text{für } \eta_j > 1 \\ < 0 & \text{für } \eta_j < 1 \end{cases} ,$$

können wir auch festhalten

$$\hat{u}^j \hat{Q}_j \begin{cases} < 0 & \text{für } \eta_j > 1 \\ > 0 & \text{für } \eta_j < 1 \end{cases} . \tag{5.98}$$

Diese Vorzeichenverhältnisse gehen ebenfalls aus Abb. 5.32 hervor.

Die Bedingung (5.73), die wir in Abschnitt 5.4.1 zur Modaltransformation dafür formuliert haben, dass eine Eigenform j nicht in der Schwingungsantwort enthalten ist, erscheint nun trivial. Sie lautet nämlich übersetzt, dass die j-te kovariante Komponente des Vektors der Erregerkräfte null sein muss. Aus Abb. 5.32 für die erzwungenen Schwingungen erkennt man sofort, dass

$$\hat{Q}_j = 0 \Leftrightarrow \hat{u}^j = 0 . \tag{5.99}$$

Weiterhin gilt offensichtlich

$$\hat{Q}_j \neq 0 \Leftrightarrow \hat{u}^j \neq 0 .$$

Das heißt, dass die k-te kovariante Erregerkraftkomponente eine Schwingungsantwort hervorruft, die nur den k-ten Eigenvektor, also den k-ten kovarianten Basisvektor $\boldsymbol{g}_k$ enthält

$$(\hat{Q}_k \neq 0) \wedge (\hat{Q}_j = 0\ \forall j \neq k) \quad \Leftrightarrow \quad (\hat{u}^k \neq 0) \wedge (\hat{u}^j = 0\ \forall j \neq k)$$

oder gleichbedeutend

$$\hat{\boldsymbol{Q}} = \hat{Q}_k \boldsymbol{g}^k \not\Sigma,\ \hat{Q}_k \neq 0 \quad \Leftrightarrow \quad \hat{\boldsymbol{q}} = \hat{u}^k \boldsymbol{g}_k \not\Sigma,\ \hat{u}^k \neq 0.$$

Dieser Sachverhalt lässt sich zusammen mit dem Zwischenergebnis (5.88–5.91) von vorhin folgendermaßen kurz und prägnant mit Worten formulieren.

Eine Erregerkraft in Richtung von $\boldsymbol{g}^k$ erzeugt eine Schwingung in Richtung von $\boldsymbol{g}_k$. Eine Schwingung in Richtung von $\boldsymbol{g}_k$ erzeugt nur Feder- und Trägheitskräfte in Richtung von $\boldsymbol{g}^k$.

Der Grund hierfür ist die Eigenschaft der verallgemeinerten Orthogonalität der Eigenvektoren. Die Konsequenz ist, dass sich aus jedem der FG Zeigerdiagramme für die Kraftkomponenten bezüglich der Basis $\boldsymbol{g}^k$, $k = 1, \ldots,$ FG jeweils genau eine Komponente $\hat{u}^k$ der Schwingungsantwort separat für sich ermitteln lässt, ohne die jeweils anderen Komponenten berücksichtigen zu müssen. Betrachtet man jedoch Kraftkomponentenzeigerdiagramme bezüglich einer anderen Basis, treten in der Regel in diesen Zeigerdiagrammen jeweils mehrere Komponenten der Schwingungsantwort auf (vgl. kartesische Basis in Beispiel 1). Unabhängig von dem Wert der Erregerkreisfrequenz ergeben sich entkoppelte Kraftzeigerdiagramme nur bei Wahl der Richtungen $\boldsymbol{g}^k$.

Beispiele

In den folgenden Beispielen für Schwingungen krafterregter mechanischer Systeme werden die Zeigerdiagramme für die kovarianten Kraftkomponenten konstruiert, aus denen sich die Komponenten der Schwingungsantwort als Skalierungsfaktoren ergeben. In den Beispielen 1 und 2 werden Dreh-Längskoppelschwinger betrachtet, wobei im Beispiel 1 eine Kraftkopplung und in Beispiel 2 eine Massenkopplung besteht. In Beispiel 1 werden auch die Zeigerdiagramme der kartesischen Kraftkomponenten dargestellt, die aber im Unterschied zu den Zeigerdiagrammen der kovarianten Kraftkomponenten nicht entkoppelt sind. Bei den Systemen in den Beispielen 3–5 handelt es sich um Längsschwingerketten, wobei unterschiedliche Phänomene auftreten, und zwar Schwingungstilgung (Beispiele 3, 4) und die Antwort des Systems auf eine Erregung mit nur einem einzigen Mode (Beispiel 5). Die Beispiele 4, 5 haben die Besonderheit, dass die Eigenvektoren orthogonal sind. Bei dem letzten Beispielsystem (Beispiel 6) handelt es sich wieder um einen Dreh-Längsschwinger, der aber für die gewählten verallgemeinerten Koordinaten bereits entkoppelt ist. In allen Diagrammen der folgenden Beispiele ist der Einheitsvektor $\boldsymbol{e}_1$ der kartesischen Basis horizontal von links nach rechts gerichtet und der Einheitsvektor $\boldsymbol{e}_2$ vertikal von unten nach oben. Wir haben auf eine Eintragung der Einheitsvektoren in den meisten Diagrammen aus Gründen der Übersichtlichkeit verzichtet.

Beispiel 1 – Dreh-Längskoppelschwingungen eines Seilwindenantriebsstrangs mit Kraftkopplung

Der Antriebsstrang besteht aus einer Seiltrommel mit Radius r und Rotationsträgheitsmoment θ, einer Drehfeder der Steifigkeit c_T, einem masselosen Seil, dessen Elastizität mithilfe einer linearen Feder der Steifigkeit c beschrieben wird, und aus einer Last der Masse m. Es ist davon auszugehen, dass das Seil nicht rutscht. Die Drehfeder erzeugt ein zu der Verdrehung q_2 der Seiltrommel proportionales Rückstellmoment, das direkt auf die Seiltrommel wirkt. Die Verlängerung Δl der Seilfeder ergibt sich aus der Verdrehung q_2 der Seiltrommel und der translatorischen Verschiebung q_1 der Last

$$\Delta l = q_1 - rq_2 \,.$$

Aus der Massenmatrix $\boldsymbol{M}$ und der Steifigkeitsmatrix $\boldsymbol{K}$

$$\boldsymbol{M} = \begin{bmatrix} m & 0 \\ 0 & \theta \end{bmatrix}, \qquad \boldsymbol{K} = \begin{bmatrix} c & -cr \\ -cr & (c_\mathrm{T} + cr^2) \end{bmatrix}$$

ergeben sich die Quadrate der Eigenkreisfrequenzen

$$\omega_1^2 = \frac{1}{2}\frac{c}{m}, \qquad \omega_2^2 = \frac{3}{2}\frac{c}{m}$$

und die Eigenvektoren

$$\hat{\boldsymbol{q}}_1 = \begin{bmatrix} 2r \\ 1 \end{bmatrix}, \qquad \hat{\boldsymbol{q}}_2 = \begin{bmatrix} -2r \\ 1 \end{bmatrix}$$

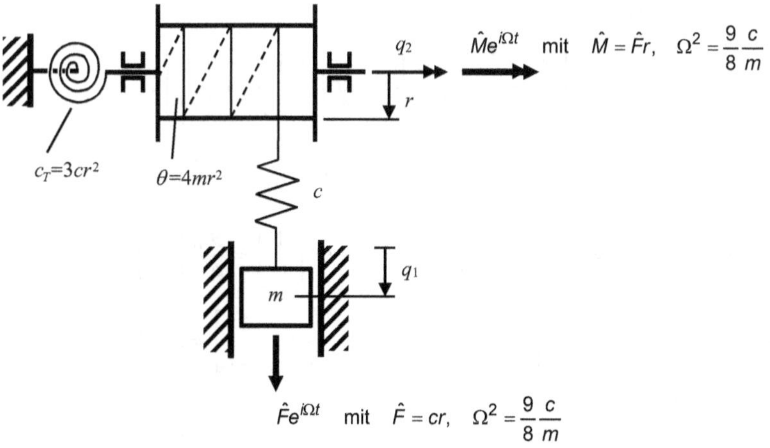

Abb. 5.33: Seilwindenantriebsstrang.

und damit die kartesischen Komponenten der kovarianten Basis

$$\boldsymbol{g}_1 \mathrel{\hat{=}} \begin{bmatrix} 2r \\ 1 \end{bmatrix}, \qquad \boldsymbol{g}_2 \mathrel{\hat{=}} \begin{bmatrix} -2r \\ 1 \end{bmatrix}.$$

Durch Invertierung der Matrix der kovarianten Metrikkoeffizienten

$$(g_{ij}) = \begin{bmatrix} (1+4r^2) & (1-4r^2) \\ (1-4r^2) & (1+4r^2) \end{bmatrix}$$

erhält man die Matrix der kontravarianten Metrikkoeffizienten

$$\left(g^{ij}\right) = \left(g_{ij}\right)^{-1} = \frac{1}{16r^2} \begin{bmatrix} (1+4r^2) & -(1-4r^2) \\ -(1-4r^2) & (1+4r^2) \end{bmatrix}.$$

Mit den kontravarianten Metrikkoeffizienten ermitteln wir die kontravariante Basis

$$\boldsymbol{g}^1 = g^{11}\boldsymbol{g}_1 + g^{12}\boldsymbol{g}_2 \mathrel{\hat{=}} \frac{1+4r^2}{16r^2}\begin{bmatrix} 2r \\ 1 \end{bmatrix} + \frac{-(1-4r^2)}{16r^2}\begin{bmatrix} -2r \\ 1 \end{bmatrix} = \begin{bmatrix} \frac{1}{4r} \\ \frac{1}{2} \end{bmatrix},$$

$$\boldsymbol{g}^2 = g^{21}\boldsymbol{g}_1 + g^{22}\boldsymbol{g}_2 \mathrel{\hat{=}} \frac{-(1-4r^2)}{16r^2}\begin{bmatrix} 2r \\ 1 \end{bmatrix} + \frac{1+4r^2}{16r^2}\begin{bmatrix} -2r \\ 1 \end{bmatrix} = \begin{bmatrix} -\frac{1}{4r} \\ \frac{1}{2} \end{bmatrix}.$$

Federkraft- und Trägheitskraftvektor sind

$$\hat{\boldsymbol{Q}}_F = -\boldsymbol{K} \circ \hat{\boldsymbol{q}} \mathrel{\hat{=}} -c\begin{bmatrix} 1 & -r \\ -r & 4r^2 \end{bmatrix}\hat{\boldsymbol{q}}, \quad \hat{\boldsymbol{Q}}_\mathrm{T} = \Omega^2\boldsymbol{M} \circ \hat{\boldsymbol{q}} \mathrel{\hat{=}} \frac{9}{8}\frac{c}{m}\begin{bmatrix} m & 0 \\ 0 & \theta \end{bmatrix}\hat{\boldsymbol{q}} = \frac{9}{8}c\begin{bmatrix} 1 & 0 \\ 0 & 4r^2 \end{bmatrix}\hat{\boldsymbol{q}}.$$

Sie ergeben sich für Schwingungsamplituden, die gleich den kovarianten Basisvektoren sind, zu

$$\hat{\boldsymbol{Q}}_F(\boldsymbol{g}_1) = -\boldsymbol{K} \circ \boldsymbol{g}_1 \mathrel{\hat{=}} -c\begin{bmatrix} 1 & -r \\ -r & 4r^2 \end{bmatrix}\begin{bmatrix} 2r \\ 1 \end{bmatrix} = -cr\begin{bmatrix} 1 \\ 2r \end{bmatrix} = -\hat{F}\begin{bmatrix} 1 \\ 2r \end{bmatrix},$$

$$\hat{\boldsymbol{Q}}_F(\boldsymbol{g}_2) = -\boldsymbol{K} \circ \boldsymbol{g}_2 \mathrel{\hat{=}} -c\begin{bmatrix} 1 & -r \\ -r & 4r^2 \end{bmatrix}\begin{bmatrix} -2r \\ 1 \end{bmatrix} = 3cr\begin{bmatrix} 1 \\ -2r \end{bmatrix} = 3\hat{F}\begin{bmatrix} 1 \\ -2r \end{bmatrix},$$

$$\hat{\boldsymbol{Q}}_\mathrm{T}(\boldsymbol{g}_1, \Omega^2) = \Omega^2\boldsymbol{M} \circ \boldsymbol{g}_1 \mathrel{\hat{=}} \frac{9}{8}c\begin{bmatrix} 1 & 0 \\ 0 & 4r^2 \end{bmatrix}\begin{bmatrix} 2r \\ 1 \end{bmatrix} = \frac{9}{4}cr\begin{bmatrix} 1 \\ 2r \end{bmatrix} = \frac{9}{4}\hat{F}\begin{bmatrix} 1 \\ 2r \end{bmatrix},$$

$$\hat{\boldsymbol{Q}}_\mathrm{T}(\boldsymbol{g}_2, \Omega^2) = \Omega^2\boldsymbol{M} \circ \boldsymbol{g}_2 \mathrel{\hat{=}} \frac{9}{8}c\begin{bmatrix} 1 & 0 \\ 0 & 4r^2 \end{bmatrix}\begin{bmatrix} -2r \\ 1 \end{bmatrix} = -\frac{9}{4}cr\begin{bmatrix} 1 \\ -2r \end{bmatrix} = -\frac{9}{4}\hat{F}\begin{bmatrix} 1 \\ -2r \end{bmatrix}.$$

Deren kovariante Komponenten erhalten wir durch Skalarmultiplikation mit den kovarianten Basisvektoren

$$\hat{Q}_{F_1}(\boldsymbol{g}_1) = \boldsymbol{g}_1 \circ \hat{\boldsymbol{Q}}_F(\boldsymbol{g}_1) = \begin{bmatrix} 2r & 1 \end{bmatrix} (-\hat{F}) \begin{bmatrix} 1 \\ 2r \end{bmatrix} = -4\hat{F}r,$$

$$\hat{Q}_{F_2}(\boldsymbol{g}_2) = \boldsymbol{g}_2 \circ \hat{\boldsymbol{Q}}_F(\boldsymbol{g}_2) = \begin{bmatrix} -2r & 1 \end{bmatrix} (3\hat{F}) \begin{bmatrix} 1 \\ -2r \end{bmatrix} = -12\hat{F}r\,,$$

$$\hat{Q}_{T_1}(\boldsymbol{g}_1, \Omega^2) = \boldsymbol{g}_1 \circ \hat{\boldsymbol{Q}}_T(\boldsymbol{g}_1, \Omega^2) = \frac{9}{4}\hat{F} \begin{bmatrix} 2r & 1 \end{bmatrix} \begin{bmatrix} 1 \\ 2r \end{bmatrix} = 9\hat{F}r\,,$$

$$\hat{Q}_{T_2}(\boldsymbol{g}_2, \Omega^2) = \boldsymbol{g}_2 \circ \hat{\boldsymbol{Q}}_T(\boldsymbol{g}_2, \Omega^2) = -\frac{9}{4}\hat{F} \begin{bmatrix} -2r & 1 \end{bmatrix} \begin{bmatrix} 1 \\ -2r \end{bmatrix} = 9\hat{F}r.$$

Wegen der verallgemeinerten Orthogonalität der Eigenvektoren gilt

$$\hat{Q}_{F_1}(\boldsymbol{g}_2) = \hat{Q}_{F_2}(\boldsymbol{g}_1) = \hat{Q}_{T_1}(\boldsymbol{g}_2, \Omega^2) = \hat{Q}_{T_2}(\boldsymbol{g}_1, \Omega^2) = 0\,.$$

Die kovarianten Komponenten des Vektors der Amplituden der äußeren Kräfte berechnen wir analog

$$\hat{Q}_1 = \boldsymbol{g}_1 \circ \hat{\boldsymbol{Q}} = \begin{bmatrix} 2r & 1 \end{bmatrix} \begin{bmatrix} \hat{F} \\ \hat{M} \end{bmatrix} = 2\hat{F}r + \hat{M}, \quad \hat{Q}_2 = \boldsymbol{g}_2 \circ \hat{\boldsymbol{Q}} = \begin{bmatrix} -2r & 1 \end{bmatrix} \begin{bmatrix} \hat{F} \\ \hat{M} \end{bmatrix} = -2\hat{F}r + \hat{M}\,.$$

Aus der Kräftebilanz der 1. kovarianten Kraftkomponenten

$$\hat{Q}_1 + \hat{u}^1 \hat{Q}_{F_1}(\boldsymbol{g}_1) + \hat{u}^1 \hat{Q}_{T_1}(\boldsymbol{g}_1, \Omega^2) = 0$$

und aus der Kräftebilanz der 2. kovarianten Kraftkomponenten

$$\hat{Q}_2 + \hat{u}^2 \hat{Q}_{F_2}(\boldsymbol{g}_2) + \hat{u}^2 \hat{Q}_{T_2}(\boldsymbol{g}_2, \Omega^2) = 0$$

ergeben sich die kontravarianten Komponenten der Schwingungsantwort (modale Koordinaten)

$$\hat{u}^1 = -\frac{\hat{Q}_1}{\hat{Q}_{F_1}(\boldsymbol{g}_1) + \hat{Q}_{T_1}(\boldsymbol{g}_1, \Omega^2)} = -\frac{2\hat{F}r + \hat{M}}{-4\hat{F}r + 9\hat{F}r} = -\frac{3\hat{F}r}{5\hat{F}r} = -\frac{3}{5}\,,$$

$$\hat{u}^2 = -\frac{\hat{Q}_2}{\hat{Q}_{F_2}(\boldsymbol{g}_2) + \hat{Q}_{T_2}(\boldsymbol{g}_2, \Omega^2)} = -\frac{-2\hat{F}r + \hat{M}}{-12\hat{F}r + 9\hat{F}r} = -\frac{\hat{F}r}{3\hat{F}r} = -\frac{1}{3}\,.$$

Mit diesen Werten sind die beiden Zeigerdiagramme für die 1. und 2. kovarianten Kraftkomponenten geschlossen (Abb. 5.34). Außerdem ergeben die kovarianten Kraftkomponenten einen Federkraft- und Trägheitskraftvektor, die zusammen mit dem Vektor der äußeren Kräfte ein geschlossenes Krafteck bilden (Abb. 5.35). Die Addition der kovarianten Komponenten der Schwingungsantwort (Abb. 5.34) ergibt

$$\hat{\boldsymbol{q}} = \hat{u}^1 \boldsymbol{g}_1 + \hat{u}^2 \boldsymbol{g}_2 = -\frac{3}{5}\boldsymbol{g}_1 - \frac{1}{3}\boldsymbol{g}_2 \mathrel{\hat{=}} \frac{1}{15} \begin{bmatrix} -8r \\ -14 \end{bmatrix}.$$

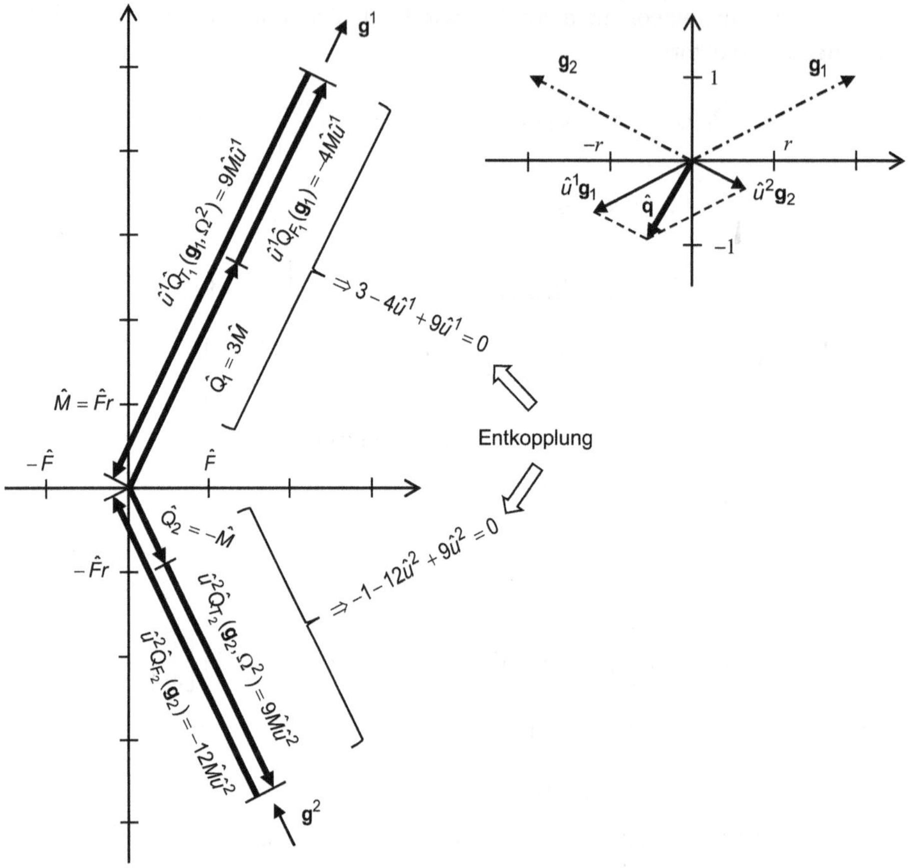

Abb. 5.34: Beispiel 1 – entkoppelte Zeigerdiagramme der kovarianten Kraftkomponenten und Schwingungsantwort.

Wählen wir nicht die beschriebenen schiefwinkligen Basen, sondern eine kartesische Basis $\boldsymbol{e}_1$, $\boldsymbol{e}_2$ mit

$$\boldsymbol{e}_1 \mathrel{\hat{=}} \begin{bmatrix} 1 & 0 \end{bmatrix}^T, \qquad \boldsymbol{e}_2 \mathrel{\hat{=}} \begin{bmatrix} 0 & 1 \end{bmatrix}^T,$$

für die sich ko- und kontravariante Größen nicht unterscheiden, entsprechen die Komponenten der Schwingungsantwort den verallgemeinerten Koordinaten

$$\hat{\boldsymbol{q}} = \hat{q}_1 \boldsymbol{e}_1 + \hat{q}_2 \boldsymbol{e}_2 \mathrel{\hat{=}} \begin{bmatrix} \hat{q}_1 \\ \hat{q}_2 \end{bmatrix} .$$

Die Darstellung der Kräfte durch ihre kartesischen Komponenten können wir von oben übernehmen

$$\hat{\boldsymbol{Q}} = \hat{Q}_1 \boldsymbol{e}_1 + \hat{Q}_2 \boldsymbol{e}_2$$

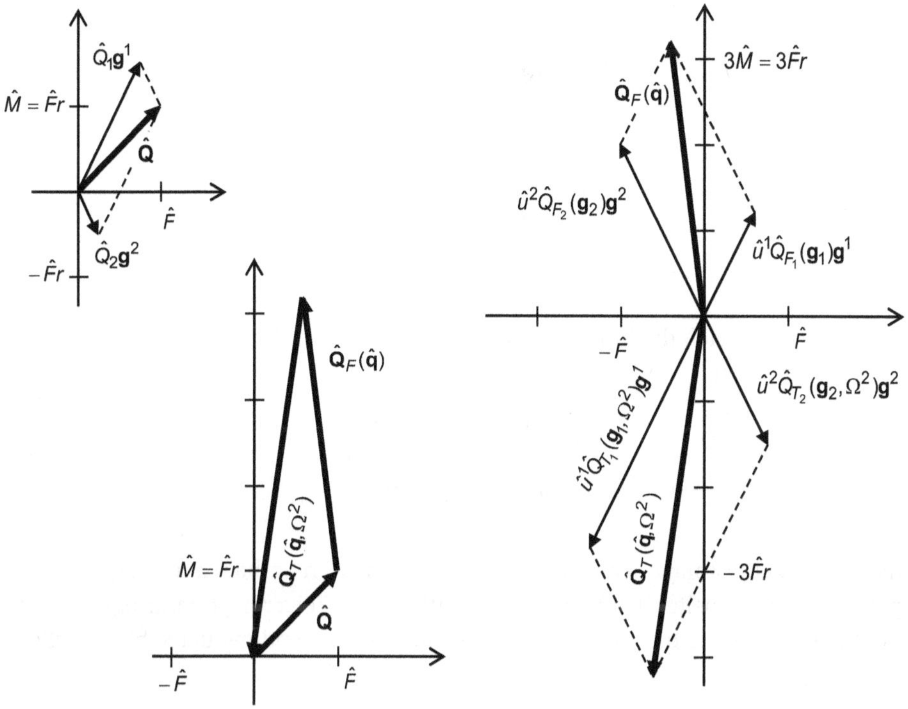

Abb. 5.35: Beispiel 1 – kovariante Komponenten der Kraftvektoren und geschlossenes Krafteck.

mit

$$\hat{Q}_1 = \hat{F}, \qquad \hat{Q}_2 = \hat{M}$$

und

$$\hat{\boldsymbol{Q}}_F(\hat{\boldsymbol{q}}) = \hat{Q}_{F_1}(\hat{\boldsymbol{q}})\boldsymbol{e}_1 + \hat{Q}_{F_2}(\hat{\boldsymbol{q}})\boldsymbol{e}_2$$

mit

$$\begin{aligned}\hat{Q}_{F_1}(\hat{\boldsymbol{q}}) &= -c\hat{q}_1 + cr\hat{q}_2\\ &= \hat{F}\left(-\frac{\hat{q}_1}{r} + \hat{q}_2\right),\\ \hat{Q}_{F_2}(\hat{\boldsymbol{q}}) &= cr\hat{q}_1 - 4cr^2\hat{q}_2\\ &= \hat{M}\left(\frac{\hat{q}_1}{r} - 4\hat{q}_2\right)\end{aligned}$$

sowie

$$\hat{\boldsymbol{Q}}_\mathrm{T}(\hat{\boldsymbol{q}}, \Omega^2) = \hat{Q}_{T_1}(\hat{\boldsymbol{q}}, \Omega^2)\boldsymbol{e}_1 + \hat{Q}_{T_2}(\hat{\boldsymbol{q}}, \Omega^2)\boldsymbol{e}_2$$

mit

$$\hat{Q}_{T_1}(\hat{\boldsymbol{q}}, \Omega^2) = \frac{9}{8} c\hat{q}_1 = \hat{F}\left(\frac{9}{8}\frac{\hat{q}_1}{r}\right),$$

$$\hat{Q}_{T_2}(\hat{\boldsymbol{q}}, \Omega^2) = \frac{9}{2} cr^2\hat{q}_2 = \hat{M}\left(\frac{9}{2}\hat{q}_2\right).$$

Daraus ergeben sich die in Abb. 5.36 dargestellten Zeigerdiagramme und aus ihnen zwei Gleichungen

$$1 + \left(-\frac{\hat{q}_1}{r} + \hat{q}_2\right) + \left(\frac{9}{8}\frac{\hat{q}_1}{r}\right) = 0\,,$$

$$1 + \left(\frac{\hat{q}_1}{r} - 4\hat{q}_2\right) + \left(\frac{9}{2}\hat{q}_2\right) = 0\,,$$

die jeweils beide Komponenten der Schwingungsantwort enthalten und daher gekoppelt sind. Entkoppelte Gleichungen bzw. entkoppelte Zeigerdiagramme ergeben sich im Allgemeinen wie bereits oben erläutert nur bei Verwendung der schiefwinkligen

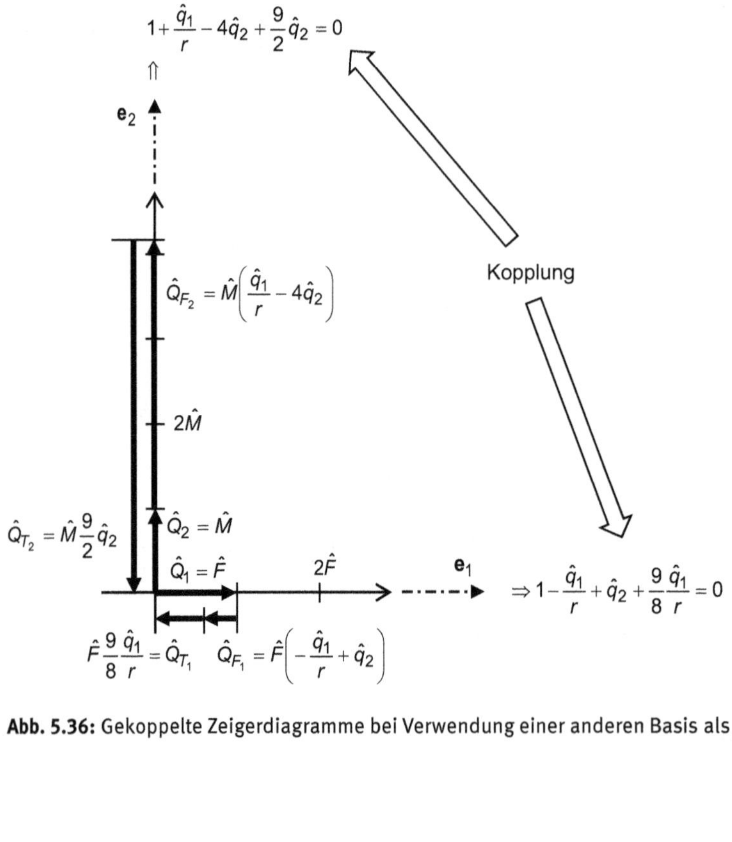

Abb. 5.36: Gekoppelte Zeigerdiagramme bei Verwendung einer anderen Basis als $\boldsymbol{g}^k$.

Basis $\boldsymbol{g}^k$. Als Lösung ergibt sich selbstverständlich die gleiche Schwingungsantwort wie oben

$$\hat{q}_1 = -\frac{8}{15}r, \quad \hat{q}_2 = -\frac{14}{15}.$$

Wir sprechen bei diesem Beispielsystem von Kraftkopplung, da die Differenzialgleichungen über Terme, die aus den Federkräften resultieren, gekoppelt sind. Das findet seinen Ausdruck auch darin, dass die Nebendiagonalelemente der Steifigkeitsmatrix nicht alle gleich null sind. Bei Systemen mit sogenannter Massenkopplung gibt es Nebendiagonalelemente in der Massenmatrix ungleich null, wie dies im folgenden Beispiel der Fall ist.

Das hier beschriebene Vorgehen wird auch bei den folgenden Beispielen angewendet. Allerdings fassen wir nur noch die Ergebnisse zusammen, ohne den Rechengang zu wiederholen.

Beispiel 2 – Dreh-Längskoppelschwinger mit Massenkopplung

Das System besteht aus zwei Körpern, die jeweils die Masse m besitzen und über ein Drehgelenk miteinander gekoppelt sind. Einer der beiden Körper kann nur eine translatorische Bewegung ausführen, die mithilfe der Koordinate q_1 beschrieben wird. Dieser Körper ist außerdem über eine lineare Feder der Steifigkeit c gefesselt. Die Federverlängerung ist gleich dem Wert von q_1. Bei dem anderen Körper überlagert sich der Translation eine Rotation, die durch den Verdrehungswinkel q_2 beschrieben wird. Eine Drehfeder der Steifigkeit c_T erzeugt ein zur Verdrehung proportionales Rückstellmoment. Wir gehen von kleinen Verdrehungen aus, sodass die Näherungen $\sin(q_2) \sim q_2$ und $\cos(q_2) \sim 1$ verwendet werden.

Massen-, Steifigkeitsmatrix:

$$\boldsymbol{M} = \begin{bmatrix} 2m & ml \\ ml & (\theta + ml^2) \end{bmatrix}, \qquad \boldsymbol{K} = \begin{bmatrix} c & 0 \\ 0 & c_\mathrm{T} \end{bmatrix}$$

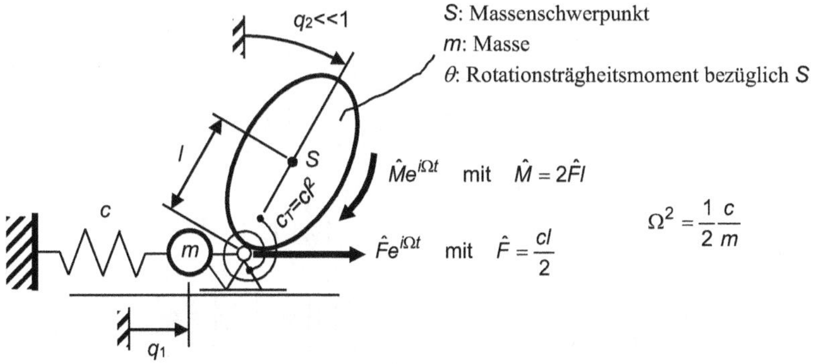

Abb. 5.37: Dreh-Längskoppelschwinger mit Massenkopplung.

Eigenkreisfrequenzen und Eigenvektoren (kovariante Basis):

$$\omega_1^2 = \frac{1}{3}\frac{c}{m}, \qquad \omega_2^2 = \frac{c}{m}, \qquad \boldsymbol{g}_1 \mathrel{\widehat{=}} \begin{bmatrix} 1 \\ \left(\frac{1}{l}\right) \end{bmatrix}, \qquad \boldsymbol{g}_2 \mathrel{\widehat{=}} \begin{bmatrix} 1 \\ -\left(\frac{1}{l}\right) \end{bmatrix}$$

Metrikkoeffizienten und kontravariante Basis:

$$(g_{ij}) = \begin{bmatrix} \left(1+\frac{1}{l^2}\right) & \left(1-\frac{1}{l^2}\right) \\ \left(1-\frac{1}{l^2}\right) & \left(1+\frac{1}{l^2}\right) \end{bmatrix}, \qquad (g^{ij}) = \frac{l^2}{4}\begin{bmatrix} \left(1+\frac{1}{l^2}\right) & -\left(1-\frac{1}{l^2}\right) \\ -\left(1-\frac{1}{l^2}\right) & \left(1+\frac{1}{l^2}\right) \end{bmatrix}$$

$$\boldsymbol{g}^1 = \frac{l^2}{4}\left[\left(1+\frac{1}{l^2}\right)\boldsymbol{g}_1 - \left(1-\frac{1}{l^2}\right)\boldsymbol{g}_2\right] \mathrel{\widehat{=}} \frac{1}{2}\begin{bmatrix} 1 \\ l \end{bmatrix},$$

$$\boldsymbol{g}^2 = \frac{l^2}{4}\left[-\left(1-\frac{1}{l^2}\right)\boldsymbol{g}_1 + \left(1+\frac{1}{l^2}\right)\boldsymbol{g}_2\right] \mathrel{\widehat{=}} \frac{1}{2}\begin{bmatrix} 1 \\ -l \end{bmatrix}$$

Federkraft- und Trägheitskraftvektoren:

$$\hat{\boldsymbol{Q}}_F(\boldsymbol{g}_1) = -\boldsymbol{K} \circ \boldsymbol{g}_1 \mathrel{\widehat{=}} -\begin{bmatrix} c & 0 \\ 0 & c_\mathrm{T} \end{bmatrix}\begin{bmatrix} 1 \\ \left(\frac{1}{l}\right) \end{bmatrix} = -\begin{bmatrix} c \\ \left(\frac{c_\mathrm{T}}{l}\right) \end{bmatrix} = -c\begin{bmatrix} 1 \\ l \end{bmatrix},$$

$$\hat{\boldsymbol{Q}}_F(\boldsymbol{g}_2) = -\boldsymbol{K} \circ \boldsymbol{g}_2 \mathrel{\widehat{=}} -\begin{bmatrix} c & 0 \\ 0 & c_\mathrm{T} \end{bmatrix}\begin{bmatrix} 1 \\ \left(-\frac{1}{l}\right) \end{bmatrix} = -c\begin{bmatrix} 1 \\ -l \end{bmatrix},$$

$$\hat{\boldsymbol{Q}}_\mathrm{T}(\boldsymbol{g}_1, \Omega^2) = \Omega^2\boldsymbol{M} \circ \boldsymbol{g}_1 \mathrel{\widehat{=}} \frac{c}{2}\begin{bmatrix} 2 & l \\ l & 2l^2 \end{bmatrix}\begin{bmatrix} 1 \\ \left(\frac{1}{l}\right) \end{bmatrix} = \frac{3}{2}c\begin{bmatrix} 1 \\ l \end{bmatrix},$$

$$\hat{\boldsymbol{Q}}_\mathrm{T}(\boldsymbol{g}_2, \Omega^2) = \Omega^2\boldsymbol{M} \circ \boldsymbol{g}_2 \mathrel{\widehat{=}} \frac{c}{2}\begin{bmatrix} 2 & l \\ l & 2l^2 \end{bmatrix}\begin{bmatrix} 1 \\ -\left(\frac{1}{l}\right) \end{bmatrix} = \frac{1}{2}c\begin{bmatrix} 1 \\ -l \end{bmatrix}$$

Vektor der äußeren Kräfte:

$$\hat{\boldsymbol{Q}} \mathrel{\widehat{=}} \begin{bmatrix} \hat{F} \\ \hat{M} \end{bmatrix}$$

kovariante Komponenten von Federkraft- und Trägheitskraftvektor:

$$\hat{Q}_{F_1}(\boldsymbol{g}_1) = \boldsymbol{g}_1 \circ \hat{\boldsymbol{Q}}_F(\boldsymbol{g}_1) = \begin{bmatrix} 1 & \left(\frac{1}{l}\right) \end{bmatrix}(-c)\begin{bmatrix} 1 \\ l \end{bmatrix} = -2c,$$

$$\hat{Q}_{F_2}(\boldsymbol{g}_2) = \boldsymbol{g}_2 \circ \hat{\boldsymbol{Q}}_F(\boldsymbol{g}_2) = \begin{bmatrix} 1 & -\left(\frac{1}{l}\right) \end{bmatrix}(-c)\begin{bmatrix} 1 \\ -l \end{bmatrix} = -2c,$$

$$\hat{Q}_{T_1}(\boldsymbol{g}_1, \Omega^2) = \boldsymbol{g}_1 \circ \hat{\boldsymbol{Q}}_\mathrm{T}(\boldsymbol{g}_1, \Omega^2) = \begin{bmatrix} 1 & \left(\frac{1}{l}\right) \end{bmatrix}\frac{3}{2}c\begin{bmatrix} 1 \\ l \end{bmatrix} = 3c,$$

$$\hat{Q}_{T_2}(\boldsymbol{g}_2, \Omega^2) = \boldsymbol{g}_2 \circ \hat{\boldsymbol{Q}}_\mathrm{T}(\boldsymbol{g}_2, \Omega^2) = \begin{bmatrix} 1 & -\left(\frac{1}{l}\right) \end{bmatrix}\frac{1}{2}c\begin{bmatrix} 1 \\ -l \end{bmatrix} = c$$

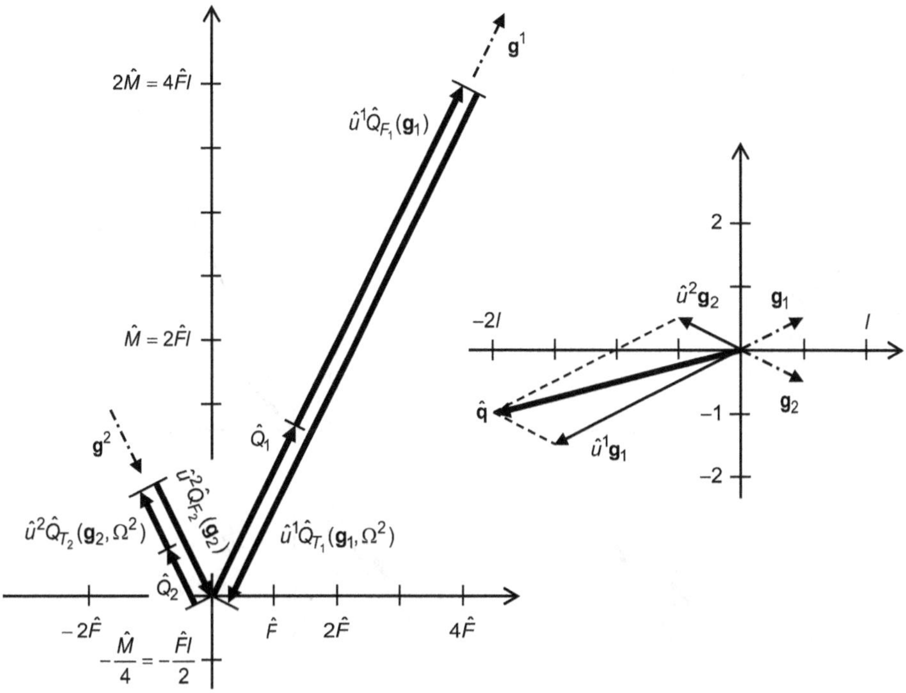

Abb. 5.38: Beispiel 2 – Zeigerdiagramme der kovarianten Kraftkomponenten und Schwingungsantwort.

kovariante Komponenten des Vektors der äußeren Kräfte:

$$\hat{Q}_1 = \boldsymbol{g}_1 \circ \hat{\mathbf{Q}} = \begin{bmatrix} 1 & \left(\frac{1}{l}\right) \end{bmatrix} \begin{bmatrix} \hat{F} \\ \hat{M} \end{bmatrix} = \hat{F} + \frac{\hat{M}}{l} = 3\hat{F},$$

$$\hat{Q}_2 = \boldsymbol{g}_2 \circ \hat{\mathbf{Q}} = \begin{bmatrix} 1 & -\left(\frac{1}{l}\right) \end{bmatrix} \begin{bmatrix} \hat{F} \\ \hat{M} \end{bmatrix} = \hat{F} - \frac{\hat{M}}{l} = -\hat{F}$$

Schwingungsantwort:

$$\hat{u}^1 = -\frac{\hat{Q}_1}{\hat{Q}_{F_1}(\boldsymbol{g}_1) + \hat{Q}_{T_1}(\boldsymbol{g}_1, \Omega^2)} = -\frac{3\hat{F}}{c(-2+3)} = -\frac{3\hat{F}}{c} = -\frac{3}{2}l,$$

$$\hat{u}^2 = -\frac{\hat{Q}_2}{\hat{Q}_{F_2}(\boldsymbol{g}_2) + \hat{Q}_{T_2}(\boldsymbol{g}_2, \Omega^2)} = -\frac{-\hat{F}}{c(-2+1)} = -\frac{\hat{F}}{c} = -\frac{l}{2},$$

$$\hat{\boldsymbol{q}} = \hat{u}^1\boldsymbol{g}_1 + \hat{u}^2\boldsymbol{g}_2 \mathrel{\hat{=}} -\frac{3}{2}l\begin{bmatrix} 1 \\ \left(\frac{1}{l}\right) \end{bmatrix} - \frac{l}{2}\begin{bmatrix} 1 \\ -\left(\frac{1}{l}\right) \end{bmatrix} = \begin{bmatrix} -2l \\ -1 \end{bmatrix}$$

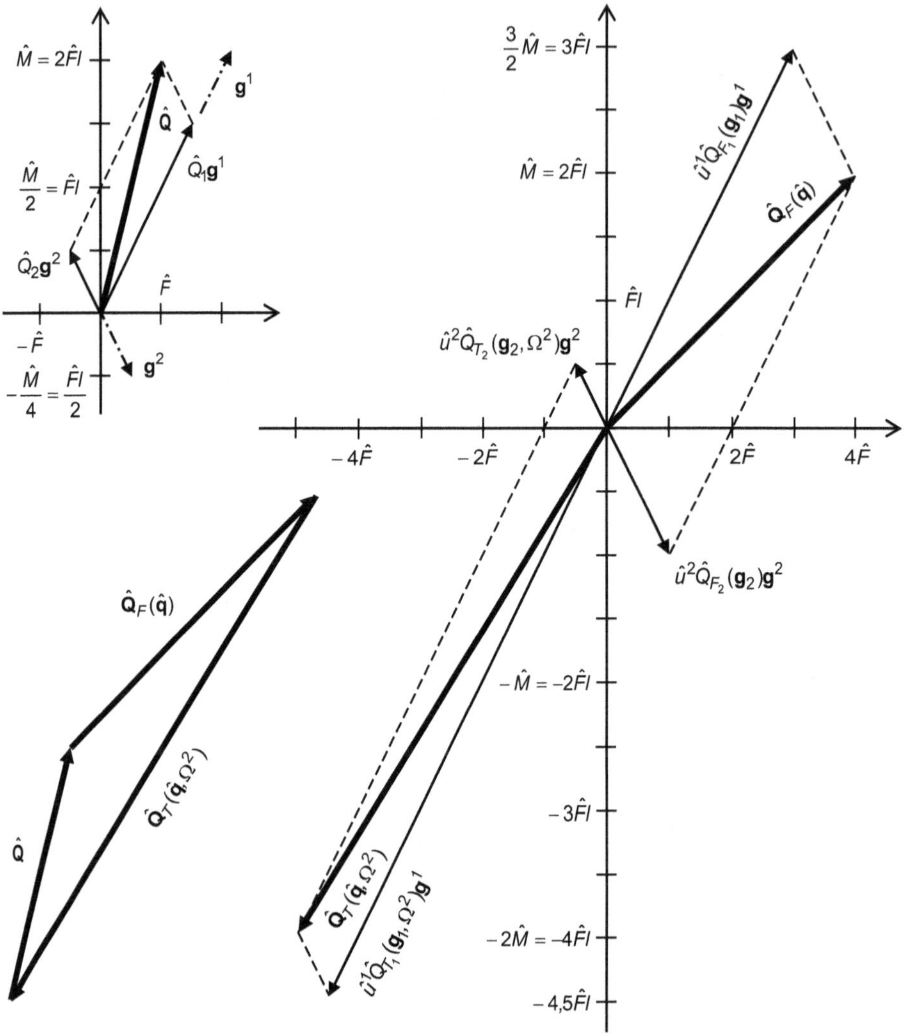

Abb. 5.39: Beispiel 2 – kovariante Komponenten der Kraftvektoren und geschlossenes Krafteck.

Beispiel 3 – Schwingungstilgung bei einer einseitig eingespannten Längsschwingerkette

Wir betrachten die dargestellte Längsschwingerkette bestehend aus zwei Körpern der Massen $2m$ bzw. m und zwei gleichen linearen Federn der Steifigkeit c. Die Kette ist auf der linken Seite eingespannt. Die Körper können sich nur translatorisch in horizontale Richtung verschieben. Diese Verschiebungen werden als verallgemeinerte Koordinaten q_1, q_2 gewählt. Die harmonische Erregerkraft wirkt auf den Körper der Masse $2m$, der sich zwischen Einspannung und dem anderen Körper befindet.

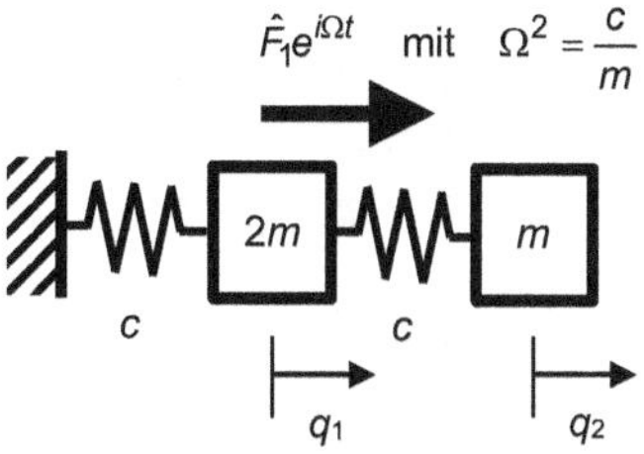

Abb. 5.40: Schwingungstilgung bei einer einseitig eingespannten Längsschwingerkette.

Massen-, Steifigkeitsmatrix:

$$\boldsymbol{M} = \begin{bmatrix} 2m & 0 \\ 0 & m \end{bmatrix}, \qquad \boldsymbol{K} = \begin{bmatrix} 2c & -c \\ -c & c \end{bmatrix}$$

Eigenkreisfrequenzen und Eigenvektoren (kovariante Basis):

$$\omega_1^2 = \frac{c}{m}\left(1 - \frac{1}{\sqrt{2}}\right), \qquad \omega_2^2 = \frac{c}{m}\left(1 + \frac{1}{\sqrt{2}}\right), \qquad \boldsymbol{g}_1 \mathrel{\hat{=}} \begin{bmatrix} 1 \\ \sqrt{2} \end{bmatrix}, \qquad \boldsymbol{g}_2 \mathrel{\hat{=}} \begin{bmatrix} 1 \\ -\sqrt{2} \end{bmatrix}$$

Metrikkoeffizienten und kontravariante Basis:

$$(g_{ij}) = \begin{bmatrix} 3 & -1 \\ -1 & 3 \end{bmatrix}, \qquad (g^{ij}) = \frac{1}{8}\begin{bmatrix} 3 & 1 \\ 1 & 3 \end{bmatrix}$$

$$\boldsymbol{g}^1 = \frac{3}{8}\boldsymbol{g}_1 + \frac{1}{8}\boldsymbol{g}_2 \mathrel{\hat{=}} \begin{bmatrix} \frac{1}{2} \\ \frac{1}{4}\sqrt{2} \end{bmatrix}, \qquad \boldsymbol{g}^2 = \frac{1}{8}\boldsymbol{g}_1 + \frac{3}{8}\boldsymbol{g}_2 \mathrel{\hat{=}} \begin{bmatrix} \frac{1}{2} \\ -\frac{1}{4}\sqrt{2} \end{bmatrix}$$

Federkraft- und Trägheitskraftvektoren:

$$\hat{\boldsymbol{Q}}_F(\boldsymbol{g}_1) = -\boldsymbol{K} \circ \boldsymbol{g}_1 \mathrel{\hat{=}} -c\begin{bmatrix} 2 & -1 \\ -1 & 1 \end{bmatrix}\begin{bmatrix} 1 \\ \sqrt{2} \end{bmatrix} = c\begin{bmatrix} \sqrt{2}-2 \\ 1-\sqrt{2} \end{bmatrix},$$

$$\hat{\boldsymbol{Q}}_F(\boldsymbol{g}_2) = -\boldsymbol{K} \circ \boldsymbol{g}_2 \mathrel{\hat{=}} -c\begin{bmatrix} 2 & -1 \\ -1 & 1 \end{bmatrix}\begin{bmatrix} 1 \\ -\sqrt{2} \end{bmatrix} = -c\begin{bmatrix} 2+\sqrt{2} \\ -1-\sqrt{2} \end{bmatrix},$$

$$\hat{\boldsymbol{Q}}_T(\boldsymbol{g}_1, \Omega^2) = \Omega^2 \boldsymbol{M} \circ \boldsymbol{g}_1 \mathrel{\hat{=}} c\begin{bmatrix} 2 & 0 \\ 0 & 1 \end{bmatrix}\begin{bmatrix} 1 \\ \sqrt{2} \end{bmatrix} = c\begin{bmatrix} 2 \\ \sqrt{2} \end{bmatrix},$$

$$\hat{\boldsymbol{Q}}_T(\boldsymbol{g}_2, \Omega^2) = \Omega^2 \boldsymbol{M} \circ \boldsymbol{g}_2 \mathrel{\hat{=}} c\begin{bmatrix} 2 & 0 \\ 0 & 1 \end{bmatrix}\begin{bmatrix} 1 \\ -\sqrt{2} \end{bmatrix} = c\begin{bmatrix} 2 \\ -\sqrt{2} \end{bmatrix}$$

Vektor der äußeren Kräfte:

$$\hat{\boldsymbol{Q}} \mathrel{\hat{=}} \begin{bmatrix} \hat{F}_1 \\ 0 \end{bmatrix}$$

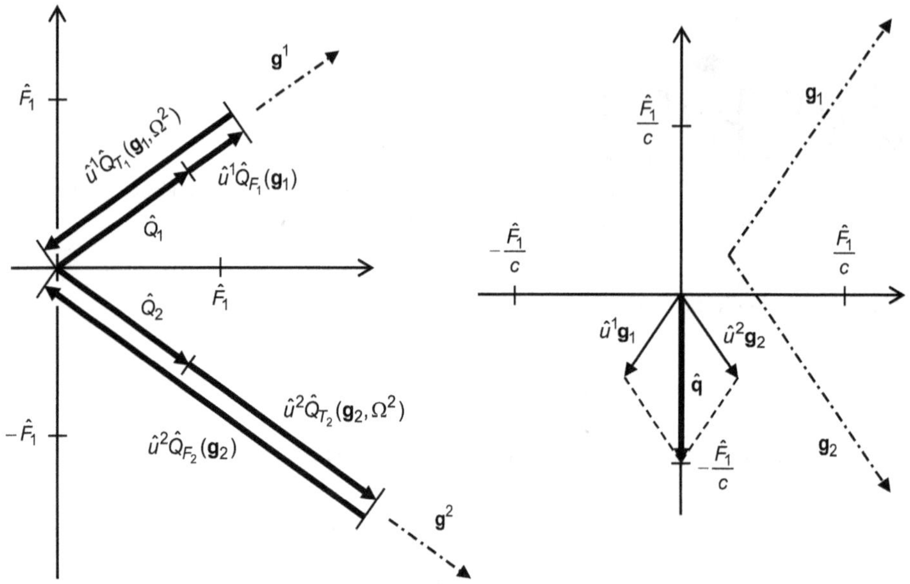

Abb. 5.41: Beispiel 3 – Zeigerdiagramme der kovarianten Kraftkomponenten und Schwingungsantwort.

kovariante Komponenten von Federkraft- und Trägheitskraftvektor:

$$\hat{Q}_{F_1}(\boldsymbol{g}_1) = \boldsymbol{g}_1 \circ \hat{\mathbf{Q}}_F(\boldsymbol{g}_1) = \begin{bmatrix} 1 & \sqrt{2} \end{bmatrix} c \begin{bmatrix} \sqrt{2}-2 \\ 1-\sqrt{2} \end{bmatrix} = 2c(\sqrt{2}-2),$$

$$\hat{Q}_{F_2}(\boldsymbol{g}_2) = \boldsymbol{g}_2 \circ \hat{\mathbf{Q}}_F(\boldsymbol{g}_2) = \begin{bmatrix} 1 & -\sqrt{2} \end{bmatrix} (-c) \begin{bmatrix} 2+\sqrt{2} \\ -1-\sqrt{2} \end{bmatrix} = -4c\left(1+\frac{\sqrt{2}}{2}\right),$$

$$\hat{Q}_{T_1}(\boldsymbol{g}_1,\Omega^2) = \boldsymbol{g}_1 \circ \hat{\mathbf{Q}}_T(\boldsymbol{g}_1,\Omega^2) = \begin{bmatrix} 1 & \sqrt{2} \end{bmatrix} c \begin{bmatrix} 2 \\ \sqrt{2} \end{bmatrix} = 4c,$$

$$\hat{Q}_{T_2}(\boldsymbol{g}_2,\Omega^2) = \boldsymbol{g}_2 \circ \hat{\mathbf{Q}}_T(\boldsymbol{g}_2,\Omega^2) = \begin{bmatrix} 1 & -\sqrt{2} \end{bmatrix} c \begin{bmatrix} 2 \\ -\sqrt{2} \end{bmatrix} = 4c$$

kovariante Komponenten des Vektors der äußeren Kräfte:

$$\hat{Q}_1 = \boldsymbol{g}_1 \circ \hat{\mathbf{Q}} = \begin{bmatrix} 1 & \sqrt{2} \end{bmatrix} \begin{bmatrix} \hat{F}_1 \\ 0 \end{bmatrix} = \hat{F}_1, \qquad \hat{Q}_2 = \boldsymbol{g}_2 \circ \hat{\mathbf{Q}} = \begin{bmatrix} 1 & -\sqrt{2} \end{bmatrix} \begin{bmatrix} \hat{F}_1 \\ 0 \end{bmatrix} = \hat{F}_1$$

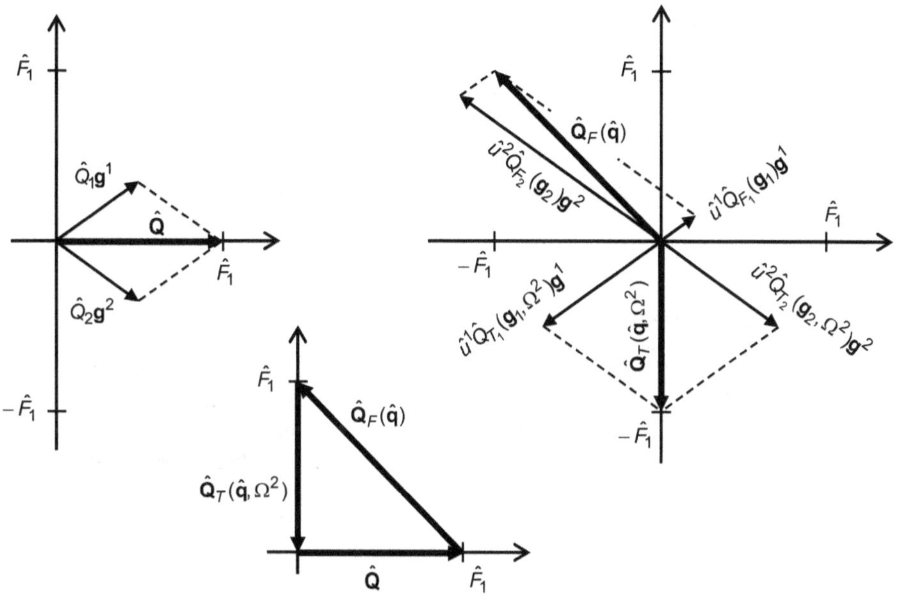

Abb. 5.42: Beispiel 3 – kovariante Komponenten der Kraftvektoren und geschlossenes Krafteck.

Schwingungsantwort:

$$\hat{u}^1 = -\frac{\hat{Q}_1}{\hat{Q}_{F_1}(\boldsymbol{g}_1) + \hat{Q}_{T_1}(\boldsymbol{g}_1, \Omega^2)} = -\frac{\hat{F}_1}{c(2\sqrt{2} - 4 + 4)} = -\frac{\sqrt{2}\hat{F}_1}{4c},$$

$$\hat{u}^2 = -\frac{\hat{Q}_2}{\hat{Q}_{F_2}(\boldsymbol{g}_2) + \hat{Q}_{T_2}(\boldsymbol{g}_2, \Omega^2)} = -\frac{\hat{F}_1}{c(4 - 4 - 2\sqrt{2})} = \frac{\sqrt{2}}{4}\frac{\hat{F}_1}{c},$$

$$\hat{\boldsymbol{q}} = \hat{u}^1\boldsymbol{g}_1 + \hat{u}^2\boldsymbol{g}_2 \mathrel{\hat{=}} -\frac{\sqrt{2}\hat{F}_1}{4c}\begin{bmatrix}1\\ \sqrt{2}\end{bmatrix} + \frac{\sqrt{2}}{4}\frac{\hat{F}_1}{c}\begin{bmatrix}1\\ -\sqrt{2}\end{bmatrix} = \frac{\hat{F}_1}{c}\begin{bmatrix}0\\ -1\end{bmatrix}$$

Die Lösung zeigt, dass die gewählte Erregerkraft nur zu einer Schwingung des rechten Körpers führt, während der Körper, auf den die Kraft wirkt, stillsteht. Dieses Phänomen wird als Schwingungstilgung bezeichnet. Das Teilsystem, bestehend aus der rechten Feder und dem rechten Körper, ist ein Einfreiheitsgradschwinger, der als sogenannter Schwingungstilger wirkt. Bedingung dafür, dass Schwingungstilgung auftritt, ist die Übereinstimmung von Erregerfrequenz und Eigenfrequenz des Schwingungstilgers. Diese Bedingung wird auch durch die im Folgenden analysierte beidseitig eingespannte Längsschwingerkette demonstriert. Dem Thema Schwingungstilgung ist einer der nächsten Abschnitte gewidmet.

Beispiel 4 – Schwingungstilgung bei einer beidseitig eingespannten Längsschwingerkette

Die dargestellte Längsschwingerkette besteht aus zwei Körpern der gleichen Masse m und drei gleichen linearen Federn der Steifigkeit c. Die Kette ist sowohl auf der linken als auch auf der rechten Seite eingespannt. Die Schwingungen q_1, q_2 werden über eine harmonische Erregerkraft erzwungen, die auf den linken Körper wirkt.

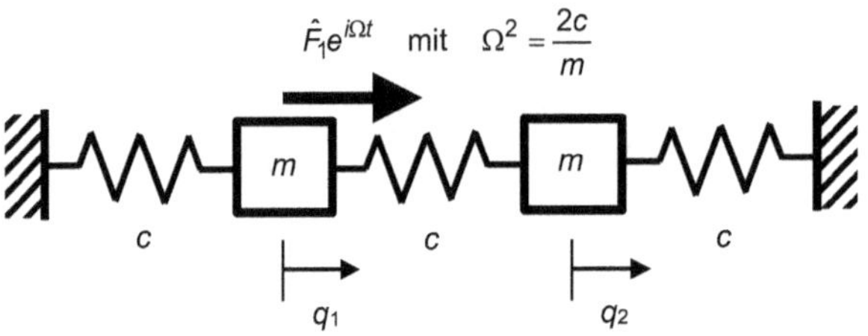

Abb. 5.43: Schwingungstilgung bei einer beidseitig eingespannten Längsschwingerkette.

Massen-, Steifigkeitsmatrix:

$$\boldsymbol{M} = \begin{bmatrix} m & 0 \\ 0 & m \end{bmatrix}, \qquad \boldsymbol{K} = \begin{bmatrix} 2c & -c \\ -c & 2c \end{bmatrix}$$

Eigenkreisfrequenzen und Eigenvektoren (kovariante Basis)

$$\omega_1^2 = \frac{c}{m}, \qquad \omega_2^2 = \frac{3c}{m}, \qquad \boldsymbol{g}_1 \mathrel{\hat{=}} \begin{bmatrix} 1 \\ 1 \end{bmatrix}, \qquad \boldsymbol{g}_2 \mathrel{\hat{=}} \begin{bmatrix} 1 \\ -1 \end{bmatrix}$$

Metrikkoeffizienten und kontravariante Basis:

$$(g_{ij}) = \begin{bmatrix} 2 & 0 \\ 0 & 2 \end{bmatrix}, \qquad (g^{ij}) = \begin{bmatrix} \frac{1}{2} & 0 \\ 0 & \frac{1}{2} \end{bmatrix},$$

$$\boldsymbol{g}^1 = g^{11}\boldsymbol{g}_1 + g^{12}\boldsymbol{g}_2 = \frac{1}{2}\boldsymbol{g}_1 \mathrel{\hat{=}} \begin{bmatrix} \frac{1}{2} \\ \frac{1}{2} \end{bmatrix}, \qquad \boldsymbol{g}^2 = g^{21}\boldsymbol{g}_1 + g^{22}\boldsymbol{g}_2 = \frac{1}{2}\boldsymbol{g}_2 \mathrel{\hat{=}} \begin{bmatrix} \frac{1}{2} \\ -\frac{1}{2} \end{bmatrix}$$

Federkraft- und Trägheitskraftvektoren:

$$\hat{\boldsymbol{Q}}_F(\boldsymbol{g}_1) = -\boldsymbol{K} \circ \boldsymbol{g}_1 \mathrel{\hat{=}} -\begin{bmatrix} 2c & -c \\ -c & 2c \end{bmatrix} \begin{bmatrix} 1 \\ 1 \end{bmatrix} = \begin{bmatrix} -c \\ -c \end{bmatrix},$$

$$\hat{\boldsymbol{Q}}_F(\boldsymbol{g}_2) = -\boldsymbol{K} \circ \boldsymbol{g}_2 \mathrel{\hat{=}} -\begin{bmatrix} 2c & -c \\ -c & 2c \end{bmatrix} \begin{bmatrix} 1 \\ -1 \end{bmatrix} = \begin{bmatrix} -3c \\ 3c \end{bmatrix},$$

$$\hat{\boldsymbol{Q}}_T(\boldsymbol{g}_1, \Omega^2) = \Omega^2 \boldsymbol{M} \circ \boldsymbol{g}_1 \mathrel{\hat{=}} \frac{2c}{m} \begin{bmatrix} m & 0 \\ 0 & m \end{bmatrix} \begin{bmatrix} 1 \\ 1 \end{bmatrix} = \begin{bmatrix} 2c & 0 \\ 0 & 2c \end{bmatrix} \begin{bmatrix} 1 \\ 1 \end{bmatrix} = \begin{bmatrix} 2c \\ 2c \end{bmatrix},$$

$$\hat{\boldsymbol{Q}}_T(\boldsymbol{g}_2, \Omega^2) = \Omega^2 \boldsymbol{M} \circ \boldsymbol{g}_2 \mathrel{\hat{=}} \begin{bmatrix} 2c & 0 \\ 0 & 2c \end{bmatrix} \begin{bmatrix} 1 \\ -1 \end{bmatrix} = \begin{bmatrix} 2c \\ -2c \end{bmatrix}$$

Vektor der äußeren Kräfte:

$$\hat{\boldsymbol{Q}} \mathrel{\hat{=}} \begin{bmatrix} \hat{F}_1 \\ 0 \end{bmatrix}$$

kovariante Komponenten von Federkraft- und Trägheitskraftvektor:

$$\hat{Q}_{F_1}(\boldsymbol{g}_1) = \boldsymbol{g}_1 \circ \hat{\boldsymbol{Q}}_F(\boldsymbol{g}_1) = \begin{bmatrix} 1 & 1 \end{bmatrix} \begin{bmatrix} -c \\ -c \end{bmatrix} = -2c,$$

$$\hat{Q}_{F_2}(\boldsymbol{g}_2) = \boldsymbol{g}_2 \circ \hat{\boldsymbol{Q}}_F(\boldsymbol{g}_2) = \begin{bmatrix} 1 & -1 \end{bmatrix} \begin{bmatrix} -3c \\ 3c \end{bmatrix} = -6c\,,$$

$$\hat{Q}_{T_1}(\boldsymbol{g}_1, \Omega^2) = \boldsymbol{g}_1 \circ \hat{\boldsymbol{Q}}_{\mathrm{T}}(\boldsymbol{g}_1, \Omega^2) = \begin{bmatrix} 1 & 1 \end{bmatrix} \begin{bmatrix} 2c \\ 2c \end{bmatrix} = 4c,$$

$$\hat{Q}_{T_2}(\boldsymbol{g}_2, \Omega^2) = \boldsymbol{g}_2 \circ \hat{\boldsymbol{Q}}_{\mathrm{T}}(\boldsymbol{g}_2, \Omega^2) = \begin{bmatrix} 1 & -1 \end{bmatrix} \begin{bmatrix} 2c \\ -2c \end{bmatrix} = 4c\,.$$

kovariante Komponenten des Vektors der äußeren Kräfte:

$$\hat{Q}_1 = \boldsymbol{g}_1 \circ \hat{\boldsymbol{Q}} = \begin{bmatrix} 1 & 1 \end{bmatrix} \begin{bmatrix} \hat{F}_1 \\ 0 \end{bmatrix} = \hat{F}_1, \qquad \hat{Q}_2 = \boldsymbol{g}_2 \circ \hat{\boldsymbol{Q}} = \begin{bmatrix} 1 & -1 \end{bmatrix} \begin{bmatrix} \hat{F}_1 \\ 0 \end{bmatrix} = \hat{F}_1\,.$$

Schwingungsantwort:

$$\hat{u}^1 = -\frac{\hat{Q}_1}{\hat{Q}_{F_1}(\boldsymbol{g}_1) + \hat{Q}_{T_1}(\boldsymbol{g}_1, \Omega^2)} = -\frac{\hat{F}_1}{-2c + 4c} = -\frac{\hat{F}_1}{2c},$$

$$\hat{u}^2 = -\frac{\hat{Q}_2}{\hat{Q}_{F_2}(\boldsymbol{g}_2) + \hat{Q}_{T_2}(\boldsymbol{g}_2, \Omega^2)} = -\frac{\hat{F}_2}{-6c + 4c} = \frac{\hat{F}_2}{2c}\,.$$

Die Addition der kovarianten Komponenten der Schwingungsantwort offenbart (Abb. 5.44), dass der Körper, an dem die Erregerkraft angreift, nicht schwingt

$$\hat{\boldsymbol{q}} = \hat{u}^1 \boldsymbol{g}_1 + \hat{u}^2 \boldsymbol{g}_2 = -\frac{\hat{F}_1}{2c}\boldsymbol{g}_1 + \frac{\hat{F}_2}{2c}\boldsymbol{g}_2 \mathrel{\hat{=}} \begin{bmatrix} 0 \\ -\frac{\hat{F}_1}{c} \end{bmatrix} \quad \text{also} \quad \hat{q}_1 = 0\,.$$

Es handelt sich wie im vorigen Beispiel um Schwingungstilgung. Als Schwingungstilger wirkt das Teilsystem, bestehend aus dem rechten Körper sowie der rechten und der mittleren Feder, dessen Eigenfrequenz gleich der Erregerfrequenz ist. Somit ist die Bedingung für Schwingungstilgung erfüllt. Dass die Eigenvektoren senkrecht zueinander sind, liegt an der gleichmäßigen Massen- bzw. Steifigkeitsverteilung. Immer, wenn entweder die Massen- oder die Steifigkeitsmatrix proportional zur Einheitsmatrix sind, sind die Eigenvektoren senkrecht zueinander. Das liegt an ihrer Eigenschaft der Massen- und Steifigkeitsorthogonalität (verallgemeinerte Orthogonalität, siehe Abschnitt 5.4.1), hat aber keine Konsequenzen, die für uns von Bedeutung sind.

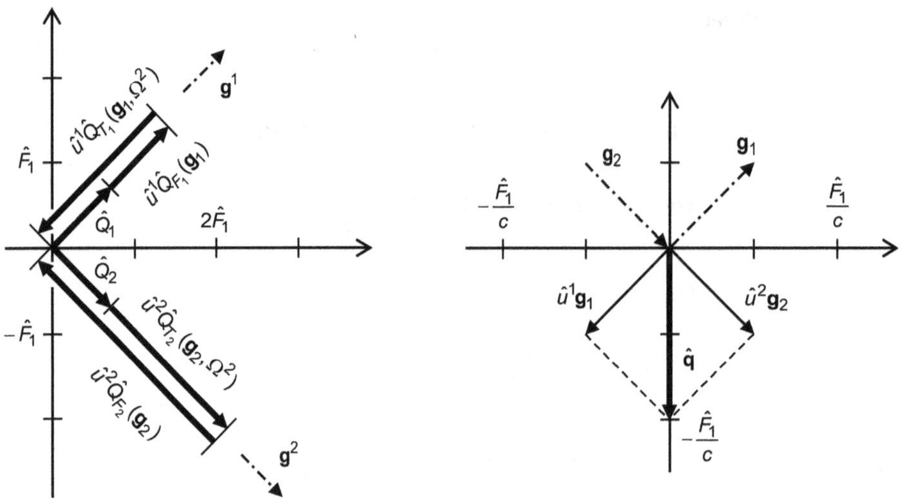

Abb. 5.44: Beispiel 4 – Zeigerdiagramme der kovarianten Kraftkomponenten und Schwingungsantwort.

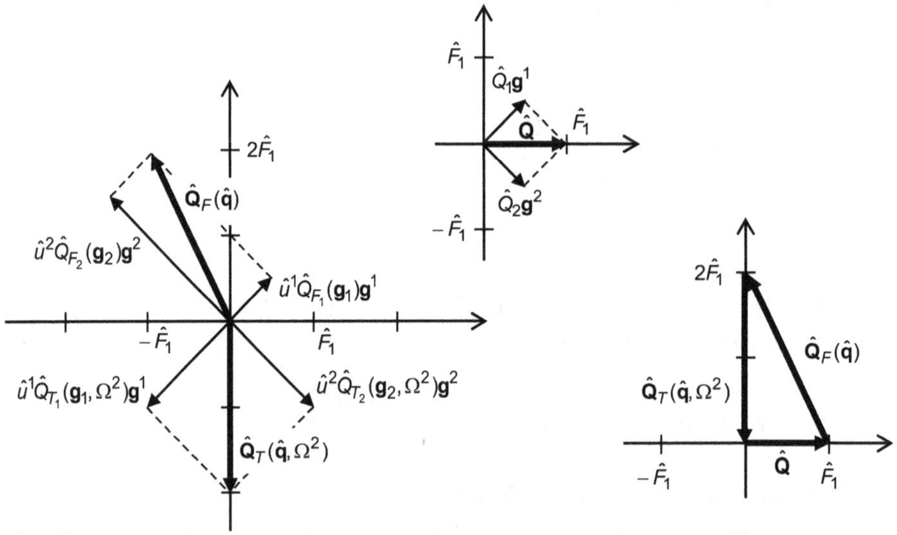

Abb. 5.45: Beispiel 4 – kovariante Komponenten der Kraftvektoren und geschlossenes Krafteck.

Beispiel 5 – Anregung eines einzigen Modes bei einer beidseitig eingespannten Längsschwingerkette

Wir betrachten hier noch einmal die Längsschwingerkette aus Beispiel 4. Diesmal werden die Schwingungen allerdings durch zwei harmonische Kräfte, wie dargestellt, erzwungen. Beide Kräfte sind synchron, d. h. sie haben die gleiche Frequenz Ω und die gleiche Amplitude. Sie wirken aber in entgegengesetzte Richtungen. Sie sind also gegenphasig.

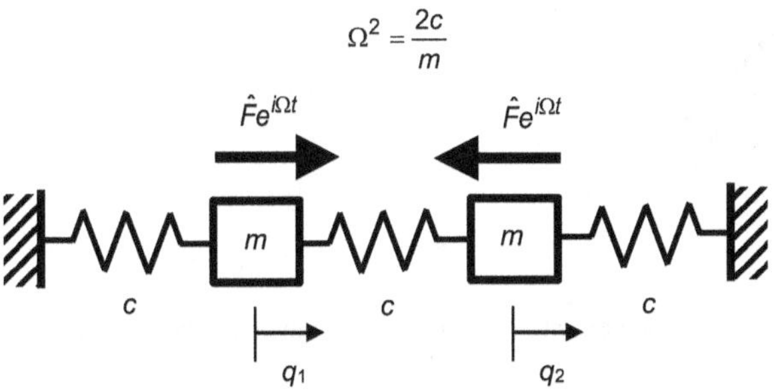

Abb. 5.46: Anregung eines einzigen Modes bei einer beidseitig eingespannten Längsschwingerkette.

Massen-, Steifigkeitsmatrix: siehe Beispiel 4
Eigenkreisfrequenzen und Eigenvektoren (kovariante Basis): siehe Beispiel 4
Metrikkoeffizienten und kontravariante Basis: siehe Beispiel 4
Federkraft- und Trägheitskraftvektoren: siehe Beispiel 4
Vektor der äußeren Kräfte:

$$\hat{\mathbf{Q}} \mathrel{\hat{=}} \begin{bmatrix} \hat{F} \\ -\hat{F} \end{bmatrix}$$

kovariante Komponenten von Federkraft- und Trägheitskraftvektor: siehe Beispiel 4
kovariante Komponenten des Vektors der äußeren Kräfte:

$$\hat{Q}_1 = \boldsymbol{g}_1 \circ \hat{\mathbf{Q}} = \begin{bmatrix} 1 & 1 \end{bmatrix} \begin{bmatrix} \hat{F} \\ -\hat{F} \end{bmatrix} = 0, \qquad \hat{Q}_2 = \boldsymbol{g}_2 \circ \hat{\mathbf{Q}} = \begin{bmatrix} 1 & -1 \end{bmatrix} \begin{bmatrix} \hat{F} \\ -\hat{F} \end{bmatrix} = 2\hat{F}$$

Schwingungsantwort:

$$\hat{u}^1 = -\frac{\hat{Q}_1}{\hat{Q}_{F_1}(\boldsymbol{g}_1) + \hat{Q}_{T_1}(\boldsymbol{g}_1, \Omega^2)} = 0,$$

$$\hat{u}^2 = -\frac{\hat{Q}_2}{\hat{Q}_{F_2}(\boldsymbol{g}_2) + \hat{Q}_{T_2}(\boldsymbol{g}_2, \Omega^2)} = -\frac{2\hat{F}}{-6c + 4c} = \frac{\hat{F}}{c},$$

$$\hat{\boldsymbol{q}} = \hat{u}^1 \boldsymbol{g}_1 + \hat{u}^2 \boldsymbol{g}_2 = \hat{u}^2 \boldsymbol{g}_2 \mathrel{\hat{=}} \frac{\hat{F}}{c} \begin{bmatrix} 1 \\ -1 \end{bmatrix}$$

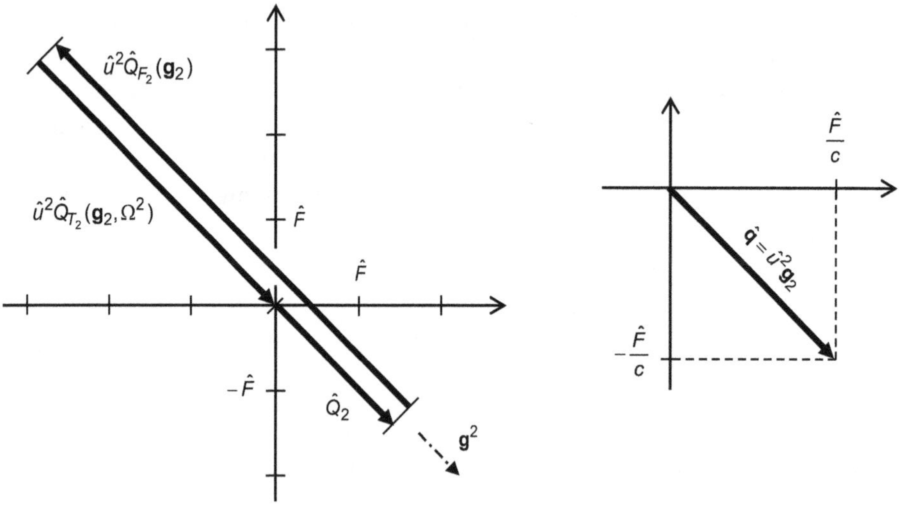

Abb. 5.47: Beispiel 5 – Zeigerdiagramm der 2. kovarianten Kraftkomponenten und Schwingungsantwort.

In diesem Beispiel ist nur die zweite kovariante Komponente der äußeren Kräfte $\hat{Q}_2$ ungleich null. Dies liegt daran, dass der Vektor der äußeren Kräfte $\hat{\boldsymbol{Q}}$ die Richtung des zweiten kontravarianten Basisvektors $\boldsymbol{g}^2$ hat

$$\hat{\boldsymbol{Q}} \mathrel{\hat{=}} \begin{bmatrix} \hat{F} \\ -\hat{F} \end{bmatrix} = 2\hat{F} \begin{bmatrix} \frac{1}{2} \\ -\frac{1}{2} \end{bmatrix} \mathrel{\hat{=}} 2\hat{F}\boldsymbol{g}^2 .$$

Daher ist in der Schwingungsantwort $\hat{\boldsymbol{q}}$ auch nur der zweite Eigenvektor, d. h. der zweite kovariante Basisvektor $\boldsymbol{g}_2$ enthalten, wie wir oben erläutert haben.

Beispiel 6 – Dreh-Längsschwinger mit entkoppelten Koordinaten

Dieses ebene Beispielsystem besteht aus einem Körper mit Masse m und Rotationsträgheitsmoment θ, der in seinem Schwerpunkt gelenkig gelagert ist. Das Lager ist

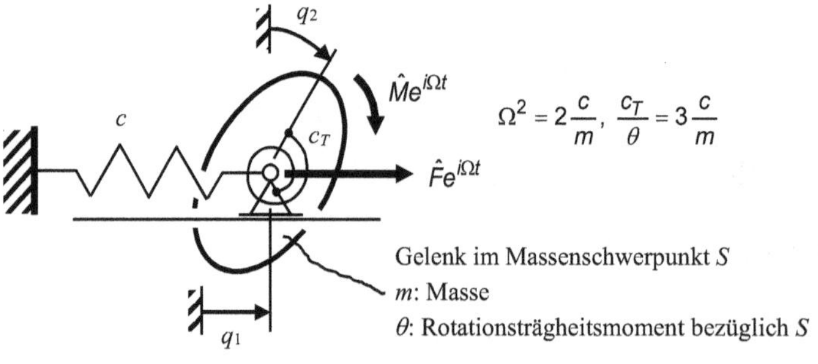

Abb. 5.48: Dreh-Längsschwinger mit entkoppelten Koordinaten.

horizontal beweglich. Dieser Bewegungsmöglichkeit, beschrieben durch die Koordinate q_1, kann sich eine Rotation, beschrieben durch die Winkelkoordinate q_2, überlagern. Der Gelenkpunkt ist über eine lineare Feder der Steifigkeit c gefesselt. Die Federverlängerung ist gleich q_1. Außerdem erzeugt eine Drehfeder der Steifigkeit c_T ein zur Verdrehung q_2 proportionales Rückstellmoment, das auf den Körper wirkt. Schwingungen werden durch eine harmonische Kraft im Schwerpunkt und ein harmonisches Drehmoment gleicher Frequenz und Phase erregt.

Massen-, Steifigkeitsmatrix:

$$\boldsymbol{M} = \begin{bmatrix} m & 0 \\ 0 & \theta \end{bmatrix}, \qquad \boldsymbol{K} = \begin{bmatrix} c & 0 \\ 0 & c_\mathrm{T} \end{bmatrix}$$

Eigenkreisfrequenzen und Eigenvektoren (kovariante Basis):

$$\omega_1^2 = \frac{c}{m}, \qquad \omega_2^2 = \frac{c_\mathrm{T}}{\theta} = 3\frac{c}{m}, \qquad \boldsymbol{g}_1 \mathrel{\hat{=}} \begin{bmatrix} 1 \\ 0 \end{bmatrix}, \qquad \boldsymbol{g}_2 \mathrel{\hat{=}} \begin{bmatrix} 0 \\ 1 \end{bmatrix}$$

Metrikkoeffizienten und kontravariante Basis:

$$(g_{ij}) = \begin{bmatrix} 1 & 0 \\ 0 & 1 \end{bmatrix}, \qquad (g^{ij}) = \begin{bmatrix} 1 & 0 \\ 0 & 1 \end{bmatrix}$$

$$\boldsymbol{g}^1 = \boldsymbol{g}_1 \mathrel{\hat{=}} \begin{bmatrix} 1 \\ 0 \end{bmatrix}, \qquad \boldsymbol{g}^2 = \boldsymbol{g}_2 \mathrel{\hat{=}} \begin{bmatrix} 0 \\ 1 \end{bmatrix}$$

Federkraft- und Trägheitskraftvektoren:

$$\hat{\boldsymbol{Q}}_F(\boldsymbol{g}_1) = -\boldsymbol{K} \circ \boldsymbol{g}_1 \mathrel{\hat{=}} \begin{bmatrix} -c \\ 0 \end{bmatrix}, \qquad \hat{\boldsymbol{Q}}_F(\boldsymbol{g}_2) = -\boldsymbol{K} \circ \boldsymbol{g}_2 \mathrel{\hat{=}} \begin{bmatrix} 0 \\ -c_\mathrm{T} \end{bmatrix},$$

$$\hat{\boldsymbol{Q}}_\mathrm{T}(\boldsymbol{g}_1, \Omega^2) = \Omega^2 \boldsymbol{M} \circ \boldsymbol{g}_1 \mathrel{\hat{=}} m\Omega^2 \begin{bmatrix} 1 \\ 0 \end{bmatrix}, \qquad \hat{\boldsymbol{Q}}_\mathrm{T}(\boldsymbol{g}_2, \Omega^2) = \Omega^2 \boldsymbol{M} \circ \boldsymbol{g}_2 \mathrel{\hat{=}} \theta\Omega^2 \begin{bmatrix} 0 \\ 1 \end{bmatrix}$$

Vektor der äußeren Kräfte:

$$\hat{\boldsymbol{Q}} \mathrel{\hat{=}} \begin{bmatrix} \hat{F} \\ \hat{M} \end{bmatrix}$$

kovariante Komponenten von Federkraft- und Trägheitskraftvektor:

$$\begin{aligned} \hat{Q}_{F_1}(\boldsymbol{g}_1) &= \boldsymbol{g}_1 \circ \hat{\boldsymbol{Q}}_F(\boldsymbol{g}_1) = -c\,, \\ \hat{Q}_{F_2}(\boldsymbol{g}_2) &= \boldsymbol{g}_2 \circ \hat{\boldsymbol{Q}}_F(\boldsymbol{g}_2) = -c_\mathrm{T}\,, \\ \hat{Q}_{T_1}(\boldsymbol{g}_1, \Omega^2) &= \boldsymbol{g}_1 \circ \hat{\boldsymbol{Q}}_\mathrm{T}(\boldsymbol{g}_1, \Omega^2) = m\Omega^2 = 2c\,, \\ \hat{Q}_{T_2}(\boldsymbol{g}_2, \Omega^2) &= \boldsymbol{g}_2 \circ \hat{\boldsymbol{Q}}_\mathrm{T}(\boldsymbol{g}_2, \Omega^2) = \theta\Omega^2 = \frac{2}{3}c_\mathrm{T} \end{aligned}$$

kovariante Komponenten des Vektors der äußeren Kräfte:

$$\hat{Q}_1 = \boldsymbol{g}_1 \circ \hat{\boldsymbol{Q}} = \hat{F}, \qquad \hat{Q}_2 = \boldsymbol{g}_2 \circ \hat{\boldsymbol{Q}} = \hat{M}$$

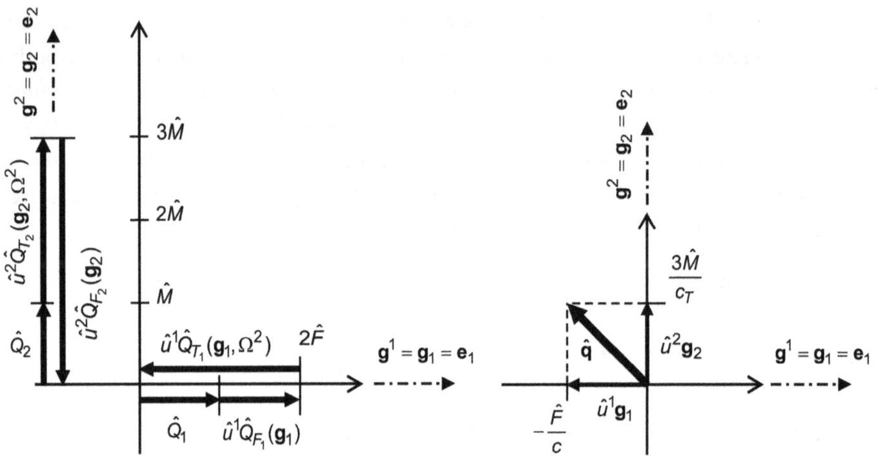

Abb. 5.49: Beispiel 6 – Zeigerdiagramme der kovarianten Kraftkomponenten und Schwingungsantwort.

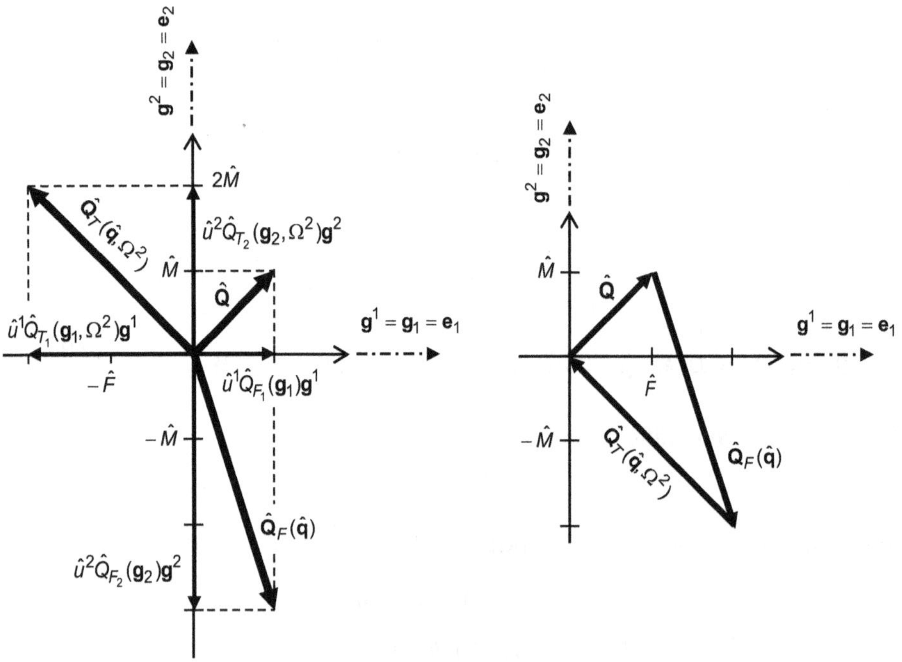

Abb. 5.50: Beispiel 6 – kovariante Komponenten der Kraftvektoren und geschlossenes Krafteck.

Schwingungsantwort:

$$\hat{u}^1 = -\frac{\hat{Q}_1}{\hat{Q}_{F_1}(\boldsymbol{g}_1) + \hat{Q}_{T_1}(\boldsymbol{g}_1, \Omega^2)} = -\frac{\hat{F}}{-c + 2c} = -\frac{\hat{F}}{c},$$

$$\hat{u}^2 = -\frac{\hat{Q}_2}{\hat{Q}_{F_2}(\boldsymbol{g}_2) + \hat{Q}_{T_2}(\boldsymbol{g}_2, \Omega^2)} = -\frac{\hat{M}}{-c_T + \frac{2}{3}c_T} = 3\frac{\hat{M}}{c_T},$$

$$\hat{\boldsymbol{q}} = \hat{u}^1\boldsymbol{g}_1 + \hat{u}^2\boldsymbol{g}_2 \mathrel{\hat{=}} \begin{bmatrix} -\frac{\hat{F}}{c} \\ 3\frac{\hat{M}}{c_T} \end{bmatrix}$$

In diesem Beispiel sind die Differenzialgleichungen entkoppelt. Das bedeutet, dass in beiden Gleichungen jeweils nur eine Koordinate auftritt bzw. deren Ableitungen auftreten. Man erkennt dies daran, dass Massen- und Steifigkeitsmatrix Diagonalmatrizen sind. Bei entkoppelten Systemen stimmen die Richtungen von kovarianten und kontravarianten Basisvektoren jeweils überein und sind identisch mit den Richtungen der kartesischen Basis. Die kovarianten Kraftkomponenten hätten wir in diesem Beispiel also gar nicht explizit durch skalare Multiplikation berechnen müssen, da sie im Wesentlichen mit den kartesischen Kraftkomponenten übereinstimmen. Außerdem beschreibt jede Differenzialgleichung für sich das Verhalten eines Einfreiheitsgradschwingers. Die Differenzialgleichungen können also unabhängig voneinander gelöst werden, dem bekannten Vorgehen beim Einfreiheitsgradschwinger folgend. Die Anwendung des Instrumentariums für Koppelschwinger erscheint wie „mit Kanonen auf Spatzen geschossen".

5.4.3 Degeneration der Zeigerdiagramme bei ungedämpften Eigenschwingungen

Für die Eigenschwingungen eines Systems sind alle Zeiger der kovarianten Erregerkraftkomponenten gleich null, womit sich aus Abb. 5.32 das in Abb. 5.51 dargestellte Zeigerdiagramm für die j-te Eigenschwingung ergibt. Analog zum Einfreiheitsgradschwinger (vgl. Abb. 2.17) kann die Eigenkreisfrequenz ω_j als Skalierungsfak-

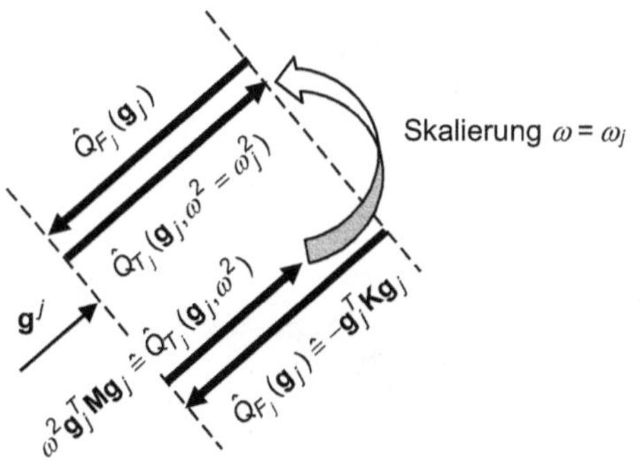

Abb. 5.51: Zeigerdiagramm für die j-te ungedämpfte Eigenschwingung.

tor interpretiert werden, der bewerkstelligt, dass Feder- und Trägheitskraft $\hat{Q}_{Fj}(\boldsymbol{g}_j)$, $\hat{Q}_{Tj}(\boldsymbol{g}_j, \omega^2)$ im dynamischen Gleichgewicht sind, ihre Beträge also gleich groß sind.

Aus Abb. 5.51 wird noch einmal die in Abschnitt 5.4.2 gewonnene Erkenntnis deutlich, dass jeder Eigenvektor $\boldsymbol{g}_j$ jeweils nur eine Feder- und eine Trägheitskraft in Richtung von $\boldsymbol{g}^j$ erzeugt. Da diese beiden Kräfte also die gleiche Wirkungslinie besitzen, reicht ein einziger reeller Faktor ω zur Skalierung der Trägheitskraft, damit ein dynamisches Gleichgewicht der Kräfte besteht. Die Tatsache, dass es FG Eigenvektoren $\boldsymbol{g}_j$, $j = 1, \ldots, \mathrm{FG}$ gibt, erzwingt auch die Existenz von FG im Allgemeinen unterschiedlichen Skalierungsfaktoren. Jeder von ihnen hat nämlich die Aufgabe, das dynamische Kräftegleichgewicht für die jeweilige Eigenschwingung zu bewerkstelligen. Ihre Werte sind die Eigenkreisfrequenzen ω_j, $j = 1, \ldots, \mathrm{FG}$.

5.4.4 Frequenzgangmatrix

Der direkte und daher schnellste Weg, die erzwungenen Schwingungen zu berechnen, verläuft über die Bestimmung der Frequenzgangmatrix. Das Einsetzen des Lösungsansatzes $\boldsymbol{q} = \hat{\boldsymbol{q}} e^{i\Omega t}$ in die Differenzialgleichung (5.65) ergibt

$$(-\Omega^2 \boldsymbol{M} + \boldsymbol{K})\hat{\boldsymbol{q}} = \hat{\boldsymbol{Q}}$$

und aufgelöst nach den Antwortamplituden

$$\hat{\boldsymbol{q}} = \boldsymbol{H}(i\Omega)\hat{\boldsymbol{Q}} \tag{5.100}$$

mit der Frequenzgangmatrix des ungedämpften Systems

$$\boldsymbol{H}(i\Omega) = (\boldsymbol{K} - \Omega^2 \boldsymbol{M})^{-1} . \tag{5.101}$$

Bei unserem Beispiel der Längsschwingerkette mit drei Massenpunkten (Abb. 5.16, 5.28) ist die Frequenzgangmatrix

$$\boldsymbol{H}(i\Omega) = \begin{bmatrix} (2c - \Omega^2 m) & -c & 0 \\ -c & (2c - \Omega^2 m) & -c \\ 0 & -c & (2c - \Omega^2 m) \end{bmatrix}^{-1}$$

$$= \left(c \begin{bmatrix} (2 - \eta^2) & -1 & 0 \\ -1 & (2 - \eta^2) & -1 \\ 0 & -1 & (2 - \eta^2) \end{bmatrix} \right)^{-1}$$

mit der Abkürzung

$$\eta = \frac{\Omega}{\sqrt{\frac{c}{m}}} .$$

Nach Ausführen der Invertierung erhält man

$$\boldsymbol{H}(i\Omega) = \frac{\frac{1}{c}}{(2 - \eta^2)^3 - 2(2 - \eta^2)} \begin{bmatrix} [(2 - \eta^2)^2 - 1] & (2 - \eta^2) & 1 \\ (2 - \eta^2) & (2 - \eta^2)^2 & (2 - \eta^2) \\ 1 & (2 - \eta^2) & [(2 - \eta^2)^2 - 1] \end{bmatrix} .$$

Man erkennt, dass die Elemente der Frequenzgangmatrix bei den Eigenfrequenzen, bei $\eta_1^2 = 2 - \sqrt{2}$, $\eta_2^2 = 2$ und $\eta_3^2 = 2 + \sqrt{2}$, gegen unendlich gehen. Dann liegt eine Resonanz des ungedämpften Systems vor.

Für die Krafterregung $\hat{\boldsymbol{Q}} = [0 \quad \hat{Q} \quad 0]^T$ ergibt sich der folgende Vektor der Antwortamplituden

$$\hat{\boldsymbol{q}} = \frac{\hat{Q}}{c} \frac{2 - \eta^2}{(2 - \eta^2)^3 - 2(2 - \eta^2)} \begin{bmatrix} 1 \\ (2 - \eta^2) \\ 1 \end{bmatrix}.$$

Dieser ist darstellbar als Linearkombination des ersten und dritten Eigenvektors

$$\hat{\boldsymbol{q}} = \frac{\hat{Q}}{c} \frac{(2 - \eta^2)}{(2 - \eta^2)^3 - 2(2 - \eta^2)} \left[\left(1 + \frac{1}{\sqrt{2}}(2 - \eta^2)\right) \begin{bmatrix} \frac{1}{2} \\ \frac{1}{\sqrt{2}} \\ \frac{1}{2} \end{bmatrix} + \left(1 - \frac{1}{\sqrt{2}}(2 - \eta^2)\right) \begin{bmatrix} \frac{1}{2} \\ -\frac{1}{\sqrt{2}} \\ \frac{1}{2} \end{bmatrix} \right]$$

Der zweite Eigenvektor ist in der Linearkombination nicht enthalten. Die Erklärung dafür haben wir in den Abschnitten 5.4.1 und 5.4.2 gegeben. Da der Vektor der Erregerkräfte senkrecht zur zweiten Eigenform ist (vgl. Gleichung (5.73)) oder, anders ausgedrückt, die zweite kovariante Komponente des Erregerkraftvektors null ist (vgl. Gleichung (5.99), wird die zweite Eigenform nicht angeregt.

5.5 Schwingungstilgung und Anti-Resonanz

Das Phänomen der Schwingungstilgung ist uns schon in den Beispielen 3 und 4 im Abschnitt 5.4.2 begegnet. Um den Effekt an dieser Stelle detailliert zu erläutern, betrachten wir nochmals das Schwingungssystem aus Beispiel 3 mit Freiheitsgrad 2, das

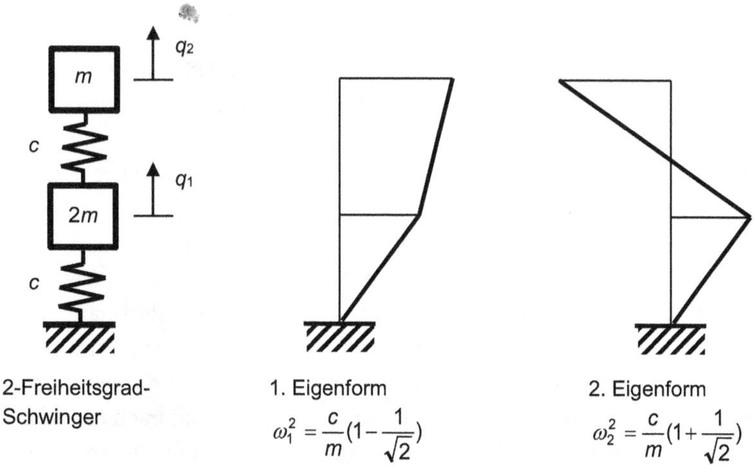

Abb. 5.52: Zweimassenschwinger zur Erläuterung der Schwingungstilgung.

in Abb. 5.52 zusammen mit den beiden Eigenformen dargestellt ist. Die Differenzialgleichung lautet bei harmonischer Erregung

$$\begin{bmatrix} 2m & 0 \\ 0 & m \end{bmatrix} \ddot{\boldsymbol{q}} + \begin{bmatrix} 2c & -c \\ -c & c \end{bmatrix} \boldsymbol{q} = \hat{\boldsymbol{Q}} e^{i\Omega t} .$$

Wir wollen nun wie in Beispiel 3 eine Partikulärlösung $\hat{\boldsymbol{q}}$ für eine Krafterregung an der Stelle des Massenpunkts $2m$ berechnen, d. h. für den Sonderfall $\hat{\boldsymbol{Q}} = [\hat{F}_1 \quad 0]^T$. Diesmal geben wir aber die Erregerkreisfrequenz Ω nicht vor. Mit der Frequenzgangmatrix

$$\begin{aligned} \boldsymbol{H}(i\Omega) &= \begin{bmatrix} (2c - 2m\Omega^2) & -c \\ -c & (c - m\Omega^2) \end{bmatrix}^{-1} \\ &= \frac{\frac{1}{c}}{2\left(1 - \frac{m\Omega^2}{c}\right)^2 - 1} \begin{bmatrix} \left(1 - \frac{m\Omega^2}{c}\right) & 1 \\ 1 & 2\left(1 - \frac{m\Omega^2}{c}\right) \end{bmatrix} . \end{aligned}$$

ergibt sich die Schwingungsantwort nach $\hat{\boldsymbol{q}} = \boldsymbol{H}(i\Omega) \cdot \hat{\boldsymbol{Q}}$ zu

$$\hat{\boldsymbol{q}} = \frac{\frac{1}{c}}{2\left(1 - \frac{m\Omega^2}{c}\right)^2 - 1} \begin{bmatrix} \left(1 - \frac{m\Omega^2}{c}\right) \\ 1 \end{bmatrix} \hat{F}_1$$

oder für die Amplituden $\hat{q}_1$, $\hat{q}_2$ der beiden Auslenkungen q_1, q_2 separat ausgedrückt

$$\frac{\hat{q}_1}{\left(\frac{\hat{F}_1}{c}\right)} = \frac{1 - \left(\frac{\Omega}{\Omega_\mathrm{T}}\right)^2}{2\left(1 - \left(\frac{\Omega}{\Omega_\mathrm{T}}\right)^2\right)^2 - 1} , \qquad \frac{\hat{q}_2}{\left(\frac{\hat{F}_1}{c}\right)} = \frac{1}{2\left(1 - \left(\frac{\Omega}{\Omega_\mathrm{T}}\right)^2\right)^2 - 1}$$

unter Verwendung der Abkürzung

$$\Omega_\mathrm{T} = \sqrt{\frac{c}{m}} .$$

Diese beiden Beziehungen sind in Abb. 5.53 grafisch dargestellt. Offensichtlich ist $\hat{q}_1$ gleich null für $\Omega = \Omega_\mathrm{T}$. Diesen Effekt nennt man Schwingungstilgung. Die zugehörige Frequenz $f_\mathrm{T} = \Omega_\mathrm{T}/2\pi$ ist die Tilgungsfrequenz.

Bei einer doppelt-logarithmischen Darstellung der Beträge von $\hat{q}_j$ (jeweils bezogen auf $\hat{F}_1/c$) über dem Frequenzverhältnis Ω/Ω_T erhält man die in Abb. 5.54 gezeigten Kurvenverläufe. Diese entsprechen dem gewohnten Bild der Vergrößerungsfunktion. Die Resonanzpeaks sind deutlich zu erkennen. Im Unterschied zum Einfreiheitsgradschwinger gibt es in unserem Beispiel nicht nur einen einzigen Resonanzpeak, sondern zwei. In der Regel stimmt beim ungedämpften System die Anzahl der Resonanzpeaks mit der Anzahl der Eigenfrequenzen, die ungleich null sind, überein. Die Tilgung stellt sich nun durch die logarithmische Auftragung als Peak nach unten dar (siehe Diagramm für $|\hat{q}_1|$). Man spricht daher auch von Anti-Resonanz. Die Anti-Resonanzpeaks werden im Unterschied zu den Resonanzpeaks nur in dem Frequenzverlauf derjenigen Koordinate sichtbar, deren Schwingung getilgt wird (vgl. Abb. 5.54).

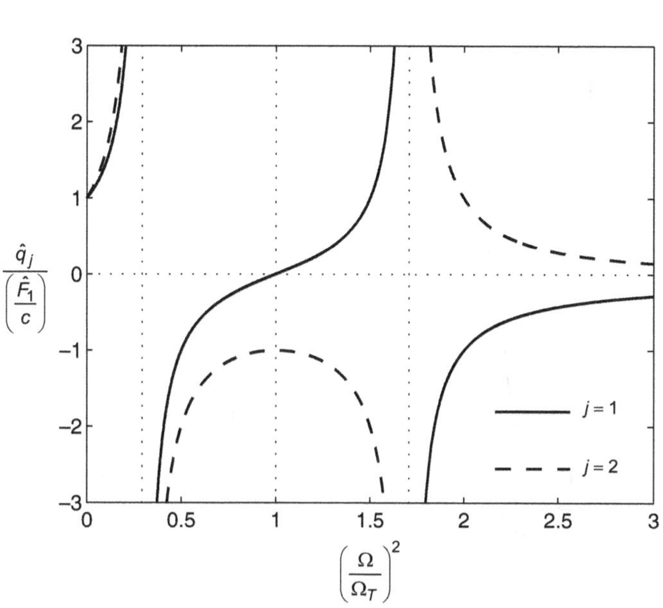

Abb. 5.53: Antwortamplituden des an der Stelle 1 krafterregten Zweimassenschwingers – lineare Achsenskalierung.

Die Schwingung des Massenpunkts $2m$, auf den die Erregerkraft wirkt, konnte vollständig getilgt werden durch Anbringen eines zusätzlichen Schwingers bestehend aus der oberen Feder der Steifigkeit c und dem oberen Massenpunkt m. Diesen zusätzlichen Schwinger nennt man Schwingungstilger, da er dafür sorgt, dass der Massenpunkt $2m$ nicht mehr schwingt. Der Schwingungstilger wird so ausgelegt, dass seine Eigenfrequenz Ω_T gleich der Erregerkreisfrequenz Ω ist

$$\Omega_\mathrm{T} = \Omega \quad \text{(Tilgerauslegung)} \quad \text{mit } \Omega_\mathrm{T} = \sqrt{\frac{c_\mathrm{T}}{m_\mathrm{T}}} \tag{5.102}$$

mit der Tilgermasse m_T und der Tilgersteifigkeit c_T. Durch diese Auslegung wird erreicht, dass der Tilger mit seiner Eigenfrequenz schwingt und mit ihm die Federkraft des Tilgers, deren Frequenz nun ebenfalls mit der Erregerfrequenz übereinstimmt. Dadurch, dass die Federkraft sich gegenphasig zur Erregerkraft einstellt, kann sie diese kompensieren, und die resultierende Kraft auf den Massenpunkt $2m$ verschwindet.

Den Effekt der Schwingungstilgung können wir auch durch Überlegungen verstehen, die physikalischer Natur sind, ohne das algebraische Instrumentarium des Frequenzgangs bemühen zu müssen. Befindet sich der Massenpunkt $2m$ in Ruhe, d. h. $q_1 = 0$, was Ziel der Schwingungstilgung ist, so können wir diesen Massenpunkt gedanklich auch durch ein Lager ersetzen. Dann reduziert sich das Originalsystem auf den Tilger, der in unserem Beispiel ein Einmassenschwinger mit Masse m und Steifigkeit c ist. Dieser ist zu Eigenschwingungen mit Kreisfrequenz $\Omega_\mathrm{T} = \sqrt{c/m}$ fähig. Bei diesen Eigenschwingungen schwingt die Feder- und damit auch die Lagerkraft eben-

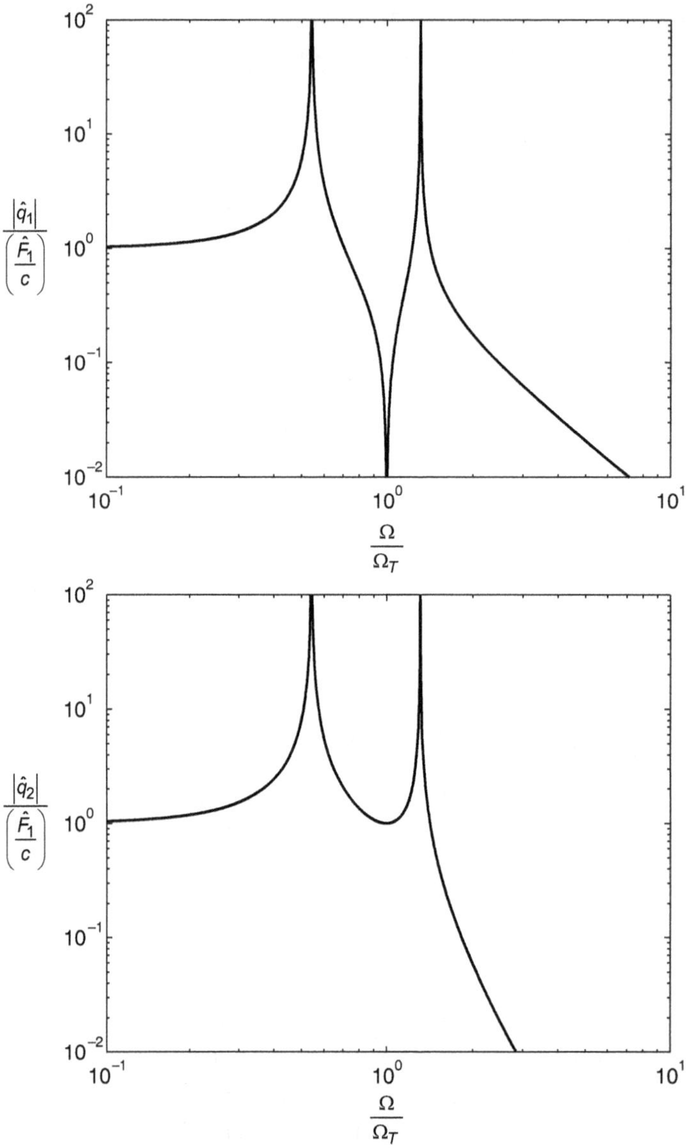

Abb. 5.54: Doppeltlogarithmische Darstellung der Antwortamplituden des an der Stelle 1 krafterregten Zweimassenschwingers.

falls mit Kreisfrequenz Ω_{T}. Es ändert sich nichts an dieser Bewegung, wenn wir das Lager wieder entfernen und stattdessen an dieser Stelle die Lagerkraft als äußere Erregerkraft angreifen lassen. Offensichtlich führt eine Erregerkraft mit Frequenz Ω_{T}, die am Fußpunkt des Tilgers angreift, dazu, dass der Tilger mit seiner Eigenfrequenz Ω_{T}

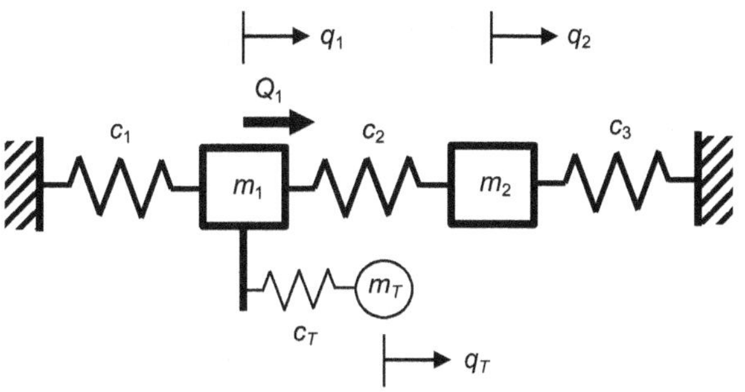

Abb. 5.55: Anbringungsort eines Tilgers.

schwingt und der Fußpunkt stillsteht, dessen Schwingung (Koordinate q_1) also getilgt ist.

Je größer die Erregerkraftamplitude $|\hat{F}_1|$, desto größer sind die Tilgerausschläge $|\hat{q}_2| = |\hat{F}_1|/c$. Die Tilgerausschläge lassen sich durch eine Erhöhung der Tilgersteifigkeit c reduzieren. Dies führt aber in gleichem Maße zu einer Erhöhung der Tilgermasse m.

Tilger besitzen wie alle technischen Systeme Dämpfung. Bei üblichen Schwingungstilgern ist diese unvermeidbare Dämpfung gering, damit die Tilgerwirkung nicht eingeschränkt wird [43]. Es gibt aber auch Tilger mit relativ großer Dämpfung. Bei ihnen spricht man alternativ von federgefesselten Dämpfern. Eine Erhöhung der Dämpfung reduziert zwar die Tilgerwirkung. Diese wird dafür aber breitbandiger. Daher werden übliche Tilger mit geringer Dämpfung eingesetzt, um Schwingungen aufgrund harmonischer Erregungen mit ganz bestimmter Frequenz oder aufgrund schmalbandiger Zufallserregungen zu tilgen. Tilger mit großer Dämpfung finden Verwendung bei harmonischen Erregungen mit großem Erregerfrequenzbereich oder bei breitbandigen Zufallserregungen. Nach den Überlegungen, die wir angestellt haben, um den Effekt der Schwingungstilgung zu verstehen, ist der ideale Anbringungsort des Tilgers c_T, m_T offensichtlich die Stelle der Krafteinleitung (Abb. 5.55). Die Wirkrichtung des Tilgers sollte in Übereinstimmung mit der Erregerkraftrichtung gewählt werden. Bei ausgedehnten Systemen mit linien-, flächenhaft oder räumlich verteilten Erregerlasten wie zum Beispiel Brückenbauwerken wird in [43], wo sich eine empfehlenswerte ausführliche Darstellung zum Wirkungsprinzip und zur Auslegung von Schwingungstilgern findet, die Anbringung gedämpfter Tilger an Stellen großer Amplituden empfohlen.

Tilger können nur Schwingungen beruhigen, deren Ursache Erregerkräfte mit Frequenzen in der Nähe der Tilgerfrequenz sind!

Generell lässt sich sagen, dass bei einem linearen ungedämpften Schwinger maximal FG unterschiedliche Resonanzfrequenzen und maximal FG – 1 unterschiedliche Stellen der Anti-Resonanz existieren. Dies lässt sich leicht nachvollziehen, da die Frequenzgangmatrix aus der folgenden Matrix durch Invertierung hervorgeht

$$\boldsymbol{K} - \Omega^2 \boldsymbol{M} .$$

Die Inverse einer beliebigen quadratischen Matrix

$$\boldsymbol{A} = \begin{pmatrix} a_{11} & a_{12} & \cdots & & \\ a_{21} & a_{22} & \cdots & & \\ \vdots & \vdots & & a_{ik} & \cdots \\ & & & \vdots & \\ & & & & \end{pmatrix}$$

kann nämlich zum Beispiel mithilfe der Adjunktenregel ermittelt werden [4]

$$\boldsymbol{A}^{-1} = \frac{1}{\det \boldsymbol{A}} \begin{pmatrix} A_{11} & A_{12} & \cdots & & \\ A_{21} & A_{22} & \cdots & & \\ \vdots & \vdots & & A_{ik} & \cdots \\ & & & \vdots & \\ & & & & \end{pmatrix}^T ,$$

wobei A_{ik} die zum Element a_{ik} von $\boldsymbol{A}$ gehörende Adjunkte ist. Unter der Adjunkte A_{ik} versteht man die mit dem Faktor $(-1)^{i+k}$ versehene Unterdeterminante von a_{ik}. Die Unterdeterminante von a_{ik} ist die Determinante einer Matrix, die eine Zeile und eine Spalte weniger besitzt als $\boldsymbol{A}$ und aus $\boldsymbol{A}$ hervorgeht durch Streichen der i-ten Zeile und k-ten Spalte.

Nun wird klar, dass sich alle Elemente der Frequenzgangmatrix als Quotienten von Zählerpolynomen in Ω^2 und dem Nennerpolynom

$$\det(\boldsymbol{K} - \Omega^2 \boldsymbol{M})$$

darstellen lassen. Das Quadrat der Erregerfrequenz im Nennerpolynom besitzt maximal die Ordnung FG, da die Matrizen $\boldsymbol{K}$ und $\boldsymbol{M}$ jeweils FG Zeilen und FG Spalten besitzen. Daher gibt es maximal FG Nullstellen, die Unendlichkeitsstellen (Pole) des Frequenzgangs sind und sich grafisch als Resonanzpeaks darstellen. Die Unendlichkeitsstellen des ungedämpften Systems stimmen mit den Eigenfrequenzen überein. Da die Adjunkten sich als Determinanten von Matrizen berechnen, die eine Zeile und eine Spalte weniger als $\boldsymbol{K}$ bzw. $\boldsymbol{M}$ besitzen, können die Zählerpolynome Ω^2 maximal in der Potenz FG – 1 enthalten. Die Zählerpolynome haben also maximal FG – 1 unterschiedliche Nullstellen. Dies sind die Stellen der Anti-Resonanz.

Dass die Zahl der Anti-Resonanzstellen maximal FG – 1 beträgt, ist aber nach dem bereits Gesagten auch physikalisch plausibel, wenn wir das Wissen voraussetzen, dass ein linearer Schwinger mit Freiheitsgrad FG maximal FG unterschiedliche Eigenfrequenzen bzw. Resonanzfrequenzen besitzt. Anti-Resonanz bedeutet, dass das

Massenelement des Schwingungssystems, an dem die Erregerkraft angreift, in Ruhe ist. Die entsprechende verallgemeinerte Koordinate ist also null. Daher können wir dieses Massenelement durch ein Lager ersetzen. Auf diese Weise entsteht ein neues Schwingungssystem (Tilger), dessen Freiheitsgrad um den Wert 1 gegenüber dem Originalsystem reduziert ist, also FG – 1 beträgt. Dieser Tilger hat maximal FG – 1 Eigenfrequenzen. Dies sind die Anti-Resonanzfrequenzen. Die Lagerkraft spielt, wie oben bereits für den Einfreiheitsgrad-Tilger erläutert, die Rolle der Erregerkraft, die am Originalsystem mit Freiheitsgrad FG angreift.

Diese allgemeine Erkenntnis lässt sich zum Beispiel mit der Längsschwingerkette mit Freiheitsgrad drei aus Abschnitt 5.2 (Abb. 5.16) illustrieren. Bei Kraftanregung mit Amplitude $\hat{F}_1$ am linken Massenpunkt (Koordinate q_1) ergibt sich die in Abb. 5.56 dargestellte Schwingungsantwort an dieser Stelle. Die drei Resonanzpeaks bei den Eigenfrequenzen der Drei-Massen-Längsschwingerkette sind deutlich zu erkennen, genauso wie die Stellen der Anti-Resonanz, deren Anzahl um 1 geringer ist. Die Anti-Resonanzfrequenzen ergeben sich als Eigenfrequenzen eines Tilgersystems, das aus der Drei-Massen-Längsschwingerkette entsteht, indem wir den Massenpunkt, auf den die Erregerkraft wirkt, durch ein Lager ersetzen. Das Tilgersystem ist also eine Zwei-Massen-Längsschwingerkette wie in Abb. 5.13 dargestellt. Deren Eigenkreisfrequenzen haben wir bereits in Abschnitt 5.2 berechnet: $\sqrt{c/m}$ bzw. $\sqrt{3c/m}$.

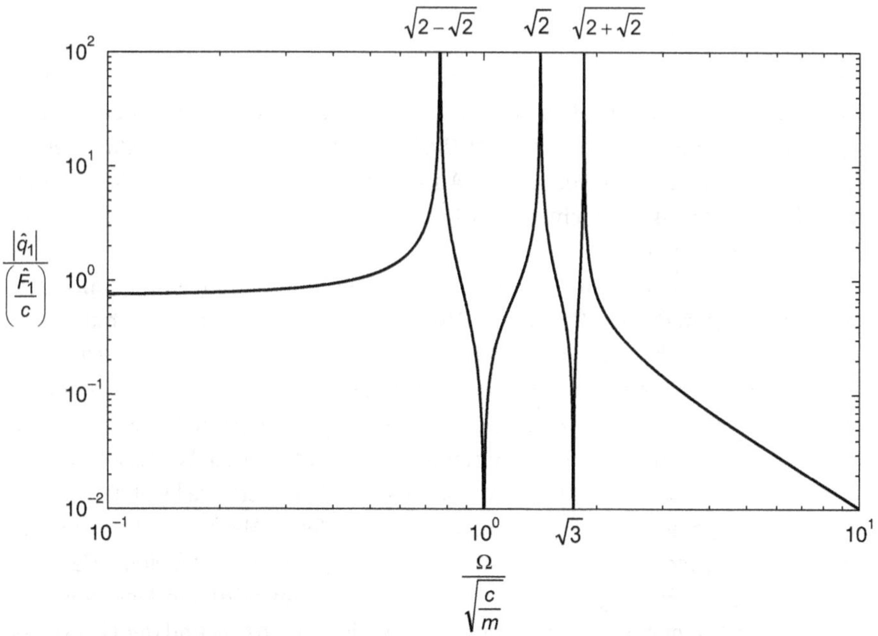

Abb. 5.56: Eingespannte symmetrische Drei-Massen-Längsschwingerkette – Auslenkung links bei Kraftanregung dort.

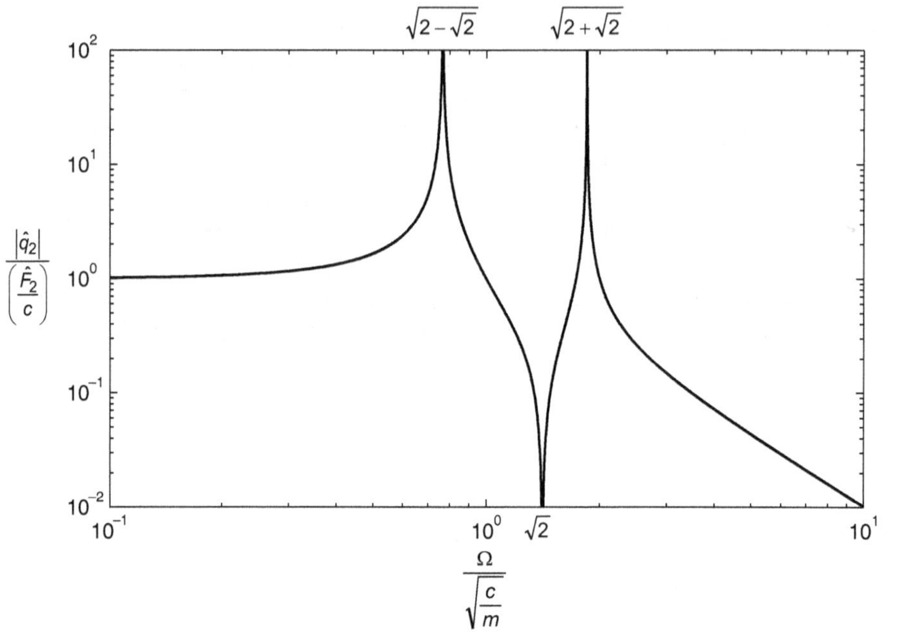

Abb. 5.57: Eingespannte symmetrische Drei-Massen-Längsschwingerkette – Auslenkung in der Mitte bei Kraftanregung dort.

Dass man bei der Drei-Massen-Längsschwingerkette aber nicht bei jeder Anregung drei Resonanz- und zwei Anti-Resonanzpeaks beobachtet, sehen wir bei einer Kraftanregung $\hat{F}_2$ am mittleren Massenpunkt (Koordinate q_2). Der in Abb. 5.57 über der Erregerfrequenz dargestellte Verlauf der Antwortamplitude $\hat{q}_2$ besitzt offensichtlich nur zwei Resonanzpeaks und einen Anti-Resonanzpeak. Die Erklärung dafür wollen wir im Folgenden geben.

Die Anti-Resonanzfrequenzen ergeben sich wie erläutert als Eigenfrequenzen des Tilgersystems, das in diesem Fall durch Ersetzen des mittleren Massenpunkts durch ein Lager entsteht. Es handelt sich also um zwei Ein-Massen-Schwinger. Diese haben nur aufgrund der Symmetrie des Originalsystems jeweils die gleiche Masse m und die gleiche Federsteifigkeit $c + c = 2c$, sodass sich keine zwei unterschiedlichen Anti-Resonanzkreisfrequenzen ergeben, sondern nur eine einzige mit dem Wert $\Omega_T = \sqrt{2c/m}$.

Aufgrund der Symmetrie der Drei-Massen-Längsschwingerkette besitzt die zweite Eigenschwingung einen Schwingungsknoten am mittleren Massenpunkt (siehe Abschnitt 5.2.3). Die Frequenz dieser Eigenschwingung kann also auf gleiche Weise berechnet werden wie die Tilgerfrequenz durch Ersetzen des mittleren Massenpunkts durch ein Lager. Daher stimmen die zweite Eigenkreisfrequenz ω_2 und die Tilgerkreisfrequenz Ω_T überein. Da wir bei Erregung mit Frequenz $\Omega_T = \omega_2$ am mittleren Massenpunkt aber Anti-Resonanz beobachten, kann bei ω_2 kein Resonanzpeak auftreten.

Dies erklärt, dass in Abb. 5.57 nur zwei Resonanzpeaks, und zwar bei der ersten und dritten Eigenfrequenz $\omega_1^2 = (2 - \sqrt{2})c/m$, $\omega_3^2 = (2 + \sqrt{2})c/m$ zutage treten.

Diese Ergebnisse lassen sich verallgemeinern.

Bei Kraftanregung in einem Schwingungsknoten einer Eigenform j tritt kein Resonanzpeak in den Frequenzverläufen der Schwingungsantwort bei der zugehörigen Eigenfrequenz ω_j auf. Stattdessen beobachten wir in diesem Fall bei ω_j Anti-Resonanz in der Schwingungsantwort an der Stelle der Kraftanregung.

Resonanz erfordert nämlich, dass durch die Erregerkraft dem System Energie zugeführt wird. Die Leistung, die sich als Produkt von Kraft und Geschwindigkeit ergibt, ist in einem Schwingungsknoten aber naturgemäß immer null. Es ist auch die Bedingung

$$\boldsymbol{g}_j \circ \hat{\boldsymbol{Q}} = 0$$

dafür, dass die j-te Eigenform in der Schwingungsantwort nicht auftritt, erfüllt, vgl. Gleichung (5.73) in Abschnitt 5.4.1 bzw. Gleichung (5.99) in Abschnitt 5.4.2. Die Schwingungsantwort stimmt also nicht mit der j-ten Eigenform überein, obwohl die Schwingung durch eine Kraft der Frequenz ω_j erzeugt wird.

Schwingungstilger werden in der Technik vielseitig eingesetzt, zum Beispiel bei Bauwerken wie Hochhäusern oder Brücken. In Abb. 5.58 ist die Schwingungstilgung der „Millenium Bridge“ in London gezeigt. Diese wurde nachträglich realisiert, nachdem man die Brücke nach der bereits erfolgten Freigabe aufgrund zu starker Schwingungen wieder sperren musste.

In der Fahrzeugtechnik gibt es Beispiele von Luxus-Fahrzeugen, in denen 80 verschiedene Tilger ihre Arbeit verrichten. Der Kurbelwellentilger wird sehr häufig eingesetzt, um die Torsionsschwingungen der Kurbelwelle zu beruhigen (Abb. 5.59a). Er wird in der Regel in die Riemenscheibe integriert, die auf der Kurbelwelle an der Vorderseite des Motors montiert ist und den Riementrieb für die Nebenaggregate wie z. B. Generator und Wasserpumpe antreibt. Ein derartiger Torsionsschwingungstilger besteht aus einem Schwungring, der über eine Elastomerspur z. B. mit der Riemenscheiben-Nabe verbunden wird. Die Elastomerspur beinhaltet die Elastizität/Drehsteifigkeit des Tilgers und hat auch eine dämpfende Wirkung.

Der Kurbelwellentilger (Abb. 5.59a) hat eine starke Verbreitung gefunden aufgrund der in den letzten Jahren und Jahrzehnten steigenden Anregung der Kurbelwelle zu Torsionsschwingungen. Dies hat unterschiedliche Gründe. Nachdem um 1985 zum ersten Mal Zweimassenschwungräder (Abk.: ZMS) in Serie eingesetzt wurden [36], haben diese mittlerweile eine große Marktdurchdringung erreicht. Zweimassenschwungräder (Abb. 5.60) beruhigen den Triebstrang zwischen Getriebeeingang und Antriebsrädern und reduzieren z. B. das Getrieberasseln [36]. Sie können aber im Gegenzug zu einer Vergrößerung der Torsionsschwingungen der Kurbelwelle führen. Ein Zweimassenschwungrad ist kein Schwingungstilger. Das zugrunde liegende

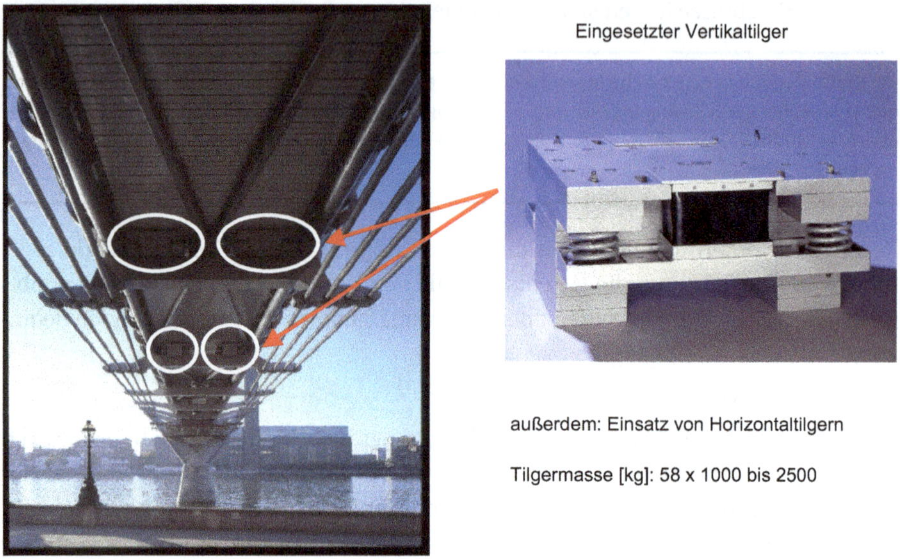

Abb. 5.58: Einsatz von Schwingungstilgern bei Brückenbauwerken (Foto GERB).

Wirkprinzip ist die in Abschnitt 4.1 behandelte Schwingungsisolierung. Es lässt sich auch als mechanisches Tiefpassfilter begreifen, das hochfrequente Anteile aus dem Spektrum der Erregerdrehmomente herausfiltert, sodass nur die niederfrequenten Anteile an das Getriebe weitergeleitet werden. In Abb. 5.60 ist eine Bauform des ZMS mit Bogenfedern dargestellt, die die motor- und die getriebeseitige Schwungmasse (Primär- und Sekundärseite) miteinander verbinden. Das Verhalten ist nichtlinear, u. a. aufgrund der Reibung zwischen den Bogenfedern und den Kanälen, in denen die Bogenfedern liegen.

Ein weiterer Grund für die zunehmende Schwingungsanregung der Kurbelwelle liegt in den sogenannten „leistungsneutralen Hubraum- und Zylinder-Downsizing-Maßnahmen“. Damit ist die Verringerung von Hubraum und Zylinderzahl gemeint, ohne die Leistung des Motors zu reduzieren, was eine Erhöhung des Mitteldrucks zur Folge hat. Diese Maßnahmen sind im Kontext der aktuellen Anstrengungen der Automobilhersteller zu sehen, den Kraftstoffverbrauch bzw. die CO_2-Emissionen der Fahrzeugflotten weiter zu senken. Der erhöhte Mitteldruck und die Zündfrequenz von Motoren mit geringer Zylinderzahl verursachen stärkere Schwingungen im Kurbeltrieb.

Vor diesem Hintergrund ist auch der relativ neue Serieneinsatz eines drehzahladaptiven Tilgers zu sehen, der durch Fliehkraftpendel realisiert wurde, die im Zweimassenschwungrad integriert sind, wie z. B. in Abb. 5.59b dargestellt. Beim mathematischen Pendel ist die Eigenkreisfrequenz bekanntermaßen gleich der Wurzel aus dem

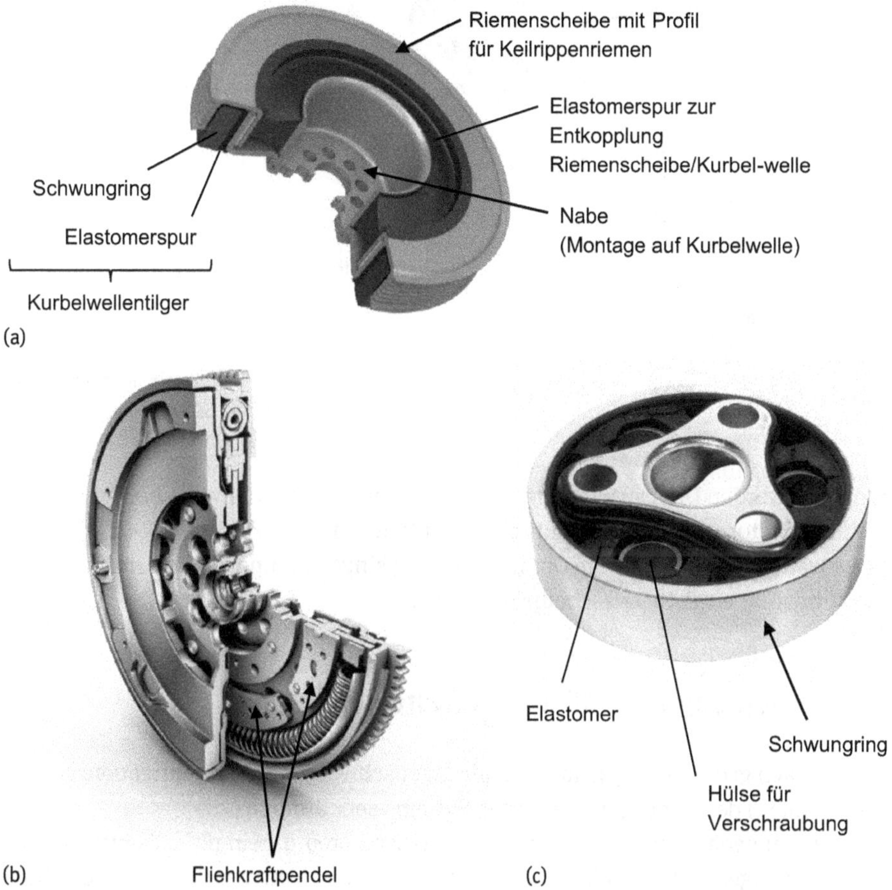

Abb. 5.59: Schwingungstilger für den Kraftfahrzeug-Antriebsstrang (a) Entkoppelte Riemenscheibe mit integriertem Kurbelwellentilger (Bild VIBRACOUSTIC) (b) Fliehkraftpendel als drehzahladaptiver Tilger im Zweimassenschwungrad (Bild SCHAEFFLER) (c) Drehschwingungstilger für die Kardanwelle (Bild CONTINENTAL).

Quotienten von Erdbeschleunigung und Pendellänge. Beim Fliehkraftpendel wird die Rückstellkraft nicht wie beim mathematischen Pendel durch die Erdanziehung generiert, sondern durch die bei drehender Kurbelwelle auftretende Fliehkraft, die proportional zum Quadrat der Drehzahl ist. Das Quadrat der Drehzahl tritt also an die Stelle der Erdbeschleunigung, und daher ist die Eigenfrequenz des Tilgerpendels proportional zur Wurzel aus dem Quadrat der Drehzahl, also proportional zur Drehzahl. Dies erklärt die Bezeichnung als drehzahladaptiv. Durch geeignete Wahl der Geometrie des Fliehkraftpendels kann die Tilgerfrequenz auf die Hauptanregende, z. B. die zweite Motorordnung beim Vierzylindermotor, abgestimmt werden.

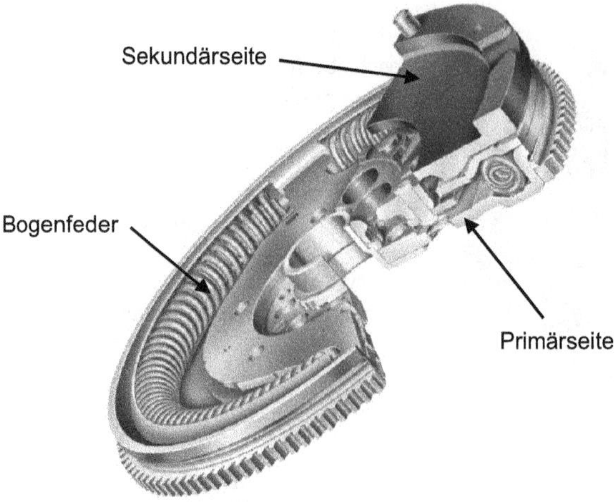

Abb. 5.60: Zweimassenschwungrad (Bild SCHAEFFLER).

Hingegen werden Drehschwingungstilger im Bereich der Kardanwelle bei Fahrzeugen mit Frontmotor und Hinterradantrieb schon lange eingesetzt (Abb. 5.59c). Üblicherweise werden solche Tilger am Getriebeausgang eingebaut und können zusätzlich die Funktionalität einer Gelenkscheibe beinhalten.

5.6 Anmerkung zu gedämpften Systemen

Für schwach gedämpfte Systeme sind die Eigenschwingungen (Eigenfrequenzen und Eigenformen) denen des ungedämpften Systems sehr ähnlich.

Beim ungedämpften System sind die Eigenvektoren $\hat{\boldsymbol{q}}_j$ rein reell. Wenn zwei Elemente des Eigenvektors gleiches Vorzeichen haben, schwingen die entsprechenden Punkte des Systems gleichphasig (Phasenverschiebung null). Haben sie unterschiedliche Vorzeichen, schwingen die Punkte gegenphasig (Phasenverschiebung 180°). Beim gedämpften im Unterschied zum ungedämpften System sind andere Phasenverschiebungswinkel als 0 oder 180° möglich. Mathematisch drückt sich dies in einem komplexwertigen Eigenvektor aus.

Ein ähnlicher Unterschied besteht auch in Bezug auf die erzwungenen Schwingungen. Beim ungedämpften System ist die Frequenzgangmatrix rein reell. Das bedeutet, dass die Schwingungsantwort (Schwingweg) an einer beliebigen Stelle des Systems auf eine Krafterregung an der gleichen oder einer beliebigen anderen Stelle entweder gleichphasig zur Erregerkraft oder gegenphasig ist. Beim gedämpften System sind andere Phasenverschiebungswinkel als 0 oder 180° möglich. Dies drückt sich in der Komplexwertigkeit der Frequenzgangmatrix aus

$$\boldsymbol{H}(i\Omega) = [(\boldsymbol{K} - \Omega^2\boldsymbol{M}) + i\Omega\boldsymbol{D}]^{-1} \,. \tag{5.103}$$

Eine modale Entkopplung der Bewegungsdifferenzialgleichung über die Modaltransformation ist beim gedämpften System nur möglich, wenn die Dämpfungsmatrix bestimmten Bedingungen genügt. Die Bedingungen sind erfüllt, für den Fall der „modalen Dämpfung“. Die entkoppelten Differenzialgleichungen (5.71) enthalten dann einen zusätzlichen Dämpfungsterm

$$\ddot{u}_j + 2D_j\omega_j\dot{u}_j + \omega_j^2 u_j = \hat{\boldsymbol{q}}_j^T\hat{\boldsymbol{Q}}e^{i\Omega t}, \quad j = 1, \ldots, \mathrm{FG}. \tag{5.104}$$

Hier ist D_j der Dämpfungsgrad des j-ten Modes analog zum Dämpfungsgrad des Einfreiheitsgradschwingers und ω_j die Eigenkreisfrequenz des ungedämpften Modes, die man auch Kennkreisfrequenz (des j-ten Modes) nennt.

5.7 Experimentelle Modalanalyse

Die experimentelle Modalanalyse (EMA) dient der Bestimmung der modalen Parameter (Eigenformen $\hat{\boldsymbol{q}}_j$, Kennkreisfrequenzen ω_j und modale Dämpfung D_j) durch Messung. Es soll hier nur eine grundsätzliche Vorstellung vom Vorgehen bei der EMA vermittelt werden. Für Einzelheiten wird auf die umfangreiche Literatur verwiesen, z. B. [31].

Theoretisches Fundament der EMA ist der Zusammenhang zwischen der Frequenzgangmatrix und den modalen Parametern. Dieser Zusammenhang kann hergeleitet werden, indem man die Partikulärlösung von Gleichung (5.104)

$$u_j = \hat{u}_j e^{i\Omega t}$$

mit

$$\hat{u}_j = \frac{\hat{\boldsymbol{q}}_j^T\hat{\boldsymbol{Q}}}{(\omega_j^2 - \Omega^2) + i2D_j\omega_j\Omega} \tag{5.105}$$

in Gleichung (5.72) einsetzt

$$\hat{\boldsymbol{q}} = \sum_{j=1}^{\mathrm{FG}} \hat{\boldsymbol{q}}_j \frac{\hat{\boldsymbol{q}}_j^T\hat{\boldsymbol{Q}}}{(\omega_j^2 - \Omega^2) + i2D_j\omega_j\Omega} = \left[\sum_{j=1}^{\mathrm{FG}} \frac{1}{(\omega_j^2 - \Omega^2) + i2D_j\omega_j\Omega}\left[\hat{\boldsymbol{q}}_j\hat{\boldsymbol{q}}_j^T\right]\right]\hat{\boldsymbol{Q}}, \tag{5.106}$$

und das Ergebnis mit Gleichung (5.100) vergleicht:

$$\begin{aligned}\boldsymbol{H}(i\Omega) &= \sum_{j=1}^{\mathrm{FG}} \frac{1}{(\omega_j^2 - \Omega^2) + i2D_j\omega_j\Omega}\left[\hat{\boldsymbol{q}}_j\hat{\boldsymbol{q}}_j^T\right] \\ &= \frac{1}{(\omega_1^2 - \Omega^2) + i2D_1\omega_1\Omega}\left[\hat{\boldsymbol{q}}_1\hat{\boldsymbol{q}}_1^T\right] + \frac{1}{(\omega_2^2 - \Omega^2) + i2D_2\omega_2\Omega}\left[\hat{\boldsymbol{q}}_2\hat{\boldsymbol{q}}_2^T\right] + \ldots\end{aligned} \tag{5.107}$$

Bei der EMA werden einige Elemente der Frequenzgangmatrix des realen Systems gemessen und die modalen Parameter mit speziellen Algorithmen (Fitting-Verfahren) so

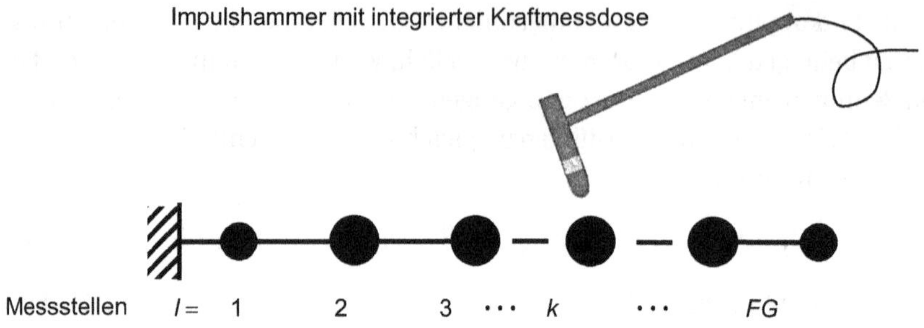

Abb. 5.61: Anregung eines Schwingungssystems bei der experimentellen Modalanalyse.

bestimmt, dass die gemessenen Frequenzgänge mit denen nach der Modell-Gleichung (5.107) möglichst gut übereinstimmen. Es reicht, die Frequenzgänge, die in einer Zeile oder in einer Spalte der Frequenzgangmatrix stehen, zu messen. Um die k-te Spalte $\boldsymbol{h}_k$ der Frequenzgangmatrix $\boldsymbol{H}$ zu messen,

$$\begin{aligned} \boldsymbol{h}_k(i\Omega) &= \sum_{j=1}^{\mathrm{FG}} \frac{\hat{q}_{jk}}{(\omega_j^2 - \Omega^2) + i2D_j\omega_j\Omega}\hat{\boldsymbol{q}}_j \\ &= \frac{\hat{q}_{1k}}{(\omega_1^2 - \Omega^2) + i2D_1\omega_1\Omega}\hat{\boldsymbol{q}}_1 + \frac{\hat{q}_{2k}}{(\omega_2^2 - \Omega^2) + i2D_2\omega_2\Omega}\hat{\boldsymbol{q}}_2 + \dots \end{aligned} \tag{5.108}$$

($\hat{q}_{jk}$ ist das k-te Element des j-ten Eigenvektors), regt man das System an einer einzigen Stelle $l = k$ möglichst breitbandig z. B. mit einem Impulshammer mit integrierter Kraftmessdose zu Schwingungen an und misst an den Stellen $l = 1, \dots, \mathrm{FG}$ die Antwortspektren (Abb. 5.61). Die Elemente h_{lk} der k-ten Spalte der Frequenzgangmatrix ergeben sich dann jeweils als Verhältnis der Fourier-Transformierten der Schwingungsantwort an der Stelle l zur Fourier-Transformierten des Erregerkraft-Signals Q_k.

Die Bestimmung der modalen Parameter ist besonders einfach bei sogenannten modal entkoppelten oder modal schwach gekoppelten Systemen, bei denen die Kennfrequenzen weit auseinanderliegen. Dann dominiert im Frequenzbereich um die Kennfrequenz ω_j jeweils der j-te Summand in den Gleichungen (5.107), (5.108) und alle anderen Summanden können vernachlässigt werden. Nach Gleichung (5.108) kann in diesem Fall der j-te (unskalierte) Eigenvektor direkt als die k-te Spalte der Frequenzgangmatrix bei Frequenz $\Omega \approx \omega_j$ identifiziert werden, da

$$\hat{\boldsymbol{q}}_j \sim \boldsymbol{h}_k\big|_{\Omega\approx\omega_j} .$$

Die Kennfrequenzen sind bei schwach gedämpften Systemen ungefähr gleich den Resonanzfrequenzen. Die Resonanzfrequenzen können als Maximumstellen eines der gemessenen Amplitudenfrequenzgänge $|h_{lk}|$ identifiziert werden.

Anhänge

Quadratische Form

Die Funktion

$$f(x, y) = \frac{1}{2}(a_{11}x^2 + 2a_{12}xy + a_{22}y^2)$$

mit den reellen Konstanten a_{11}, a_{12}, a_{22} nennt man quadratische Form. In Matrixschreibweise lautet sie

$$f(\boldsymbol{x}) = \frac{1}{2}\boldsymbol{x}^T\boldsymbol{A}\boldsymbol{x}$$

mit

$$\boldsymbol{x} = \begin{bmatrix} x \\ y \end{bmatrix}$$

und der symmetrischen Matrix

$$\boldsymbol{A} = \begin{bmatrix} a_{11} & a_{12} \\ a_{12} & a_{22} \end{bmatrix},$$

wobei

$$a_{11} = \frac{\partial^2 f}{\partial x^2}, \quad a_{12} = \frac{\partial^2 f}{\partial x \partial y}, \quad a_{22} = \frac{\partial^2 f}{\partial y^2}.$$

Da die Matrix $\boldsymbol{A}$ die zweifachen Ableitungen der Funktion f umfasst, handelt es sich um die sogenannte Hesse-Matrix. Es sei angemerkt, dass die Matrixschreibweise auch gültig ist für quadratische Formen mit mehr als zwei veränderlichen x, y. Wir wollen uns hier aber zunächst auf zwei Variablen beschränken.

Die Gleichung

$$z = f(\boldsymbol{x}) = \frac{1}{2}\boldsymbol{x}^T\boldsymbol{A}\boldsymbol{x}$$

beschreibt eine gekrümmte Fläche im reellen Anschauungsraum (x, y, z). Welche Gestalt die Fläche in Abhängigkeit der Eigenschaften der Matrix $\boldsymbol{A}$ hat, wollen wir im Folgenden untersuchen. Dazu betrachten wir zunächst eine Koordinatentransformation, die sich bei einer Drehung der Koordinatenachsen x, y um den Winkel φ ergibt:

$$\bar{\boldsymbol{x}} = \boldsymbol{T}\boldsymbol{x}$$

bzw.

$$\boldsymbol{x} = \boldsymbol{T}^T\bar{\boldsymbol{x}}$$

mit

$$\bar{\boldsymbol{x}} = \begin{bmatrix} \bar{x} \\ \bar{y} \end{bmatrix}$$

und der Transformationsmatrix

$$\boldsymbol{T} = \begin{bmatrix} \cos\varphi & \sin\varphi \\ -\sin\varphi & \cos\varphi \end{bmatrix}.$$

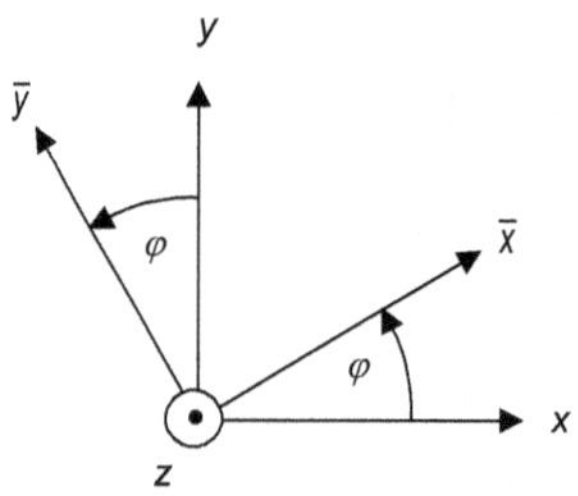

Abb. A.1: Koordinatentransformation bei Drehung des Koordinatensystems.

Ausgedrückt in den Variablen $\bar{\boldsymbol{x}}$ ist

$$\begin{aligned} z &= \frac{1}{2}(\boldsymbol{T}^T\bar{\boldsymbol{x}})^T\boldsymbol{A}(\boldsymbol{T}^T\bar{\boldsymbol{x}}) \\ &= \frac{1}{2}\bar{\boldsymbol{x}}^T(\boldsymbol{TAT}^T)\bar{\boldsymbol{x}}\,, \end{aligned}$$

also

$$z = \frac{1}{2}\bar{\boldsymbol{x}}^T\bar{\boldsymbol{A}}\bar{\boldsymbol{x}}$$

mit

$$\bar{\boldsymbol{A}}(\varphi) = \boldsymbol{TAT}^T = \begin{bmatrix} \bar{a}_{11}(\varphi) & \bar{a}_{12}(\varphi) \\ \text{sym.} & \bar{a}_{22}(\varphi) \end{bmatrix},$$

wobei sich die Matrixelemente ergeben zu

$$\begin{aligned} \bar{a}_{11}(\varphi) &= a_{11}\cos^2\varphi + 2a_{12}\sin\varphi\cos\varphi + a_{22}\sin^2\varphi\,, \\ \bar{a}_{12}(\varphi) &= -(a_{11} - a_{22})\sin\varphi\cos\varphi + a_{12}(\cos^2\varphi - \sin^2\varphi)\,, \\ \bar{a}_{22}(\varphi) &= a_{11}\sin^2\varphi - 2a_{12}\sin\varphi\cos\varphi + a_{22}\cos^2\varphi\,. \end{aligned}$$

Mit den trigonometrischen Beziehungen

$$\sin\varphi\cos\varphi = \frac{1}{2}\sin 2\varphi, \quad \cos^2\varphi = \frac{1+\cos 2\varphi}{2}, \quad \sin^2\varphi = \frac{1-\cos 2\varphi}{2}$$

können wir auch schreiben

$$\begin{aligned} \bar{a}_{11}(\varphi) &= \frac{a_{11}+a_{22}}{2} + \frac{a_{11}-a_{22}}{2}\cos 2\varphi + a_{12}\sin 2\varphi\,, \\ \bar{a}_{12}(\varphi) &= -\frac{a_{11}-a_{22}}{2}\sin 2\varphi + a_{12}\cos 2\varphi\,, \\ \bar{a}_{22}(\varphi) &= \frac{a_{11}+a_{22}}{2} - \frac{a_{11}-a_{22}}{2}\cos 2\varphi - a_{12}\sin 2\varphi = \bar{a}_{11}(\varphi + 90°)\,. \end{aligned}$$

Die Matrix $\bar{\boldsymbol{A}}$ für das gedrehte Koordinatensystem ist ebenfalls eine Hesse-Matrix. Ihre Elemente sind also die Ableitungen zweiter Ordnung

$$\bar{a}_{11} = \frac{\partial^2 z}{\partial\bar{x}^2}, \quad \bar{a}_{12} = \frac{\partial^2 z}{\partial\bar{x}\partial\bar{y}}, \quad \bar{a}_{22} = \frac{\partial^2 z}{\partial\bar{y}^2}\,.$$

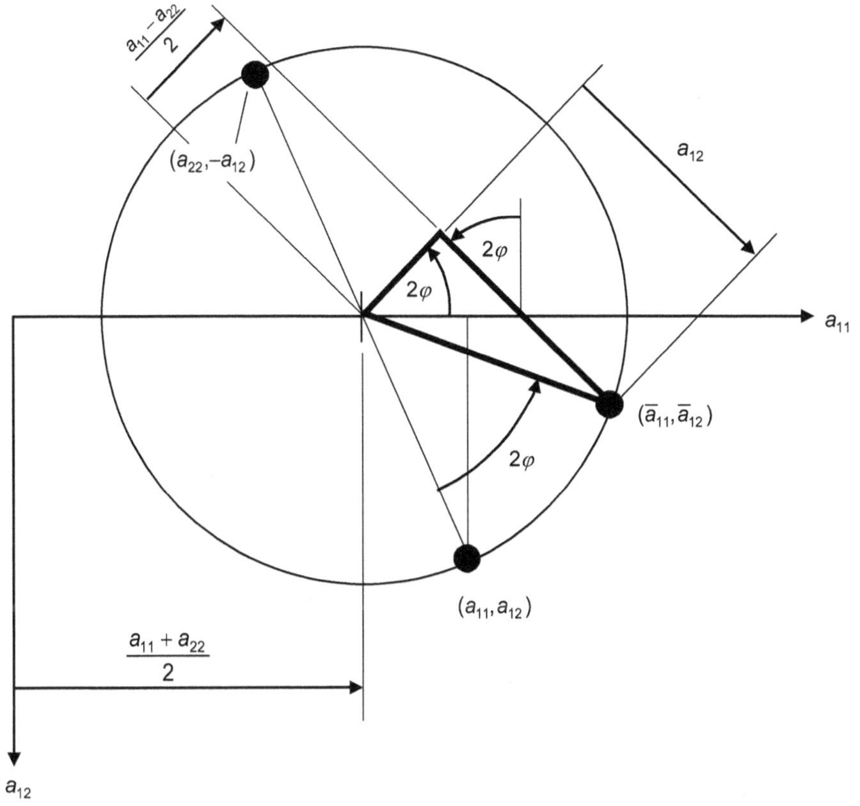

Abb. A.2: Grafische Darstellung der Transformationsbeziehungen mit dem Mohr'schen Kreis.

Die Transformationsbeziehungen für die Matrixelemente lassen sich grafisch mithilfe des Mohr'schen Kreises darstellen.

Tragen wir, wie dargestellt, auf der Ordinate das Matrixelement $\bar{a}_{11}(\varphi)$ auf und auf der Abszisse das Element $\bar{a}_{12}(\varphi)$, so erkennen wir, dass die Punkte $(\bar{a}_{11}(\varphi), \bar{a}_{12}(\varphi))$ für alle Winkel φ einen Kreis bilden, den sogenannten Mohr'schen Kreis. Der Mittelpunkt des Kreises ist

$$\left(\frac{a_{11} + a_{22}}{2}, 0\right)$$

und sein Radius

$$\sqrt{\left(\frac{a_{11} - a_{22}}{2}\right)^2 + a_{12}^2} \, .$$

Die Punkte (a_{11}, a_{12}) und $(a_{22}, -a_{12})$ liegen diametral gegenüber.

Das Doppelte des Verdrehungswinkels φ zwischen den Koordinatenachsen, der Winkel 2φ, findet sich im Mohr'schen Kreis wieder als Winkel zwischen den Verbindungsgeraden von Kreismittelpunkt und (a_{11}, a_{12}) sowie von Kreismittelpunkt und

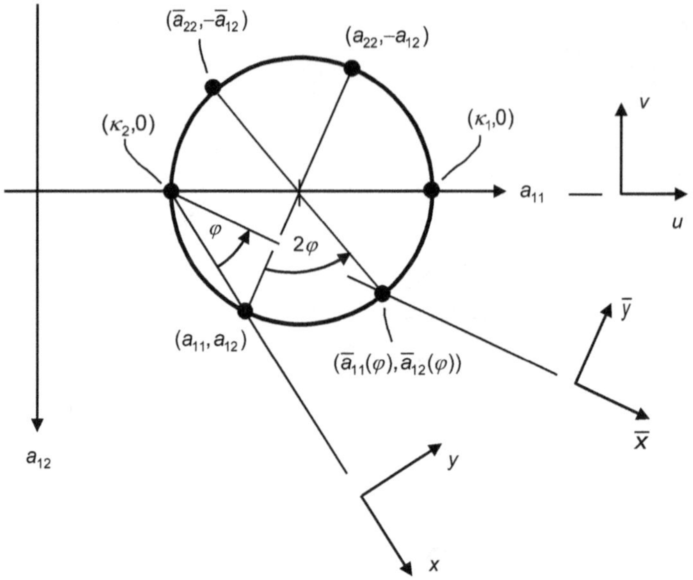

Abb. A.3: Ablesen des Verdrehungswinkels beim Mohr'schen Kreis.

$(\bar{a}_{11}, \bar{a}_{12})$. Der Winkel φ kann auch direkt abgelesen werden. Dann sind die Verbindungsgeraden nicht durch den Kreismittelpunkt, sondern durch den äußersten linken Punkt des Kreises zu legen.

Da $\bar{a}_{22}(\varphi) = \bar{a}_{11}(\varphi + 90°)$, liegen die Punkte $(\bar{a}_{11}, \bar{a}_{12})$ und $(\bar{a}_{22}, -\bar{a}_{12})$ offensichtlich diametral gegenüber. Außerdem gibt es immer zwei diametral gegenüberliegende Punkte des Mohr'schen Kreises $(\kappa_1, 0)$ und $(\kappa_2, 0)$, für die das Matrixelement $\bar{a}_{12}$ verschwindet. Die Werte κ_1 und κ_2 werden Hauptwerte genannt, da sie den maximalen bzw. minimalen Wert der Hauptdiagonalelemente $\bar{a}_{11}(\varphi)$ und $\bar{a}_{22}(\varphi)$ der Matrix darstellen. Die entsprechenden Koordinatenrichtungen u, v sind die sogenannten Hauptachsen.

Für ein Hauptachsensystem ergeben sich also die Matrix zu

$$\bar{\boldsymbol{A}} = \begin{bmatrix} \kappa_1 & 0 \\ 0 & \kappa_2 \end{bmatrix}$$

und die Gleichung der Fläche

$$z = \frac{1}{2} \begin{bmatrix} u & v \end{bmatrix} \begin{bmatrix} \kappa_1 & 0 \\ 0 & \kappa_2 \end{bmatrix} \begin{bmatrix} u \\ v \end{bmatrix} = \frac{1}{2}(\kappa_1 u^2 + \kappa_2 v^2) .$$

Ein Schnitt der Fläche $z = f(x, y)$ senkrecht zur x-y-Ebene in Richtung von $\bar{x}(\varphi)$ erzeugt folgende Schnittkurve

$$z = \frac{1}{2} \begin{bmatrix} \bar{x} & 0 \end{bmatrix} \begin{bmatrix} \bar{a}_{11} & \bar{a}_{12} \\ \text{sym.} & \bar{a}_{22} \end{bmatrix} \begin{bmatrix} \bar{x} \\ 0 \end{bmatrix} = \frac{1}{2} \bar{a}_{11} \bar{x}^2 .$$

Offensichtlich handelt es sich um eine Parabel mit Krümmung

$$\kappa(\varphi) = \bar{a}_{11}(\varphi) = \frac{\partial^2 z}{\partial \bar{x}^2} \,.$$

Die Hauptwerte κ_1, κ_2 sind die entsprechenden Krümmungen der Parabeln bei Schnitten in Richtung von u bzw. v. Man spricht daher von Hauptkrümmungen

$$\kappa_1 = \max_{\varphi}(\kappa(\varphi)) \,,$$

$$\kappa_2 = \min_{\varphi}(\kappa(\varphi)) \,.$$

Positive/negative Definitheit und elliptisches Paraboloid

Liegt der Mohr'sche Kreis vollständig in der rechten Halbebene, so sind $\kappa_1, \kappa_2 > 0$. Die bei allen Schnitten senkrecht zur x-y-Ebene entstehenden Schnittkurven sind Parabeln mit positiver Krümmung $\kappa(\varphi)$. In diesem Fall nennt man sowohl die Matrix $\boldsymbol{A}$ als auch die entsprechende quadratische Form $f(\boldsymbol{x}) = 1/2\boldsymbol{x}^T\boldsymbol{A}\boldsymbol{x}$ positiv definit, da

$$f(\boldsymbol{x}) = \frac{1}{2}\boldsymbol{x}^T\boldsymbol{A}\boldsymbol{x} > 0 \quad \forall \boldsymbol{x} \neq \boldsymbol{0} \,.$$

Ein Schnitt der Fläche $z = f(\boldsymbol{x})$ senkrecht zur z-Achse bei $z = z_0 > 0$ wird beschrieben durch die Gleichung

$$z = z_0 = \text{konst.} = \left(\frac{u}{\sqrt{\frac{2}{\kappa_1}}}\right)^2 + \left(\frac{v}{\sqrt{\frac{2}{\kappa_2}}}\right)^2 .$$

Die Schnittkurve ist also eine Ellipse

$$\left(\frac{u}{a}\right)^2 + \left(\frac{v}{b}\right)^2 = 1$$

mit dem kleinen Halbmesser

$$a = \sqrt{\frac{2z_0}{\kappa_1}}$$

in Richtung der 1. Hauptachse u und mit dem großen Halbmesser

$$b = \sqrt{\frac{2z_0}{\kappa_2}}$$

in Richtung der 2. Hauptachse v. Die Fläche $z = f(\boldsymbol{x})$ wird daher elliptisches Paraboloid genannt.

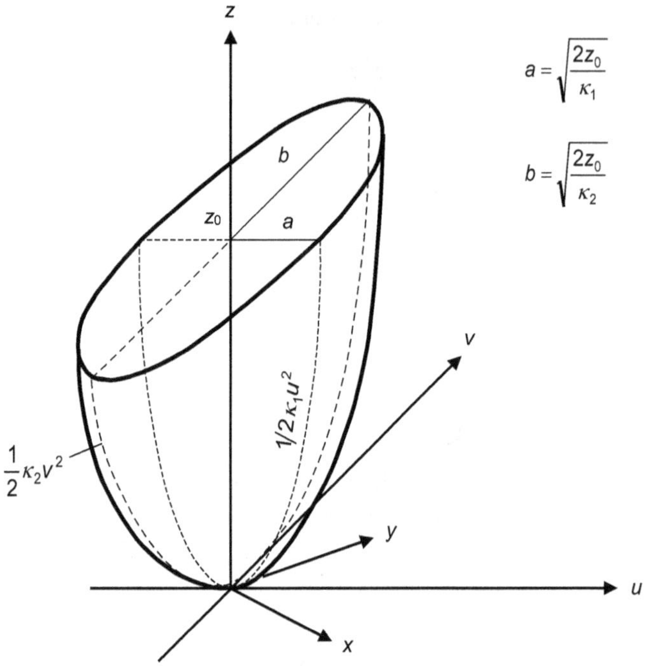

Abb. A.4: Elliptisches Paraboloid für $\kappa_1 > \kappa_2 > 0$.

Sind beide Hauptkrümmungen negativ $\kappa_1, \kappa_2 < 0$, ergeben sich bei Schnitten der Fläche $z = f(\boldsymbol{x})$ senkrecht zur x-y-Ebene in Richtung $\bar{x}(\varphi)$ nur negativ gekrümmte Parabeln $\kappa(\varphi) < 0$ als Schnittkurven. Es gilt dann

$$f(\boldsymbol{x}) = \frac{1}{2}\boldsymbol{x}^T \boldsymbol{A}\boldsymbol{x} < 0 \quad \forall \boldsymbol{x} \neq \boldsymbol{0}\,.$$

Die quadratische Form $f(\boldsymbol{x})$ und die Matrix $\boldsymbol{A}$ heißen in diesem Fall negativ definit. Die Schnittkurve eines Schnitts senkrecht zur z-Achse bei $z = z_0 < 0$ ist wieder eine Ellipse, und zwar mit großem Halbmesser $a = \sqrt{2z_0/\kappa_1}$ in Richtung der 1. Hauptachse u und mit kleinem Halbmesser $b = \sqrt{2z_0/\kappa_2}$ in Richtung der 2. Hauptachse v.

Ein elliptisches Paraboloid liegt immer dann vor, wenn

$$\kappa_1 \cdot \kappa_2 > 0\,.$$

In diesem Fall ist die Matrix $\boldsymbol{A}$ regulär, also invertierbar. Das Produkt der beiden Hauptkrümmungen wird Gauß'sches Krümmungsmaß genannt.

Anmerkung: Ein algebraisches Kriterium zur Überprüfung der positiven Definitheit der Matrix $\boldsymbol{A}$ lässt sich aus der Lage des Mohr'schen Kreises ableiten. Er muss bei positiver Definitheit vollständig in der rechten Halbebene liegen. Sein Radius r muss also kleiner als die Mittelpunktskoordinate a_m sein

$$r < a_\mathrm{m}$$

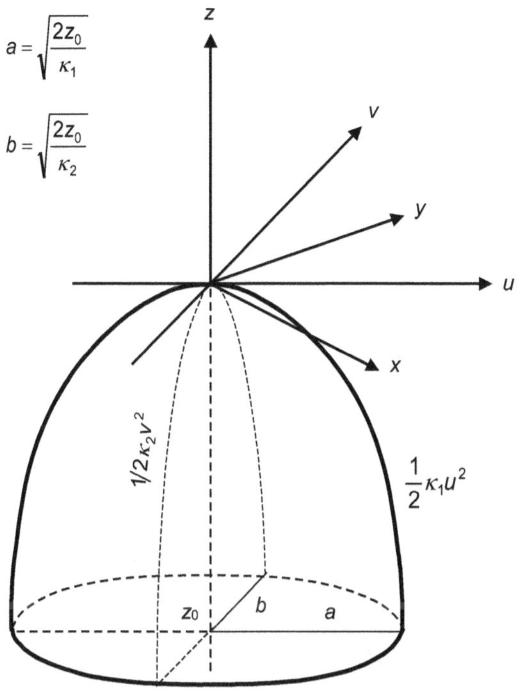

Abb. A.5: Elliptisches Paraboloid für $\kappa_2 < \kappa_1 < 0$.

mit

$$r = \sqrt{\left(\frac{a_{11} - a_{22}}{2}\right)^2 + a_{12}^2}$$

und

$$a_\mathrm{m} = \frac{a_{11} + a_{22}}{2} \,.$$

Daraus ergibt sich

$$a_\mathrm{m} > 0 \quad \vee \quad r^2 < a_\mathrm{m}^2$$

also

$$\begin{aligned}
&\frac{a_{11} + a_{22}}{2} > 0 \quad \vee \quad \frac{a_{11}^2 - 2a_{11}a_{22} + a_{22}^2}{4} + a_{12}^2 < \frac{a_{11}^2 + 2a_{11}a_{22} + a_{22}^2}{4} \\
\Leftrightarrow \quad &\frac{a_{11} + a_{22}}{2} > 0 \quad \vee \quad -a_{11}a_{22} + a_{12}^2 < 0 \\
\Leftrightarrow \quad &\frac{a_{11} + a_{22}}{2} > 0 \quad \vee \quad a_{11}a_{22} - a_{12}^2 > 0 \\
\Leftrightarrow \quad &a_{11} > 0 \quad \vee \quad a_{11}a_{22} - a_{12}^2 = \det \boldsymbol{A} > 0 \,.
\end{aligned}$$

Diese Bedingung ist das bekannte Hauptminorenkriterium (Hurwitz-Kriterium) für die positive Definitheit einer 2 × 2-Matrix.

Positive/negative Semidefinitheit und parabolischer Zylinder

Bei $\kappa_1 > 0$ und $\kappa_2 = 0$ heißt die Matrix $\boldsymbol{A}$ bzw. die entsprechende quadratische Form positiv semidefinit, da

$$f(\boldsymbol{x}) = \frac{1}{2}\boldsymbol{x}^T\boldsymbol{A}\boldsymbol{x} \geq 0 \quad \forall \boldsymbol{x} \neq \boldsymbol{0}\,.$$

Ein Schnitt der Fläche $z = f(\boldsymbol{x})$ senkrecht zur Hauptrichtung v, d. h. $v = v_0 =$ konst., führt zu der Schnittkurve

$$z = \frac{1}{2}\begin{bmatrix} u & v_0 \end{bmatrix}\begin{bmatrix} \kappa_1 & 0 \\ 0 & 0 \end{bmatrix}\begin{bmatrix} u \\ v_0 \end{bmatrix} = \frac{1}{2}\kappa_1 u^2$$

unabhängig von der Lage v_0 des Schnitts. Es handelt sich um eine Parabel mit positiver Krümmung κ_1.

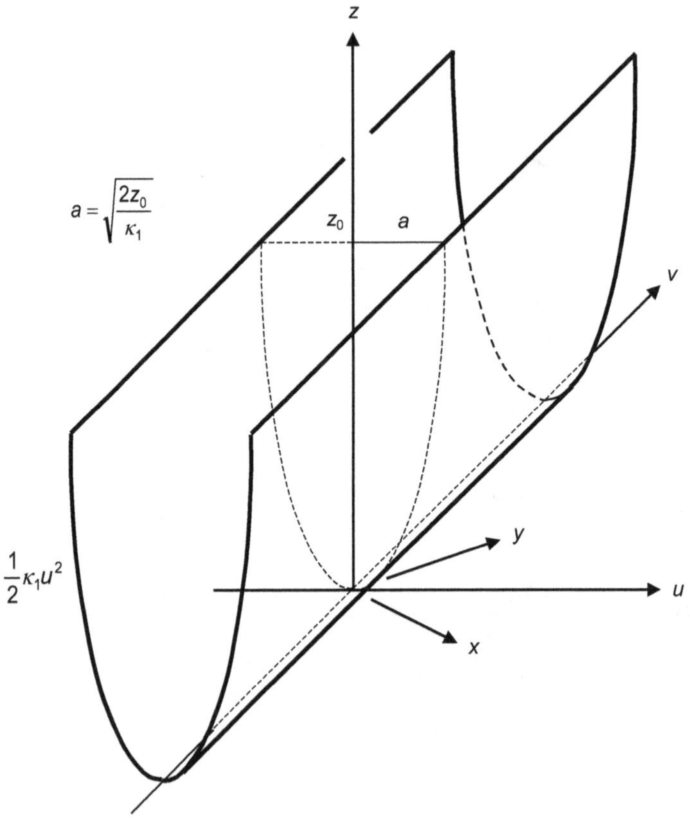

Abb. A.6: Parabolischer Zylinder für $\kappa_1 > \kappa_2 = 0$.

Bei einem Schnitt senkrecht zu z, d. h. $z = z_0 = \text{konst.} > 0$, sind die Schnittkurven gegeben durch

$$z = z_0 = \text{konst.} = \frac{1}{2}\begin{bmatrix} u & v \end{bmatrix}\begin{bmatrix} \kappa_1 & 0 \\ 0 & 0 \end{bmatrix}\begin{bmatrix} u \\ v \end{bmatrix} = \frac{1}{2}\kappa_1 u^2$$

also

$$u = \pm a$$

mit

$$a = \sqrt{\frac{2z_0}{\kappa_1}}\,.$$

Dies sind Geraden parallel zur Hauptrichtung v in der Höhe $z = z_0 > 0$ und im Abstand a von der z-Achse. Die Fläche $z = f(\boldsymbol{x})$ ist also ein parabolischer Zylinder.

Für $\kappa_1 = 0$ und $\kappa_2 < 0$ gilt

$$f(\boldsymbol{x}) = \frac{1}{2}\boldsymbol{x}^T\boldsymbol{A}\boldsymbol{x} \leq 0 \quad \forall \boldsymbol{x} \neq \boldsymbol{0}\,.$$

Die Matrix $\boldsymbol{A}$ und die entsprechende quadratische Form sind negativ semidefinit.

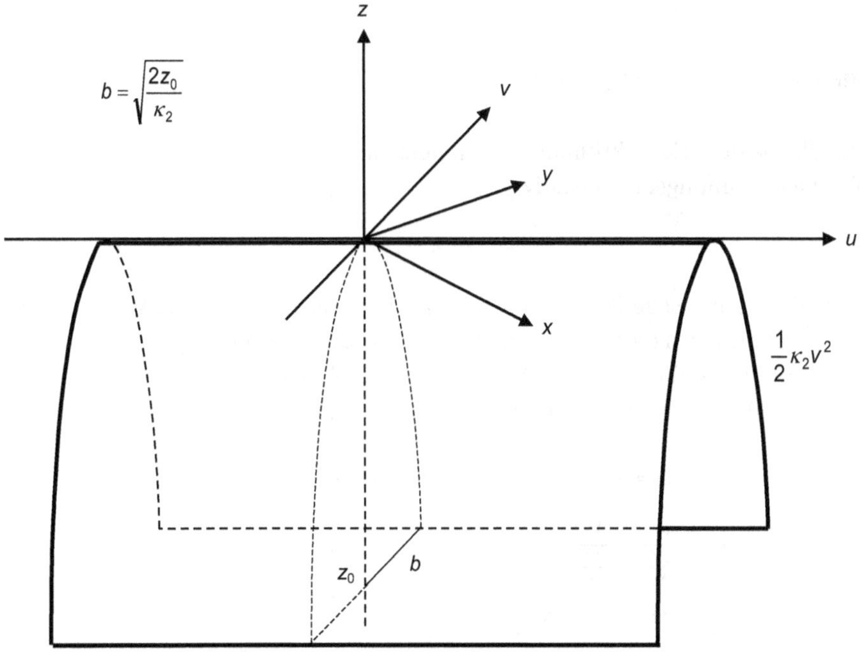

Abb. A.7: Parabolischer Zylinder für $\kappa_2 < \kappa_1 = 0$.

Die Schnittkurve eines Schnitts der Fläche $z = f(\boldsymbol{x})$ senkrecht zur Hauptrichtung u bei $u = u_0$ ist gegeben durch

$$z = \frac{1}{2}\begin{bmatrix} u_0 & v \end{bmatrix}\begin{bmatrix} 0 & 0 \\ 0 & \kappa_2 \end{bmatrix}\begin{bmatrix} u_0 \\ v \end{bmatrix} = \frac{1}{2}\kappa_2 v^2 .$$

Unabhängig von u_0 ist die Schnittkurve eine Parabel mit der negativen Krümmung κ_2.

Schneiden wir senkrecht zu z, d. h. $z = z_0 = \text{konst.} < 0$, sind die Schnittkurven

$$z = z_0 = \text{konst.} = \frac{1}{2}\begin{bmatrix} u & v \end{bmatrix}\begin{bmatrix} 0 & 0 \\ 0 & \kappa_2 \end{bmatrix}\begin{bmatrix} u \\ v \end{bmatrix} = \frac{1}{2}\kappa_2 v^2$$

oder

$$v = \pm b$$

mit

$$b = \sqrt{\frac{2z_0}{\kappa_2}} ,$$

also Geraden parallel zur Hauptrichtung u in der Höhe $z = z_0 < 0$ und im Abstand b von der z-Achse. Die Fläche $z = f(\boldsymbol{x})$ ist wieder ein parabolischer Zylinder.

Eine positiv oder negativ semidefinite Matrix ist singulär, also nicht invertierbar.

Indefinitheit und hyperbolisches Paraboloid

Haben die beiden Hauptkrümmungen unterschiedliche Vorzeichen, ist also das Gauß'sche Krümmungsmaß negativ

$$\kappa_1 \cdot \kappa_2 < 0 ,$$

so kann die quadratische Form $f(\boldsymbol{x})$ sowohl positive als auch negative Werte annehmen. Sie und die Matrix $\boldsymbol{A}$ heißen dann indefinit. Die Matrix $\boldsymbol{A}$ ist regulär.

Ein Schnitt der Fläche $z = f(\boldsymbol{x})$ senkrecht zur z-Achse bei positivem z-Wert $z = z_0 > 0$ ergibt als Schnittkurve eine Hyperbel

$$\begin{aligned} & z_0 = \frac{1}{2}\kappa_1 u^2 + \frac{1}{2}\kappa_2 v^2 \quad \text{mit } \kappa_1 > 0, \kappa_2 < 0 \\ \Leftrightarrow \quad & \frac{u^2}{\frac{2z_0}{\kappa_1}} - \frac{v^2}{\frac{2z_0}{-\kappa_2}} = 1 \\ \Leftrightarrow \quad & \left(\frac{u}{a}\right)^2 - \left(\frac{v}{b}\right)^2 = 1 \quad \text{mit } a = \sqrt{\frac{2z_0}{\kappa_1}}, b = \sqrt{\frac{2z_0}{-\kappa_2}} . \end{aligned}$$

Die Scheitelpunkte der Hyperbel sind

$$(u, v) = (\pm a, 0) .$$

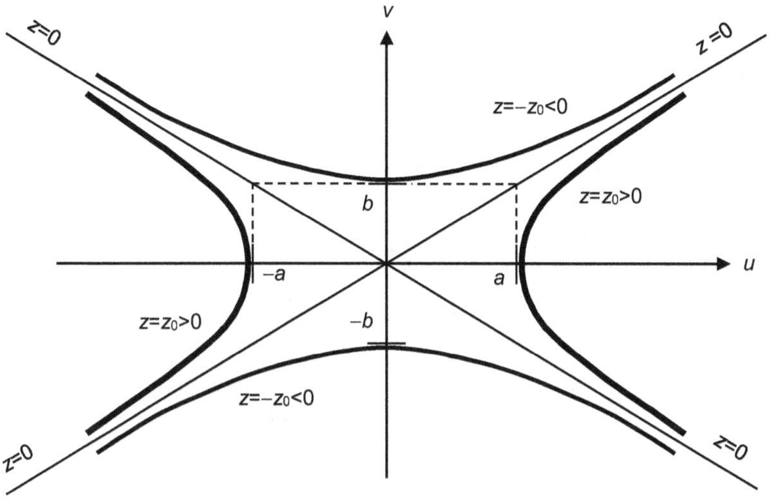

Abb. A.8: Hyperbelförmige Höhenlinien für $\kappa_2 < 0 < \kappa_1$.

Da

$$v = \pm b\sqrt{\frac{u^2}{a^2} - 1}\,,$$

sind die Asymptoten der Hyperbel Geraden mit der Steigung $\pm b/a = \pm\sqrt{-\kappa_1/\kappa_2}$

$$u \to \infty: \quad v \to \pm\frac{b}{a}u = \left(\pm\sqrt{-\frac{\kappa_1}{\kappa_2}}\right)u\,.$$

Schneiden wir bei negativem Wert $z = -z_0 < 0$ durch die Fläche, ergibt sich ebenfalls eine Hyperbel

$$\left(\frac{v}{b}\right)^2 - \left(\frac{u}{a}\right)^2 = 1 \quad \text{mit } a = \sqrt{\frac{2z_0}{\kappa_1}},\ b = \sqrt{\frac{2z_0}{-\kappa_2}}\,.$$

Die Scheitelpunkte sind

$$(u, v) = (0, \pm b)\,.$$

Die Asymptoten ergeben sich aus

$$u = \pm a\sqrt{\frac{v^2}{b^2} - 1}$$

und sind die gleichen Geraden wie oben

$$v \to \infty: \quad u \to \pm\frac{a}{b}v = \left(\pm\sqrt{-\frac{\kappa_2}{\kappa_1}}\right)v\,.$$

Für alle Punkte, die auf den beiden Geraden liegen

$$v = \left(\pm\sqrt{-\frac{\kappa_1}{\kappa_2}}\right)u\,,$$

sind die z-Werte null.

Bei einem Schnitt senkrecht zur x-y-Ebene in Richtung der 1. Hauptachse u, d. h. $v = v_0 =$ konst., sind die Schnittkurven Parabeln mit positiver Krümmung κ_1

$$z = \frac{1}{2}\kappa_1 u^2 - \frac{1}{2}|\kappa_2|\, v_0^2 \,.$$

Für einen Schnitt senkrecht zur x-y-Ebene in Richtung der 2. Hauptachse v bei $u = u_0$ ergeben sich negativ gekrümmte Parabeln

$$z = \frac{1}{2}(-|\kappa_2|)v^2 + \frac{1}{2}\kappa_1 u_0^2 \,.$$

Die Fläche $z = f(\boldsymbol{x})$ heißt daher hyperbolisches Paraboloid oder Sattelfläche, da sie die Gestalt eines Pferdesattels hat.

Man kann sich die Fläche in Gedanken aufbauen, indem man unendlich viele Parabeln mit negativer Krümmung κ_2 wie Perlen auf einer Schnur aufreiht. Die Schnur

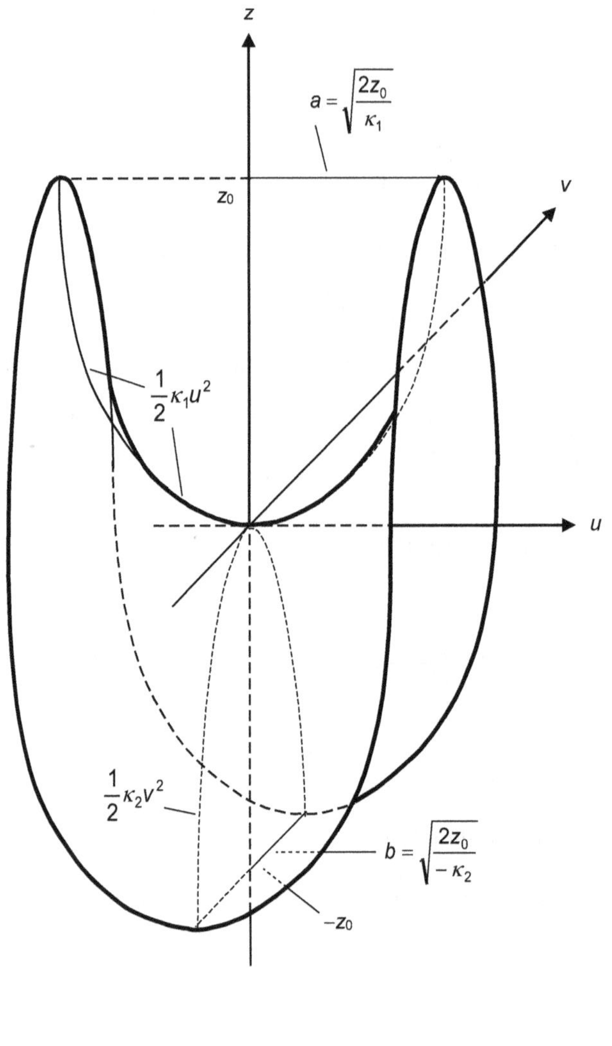

Abb. A.9: Hyperbolisches Paraboloid für $\kappa_2 < 0 < \kappa_1$.

hat hierbei die Form einer Parabel mit der positiven Krümmung κ_1, und die negativ gekrümmten Parabeln werden jeweils mit ihrem Extremum auf diese Schnur geschoben. Analog können wir uns auch vorstellen, dass unendlich viele Parabeln mit positiver Krümmung κ_1 auf einer Schnur aufgereiht werden, die die Form einer negativ gekrümmten Parabel mit Krümmung κ_2 hat.

Gradient einer quadratischen Form

Für die quadratische Form

$$f(\boldsymbol{x}) = \frac{1}{2}\boldsymbol{x}^T\boldsymbol{A}\boldsymbol{x}$$

ergeben sich mit

$$\boldsymbol{A} = \begin{bmatrix} a_{11} & a_{12} \\ \text{sym.} & a_{22} \end{bmatrix}, \quad \boldsymbol{x} = \begin{bmatrix} x \\ y \end{bmatrix}$$

die partiellen Ableitungen 1. Ordnung zu

$$\frac{\partial f}{\partial x} = \frac{\partial}{\partial x}\left(\frac{1}{2}\left(a_{11}x^2 + 2a_{12}xy + a_{22}y^2\right)\right) = a_{11}x + a_{12}y\,,$$
$$\frac{\partial f}{\partial y} = \frac{\partial}{\partial y}\left(\frac{1}{2}\left(a_{11}x^2 + 2a_{12}xy + a_{22}y^2\right)\right) = a_{12}x + a_{22}y\,.$$

Der Gradient von f fasst die partiellen Ableitungen in einem Vektor zusammen

$$\nabla f \mathrel{\hat{=}} \frac{\partial f}{\partial \boldsymbol{x}} = \begin{bmatrix} \frac{\partial f}{\partial x} & \frac{\partial f}{\partial y} \end{bmatrix}$$

und ergibt sich offensichtlich zu

$$\frac{\partial f}{\partial \boldsymbol{x}} = \boldsymbol{x}^T\boldsymbol{A}$$

bzw.

$$\left(\frac{\partial f}{\partial \boldsymbol{x}}\right)^T = \begin{bmatrix} \frac{\partial f}{\partial x} \\ \frac{\partial f}{\partial y} \end{bmatrix} = \boldsymbol{A}\boldsymbol{x}\,.$$

Dieses Ergebnis gilt allgemein auch bei anderer Dimension des Variablenvektors $\boldsymbol{x}$.

Ist $\boldsymbol{A}$ positiv oder negativ semidefinit mit der Hauptachse $\bar{x}$, die zu dem Hauptwert 0 gehört, und der anderen Hauptachse $\bar{y}$ senkrecht zu $\bar{x}$, so ist $z = f(\boldsymbol{x}) = 1/2\boldsymbol{x}^T\boldsymbol{A}\boldsymbol{x}$ ein parabolischer Zylinder, dessen Zylinderachse in Richtung von $\bar{x}$ zeigt (siehe Abschnitt „positive/negative Semidefinitheit und parabolischer Zylinder"). Offensichtlich gilt für alle Punkte $\bar{y} = 0$, die auf der Hauptachse $\bar{x}$ liegen

$$\left.\frac{\partial f}{\partial \bar{x}}\right|_{\bar{y}=0} = 0, \qquad \left.\frac{\partial f}{\partial \bar{y}}\right|_{\bar{y}=0} = 0\,.$$

Da

$$\frac{\partial f}{\partial x} = \frac{\partial f}{\partial \bar{x}} \cdot \frac{\partial \bar{x}}{\partial x} + \frac{\partial f}{\partial \bar{y}} \cdot \frac{\partial \bar{y}}{\partial x}\,,$$
$$\frac{\partial f}{\partial y} = \frac{\partial f}{\partial \bar{x}} \cdot \frac{\partial \bar{x}}{\partial y} + \frac{\partial f}{\partial \bar{y}} \cdot \frac{\partial \bar{y}}{\partial y}\,,$$

gilt auch

$$\left.\frac{\partial f}{\partial x}\right|_{\bar{y}=0} = 0, \quad \left.\frac{\partial f}{\partial y}\right|_{\bar{y}=0} = 0$$

oder

$$\left(\left.\frac{\partial f}{\partial \boldsymbol{x}}\right|_{\bar{y}=0}\right)^T = \boldsymbol{A} \cdot \boldsymbol{x}|_{\bar{y}=0} = \boldsymbol{0}, \quad \boldsymbol{A} \text{ pos./neg. semidefinit.}$$

Der Gradient ist für alle Punkte auf der Hauptachse, die zu dem Hauptwert 0 gehört, gleich null. Daher ist das Produkt der semidefiniten Matrix $\boldsymbol{A}$ mit jedem Vektor $\boldsymbol{x}$ in Richtung der Hauptachse mit Hauptwert 0 gleich null.

Für positiv oder negativ definite oder für indefinite Matrizen $\boldsymbol{A}$, wenn also $\kappa_1 \cdot \kappa_2 \neq 0$, gilt aufgrund der Regularität der Matrix

$$\boldsymbol{A} \cdot \boldsymbol{x} \neq \boldsymbol{0} \quad \forall \boldsymbol{x} \neq 0, \quad \boldsymbol{A} \text{ regulär.}$$

Differenz zweier positiv definiten quadratischen Formen

Wir betrachten die quadratische Form f_λ, die sich als Differenz zweier quadratischer Formen ergibt

$$\begin{aligned} f_\lambda(\boldsymbol{x}) &= f_1(\boldsymbol{x}) - \lambda f_2(\boldsymbol{x}) \\ &= \frac{1}{2}\boldsymbol{x}^T(\boldsymbol{A} - \lambda \boldsymbol{B})\boldsymbol{x} \end{aligned} \tag{A.1}$$

mit zwei positiv definiten quadratischen Formen

$$f_1(\boldsymbol{x}) = \frac{1}{2}\boldsymbol{x}^T\boldsymbol{A}\boldsymbol{x}, \quad f_2(\boldsymbol{x}) = \frac{1}{2}\boldsymbol{x}^T\boldsymbol{B}\boldsymbol{x},$$

den positiv definiten (2×2)-Matrizen $\boldsymbol{A}$ und $\boldsymbol{B}$, einem reellen positiven Koeffizienten λ und den Variablen

$$\boldsymbol{x} = \begin{bmatrix} x \\ y \end{bmatrix}.$$

Zur grafischen Visualisierung der Funktionen $f_1(\boldsymbol{x})$ und $\lambda f_2(\boldsymbol{x})$ wollen wir die elliptischen Paraboloide

$$z = f_1(\boldsymbol{x}), \tag{A.2}$$

$$z = \lambda f_2(\boldsymbol{x}) \tag{A.3}$$

im Anschauungsraum (x, y, z) nur durch ihre ellipsenförmigen Höhenlinien bei $z = z_0 =$ konst. darstellen

$$f_1(\boldsymbol{x}) = z_0, \tag{A.4}$$

$$\lambda f_2(\boldsymbol{x}) = z_0. \tag{A.5}$$

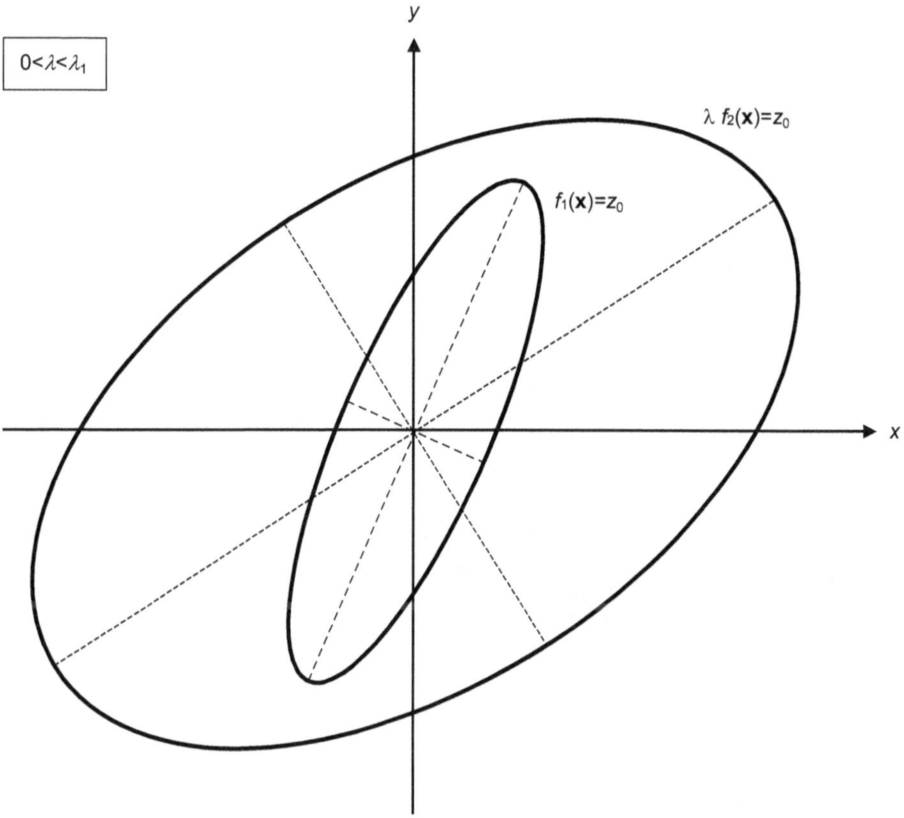

Abb. A.10: Höhenlinien für $0 < \lambda < \lambda_1$.

Wir gehen zunächst von dem allgemeinen Fall aus, dass die Hauptachsen der beiden Ellipsen bzw. der Matrizen $\boldsymbol{A}$ und $\boldsymbol{B}$ nicht übereinstimmen.

Ist λ ausreichend klein $\lambda < \lambda_1$, liegt die Höhenlinie (A.4) vollständig innerhalb der Höhenlinie (A.5). Daher liegt auch der Paraboloid (A.2) in dem Paraboloiden (A.3) und es gilt

$$f_1(\boldsymbol{x}) > \lambda f_2(\boldsymbol{x}) \quad \forall \boldsymbol{x} \neq \boldsymbol{0}, \lambda < \lambda_1$$
$$\Leftrightarrow f_\lambda(\boldsymbol{x}) > 0 \quad \forall \boldsymbol{x} \neq \boldsymbol{0}, \lambda < \lambda_1 \,.$$

Die Funktion $f_\lambda(\boldsymbol{x})$ mit λ = konst. $< \lambda_1$ ist also positiv definit und die Matrix $\boldsymbol{A} - \lambda\boldsymbol{B}$ ebenfalls und daher auch regulär. Somit gilt

$$(\boldsymbol{A} - \lambda\boldsymbol{B})\boldsymbol{x} \neq \boldsymbol{0} \quad \forall \boldsymbol{x} \neq \boldsymbol{0}, \quad 0 < \lambda < \lambda_1 \,.$$

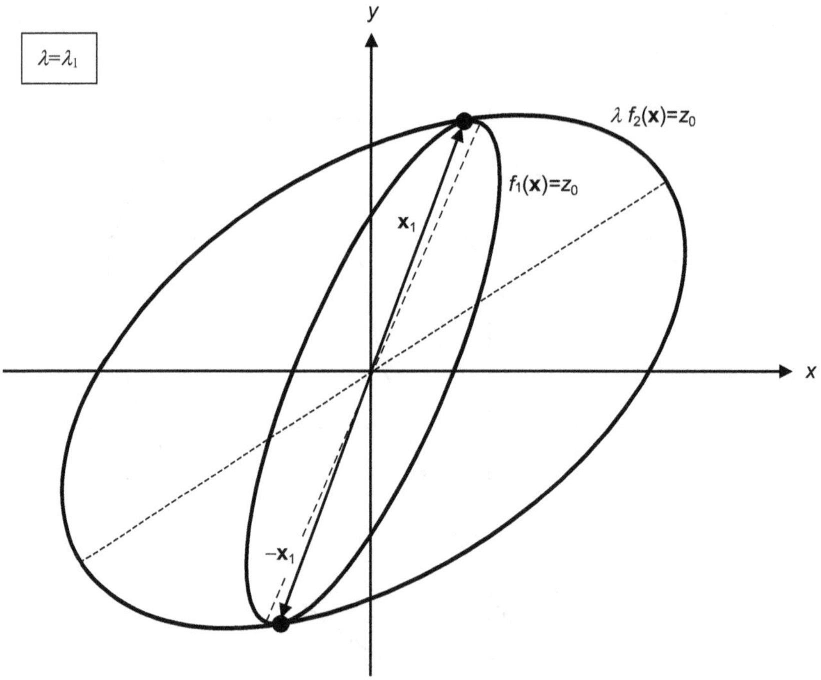

Abb. A.11: Höhenlinien für $\lambda = \lambda_1$.

Es gibt exakt einen λ-Wert λ_1, bei dem die Ellipse (A.5) zwar immer noch die Ellipse (A.4) umschließt, aber in zwei Punkten $\boldsymbol{x}_1$ und $-\boldsymbol{x}_1$ berührt. Daher gilt

$$\begin{aligned} &f_1(\boldsymbol{x}_1) = \lambda_1 f_2(\boldsymbol{x}_1) \\ &\Leftrightarrow \boldsymbol{x}_1^T(\boldsymbol{A} - \lambda_1 \boldsymbol{B})\boldsymbol{x}_1 = 0 \\ &\Leftrightarrow (\mu \boldsymbol{x}_1)^T(\boldsymbol{A} - \lambda_1 \boldsymbol{B})(\mu \boldsymbol{x}_1) = 0, \quad \forall \mu \in \mathbb{R} \\ &\Leftrightarrow f_{\lambda_1}(\boldsymbol{x} = \mu \boldsymbol{x}_1) = 0, \quad \forall \mu \in \mathbb{R} \end{aligned}$$

und außerdem

$$\begin{aligned} &f_1(\boldsymbol{x}) > \lambda_1 f_2(\boldsymbol{x}) \quad \forall \boldsymbol{x} \neq \mu \boldsymbol{x}_1, \mu \in \mathbb{R} \\ &\Leftrightarrow f_{\lambda_1}(\boldsymbol{x}) > 0 \quad \forall \boldsymbol{x} \neq \mu \boldsymbol{x}_1, \mu \in \mathbb{R}\,. \end{aligned}$$

Die Funktion $f_{\lambda 1}(\boldsymbol{x})$ ist also positiv semidefinit und die Fläche $z = f_{\lambda 1}(\boldsymbol{x})$ ist ein parabolischer Zylinder mit Zylinderachse in Richtung von $\boldsymbol{x}_1$. Die Matrix $\boldsymbol{A} - \lambda_1 \boldsymbol{B}$ ist singulär und es gilt (vgl. Abschnitt „Gradient einer quadratischen Form")

$$(\boldsymbol{A} - \lambda_1 \boldsymbol{B})\boldsymbol{x}_1 = \boldsymbol{0}\,.$$

Bei weiter ansteigenden, aber nicht zu großen λ-Werten $\lambda_1 < \lambda < \lambda_2$ schneiden sich die beiden Ellipsen in jeweils zwei gegenüberliegenden Punkten $\boldsymbol{x}_\infty^{(1)}$ und $-\boldsymbol{x}_\infty^{(1)}$ bzw. $\boldsymbol{x}_\infty^{(2)}$ und $-\boldsymbol{x}_\infty^{(2)}$. In diesen Schnittpunkten und reellen Vielfachen von diesen ist $f_1 = \lambda f_2$ und

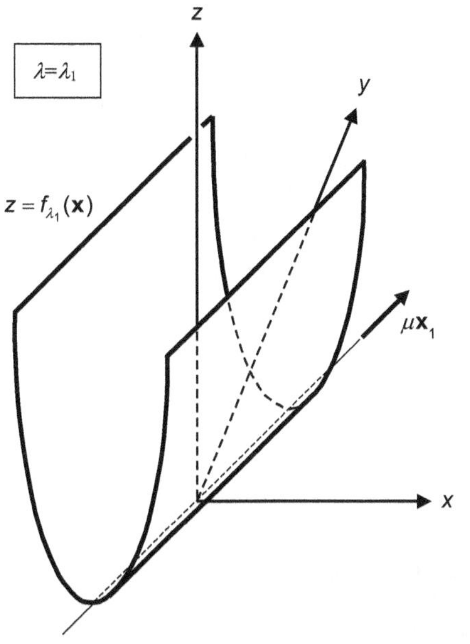

Abb. A.12: Parabolischer Zylinder für $\lambda = \lambda_1$.

daher $f_\lambda = 0$. Offensichtlich geben $\boldsymbol{x}_\infty^{(1)}$ und $\boldsymbol{x}_\infty^{(2)}$ die Richtungen zweier Geraden vor, für deren Punkte $z = f_\lambda(\boldsymbol{x})=0$. Derartige zwei Geraden existieren für quadratische Formen f_λ nur, wenn $z = f_\lambda(\boldsymbol{x})$ ein hyperbolisches Paraboloid beschreibt (siehe Abschnitt „Indefinitheit und hyperbolisches Paraboloid“). Die hyperbelförmigen Höhenlinien nähern sich asymptotisch den beiden Geraden, deren Richtungen durch $\boldsymbol{x}_\infty^{(1)}$ und $\boldsymbol{x}_\infty^{(2)}$ gegeben sind. Für die vier Winkel zwischen den beiden Asymptoten nimmt $f_\lambda(\boldsymbol{x})$ alternierend positive und negative Werte an. Die quadratische Form $f_\lambda(\boldsymbol{x})$ ist indefinit genauso wie die Matrix $\boldsymbol{A} - \lambda\boldsymbol{B}$, die daher auch regulär ist

$$(\boldsymbol{A} - \lambda\boldsymbol{B})\boldsymbol{x} \neq \boldsymbol{0} \quad \forall \boldsymbol{x} \neq \boldsymbol{0}, \quad \lambda_1 < \lambda < \lambda_2 .$$

Bei weiter ansteigenden λ-Werten erreicht man schließlich einen Wert λ_2, bei dem die Ellipse (A.5) in der Ellipse (A.4) liegt und diese in zwei gegenüberliegenden Punkten $\boldsymbol{x}_2$ und $-\boldsymbol{x}_2$ berührt. Die Situation ist analog zu $\lambda = \lambda_1$, nur mit umgekehrten Vorzeichen. D. h. die Fläche $z = f_{\lambda 2}(\boldsymbol{x})$ ist ein in $-z$-Richtung gekrümmter parabolischer Zylinder mit Zylinderachse in Richtung von $\boldsymbol{x}_2$, und $f_{\lambda 2}(\boldsymbol{x})$ ist negativ semidefinit. Die Matrix $\boldsymbol{A} - \lambda_2\boldsymbol{B}$ ist singulär und es gilt (vgl. Abschnitt „Gradient einer quadratischen Form“)

$$(\boldsymbol{A} - \lambda_2\boldsymbol{B})\boldsymbol{x}_2 = \boldsymbol{0} .$$

Für $\lambda > \lambda_2$ liegt die Ellipse (A.5) vollständig in der Ellipse (A.4), ohne sie zu berühren. Die Situation ist analog zu $\lambda < \lambda_1$, nur mit umgekehrten Vorzeichen. Die Fläche $z = f_\lambda(\boldsymbol{x})$ ist für $\lambda > \lambda_2$ ein in $-z$-Richtung gekrümmtes elliptisches Paraboloid und die quadratische Form $f_\lambda(\boldsymbol{x})$ negativ definit, genauso wie die Matrix $\boldsymbol{A} - \lambda\boldsymbol{B}$, die daher

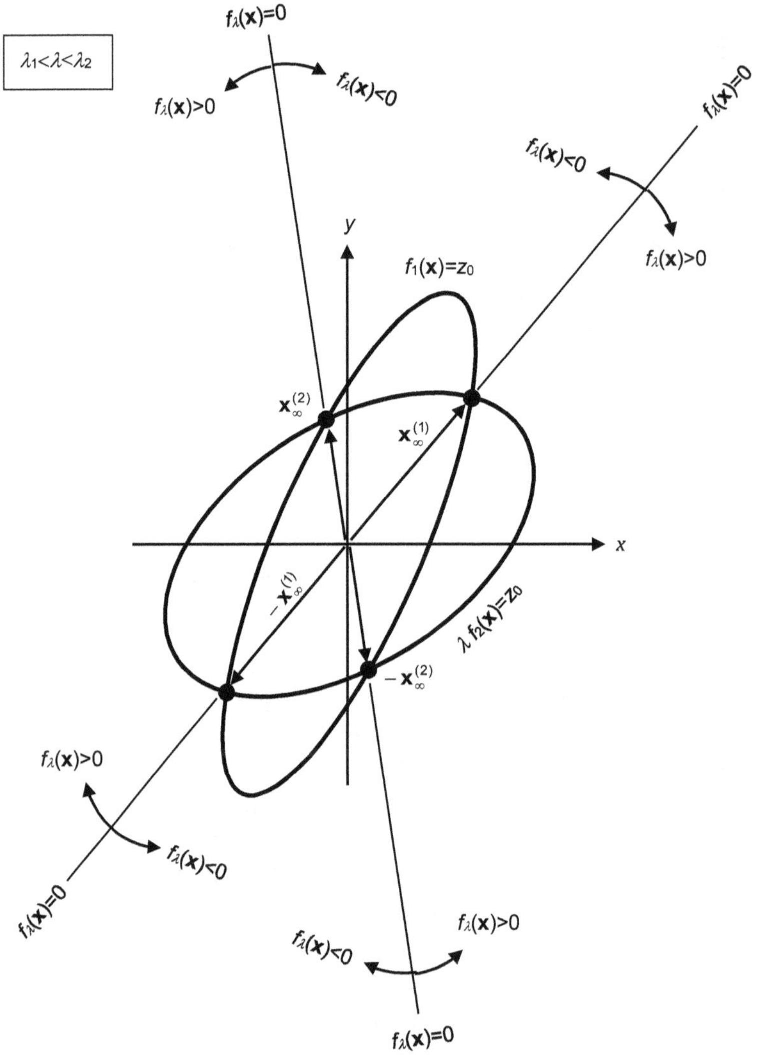

Abb. A.13: Höhenlinien für $\lambda_1 < \lambda < \lambda_2$.

wieder regulär ist

$$(\boldsymbol{A} - \lambda \boldsymbol{B})\boldsymbol{x} \neq \boldsymbol{0} \quad \forall \boldsymbol{x} \neq \boldsymbol{0}, \quad \lambda > \lambda_2 .$$

Zusammenfassend können wir also sagen, dass für zwei (symmetrische) positiv definite reelle (2×2)-Matrizen $\boldsymbol{A}$ und $\boldsymbol{B}$ das Eigenwertproblem

$$(\boldsymbol{A} - \lambda \boldsymbol{B})\boldsymbol{x} = \boldsymbol{0}, \quad \boldsymbol{x} = \begin{bmatrix} x \\ y \end{bmatrix} \in \mathbb{R}^2, \quad \lambda \in \mathbb{R} \tag{A.6}$$

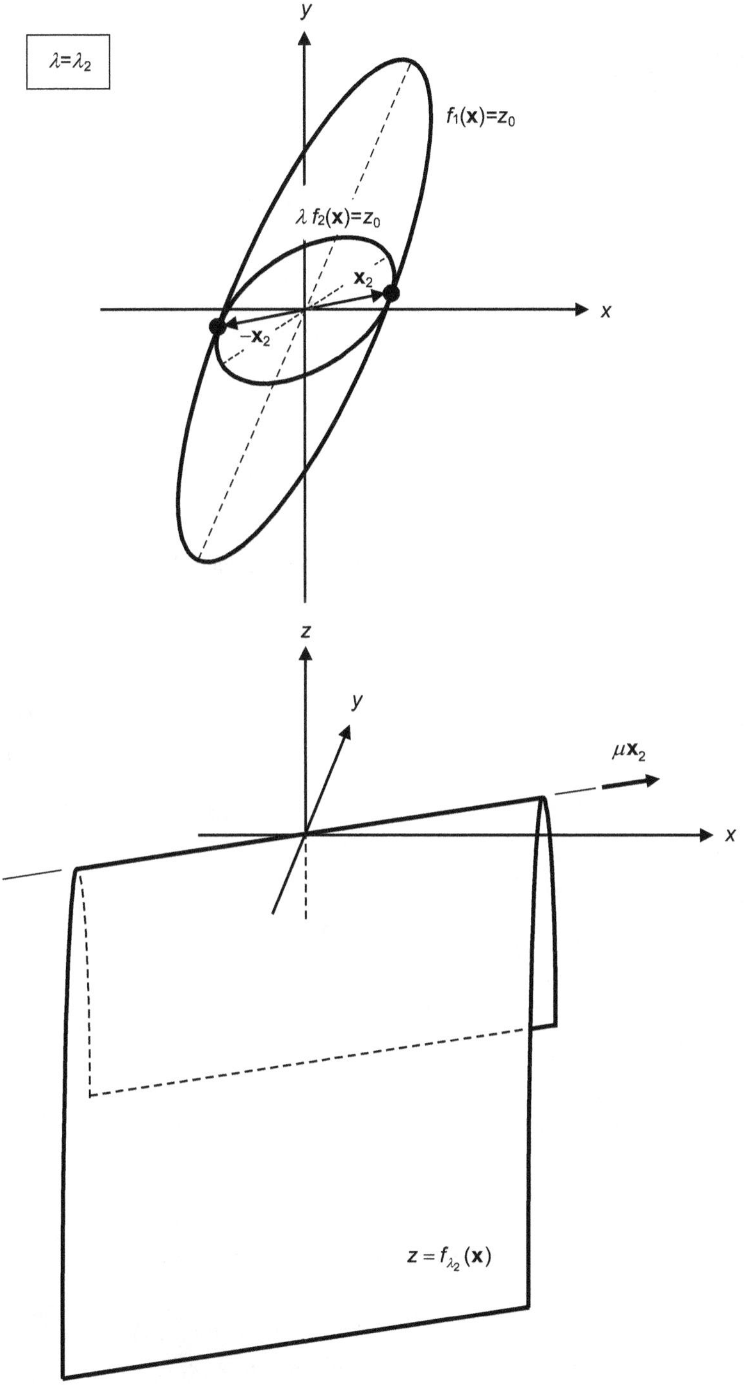

Abb. A.14: Höhenlinien und parabolischer Zylinder für $\lambda = \lambda_2$.

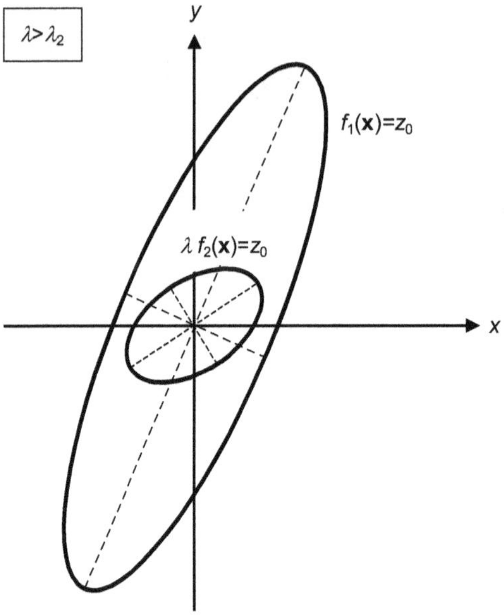

Abb. A.15: Höhenlinien für $\lambda > \lambda_2$.

nur nicht triviale Lösungen $\boldsymbol{x} \neq \mathbf{0}$ besitzt für

$$\lambda = \lambda_1 > 0: \quad \boldsymbol{x} = \mu \boldsymbol{x}_1, \mu \in \mathbb{R} \setminus \{0\}, \tag{A.7a}$$

$$\lambda = \lambda_2 \geq \lambda_1: \quad \boldsymbol{x} = \mu \boldsymbol{x}_2, \mu \in \mathbb{R} \setminus \{0\}. \tag{A.7b}$$

Die Werte λ_1 und λ_2 sind die Eigenwerte, und die Lösungen $\boldsymbol{x}_1$ und $\boldsymbol{x}_2$ heißen Eigenvektoren.

Wie wir oben gesehen haben, ist das Eigenwertproblem (A.6) äquivalent zu

$$\begin{aligned} \frac{\partial f_\lambda}{\partial \boldsymbol{x}} &= \mathbf{0} \\ \text{mit} \quad f_\lambda(\boldsymbol{x}) &= f_1(\boldsymbol{x}) - \lambda f_2(\boldsymbol{x}), \quad \lambda \geq 0 \\ \text{und} \quad f_1(\boldsymbol{x}) &= \frac{1}{2}\boldsymbol{x}^T \boldsymbol{A}\boldsymbol{x}, \quad f_2(\boldsymbol{x}) = \frac{1}{2}\boldsymbol{x}^T \boldsymbol{B}\boldsymbol{x}. \end{aligned} \tag{A.8}$$

Schließen wir entartete Eigenwerte aus (siehe Anmerkung auf der folgenden Seite), so ist (A.8) äquivalent zu:

> $f_\lambda(\boldsymbol{x})$ ist positiv/negativ semidefinit und die Lösung für $\boldsymbol{x}$ sind alle Vektoren in Richtung der Hauptachse mit Hauptwert 0, (A.9)

oder alternativ:

> $z = f_\lambda(\boldsymbol{x})$ist ein parabolischer Zylinder im Anschauungsraum (x, y, z) und die Lösung für $\boldsymbol{x}$ sind alle Vektoren in Richtung der Zylinderachse, (A.10)

oder:

> Die beiden Ellipsen $f_1(\boldsymbol{x}) = z_0 =$ konst. und $\lambda f_2(\boldsymbol{x}) = z_0 =$ konst. in der Ebene $z = z_0 =$ konst. (Höhenlinien der elliptischen Paraboloide $z = f_1(\boldsymbol{x})$ und $z = \lambda f_2(\boldsymbol{x})$) berühren sich in zwei Punkten und die Lösung für $\boldsymbol{x}$ sind alle Vektoren in Richtung der Verbindungsgeraden der beiden Berührungspunkte. (A.11)

Ist $\lambda_1 = \lambda_2$, so spricht man von einem doppelten Eigenwert. Dieser kann nur auftreten, wenn jeweils die großen und jeweils die kleinen Halbmesser der beiden elliptischen Höhenlinien $f_1(\boldsymbol{x}) = z_0 =$ konst. und $\lambda f_2(\boldsymbol{x}) = z_0 =$ konst. die gleichen Richtungen haben, und das Verhältnis der großen Halbmesser gleich dem Verhältnis der kleinen Halbmesser ist. Dann stimmen die beiden Ellipsen $f_1(\boldsymbol{x}) = z_0 =$ konst. und $\lambda_1 f_2(\boldsymbol{x}) = z_0 =$ konst. überein, und es ist $z = f_{\lambda 1}(\boldsymbol{x})=0$ für alle $\boldsymbol{x}$. Die Fläche $z = f_{\lambda 1}(\boldsymbol{x})$ ist also kein parabolischer Zylinder, sondern gleich der x-y-Ebene. Die Matrix $\boldsymbol{A} - \lambda_1 \boldsymbol{B}$ bzw. die quadratische Form $f_{\lambda 1}(\boldsymbol{x})$ sind nicht semidefinit, sondern null. Es existieren in diesem Fall zwei linear unabhängige Eigenvektoren $\boldsymbol{x}_1, \boldsymbol{x}_2$, die die x-y-Ebene aufspannen. Die sogenannte geometrische Vielfachheit des Eigenwerts stimmt mit der algebraischen Vielfachheit überein. Beide sind gleich zwei.

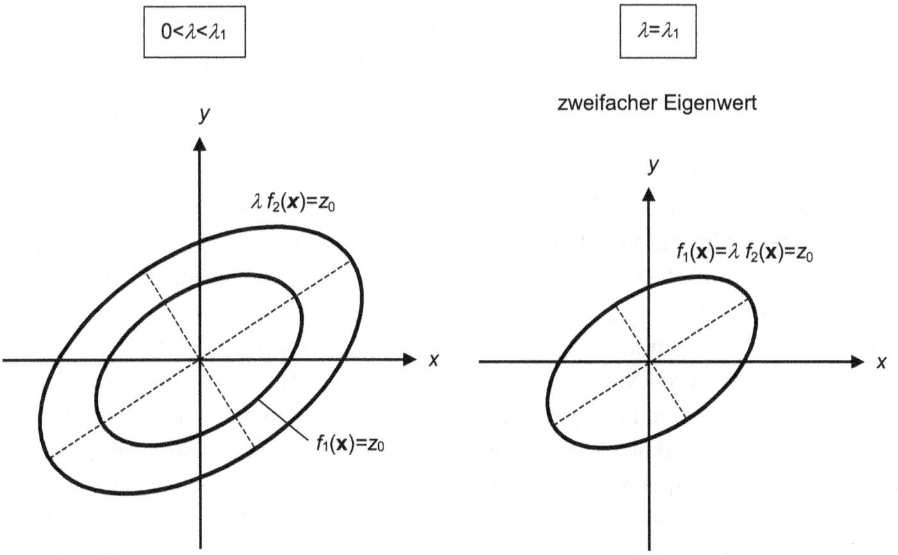

Abb. A.16: Höhenlinien bei doppeltem Eigenwert.

Anmerkung: Allgemein nennt man einen Eigenwert λ_i entartet und bezeichnet ihn als mehrfachen Eigenwert, wenn zu ihm nicht nur ein Eigenvektor, sondern mindestens zwei linear unabhängige Eigenvektoren gehören. Die Anzahl der zu einem Eigenwert gehörenden linear unabhängigen Eigenvektoren nennt man die geometrische Vielfachheit des Eigenwerts. Die Dimension des Raums, der von allen Eigenvektoren des Eigenwerts λ_i aufgespannt wird, ist also gleich der geometrischen Vielfachheit des Eigenwerts. Dieser Raum ist der sogenannte Nullraum der Matrix $\boldsymbol{A} - \lambda_i \boldsymbol{B}$. Von der geometrischen Vielfachheit zu unterscheiden ist die algebraische Vielfachheit des Eigenwerts. Sie gibt an, in welcher Potenz der Term $(\lambda - \lambda_i)$ in dem charakteristischen Polynom auftritt.

Schiefwinklige Koordinaten

Basis und Vektorkomponenten

Eine Basis heißt orthonormiert oder kartesisch, wenn die Basisvektoren $\boldsymbol{e}_1, \boldsymbol{e}_2, \ldots$ Einheitsvektoren sind

$$\boldsymbol{e}_i \circ \boldsymbol{e}_i = 1, \quad i = 1, 2, \ldots$$

und orthogonal zueinander

$$\boldsymbol{e}_i \circ \boldsymbol{e}_j = 0 \quad \forall i \neq j, \quad i, j = 1, 2, \ldots \quad .$$

Der maximale Wert, den i, j annehmen können, ist durch die Dimension gegeben. Ein beliebiger Vektor $\boldsymbol{u}$ lässt sich als Summe seiner Komponenten $x^1 \boldsymbol{e}_1, x^2 \boldsymbol{e}_2, \ldots$ angeben

$$\boldsymbol{u} = x^1 \boldsymbol{e}_1 + x^2 \boldsymbol{e}_2 + \cdots .$$

Die Größen x^1, x^2 sind die Maßzahlen der Komponenten. Sie werden oft aber kurz als Komponenten bezeichnet, obwohl die Komponenten auch den jeweiligen Basisvektor beinhalten. Wir werden trotzdem im Folgenden manchmal diesen Sprachgebrauch der Kürze wegen übernehmen. Stellen wir den Vektor $\boldsymbol{u}$ als Pfeil in einem kartesischen Koordinatensystem mit der Basis $\boldsymbol{e}_1, \boldsymbol{e}_2, \ldots$ dar (Abb. A.17), der vom Ursprung ausgeht, so hat der Endpunkt die Koordinaten $x^1, x^2, \ldots$. Deswegen können wir anstatt von den Maßzahlen der Komponenten auch von den Koordinaten sprechen. Warum wir bei den Koordinaten hochgestellte Indizes verwenden und bei den Basisvektoren tiefgestellte Indizes, erklären wir später. Die hochgestellten Indizes sind auf jeden Fall nicht mit Potenzen zu verwechseln. Die Koordinatenlinien ergeben sich als Geraden in Richtung der Basisvektoren (Abb. A.17–A.19). Bewegt man sich entlang der Koordinatenlinie, so ändert sich von Punkt zu Punkt immer nur der Wert einer ausgezeichneten Koordinate, während alle anderen Koordinaten konstant bleiben. In Anlehnung an die Kristallografie wollen wir das Netz, das die Koordinatenlinien bilden, als Gitter bezeichnen.

Allgemein können wir auch eine Basis $\boldsymbol{g}_1, \boldsymbol{g}_2, \ldots$ verwenden, deren Basisvektoren weder normiert noch rechtwinklig, sondern schiefwinklig sind. Dann ist es sinnvoll, eine zweite Basis $\boldsymbol{g}^1, \boldsymbol{g}^2, \ldots$ einzuführen, die es erlaubt, analoge Bedingungen

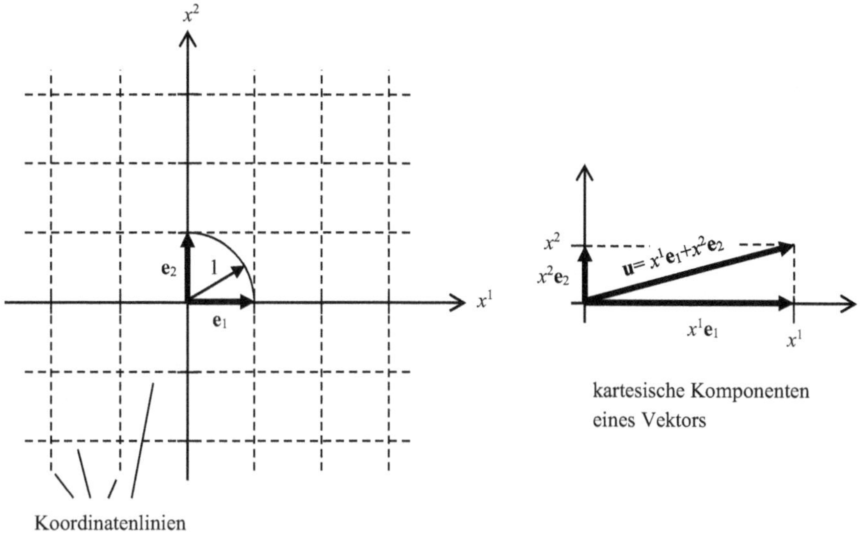

Abb. A.17: Kartesisches System.

zu den oben angegebenen Bedingungen der Normierung und Orthogonalität der kartesischen Basis zu formulieren

$$\boldsymbol{g}^i \circ \boldsymbol{g}_i = 1, \quad i = 1, 2, \dots ,$$
$$\boldsymbol{g}^i \circ \boldsymbol{g}_j = 0 \quad \forall i \neq j, \quad i, j = 1, 2, \dots .$$

Die Basis mit tiefgestellten Indizes wird kovariante Basis genannt, die Basis mit hochgestellten Indizes ist die kontravariante Basis. Bei Verwendung kartesischer Koordinaten stimmen beide Basen überein. Deswegen ist dann eine Unterscheidung von tief- und hochgestellten Indizes nicht mehr notwendig.

Die Komponenten eines beliebigen Vektors $\boldsymbol{u}$ können bezüglich der kovarianten Basis angegeben werden

$$\boldsymbol{u} = u^1\boldsymbol{g}_1 + u^2\boldsymbol{g}_2 + \cdots$$

mit den kontravarianten Komponenten $u^1, u^2, \dots$ oder bezüglich der kontravarianten Basis

$$\boldsymbol{u} = u_1\boldsymbol{g}^1 + u_2\boldsymbol{g}^2 + \cdots$$

mit den kovarianten Komponenten $u_1, u_2, \dots$. Alle Größen mit tiefgestellten Indizes erhalten also das Attribut „kovariant“ und alle Größen mit hochgestellten Indizes das Attribut „kontravariant“.

Das Netz der kontravarianten Koordinatenlinien besteht aus Linien in Richtung der kovarianten Basisvektoren und wird in der Kristallografie direktes Gitter genannt (Abb. A.18). Die kovarianten Koordinatenlinien haben die Richtungen der kontravarianten Basisvektoren(Abb. A.19). Ihr Netz wird als reziprokes Gitter bezeichnet. Im Fall

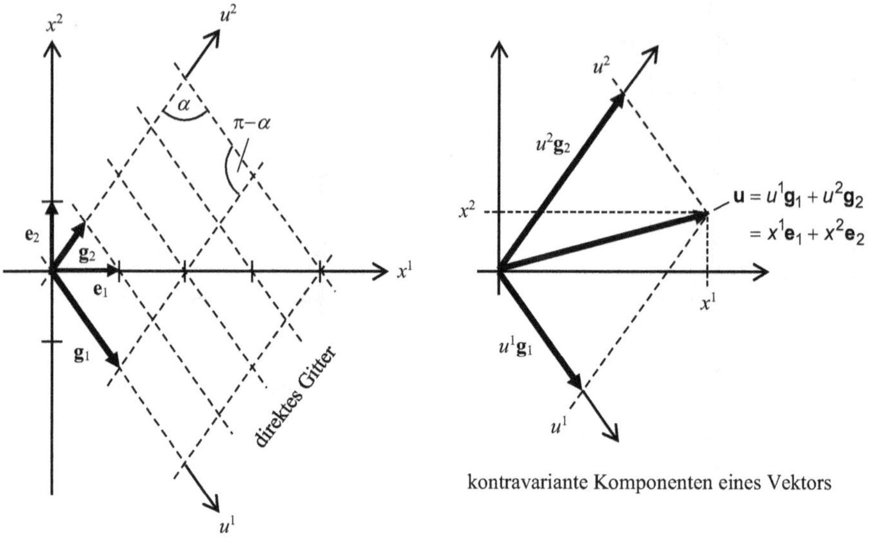

Abb. A.18: Kovariante Basis und kontravariante Vektorkomponenten.

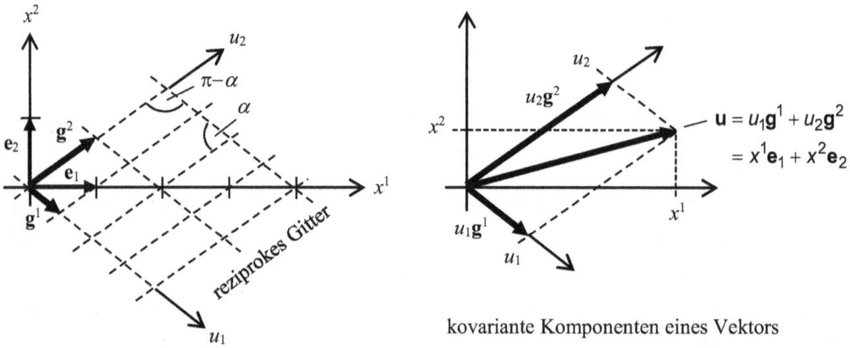

Abb. A.19: Kontravariante Basis und kovariante Vektorkomponenten.

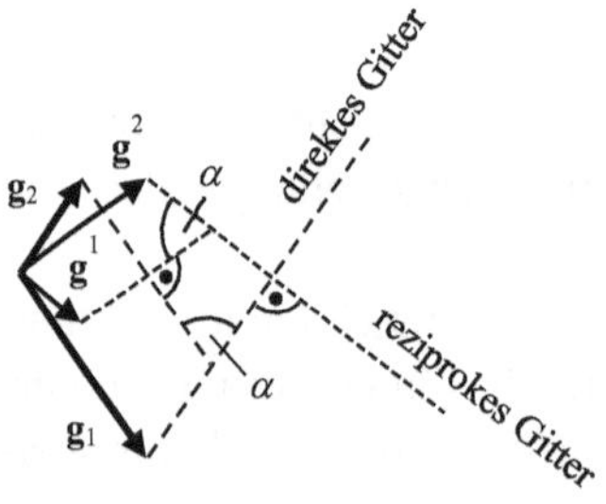

Abb. A.20: Beziehung zwischen direktem und reziprokem Gitter im 2D.

der Dimension 2 ist das reziproke Gitter gegenüber dem direkten Gitter um 90° gedreht (siehe Abb. A.20) und, wie wir später sehen werden, gedehnt bzw. gestaucht.

Bei der Dimension drei oder höher können Koordinatenflächen von den Koordinatenlinien unterschieden werden (Abb. A.21). Eine kontravariante Koordinatenfläche (direktes Gitter) ist gegeben durch

$$u^i = \text{konst.}$$

und hat die Richtungsvektoren $\boldsymbol{g}_j$, $j \neq i$ und somit den i-ten kontravarianten Basisvektor $\boldsymbol{g}^i$ als Normale. Die kovariante Koordinatenfläche (reziprokes Gitter)

$$u_j = \text{konst.}$$

hat die Richtungsvektoren $\boldsymbol{g}^k$, $k \neq j$ und die Normale $\boldsymbol{g}_j$.

Der Winkel zwischen den Koordinatenflächen u^i = konst. und u^j = konst. des direkten Gitters ergibt sich also als Winkel zwischen den Koordinatenlinien u_i und u_j

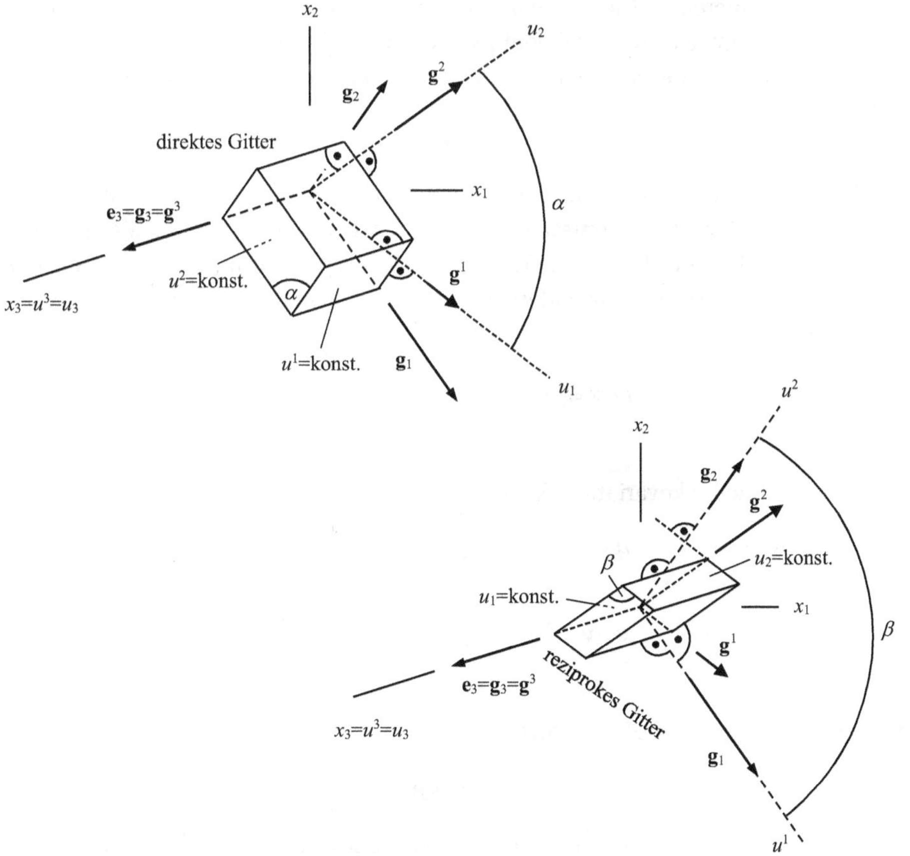

Abb. A.21: Beziehung zwischen direktem und reziprokem Gitter im 3D.

des reziproken Gitters. Umgekehrt ist der Winkel zwischen den Koordinatenlinien u^i und u^j des direkten Gitters gleich dem Winkel zwischen den Koordinatenflächen $u_i =$ konst. und $u_j =$ konst. des reziproken Gitters. Diese Beziehung zwischen direktem und reziprokem Gitter ist in der Abb. A.21 im 3D dargestellt, und zwar der Übersichtlichkeit halber für Basisvektoren $\boldsymbol{g}^1, \boldsymbol{g}^2, \boldsymbol{g}_1, \boldsymbol{g}_2$, die in der x^1-x^2-Ebene liegen und $\boldsymbol{g}^3 = \boldsymbol{g}_3$ in Übereinstimmung mit $\boldsymbol{e}_3$.

Skalarprodukt und Metrik

Das Skalarprodukt zweier Vektoren $\boldsymbol{u}$ und $\boldsymbol{v}$ können wir unter Verwendung der kontravarianten Komponenten ausdrücken

$$\boldsymbol{u} \circ \boldsymbol{v} = u^i \boldsymbol{g}_i \circ v^j \boldsymbol{g}_j = u^i v^j \boldsymbol{g}_i \circ \boldsymbol{g}_j \,,$$

wobei über doppelt auftretende Indizes der Einstein'schen Summationskonvention gemäß zu summieren ist. Die Einstein'sche Summationskonvention wollen wir im Folgenden immer anwenden, es sei denn, wir weisen auf deren Nicht-Anwendung ausdrücklich durch das folgende Symbol hin: $\not\Sigma$. Die Skalarprodukte der kovarianten Basisvektoren

$$g_{ij} = \boldsymbol{g}_i \circ \boldsymbol{g}_j$$

werden kovariante Metrikkoeffizienten genannt. Ordnen wir diese in einer Matrix (g_{ij}) an (kovariante Komponentenmatrix des Metriktensors), indem wir den Metrikkoeffizienten g_{ij} an die Stelle der i-ten Zeile und j-ten-Spalte der Matrix schreiben, kann das Skalarprodukt von $\boldsymbol{u}$ und $\boldsymbol{v}$ folgendermaßen in Matrixschreibweise angegeben werden

$$\boldsymbol{u} \circ \boldsymbol{v} \mathrel{\hat{=}} \begin{bmatrix} u^1 & u^2 & \cdots \end{bmatrix} (g_{ij}) \begin{bmatrix} v^1 \\ v^2 \\ \vdots \end{bmatrix} .$$

Bei Verwendung der kovarianten Komponenten erhalten wir

$$\boldsymbol{u} \circ \boldsymbol{v} = u_i v_j \boldsymbol{g}^i \circ \boldsymbol{g}^j \,,$$

$$\boldsymbol{u} \circ \boldsymbol{v} \mathrel{\hat{=}} \begin{bmatrix} u_1 & u_2 & \cdots \end{bmatrix} \left(g^{ij}\right) \begin{bmatrix} v_1 \\ v_2 \\ \vdots \end{bmatrix}$$

mit den kontravarianten Metrikkoeffizienten

$$g^{ij} = \boldsymbol{g}^i \circ \boldsymbol{g}^j \,.$$

Das Skalarprodukt eines kovarianten mit einem kontravarianten Basisvektor

$$g_i^j = \boldsymbol{g}_i \circ \boldsymbol{g}^j$$

ergibt sich zu

$$g_i^j = \delta_i^j$$

mit dem Kronecker-Delta

$$\delta_i^j := \begin{cases} 1 \text{ für } i = j \\ 0 \text{ für } i \neq j \end{cases} .$$

Daher erhalten wir

$$\boldsymbol{u} \circ \boldsymbol{v} = u_i v^i \mathrel{\widehat{=}} \begin{bmatrix} u_1 & u_2 & \cdots \end{bmatrix} \begin{bmatrix} v^1 \\ v^2 \\ \vdots \end{bmatrix}$$

bzw.

$$\boldsymbol{u} \circ \boldsymbol{v} = u^i v_i \mathrel{\widehat{=}} \begin{bmatrix} u^1 & u^2 & \cdots \end{bmatrix} \begin{bmatrix} v_1 \\ v_2 \\ \vdots \end{bmatrix} ,$$

wenn wir einen der beiden Vektoren $\boldsymbol{u}$ und $\boldsymbol{v}$ durch seine kovarianten Komponenten und den anderen Vektor durch seine kontravarianten Komponenten angeben. Hier ist der Einstein'schen Summationskonvention gemäß über den doppelt auftretenden Index i zu summieren.

Die i-te kontravariante Komponente u^i eines Vektors $\boldsymbol{u}$ lässt sich angeben als Skalarprodukt von $\boldsymbol{u}$ mit dem i-ten kontravarianten Basisvektor $\boldsymbol{g}^i$

$$u^i = \boldsymbol{g}^i \circ \boldsymbol{u} ,$$

weil

$$\boldsymbol{g}^i \circ \boldsymbol{u} = \boldsymbol{g}^i \circ \boldsymbol{g}_j u^j = \delta_j^i u^j$$

und bei Anwendung der Einstein'schen Summationskonvention sowie der Definition von δ_j^i

$$\delta_j^i u^j = u^i .$$

Geometrisch ausgedrückt ist u^i bis auf den Faktor $|\boldsymbol{g}^i| = \sqrt{g^{ii}}$ gleich der Projektion u^{*i} von $\boldsymbol{u}$ auf die Richtung $\boldsymbol{g}^i$

$$u^i = \sqrt{g^{ii}} u^{*i}, \quad \not\Sigma .$$

Analog gilt für die i-te kovariante Komponente u_i

$$u_i = \boldsymbol{g}_i \circ \boldsymbol{u} ,$$
$$u_i = \sqrt{g_{ii}} u_i^*, \quad \not\Sigma$$

mit der Projektion u_i^* von $\boldsymbol{u}$ auf die Richtung von $\boldsymbol{g}_i$.

Wegen

$$\boldsymbol{g}_i \circ \boldsymbol{u} = \boldsymbol{g}_i \circ \boldsymbol{g}_j u^j$$

lassen sich die kontravarianten Komponenten eines Vektors mithilfe der kovarianten Metrikkoeffizienten in die kovarianten Komponenten des Vektors umrechnen

$$u_i = g_{ij}u^j \,.$$

Man spricht in diesem Kontext von „Index-Ziehen“. Durch Multiplikation mit g_{ij} wird der obere Index j von u^j „nach unten gezogen“. Analog kann durch Multiplikation mit g^{ij} ein unterer Index nach oben gezogen werden

$$u^i = g^{ij}u_j \,.$$

In Matrixschreibweise

$$\begin{bmatrix} u_1 \\ u_2 \\ \vdots \end{bmatrix} = (g_{ij}) \begin{bmatrix} u^1 \\ u^2 \\ \vdots \end{bmatrix}$$

und

$$\begin{bmatrix} u^1 \\ u^2 \\ \vdots \end{bmatrix} = \left(g^{ij}\right) \begin{bmatrix} u_1 \\ u_2 \\ \vdots \end{bmatrix} .$$

Zwischen den Matrizen der kovarianten und der kontravarianten Metrikkoeffizienten besteht offenbar der Zusammenhang

$$\left(g^{ij}\right) = (g_{ij})^{-1} \,.$$

Das Index-Ziehen mithilfe der Metrikkoeffizienten kann auf gleiche Weise auch auf die Basisvektoren angewendet werden. Denn die j-te kovariante Komponente von $\boldsymbol{g}_i$ ergibt sich als Skalarprodukt von $\boldsymbol{g}_i$ mit $\boldsymbol{g}_j$, sodass wir durch Addition aller kovarianten Komponenten erhalten

$$\boldsymbol{g}_i = (\boldsymbol{g}_i \circ \boldsymbol{g}_j)\boldsymbol{g}^j$$

also

$$\boldsymbol{g}_i = g_{ij}\boldsymbol{g}^j \,.$$

Analog erhält man

$$\boldsymbol{g}^i = g^{ij}\boldsymbol{g}_j \,.$$

Ist die kovariante Basis gegeben und die kontravariante Basis zu berechnen, kann in drei Schritten vorgegangen werden. Zunächst werden die kovarianten Metrikkoeffizienten berechnet nach

$$g_{ij} = \boldsymbol{g}_i \circ \boldsymbol{g}_j \,,$$

dann die kontravarianten Metrikkoeffizienten durch Inversion der Matrix (g_{ij})

$$\left(g^{ij}\right) = (g_{ij})^{-1}$$

und zum Schluss die kontravarianten Basisvektoren durch Heraufziehen der unteren Indizes der kovarianten Basisvektoren

$$\boldsymbol{g}^i = g^{ij}\boldsymbol{g}_j \, .$$

Nach diesem Schema sind in den folgenden Beispielen die kontravarianten aus den kovarianten Basisvektoren und damit das reziproke aus dem direkten Gitter berechnet worden.

Bevor wir zu den Beispielen kommen, wollen wir das intuitive Verständnis des Begriffs der Metrik anhand geometrischer Überlegungen vertiefen. Dazu beschränken wir uns auf 2D und stellen die Frage nach dem Abbild des Einheitskreises der x^1-x^2-Ebene in die u^1-u^2-Ebene oder in die u_1-u_2-Ebene.

Alle Vektoren $\boldsymbol{u}$, deren Anfangspunkte im Ursprung des x^1-x^2-Koordinatensystems liegen und deren Endpunkte auf dem Einheitskreis liegen, können folgendermaßen mithilfe eines reellen Parameters t angegeben werden

$$\boldsymbol{u} = \cos(t)\boldsymbol{e}_1 + \sin(t)\boldsymbol{e}_2 \, ,$$

da die Länge von $\boldsymbol{u}$

$$|\boldsymbol{u}| = \sqrt{\boldsymbol{u} \circ \boldsymbol{u}}$$

offensichtlich gleich 1 ist wegen

$$\boldsymbol{u} \circ \boldsymbol{u} = \cos^2(t) + \sin^2(t) = 1 \, .$$

Da

$$u^1 = \boldsymbol{u} \circ \boldsymbol{g}^1 \text{ und } u^2 = \boldsymbol{u} \circ \boldsymbol{g}^2 \, ,$$

können wir auch schreiben

$$\begin{bmatrix} u^1 \\ u^2 \end{bmatrix} = \begin{bmatrix} (\boldsymbol{g}^1 \circ \boldsymbol{e}_1) & (\boldsymbol{g}^1 \circ \boldsymbol{e}_2) \\ (\boldsymbol{g}^2 \circ \boldsymbol{e}_1) & (\boldsymbol{g}^2 \circ \boldsymbol{e}_2) \end{bmatrix} \begin{bmatrix} \cos(t) \\ \sin(t) \end{bmatrix}$$

oder

$$\begin{bmatrix} u^1 \\ u^2 \end{bmatrix} = \cos(t)\boldsymbol{f}^1 + \sin(t)\boldsymbol{f}^2$$

mit

$$\boldsymbol{f}^1 = \begin{bmatrix} \boldsymbol{g}^1 \circ \boldsymbol{e}_1 \\ \boldsymbol{g}^2 \circ \boldsymbol{e}_1 \end{bmatrix} \text{ und } \boldsymbol{f}^2 = \begin{bmatrix} \boldsymbol{g}^1 \circ \boldsymbol{e}_2 \\ \boldsymbol{g}^2 \circ \boldsymbol{e}_2 \end{bmatrix} .$$

Dies ist die Gleichung einer Ellipse, wenn wir u^1, u^2 auf den Achsen eines ebenen, kartesischen Koordinatensystems auftragen. Dann sind $\boldsymbol{f}^1, \boldsymbol{f}^2$ sogenannte konjugierte Halbmesser der Ellipse. Diese stimmen nur mit dem großen und kleinen Halbmesser der Ellipse überein, falls $\boldsymbol{f}^1$ und $\boldsymbol{f}^2$ senkrecht aufeinander stehen.

Analog erhalten wir eine Ellipse, wenn wir u_1, u_2 auf den Achsen eines ebenen, kartesischen Koordinatensystems auftragen

$$\begin{bmatrix} u_1 \\ u_2 \end{bmatrix} = \cos(t)\boldsymbol{f}_1 + \sin(t)\boldsymbol{f}_2$$

mit den konjugierten Halbmessern

$$\boldsymbol{f}_1 = \begin{bmatrix} \boldsymbol{g}_1 \circ \boldsymbol{e}_1 \\ \boldsymbol{g}_2 \circ \boldsymbol{e}_1 \end{bmatrix} \text{ und } \boldsymbol{f}_2 = \begin{bmatrix} \boldsymbol{g}_1 \circ \boldsymbol{e}_2 \\ \boldsymbol{g}_2 \circ \boldsymbol{e}_2 \end{bmatrix} .$$

Dass der Einheitskreis der x^1-x^2-Ebene auf eine Ellipse in die u^1-u^2-Ebene abgebildet wird, können wir alternativ erkennen, indem wir das Skalarprodukt $\boldsymbol{u} \circ \boldsymbol{u}$ mithilfe der kontravarianten Komponenten u^1, u^2 und den kovarianten Metrikkoeffizienten ausdrücken

$$\boldsymbol{u} \circ \boldsymbol{u} \mathrel{\hat{=}} \begin{bmatrix} u^1 & u^2 \end{bmatrix} (g_{ij}) \begin{bmatrix} u^1 \\ u^2 \end{bmatrix}$$

oder

$$\frac{\boldsymbol{u} \circ \boldsymbol{u}}{2} \mathrel{\hat{=}} f(u^1, u^2)$$

mit

$$f(u^1, u^2) = \frac{1}{2} \begin{bmatrix} u^1 & u^2 \end{bmatrix} (g_{ij}) \begin{bmatrix} u^1 \\ u^2 \end{bmatrix} .$$

Der Ausdruck $f(u^1, u^2)$ ist eine quadratische Form in u^1, u^2 (siehe Anhang – quadratische Form). Die grafische Darstellung von $z = f(u^1, u^2)$ in einem rechtwinkligen Koordinatensystem (u^1, u^2, z) ergibt einen elliptischen Paraboloiden bei positiv definiter Matrix (g_{ij}). Wir können von positiver Definitheit ausgehen, da es andernfalls reellwertige Vektoren $\boldsymbol{u} \neq \boldsymbol{0}$ geben würde, für die das Skalarprodukt $\boldsymbol{u} \circ \boldsymbol{u}$ null oder negativ wäre. Nach unserer Definition der Länge (Metrik)

$$|\boldsymbol{u}| = \sqrt{\boldsymbol{u} \circ \boldsymbol{u}}$$

ergäbe sich so der Wert null oder ein imaginärer Wert, was wir ausschließen.

Für den Radiusvektor $\boldsymbol{u}$ des Einheitskreises gilt

$$z = f(u^1, u^2) = \frac{1}{2} = \text{konst.}$$

Dies ist die Gleichung der Schnittkurve des Paraboloiden $z = f(u^1, u^2)$ und der Ebene $z = 1/2$. Bei der Schnittkurve handelt es sich um eine Ellipse, die wir in der u^1-u^2-Ebene darstellen können. Ihre Halbmesser a, b haben die Richtungen der Hauptachsen von (g_{ij}). Die Hauptachsenform von (g_{ij}) lautet

$$\begin{bmatrix} \kappa_1 & 0 \\ 0 & \kappa_2 \end{bmatrix}$$

mit den Hauptwerten κ_1, κ_2. Die Halbmesser der Ellipse hängen mit den Hauptwerten folgendermaßen zusammen (vgl. Abb A.4 mit $z_0 = 1/2$):

$$a = \frac{1}{\sqrt{\kappa_1}}, \quad b = \frac{1}{\sqrt{\kappa_2}} .$$

Bei Verwendung der kovarianten Komponenten von $\boldsymbol{u}$ lautet die quadratische Form

$$\frac{\boldsymbol{u} \circ \boldsymbol{u}}{2} \mathrel{\hat{=}} \frac{1}{2}\begin{bmatrix} u_1 & u_2 \end{bmatrix} \left(g^{ij}\right) \begin{bmatrix} u_1 \\ u_2 \end{bmatrix}$$

und es ergibt sich eine Ellipse in der u_1-u_2-Ebene, deren Halbmesser die Richtungen der Hauptachsen von (g^{ij}) haben. Die Werte der Halbmesser ergeben sich wie oben als 1 geteilt durch die Wurzel der Hauptwerte von (g^{ij}).

Da (g^{ij}) die Inverse von (g_{ij}) ist, lautet die Hauptachsenform von (g^{ij})

$$\begin{bmatrix} \frac{1}{\kappa_1} & 0 \\ 0 & \frac{1}{\kappa_2} \end{bmatrix} .$$

Die Halbmesser der Ellipse sind also

$$a^* = \sqrt{\kappa_1} = \frac{1}{a}, \quad b^* = \sqrt{\kappa_2} = \frac{1}{b} .$$

Da die Hauptachsenrichtungen von (g_{ij}) und (g^{ij}) gleich sind, haben die Halbmesser a, $a^\star$ sowie b, $b^\star$ relativ zu ihrem jeweiligen Koordinatensystem (u^1, u^2), (u_1, u_2) die gleichen Richtungen. Zu beachten ist nur, dass sich die Eigenschaften der Halbmesser vertauschen. Ist a großer und b kleiner Halbmesser, so ist $a^\star$ kleiner und $b^\star$ großer Halbmesser bzw. umgekehrt.

Man kann also sagen, dass beide Ellipsen um 90° gegeneinander verdreht sind. Außerdem ist die Ellipse $a^\star, b^\star$ gegenüber der Ellipse a, b gleichmäßig gedehnt bzw. gestaucht um den Faktor

$$\frac{a^*}{b} = \frac{b^*}{a} = \frac{1}{ab} = \sqrt{\kappa_1 \kappa_2} .$$

Das Halbmesserverhältnis ist bei beiden Ellipsen gleich

$$\frac{a}{b} = \frac{b^*}{a^*} = \sqrt{\frac{\kappa_2}{\kappa_1}} .$$

Wir können festhalten, dass der Einheitskreis des kartesischen x^1-x^2-Koordinatensystems auf eine Ellipse („Einheitsellipse") in einem rechtwinkligen Koordinatensystem (Bildebene) abgebildet wird, auf dessen Koordinatenachsen die kontravarianten Koordinaten (u^1, u^2) oder die kovarianten Koordinaten (u_1, u_2) aufgetragen werden (vgl. Abb. 5.30). Vektoren der Länge 1 führen im x^1-x^2-Koordinatensystem vom Ursprung zum Einheitskreis und in der Bildebene vom Ursprung zur „Einheitsellipse". Vektoren gleicher Länge führen im x^1-x^2-Koordinatensystem zu ein und demselben Kreis um den Ursprung, und Vektoren unterschiedlicher Länge führen zu konzentrischen Kreisen. In den Bildebenen führen Vektoren gleicher Länge zu ein und derselben Ellipse und Vektoren unterschiedlicher Länge zu konzentrischen Ellipsen. Die Metrikkoeffizienten bestimmen die großen und kleinen Halbmesser der „Einheitsellipse" und deren Orientierungen in der Bildebene (u^1, u^2) bzw. (u_1, u_2). Wir haben außerdem die Erkenntnis gewonnen, dass sowohl das reziproke und direkte Gitter als auch die beiden „Einheitsellipsen“ in (u^1, u^2) bzw. (u_1, u_2) jeweils um 90° gegeneinander verdreht sind. Zudem wissen wir, dass die eine „Einheitsellipse“ gegenüber der anderen um einen bestimmten Faktor gedehnt/gestaucht ist. Daher liegt die Vermutung nahe, dass auch das reziproke Gitter gegenüber dem direkten Gitter homogen gedehnt bzw. gestaucht ist. Dies ist tatsächlich so. Der Faktor ergibt sich zu

$$\frac{|\boldsymbol{g}^2|}{|\boldsymbol{g}_1|} = \frac{|\boldsymbol{g}^1|}{|\boldsymbol{g}_2|} = \frac{b}{a^*} = \frac{a}{b^*} = ab = \frac{1}{\sqrt{\kappa_1 \kappa_2}} ,$$

d. h. reziprokes und direktes Gitter sind im umgekehrten Verhältnis wie die beiden „Einheitsellipsen“ gedehnt/gestaucht (vgl. Abb. 5.29).

Der Beweis ist leicht erbracht. Mit

$$(g_{ij}) = \begin{bmatrix} g_{11} & g_{12} \\ g_{12} & g_{22} \end{bmatrix} \text{ und } \left(g^{ij}\right) = \begin{bmatrix} g^{11} & g^{12} \\ g^{12} & g^{22} \end{bmatrix}$$

ist

$$\left(g^{ij}\right) = \frac{1}{g_{\mathrm{III}}} \begin{bmatrix} g_{22} & -g_{12} \\ -g_{12} & g_{11} \end{bmatrix} ,$$

da

$$\left(g^{ij}\right) = (g_{ij})^{-1} .$$

Hier ist g_{III} die dritte Grundinvariante des Metriktensors

$$g_{\mathrm{III}} = \det\left((g_{ij})\right) ,$$

also

$$g_{\mathrm{III}} = g_{11} g_{22} - (g_{12})^2 .$$

Daraus ergeben sich die Verhältnisse

$$\frac{g^{22}}{g_{11}} = \frac{1}{g_{\mathrm{III}}} \text{ und } \frac{g^{11}}{g_{22}} = \frac{1}{g_{\mathrm{III}}}$$

und wegen

$$|\boldsymbol{g}_1| = \sqrt{g_{11}}, \quad |\boldsymbol{g}_2| = \sqrt{g_{22}}, \quad |\boldsymbol{g}^1| = \sqrt{g^{11}}, \quad |\boldsymbol{g}^2| = \sqrt{g^{22}}$$

können wir auch schreiben

$$\frac{|\boldsymbol{g}^2|}{|\boldsymbol{g}_1|} = \frac{1}{\sqrt{g_{\mathrm{III}}}}, \quad \frac{|\boldsymbol{g}^1|}{|\boldsymbol{g}_2|} = \frac{1}{\sqrt{g_{\mathrm{III}}}} .$$

Mit (g_{ij}) in Hauptachsenform

$$\begin{bmatrix} \kappa_1 & 0 \\ 0 & \kappa_2 \end{bmatrix}$$

ergibt sich die dritte Grundinvariante zu

$$g_{\mathrm{III}} = \kappa_1 \kappa_2$$

und daher

$$\frac{|\boldsymbol{g}^2|}{|\boldsymbol{g}_1|} = \frac{1}{\sqrt{\kappa_1 \kappa_2}}, \quad \frac{|\boldsymbol{g}^1|}{|\boldsymbol{g}_2|} = \frac{1}{\sqrt{\kappa_1 \kappa_2}} ,$$

was zu beweisen war.

Beispiel 1 – ebenes schiefwinkliges Koordinatensystem mit Basisvektoren ungleicher Länge

Kovariante Basisvektoren:

$$\boldsymbol{g}_1 = \boldsymbol{e}_1 - \sqrt{2}\boldsymbol{e}_2, \quad \boldsymbol{g}_2 = \frac{1}{2}\left(\boldsymbol{e}_1 + \sqrt{2}\boldsymbol{e}_2\right)$$

Kovariante Metrikkoeffizienten:

$$(g_{ij}) = \begin{bmatrix} (\boldsymbol{g}_1 \circ \boldsymbol{g}_1) & (\boldsymbol{g}_1 \circ \boldsymbol{g}_2) \\ (\boldsymbol{g}_1 \circ \boldsymbol{g}_2) & (\boldsymbol{g}_2 \circ \boldsymbol{g}_2) \end{bmatrix} = \frac{1}{4}\begin{bmatrix} 12 & -2 \\ -2 & 3 \end{bmatrix}$$

Kontravariante Metrikkoeffizienten:

$$\left(g^{ij}\right) = (g_{ij})^{-1} = \frac{1}{8}\begin{bmatrix} 3 & 2 \\ 2 & 12 \end{bmatrix}$$

Kontravariante Basisvektoren:

$$\boldsymbol{g}^1 = g^{11}\boldsymbol{g}_1 + g^{12}\boldsymbol{g}_2 = \frac{3}{8}\boldsymbol{g}_1 + \frac{1}{4}\boldsymbol{g}_2 = \frac{1}{2}\left(\boldsymbol{e}_1 - \frac{1}{\sqrt{2}}\boldsymbol{e}_2\right),$$
$$\boldsymbol{g}^2 = g^{21}\boldsymbol{g}_1 + g^{22}\boldsymbol{g}_2 = \frac{1}{4}\boldsymbol{g}_1 + \frac{3}{2}\boldsymbol{g}_2 = \boldsymbol{e}_1 + \frac{1}{\sqrt{2}}\boldsymbol{e}_2$$

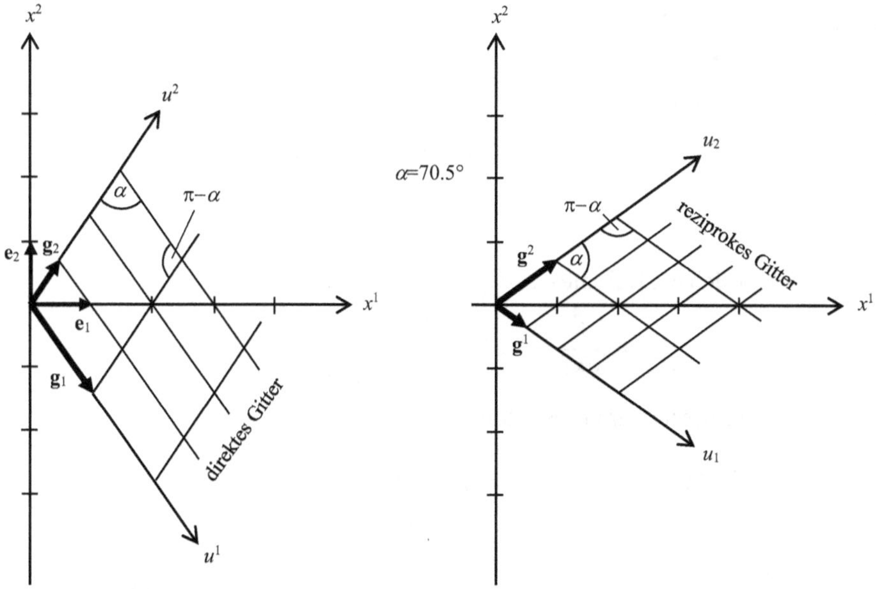

Abb. A.22: Beispiel 1 – direktes und reziprokes Gitter.

Das reziproke Gitter ist gegenüber dem direkten Gitter um 90° gedreht und homogen gestaucht mit dem Längenverhältnis

$$\frac{|\boldsymbol{g}^2|}{|\boldsymbol{g}_1|} = \frac{|\boldsymbol{g}^1|}{|\boldsymbol{g}_2|} = \frac{1}{\sqrt{2}} .$$

Abbildung des Einheitskreises im x^1-x^2-Koordinatensystem in die u^1-u^2-Ebene:

Wir führen die Hauptachsentransformation von (g_{ij}) mithilfe des Mohr'schen Kreises durch (Abb. A.23)

$$M = \frac{3 + \frac{3}{4}}{2} = \frac{15}{8}, \quad R^2 = \left(\frac{3 - \frac{3}{4}}{2}\right)^2 + \left(\frac{1}{2}\right)^2 = \frac{97}{64},$$

$$\kappa_1 = M - R = \frac{15 - \sqrt{97}}{8} \approx 0.6439, \quad \kappa_2 = M + R = \frac{15 + \sqrt{97}}{8} \approx 3.1061,$$

$$\tan(2\varphi_{H2}) = \frac{-\frac{1}{2}}{3 - \frac{15}{8}} = -\frac{4}{9}, \quad \varphi_{H2} = -11{,}98° .$$

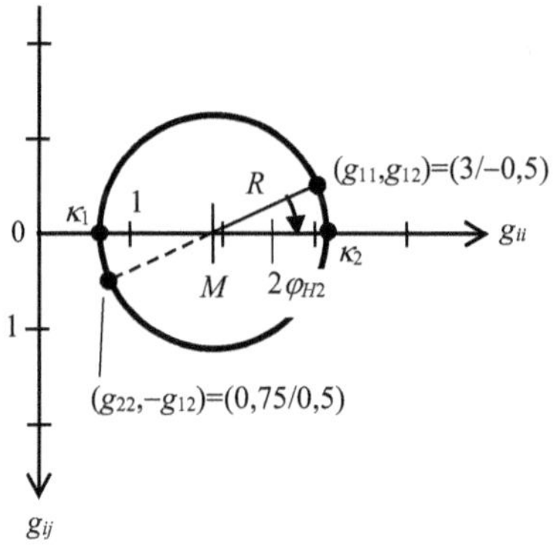

Abb. A.23: Beispiel 1 – Hauptachsentransformation von (g_{ij}).

Daraus ergeben sich die Halbmesser der Ellipse (Abb. A.24)

$$a = \frac{1}{\sqrt{\kappa_1}} \approx 1.25, \quad b = \frac{1}{\sqrt{\kappa_2}} \approx 0.57 .$$

Konjugierte Halbmesser der Ellipse sind z. B.

$$\boldsymbol{f}^1 = \begin{bmatrix} \boldsymbol{g}^1 \circ \boldsymbol{e}_1 \\ \boldsymbol{g}^2 \circ \boldsymbol{e}_1 \end{bmatrix} = \begin{bmatrix} 0.5 \\ 1 \end{bmatrix}, \quad \boldsymbol{f}^2 = \begin{bmatrix} \boldsymbol{g}^1 \circ \boldsymbol{e}_2 \\ \boldsymbol{g}^2 \circ \boldsymbol{e}_2 \end{bmatrix} = \frac{1}{\sqrt{2}} \begin{bmatrix} -0.5 \\ 1 \end{bmatrix} .$$

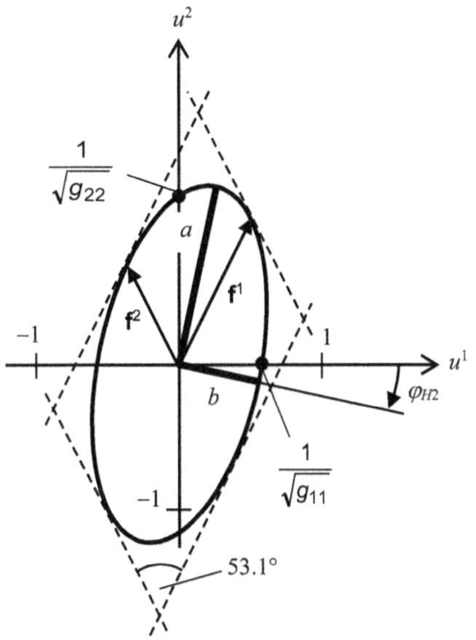

Abb. A.24: Beispiel 1 – Abbildung des Einheitskreises in die u^1-u^2-Ebene.

Abbildung des Einheitskreises im x^1-x^2-Koordinatensystem in die u_1-u_2-Ebene:

Wir führen die Hauptachsentransformation von (g^{ij}) mithilfe des Mohr'schen Kreises durch (Abb. A.25)

$$M^* = \frac{\frac{3}{8} + \frac{12}{8}}{2} = \frac{15}{16}, \quad (R^*)^2 = \left(\frac{12}{8} - \frac{15}{16}\right)^2 + \left(\frac{2}{8}\right)^2 = \frac{97}{256},$$

$$\kappa_2^* = M^* - R^* = \frac{15 - \sqrt{97}}{16}, \quad \kappa_1^* = M^* + R^* = \frac{15 + \sqrt{97}}{16},$$

$$\tan(2\varphi_{H2}^*) = \frac{-\frac{1}{4}}{\frac{3}{2} - \frac{15}{16}} = -\frac{4}{9} = \tan(2\varphi_{H2}), \quad \varphi_{H2}^* = \varphi_{H2} = -11.98^\circ .$$

Es gilt

$$\kappa_1^* = \frac{1}{\kappa_1} \text{ und } \kappa_2^* = \frac{1}{\kappa_2},$$

da

$$\kappa_1^*\kappa_1 = \kappa_2^*\kappa_2 = \frac{(15 + \sqrt{97})(15 - \sqrt{97})}{16 \cdot 8} = \frac{225 - 97}{16 \cdot 8} = 1 .$$

Dieser Zusammenhang ist wie bereits erwähnt allgemeingültig.

Daraus ergeben sich die Halbmesser der Ellipse (Abb. A.26)

$$a^* = \frac{1}{\sqrt{\kappa_1^*}} = \sqrt{\kappa_1} \approx 0.80, \quad b^* = \frac{1}{\sqrt{\kappa_2^*}} = \sqrt{\kappa_2} \approx 1.76 .$$

Konjugierte Halbmesser der Ellipse sind z. B.

$$\boldsymbol{f}_1 = \begin{bmatrix} \boldsymbol{g}_1 \circ \boldsymbol{e}_1 \\ \boldsymbol{g}_2 \circ \boldsymbol{e}_1 \end{bmatrix} = \begin{bmatrix} 1 \\ 0.5 \end{bmatrix}, \quad \boldsymbol{f}_2 = \begin{bmatrix} \boldsymbol{g}_1 \circ \boldsymbol{e}_2 \\ \boldsymbol{g}_2 \circ \boldsymbol{e}_2 \end{bmatrix} = \sqrt{2}\begin{bmatrix} -1 \\ 0.5 \end{bmatrix} .$$

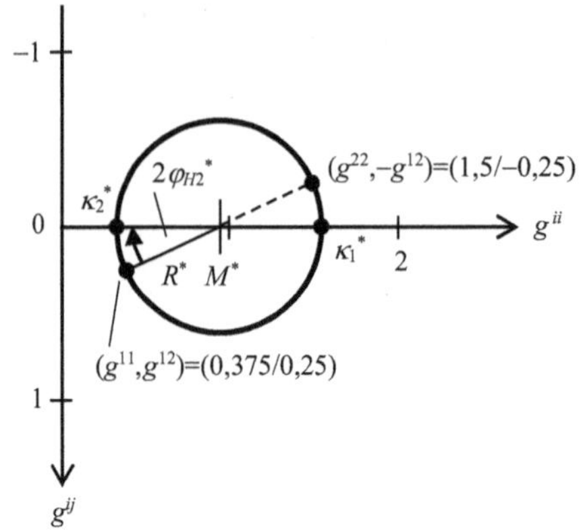

Abb. A.25: Beispiel 1 – Hauptachsentransformation von (g^{ij}).

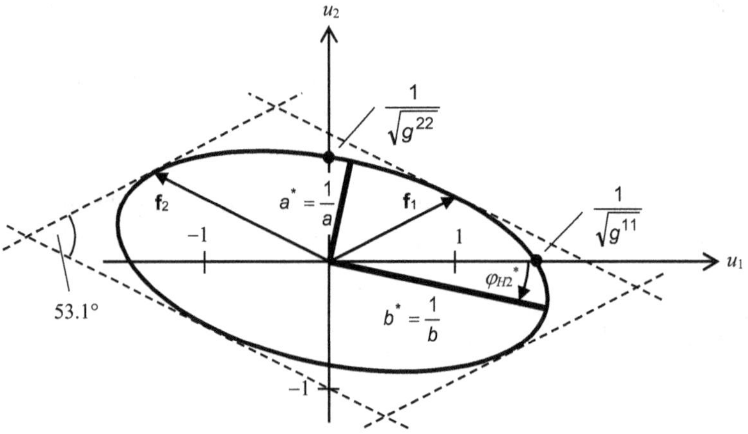

Abb. A.26: Beispiel 1 – Abbildung des Einheitskreises in die u_1-u_2-Ebene.

Die beiden Ellipsen sind um 90° gegeneinander verdreht. Die Ellipse im u_1-u_2-Koordinatensystem ist gegenüber der Ellipse im u^1-u^2-Koordinatensystem homogen gedehnt mit dem Längenverhältnis

$$\frac{b^*}{a} = \frac{a^*}{b} = \left(\frac{|\boldsymbol{g}^2|}{|\boldsymbol{g}_1|}\right)^{-1} = \left(\frac{|\boldsymbol{g}^1|}{|\boldsymbol{g}_2|}\right)^{-1} = \sqrt{2}\,.$$

Beispiel 2 – ebenes schiefwinkliges Koordinatensystem mit Basisvektoren gleicher Länge

Kovariante Basisvektoren:

$$\boldsymbol{g}_1 = \boldsymbol{e}_1 - \sqrt{2}\boldsymbol{e}_2, \quad \boldsymbol{g}_2 = \boldsymbol{e}_1 + \sqrt{2}\boldsymbol{e}_2$$

Kovariante Metrikkoeffizienten:

$$(g_{ij}) = \begin{bmatrix} 3 & -1 \\ -1 & 3 \end{bmatrix}$$

Kontravariante Metrikkoeffizienten:

$$(g^{ij}) = \frac{1}{8}\begin{bmatrix} 3 & 1 \\ 1 & 3 \end{bmatrix}$$

Kontravariante Basisvektoren:

$$\boldsymbol{g}^1 = \frac{3}{8}\boldsymbol{g}_1 + \frac{1}{8}\boldsymbol{g}_2 = \frac{1}{2}\left(\boldsymbol{e}_1 - \frac{1}{\sqrt{2}}\boldsymbol{e}_2\right),$$
$$\boldsymbol{g}^2 = \frac{1}{8}\boldsymbol{g}_1 + \frac{3}{8}\boldsymbol{g}_2 = \frac{1}{2}\left(\boldsymbol{e}_1 + \frac{1}{\sqrt{2}}\boldsymbol{e}_2\right)$$

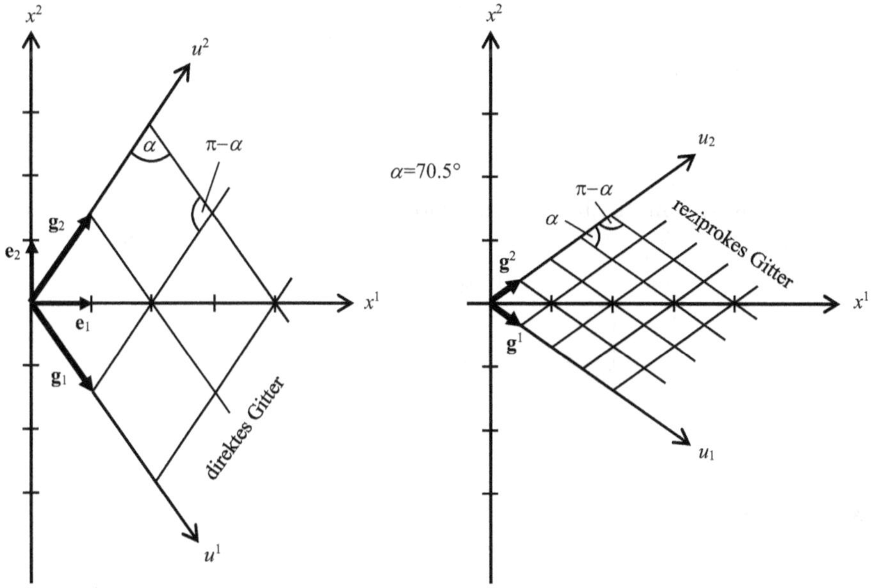

Abb. A.27: Beispiel 2 – direktes und reziprokes Gitter.

Das reziproke Gitter ist gegenüber dem direkten Gitter um 90° gedreht und homogen gestaucht mit dem Längenverhältnis (Abb. A.27)

$$\frac{|\boldsymbol{g}^2|}{|\boldsymbol{g}_1|} = \frac{|\boldsymbol{g}^1|}{|\boldsymbol{g}_2|} = \frac{1}{2\sqrt{2}}.$$

Abbildung des Einheitskreises im x^1-x^2-Koordinatensystem in die u^1-u^2-Ebene: Die Hauptachsentransformation von (g_{ij}) führen wir alternativ zur Verwendung des Mohr'schen Kreises (siehe Beispiel 1) durch, indem wir Eigenwerte und Eigenvektoren der Matrix berechnen. Die Eigenwerte ergeben sich aus

$$\det[(g_{ij}) - \kappa \cdot \mathbf{1}] = 0$$

also

$$\begin{vmatrix} (g_{11} - \kappa) & g_{12} \\ g_{12} & (g_{22} - \kappa) \end{vmatrix} = 0$$

und mit Zahlenwerten

$$\begin{vmatrix} (3 - \kappa) & -1 \\ -1 & (3 - \kappa) \end{vmatrix} = (3 - \kappa)^2 - 1 = 0 \Leftrightarrow (3 - \kappa)^2 = 1 \,.$$

Die Eigenwerte sind

$$\kappa_1 = 2 \text{ und } \kappa_2 = 4,$$

woraus sich die Halbmesser der Ellipse ergeben (Abb. A.28)

$$a = \frac{1}{\sqrt{\kappa_1}} = \frac{1}{\sqrt{2}}, \quad b = \frac{1}{\sqrt{\kappa_2}} = 0.5 \,.$$

Die Bestimmungsgleichung für die Eigenvektoren $\boldsymbol{v}_i$, die die Hauptachsenrichtungen angeben, ist

$$[(g_{jk}) - \kappa_i \cdot \mathbf{1}]\boldsymbol{v}_i = \mathbf{0} \,,$$

$$\begin{bmatrix} (g_{11} - \kappa_i) & g_{12} \\ g_{12} & (g_{22} - \kappa_i) \end{bmatrix} \boldsymbol{v}_i = \mathbf{0}$$

und mit Zahlenwerten

$$\begin{bmatrix} (3 - \kappa_i) & -1 \\ -1 & (3 - \kappa_i) \end{bmatrix} \boldsymbol{v}_i = \mathbf{0} \,.$$

Für $\kappa_1 = 2$ erhalten wir z. B.

$$\boldsymbol{v}_1 = \begin{bmatrix} 1 \\ 1 \end{bmatrix}$$

und für $\kappa_2 = 4$

$$\boldsymbol{v}_2 = \begin{bmatrix} -1 \\ 1 \end{bmatrix} .$$

Der Halbmesser a hat also die Richtung der Winkelhalbierenden. Konjugierte Halbmesser der Ellipse sind z. B.

$$\boldsymbol{f}^1 = \begin{bmatrix} \boldsymbol{g}^1 \circ \boldsymbol{e}_1 \\ \boldsymbol{g}^2 \circ \boldsymbol{e}_1 \end{bmatrix} = \begin{bmatrix} 0.5 \\ 0.5 \end{bmatrix}, \quad \boldsymbol{f}^2 = \begin{bmatrix} \boldsymbol{g}^1 \circ \boldsymbol{e}_2 \\ \boldsymbol{g}^2 \circ \boldsymbol{e}_2 \end{bmatrix} = \frac{1}{\sqrt{2}} \begin{bmatrix} -0.5 \\ 0.5 \end{bmatrix} .$$

Die konjugierten Halbmesser sind in diesem Beispiel senkrecht zueinander. Wenn dies der Fall ist, stimmen die konjugierten Halbmesser immer mit großem bzw. kleinem Halbmesser überein.

Abbildung des Einheitskreises im x^1-x^2-Koordinatensystem in die u_1-u_2-Ebene: Kleiner und großer Halbmesser der Ellipse sind (Abb. A.28)

$$a^* = \sqrt{\kappa_1} = \sqrt{2}, \quad b^* = \sqrt{\kappa_2} = 2\,.$$

Konjugierte Halbmesser der Ellipse sind z. B.

$$\boldsymbol{f}_1 = \begin{bmatrix} \boldsymbol{g}_1 \circ \boldsymbol{e}_1 \\ \boldsymbol{g}_2 \circ \boldsymbol{e}_1 \end{bmatrix} = \begin{bmatrix} 1 \\ 1 \end{bmatrix}, \quad \boldsymbol{f}_2 = \begin{bmatrix} \boldsymbol{g}_1 \circ \boldsymbol{e}_2 \\ \boldsymbol{g}_2 \circ \boldsymbol{e}_2 \end{bmatrix} = \begin{bmatrix} -\sqrt{2} \\ \sqrt{2} \end{bmatrix},$$

die wieder senkrecht aufeinander stehen und daher mit kleinem bzw. großem Halbmesser übereinstimmen.

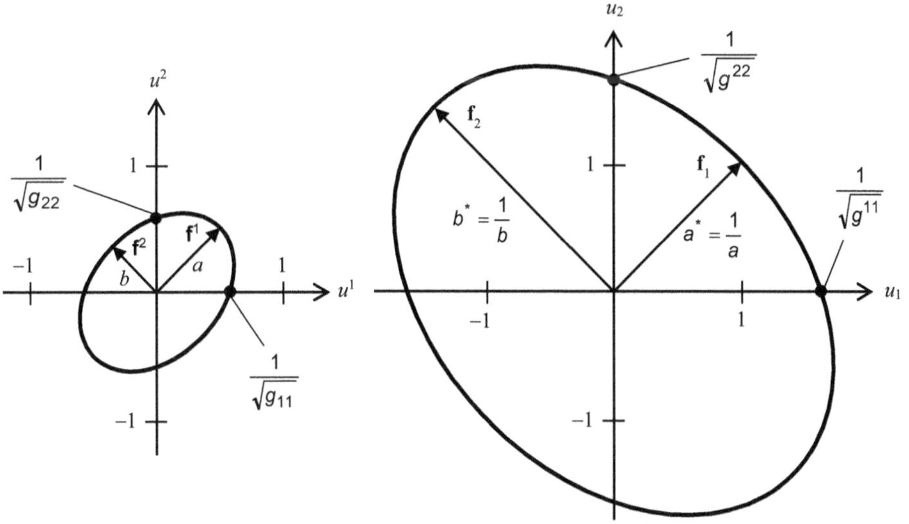

Abb. A.28: Beispiel 2 – Abbildung des Einheitskreises in die u^1-u^2- bzw. u_1-u_2-Ebene.

Die beiden Ellipsen sind um 90° gegeneinander verdreht. Die Ellipse im u_1-u_2-Koordinatensystem ist gegenüber der Ellipse im u^1-u^2-Koordinatensystem homogen gedehnt mit dem Längenverhältnis

$$\frac{b^*}{a} = \frac{a^*}{b} = \left(\frac{|\boldsymbol{g}^2|}{|\boldsymbol{g}_1|}\right)^{-1} = \left(\frac{|\boldsymbol{g}^1|}{|\boldsymbol{g}_2|}\right)^{-1} = 2\sqrt{2}\,.$$

Das Beispiel illustriert, dass ein Halbmesser der Ellipse in Richtung der Winkelhalbierenden ausgerichtet ist. Dies ist immer dann der Fall, wenn die Basisvektoren $\boldsymbol{g}_1, \boldsymbol{g}_2$

(und damit auch $\boldsymbol{g}^1, \boldsymbol{g}^2$) gleich lang sind. In diesem Fall gilt nämlich

$$g_{11} = g_{22}$$

und die beiden Punkte (g_{11}/g_{12}), $(g_{22}/-g_{12})$ sind Hoch- bzw. Tiefpunkt des Mohr'schen Kreises (siehe Beispiel 1). Damit ergibt sich das Doppelte des Winkels zwischen der u^1-Achse und einer der beiden Hauptachsen zu $\pm 90°$. Der Winkel selbst ist also $\pm 45°$.

Beispiel 3 – ebenes rechtwinkliges Koordinatensystem mit Basisvektoren ungleicher Länge

Kovariante Basisvektoren:

$$\boldsymbol{g}_1 = \boldsymbol{e}_1 - \boldsymbol{e}_2, \quad \boldsymbol{g}_2 = \frac{1}{\sqrt{2}}(\boldsymbol{e}_1 + \boldsymbol{e}_2)$$

Kovariante Metrikkoeffizienten:

$$(g_{ij}) = \begin{bmatrix} 2 & 0 \\ 0 & 1 \end{bmatrix}$$

Kontravariante Metrikkoeffizienten:

$$\left(g^{ij}\right) = \frac{1}{2}\begin{bmatrix} 1 & 0 \\ 0 & 2 \end{bmatrix}$$

Kontravariante Basisvektoren:

$$\boldsymbol{g}^1 = \frac{1}{2}\boldsymbol{g}_1 + 0 \cdot \boldsymbol{g}_2 = \frac{1}{2}(\boldsymbol{e}_1 - \boldsymbol{e}_2) ,$$
$$\boldsymbol{g}^2 = 0 \cdot \boldsymbol{g}_1 + 1 \cdot \boldsymbol{g}_2 = \frac{1}{\sqrt{2}}(\boldsymbol{e}_1 + \boldsymbol{e}_2)$$

Das reziproke Gitter ist gegenüber dem direkten Gitter um 90° gedreht und homogen gestaucht mit dem Längenverhältnis (Abb. A.29)

$$\frac{|\boldsymbol{g}^2|}{|\boldsymbol{g}_1|} = \frac{|\boldsymbol{g}^1|}{|\boldsymbol{g}_2|} = \frac{1}{\sqrt{2}} .$$

Abbildung des Einheitskreises im x^1-x^2-Koordinatensystem in die u^1-u^2-Ebene: Da (g_{ij}) bereits Hauptachsenform hat, stimmen die Hauptachsen mit der u^1- bzw. u^2-Achse überein und wir können die Hauptwerte direkt ablesen

$$\kappa_1 = g_{11} = 2, \quad \kappa_2 = g_{22} = 1 ,$$

womit sich kleiner und großer Halbmesser der Ellipse ergeben (Abb. A.30)

$$a = \frac{1}{\sqrt{\kappa_1}} = \frac{1}{\sqrt{2}}, \quad b = \frac{1}{\sqrt{\kappa_2}} = 1 .$$

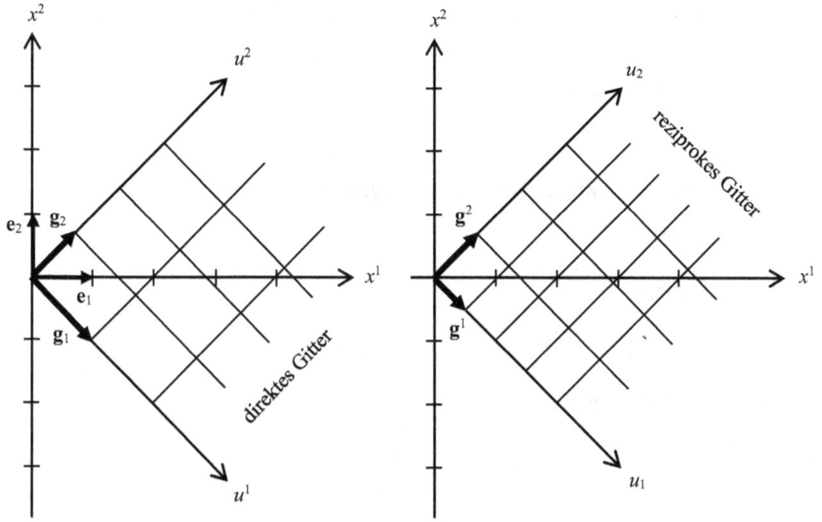

Abb. A.29: Beispiel 3 – direktes und reziprokes Gitter.

Abbildung des Einheitskreises im x^1-x^2-Koordinatensystem in die u_1-u_2-Ebene: Großer und kleiner Halbmesser der Ellipse sind (Abb. A.30)

$$a^* = \sqrt{\kappa_1} = \sqrt{2}, \quad b^* = \sqrt{\kappa_2} = 1 \,.$$

Die beiden Ellipsen sind um 90° gegeneinander verdreht. Die Ellipse im u_1-u_2-Koordinatensystem ist gegenüber der Ellipse im u^1-u^2-Koordinatensystem homogen gedehnt mit dem Längenverhältnis

$$\frac{b^*}{a} = \frac{a^*}{b} = \left(\frac{|\mathbf{g}^2|}{|\mathbf{g}_1|}\right)^{-1} = \left(\frac{|\mathbf{g}^1|}{|\mathbf{g}_2|}\right)^{-1} = \sqrt{2} \,.$$

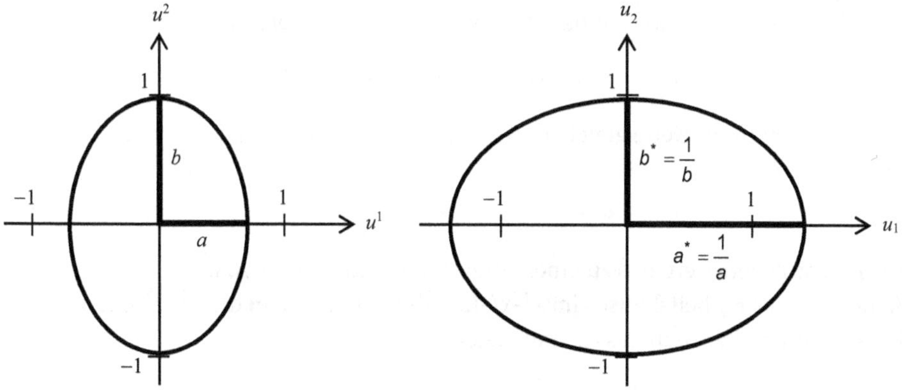

Abb. A.30: Beispiel 3 – Abbildung des Einheitskreises in die u^1-u^2- bzw. u_1-u_2-Ebene.

Dieses Beispiel illustriert, dass bei rechtwinkligen Koordinatensystemen die Matrizen (g_{ij}) und (g^{ij}) diagonal sind und die Hauptachsen der Ellipsen in Richtung der Koordinatenachsen u^1, u^2 bzw. u_1, u_2 zeigen.

Beispiel 4 – ebenes rechtwinkliges Koordinatensystem mit Basisvektoren gleicher Länge

Kovariante Basisvektoren:

$$\boldsymbol{g}_1 = \sqrt{3}\boldsymbol{e}_1 - \boldsymbol{e}_2, \quad \boldsymbol{g}_2 = \boldsymbol{e}_1 + \sqrt{3}\boldsymbol{e}_2$$

Kovariante Metrikkoeffizienten:

$$(g_{ij}) = \begin{bmatrix} 4 & 0 \\ 0 & 4 \end{bmatrix}$$

Kontravariante Metrikkoeffizienten:

$$(g^{ij}) = \frac{1}{4}\begin{bmatrix} 1 & 0 \\ 0 & 1 \end{bmatrix}$$

Kontravariante Basisvektoren:

$$\boldsymbol{g}^1 = \frac{1}{4}\boldsymbol{g}_1, \quad \boldsymbol{g}^2 = \frac{1}{4}\boldsymbol{g}_2$$

Das reziproke Gitter ist gegenüber dem direkten Gitter homogen gestaucht mit dem Längenverhältnis (Abb. A.31)

$$\frac{|\boldsymbol{g}^2|}{|\boldsymbol{g}_1|} = \frac{|\boldsymbol{g}^1|}{|\boldsymbol{g}_2|} = \frac{1}{4}\,.$$

Abbildung des Einheitskreises im x^1-x^2-Koordinatensystem in die u^1-u^2-Ebene: Da (g_{ij}) bereits Hauptachsenform hat, stimmen die Hauptachsen mit der u^1- bzw. u^2-Achse überein und wir können die Hauptwerte direkt ablesen

$$\kappa_1 = g_{11} = 4, \quad \kappa_2 = g_{22} = 4\,.$$

Da die beiden Hauptwerte gleich groß sind, sind auch großer und kleiner Halbmesser gleich

$$a = b = \frac{1}{\sqrt{\kappa_1}} = \frac{1}{\sqrt{\kappa_2}} = \frac{1}{2} = r\,.$$

Die Ellipse degeneriert also zu einem Kreis mit Radius r (Abb. A.32).
Abbildung des Einheitskreises im x^1-x^2-Koordinatensystem in die u^1-u^2-Ebene: Kleiner und großer Halbmesser sind gleich

$$a^* = b^* = \sqrt{\kappa_1} = \sqrt{\kappa_2} = 2 = r^*\,.$$

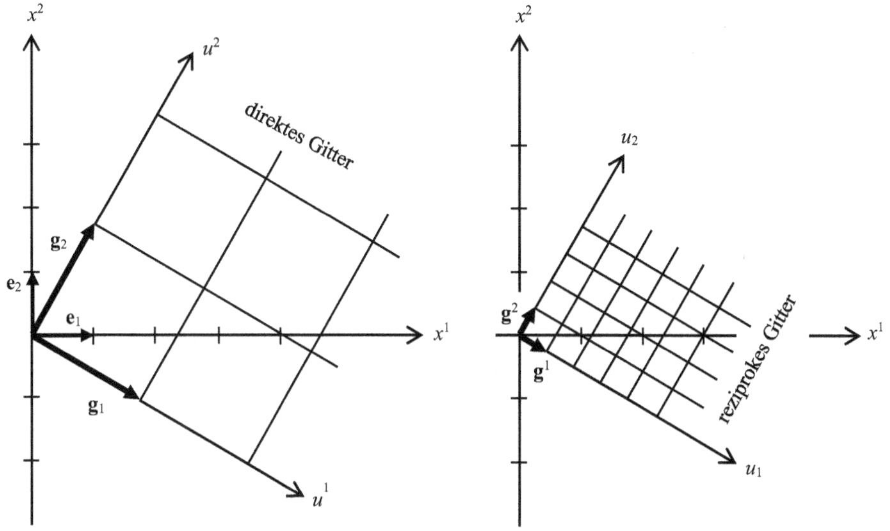

Abb. A.31: Beispiel 4 – direktes und reziprokes Gitter.

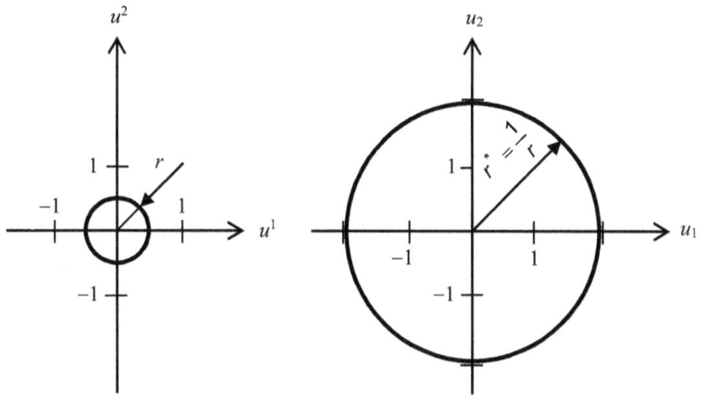

Abb. A.32: Beispiel 4 – Abbildung des Einheitskreises in die u^1-u^2- bzw. u_1-u_2-Ebene.

Die Ellipse degeneriert zu einem Kreis mit Radius $r^* = r^{-1}$.

Der Kreis im u_1-u_2-Koordinatensystem ist gegenüber dem Kreis im u^1-u^2-Koordinatensystem gedehnt mit dem Radienverhältnis

$$\frac{r^*}{r} = \left(\frac{|\mathbf{g}^2|}{|\mathbf{g}_1|}\right)^{-1} = \left(\frac{|\mathbf{g}^1|}{|\mathbf{g}_2|}\right)^{-1} = 4\,.$$

Dieses Beispiel illustriert, dass bei orthogonalen Basisvektoren gleicher Länge die Bilder des Einheitskreises des x^1-x^2-Koordinatensystems in der u^1-u^2- bzw. u_1-u_2-Ebene Kreise und keine Ellipsen sind.

Literatur

[1] Beitelschmidt, M. und H. Dresig (Hrsg.), 2015, „Maschinendynamik – Aufgaben und Beispiele“, Springer Vieweg.

[2] Biezeno, C.B. und R. Grammel, 1953, „Technische Dynamik: Zweiter Band Dampfturbinen und Brennkraftmaschinen“, Springer-Verlag Berlin Heidelberg.

[3] Brommundt, E. und D. Sachau, 2014, „Schwingungslehre mit Maschinendynamik“, 2. Auflage, Springer Vieweg.

[4] Bronstein, I.N., Mühlig, H., Musiol, G. und K.A. Semendjajew, 2016, „Taschenbuch der Mathematik“, 10. Auflage, Verlag Europa-Lehrmittel Haan-Gruiten, Edition Harri Deutsch.

[5] Bruhns, O.T. und T. Lehmann, 1994, „Elemente der Mechanik III – Kinetik“, Springer Vieweg.

[6] DIN ISO 1940-1, „Mechanische Schwingungen – Anforderungen an die Auswuchtgüte von Rotoren in konstantem (starrem) Zustand – Teil 1: Festlegung und Nachprüfung der Unwuchttoleranz“, 2003, Beuth Verlag GmbH Berlin.

[7] Dresig, H. und A. Fidlin, 2014, „Schwingungen mechanischer Antriebssysteme: Modellbildung, Berechnung, Analyse, Synthese“, 3. Auflage, Springer Vieweg.

[8] Dresig, H. und F. Holzweißig, 2016, „Maschinendynamik“, 12. Auflage, Springer-Verlag Berlin Heidelberg.

[9] Freymann, R., 2011, „Strukturdynamik: Ein anwendungsorientiertes Lehrbuch“, Springer-Verlag Berlin Heidelberg.

[10] Gasch, R., Knothe, K. und R. Liebich, 2012, „Strukturdynamik: Diskrete Systeme und Kontinua“, 2. Auflage, Springer Verlag Berlin Heidelberg.

[11] Goldstein, H., Poole, Ch. und J. Safko, 2012, „Klassische Mechanik“, 3. Auflage, Wiley-VCH.

[12] Gross, D., Hauger, W., Schröder, J. und W.A. Wall, 2015, „Technische Mechanik 3: Kinetik“, 13. Auflage, Springer Vieweg.

[13] Hagedorn, P. und D. Hochlenert, 2015, „Technische Schwingungslehre: Lineare Schwingungen linearer diskreter mechanischer Systeme“, 2. Auflage, Verlag Europa-Lehrmittel Haan-Gruiten, Edition Harri Deutsch.

[14] Hibbeler, R.C., 2006, „Technische Mechanik 3 – Dynamik“, Pearson Education Deutschland GmbH, München.

[15] Hiller, M., 1983, „Mechanische Systeme: Eine Einführung in die analytische Mechanik und Systemdynamik“, Springer-Verlag Berlin Heidelberg.

[16] Hoffmann, K., Krenn, E. und G. Stanker, 2009, „Fördertechnik 2“, Oldenbourg Industrieverlag.

[17] Hollburg, U., 2015, „Maschinendynamik“, 3. Auflage, Reihe: De Gruyter Studium, De Gruyter Oldenbourg.

[18] Illies, K., 1972, „Handbuch der Schiffsbetriebstechnik“, 1. Auflage, Vieweg+Teubner Verlag.

[19] Irretier, H., 2001, „Grundlagen der Schwingungstechnik 2: Systeme mit mehreren Freiheitsgraden, Kontinuierliche Systeme“, Springer Vieweg.

[20] Jäger, H., Mastel, R. und M. Knaebel, 2016, „Technische Schwingungslehre“, 9. Auflage, Springer Vieweg.

[21] Jürgler, R., 2004, „Maschinendynamik“, 3. Auflage, Springer-Verlag Berlin Heidelberg.

[22] Klingbeil, E., 1989, „Tensorrechnung für Ingenieure“, Bd. 197, Verlag BI-Hochschultaschenbücher.

[23] Klotter, K., 1978, „Technische Schwingungslehre“, 1. Band: Einfache Schwinger, Teil A. Lineare Schwingungen, 3. Auflage, Springer-Verlag Berlin Heidelberg.

[24] Krämer, E., 1984, „Maschinendynamik“, Springer-Verlag Berlin Heidelberg.

[25] Kuypers, F., 2010, „Klassische Mechanik“, 9. Auflage, Wiley-VCH.

[26] Maass, H. und H. Klier, 1981, „Kräfte, Momente und deren Ausgleich in der Verbrennungskraftmaschine“, Springer-Verlag Wien.
[27] Magnus, K., Popp, K. und W. Sextro, 2016, „Schwingungen“, 10. Auflage, Springer Vieweg.
[28] Mahnken, R., 2012, „Lehrbuch der Technischen Mechanik – Dynamik: Eine anschauliche Einführung“, 2. Auflage, Springer-Verlag Berlin Heidelberg.
[29] Markert, R., 2013, „Strukturdynamik“, Reihe: Mechanik, Shaker Verlag Aachen.
[30] Mitschke, M. und H. Wallentowitz, 2014, „Dynamik der Kraftfahrzeuge“, 5. Auflage, Springer Vieweg.
[31] Natke, H.G., 1992, „Einführung in die Theorie und Praxis der Zeitreihen- und Modalanalyse: Identifikation schwingungsfähiger elastomechanischer Systeme“, 3. Auflage, Vieweg+Teubner Verlag.
[32] Nolting, W., 2014, „Grundkurs Theoretische Physik 2 – Analytische Mechanik“, 9. Auflage, Springer Spektrum.
[33] Päsler, M., 2011, „Prinzipe der Mechanik“, Reprint, De Gruyter.
[34] Papoulis, A., 1980, „Circuits and systems: a modern approach“, Internat. edn., 11. [print.], Holt, Rinehart and Winston.
[35] Pfeiffer, F. und T. Schindler, 2014, 3. Auflage, „Einführung in die Dynamik“, Springer Vieweg.
[36] Reik, W., Seebacher, R. und A. Kooy, 1998, „Das Zweimassenschwungrad“, 6. LuK Kolloquium, 69–94.
[37] Rill, G. und T. Schaeffer, 2014, „Grundlagen und Methodik der Mehrkörpersimulation: Vertieft in Matlab-Beispielen, Übungen und Anwendungen“, 2. Auflage, Springer Vieweg.
[38] Sayir, M.B. und S. Kaufmann, 2005, „Ingenieurmechanik 3 – Dynamik“, Springer Vieweg.
[39] Schiehlen, W. und P. Eberhard, 2004, „Technische Dynamik: Modelle für Regelung und Simulation“, 2. Auflage, Springer Vieweg.
[40] Selke, P. und G. Ziegler, 2009, „Maschinendynamik“, 4. Auflage, Westarp Wissenschaften-Verlagsgesellschaft mbH, Hohenwarsleben.
[41] TrelleborgVibracoustic (Hrsg.), 2015, „Schwingungstechnik im Automobil: Grundlagen, Werkstoffe, Konstruktion, Berechnung und Anwendungen“, 1. Auflage, Vogel Business Media.
[42] Ulbrich, H., 1996, „Maschinendynamik“, Teubner Verlag.
[43] VDI-Richtlinie 3833, Blatt2, „Schwingungsdämpfer und Schwingungstilger“, 2006, Beuth Verlag GmbH Berlin.
[44] Vöth, S., 2006, „Dynamik schwingungsfähiger Systeme: Von der Modellbildung bis zur Betriebsfestigkeitsrechnung mit MATLAB/SIMULINK“, 1. Auflage, Vieweg+Teubner Verlag.
[45] Waller, H. und R. Schmidt, 1998, „Schwingungslehre für Ingenieure: Theorie, Simulation, Anwendungen“, BI-Wiss.-Verl., Mannheim, Wien, Zürich.
[46] Weaver, W., Timoshenko, S.P. and D.H. Young, 1990, „Vibration Problems in Engineering“, 5th Edition, John Wiley & Sons Inc.
[47] Wittenburg, J., 1996, „Schwingungslehre: Lineare Schwingungen, Theorie und Anwendungen“, Springer-Verlag Berlin Heidelberg.
[48] Woernle, Ch., 2016, „Mehrkörpersysteme: Eine Einführung in die Kinematik und Dynamikvon Systemen starrer Körper“, 2. Auflage, Springer Vieweg.

Stichwortverzeichnis

www.ingramcontent.com/pod-product-compliance
Lightning Source LLC
Chambersburg PA
CBHW061359210326
41598CB00035B/6040
* 9 7 8 3 1 1 0 4 6 5 7 9 2 *